全国高等学校自动化专业系列教材
教育部高等学校自动化专业教学指导分委员会牵头规划

普通高等教育“十一五”国家级规划教材

Optimal Control

最优控制

钟宜生 编著
Zhong Yisheng

清华大学出版社
北京

内 容 简 介

本书主要介绍最优控制理论的基础知识，包括最优控制系统设计的基本方法，即变分法、极小值原理和动态规划；介绍最优控制几类典型问题的求解，包括时间最短控制和燃料最省控制、线性二次型最优调节控制、线性最优跟踪控制；简要介绍 $\mathbf{H}_2$ 和 $\mathbf{H}_\infty$ 控制理论及基于信号补偿的鲁棒最优控制方法。

本书可作为自动化专业研究生的教科书，也可作为其他与控制相关专业的研究生以及科技人员的参考书。

图书在版编目(CIP)数据

最优控制/钟宜生编著. --北京：清华大学出版社，2015（2024.7重印）
全国高等学校自动化专业系列教材
ISBN 978-7-302-41368-4

Ⅰ. ①最…　Ⅱ. ①钟…　Ⅲ. ①最优控制－高等学校－教材　Ⅳ. ①O232

中国版本图书馆 CIP 数据核字(2015)第 209439 号

责任编辑：王一玲
封面设计：常雪影
责任校对：焦丽丽
责任印制：宋　林

出版发行：清华大学出版社
网　　址：https://www.tup.com.cn，https://www.wqxuetang.com
地　　址：北京清华大学学研大厦 A 座　　**邮　　编**：100084
社 总 机：010-83470000　　**邮　　购**：010-62786544
投稿与读者服务：010-62776969，c-service@tup.tsinghua.edu.cn
质量反馈：010-62772015，zhiliang@tup.tsinghua.edu.cn
课件下载：https://www.tup.com.cn，010-83470236

印 装 者：天津鑫丰华印务有限公司
经　　销：全国新华书店
开　　本：175mm×245mm　　**印　　张**：16.5　　**字　　数**：399 千字
版　　次：2015 年 12 月第 1 版　　**印　　次**：2024 年 7 月第 7 次印刷
定　　价：49.00 元

产品编号：017417-03

《全国高等学校自动化专业系列教材》编审委员会

出版说明

《全国高等学校自动化专业系列教材》

为适应我国对高等学校自动化专业人才培养的需要，配合各高校教学改革的进程，创建一套符合自动化专业培养目标和教学改革要求的新型自动化专业系列教材，“教育部高等学校自动化专业教学指导分委员会”（简称“教指委”）联合了“中国自动化学会教育工作委员会”、“中国电工技术学会高校工业自动化教育专业委员会”、“中国系统仿真学会教育工作委员会”和“中国机械工业教育协会电气工程及自动化学科委员会”四个委员会，以教学创新为指导思想，以教材带动教学改革为方针，设立专项资助基金，采用全国公开招标方式，组织编写出版了一套自动化专业系列教材——《全国高等学校自动化专业系列教材》。

本系列教材主要面向本科生，同时兼顾研究生；覆盖面包括专业基础课、专业核心课、专业选修课、实践环节课和专业综合训练课；重点突出自动化专业基础理论和前沿技术；以文字教材为主，适当包括多媒体教材；以主教材为主，适当包括习题集、实验指导书、教师参考书、多媒体课件、网络课程脚本等辅助教材；力求做到符合自动化专业培养目标、反映自动化专业教育改革方向、满足自动化专业教学需要；努力创造使之成为具有先进性、创新性、适用性和系统性的特色品牌教材。

本系列教材在“教指委”的领导下，从 2004 年起，通过招标机制，计划用 3～4 年时间出版 50 本左右教材，2006 年开始陆续出版问世。为满足多层面、多类型的教学需求，同类教材可能出版多种版本。

本系列教材的主要读者群是自动化专业及相关专业的大学生和研究生，以及相关领域和部门的科学工作者和工程技术人员。我们希望本系列教材既能为在校大学生和研究生的学习提供内容先进、论述系统和适于教学的教材或参考书，也能为广大科学工作者和工程技术人员的知识更新与继续学习提供适合的参考资料。感谢使用本系列教材的广大教师、学生和科技工作者的热情支持，并欢迎提出批评和意见。

《全国高等学校自动化专业系列教材》编审委员会

2005 年 10 月于北京

序

FOREWORD

自动化学科有着光荣的历史和重要的地位，20 世纪 50 年代我国政府就十分重视自动化学科的发展和自动化专业人才的培养。五十多年来，自动化科学技术在众多领域发挥了重大作用，如航空、航天等，两弹一星的伟大工程就包含了许多自动化科学技术的成果。自动化科学技术也改变了我国工业整体的面貌，不论是石油化工、电力、钢铁，还是轻工、建材、医药等领域都要用到自动化手段，在国防工业中自动化的作用更是巨大的。现在，世界上有很多非常活跃的领域都离不开自动化技术，比如机器人、月球车等。另外，自动化学科对一些交叉学科的发展同样起到了积极的促进作用，例如网络控制、量子控制、流媒体控制、生物信息学、系统生物学等学科就是在系统论、控制论、信息论的影响下得到不断的发展。在整个世界已经进入信息时代的背景下，中国要完成工业化的任务还很重，或者说我们正处在后工业化的阶段。因此，国家提出走新型工业化的道路和"信息化带动工业化，工业化促进信息化"的科学发展观，这对自动化科学技术的发展是一个前所未有的战略机遇。

机遇难得，人才更难得。要发展自动化学科，人才是基础、是关键。高等学校是人才培养的基地，或者说人才培养是高等学校的根本。作为高等学校的领导和教师始终要把人才培养放在第一位，具体对自动化系或自动化学院的领导和教师来说，要时刻想着为国家关键行业和战线培养和输送优秀的自动化技术人才。

影响人才培养的因素很多，涉及教学改革的方方面面，包括如何拓宽专业口径、优化教学计划、增强教学柔性、强化通识教育、提高知识起点、降低专业重心、加强基础知识、强调专业实践等，其中构建融会贯通、紧密配合、有机联系的课程体系，编写有利于促进学生个性发展、培养学生创新能力的教材尤为重要。清华大学吴澄院士领导的《全国高等学校自动化专业系列教材》编审委员会，根据自动化学科对自动化技术人才素质与能力的需求，充分吸取国外自动化教材的优势与特点，在全国范围内，以招标方式，组织编写了这套自动化专业系列教材，这对推动高等学校自动化专业发展与人才培养具有重要的意义。这套系列教材的建设有新思路、新机制，适应了高等学校教学改革与发展的新形势，立足创建精品教材，重视实践性环节在人才培养中的作用，采用了竞争机制，以激励和推动教材建设。在此，我谨向参与本系列教材规划、组织、编写的老师致以诚挚的感谢，并希望该系列教材在全国高等学校自动化专业人才培养中发挥应有的作用。

吴澄 教授

2005 年 10 月于教育部

序

FOREWORD

《全国高等学校自动化专业系列教材》编审委员会在对国内外部分大学有关自动化专业的教材做深入调研的基础上，广泛听取了各方面的意见，以招标方式，组织编写了一套面向全国本科生（兼顾研究生）、体现自动化专业教材整体规划和课程体系、强调专业基础和理论联系实际的系列教材，自2006年起将陆续面世。全套系列教材共50多本，涵盖了自动化学科的主要知识领域，大部分教材都配置了包括电子教案、多媒体课件、习题辅导、课程实验指导书等立体化教材配件。此外，为强调落实“加强实践教育，培养创新人才”的教学改革思想，还特别规划了一组专业实验教程，包括《自动控制原理实验教程》、《运动控制实验教程》、《过程控制实验教程》、《检测技术实验教程》和《计算机控制系统实验教程》等。

自动化科学技术是一门应用性很强的学科，面对的是各种各样错综复杂的系统，控制对象可能是确定性的，也可能是随机性的；控制方法可能是常规控制，也可能需要优化控制。这样的学科专业人才应该具有什么样的知识结构，又应该如何通过专业教材来体现，这正是“系列教材编审委员会”规划系列教材时所面临的问题。为此，设立了《自动化专业课程体系结构研究》专项研究课题，成立了由清华大学萧德云教授负责，包括清华大学、上海交通大学、西安交通大学和东北大学等多所院校参与的联合研究小组，对自动化专业课程体系结构进行深入的研究，提出了按“控制理论与工程、控制系统与技术、系统理论与工程、信息处理与分析、计算机与网络、软件基础与工程、专业课程实验”等知识板块构建的课程体系结构。以此为基础，组织规划了一套涵盖几十门自动化专业基础课程和专业课程的系列教材。从基础理论到控制技术，从系统理论到工程实践，从计算机技术到信号处理，从设计分析到课程实验，涉及的知识单元多达数百个、知识点几千个，介入的学校50多所，参与的教授120多人，是一项庞大的系统工程。从编制招标要求、公布招标公告，到组织投标和评审，最后商定教材大纲，凝聚着全国百余名教授的心血，为的是编写出版一套具有一定规模、富有特色的、既考虑研究型大学又考虑应用型大学的自动化专业创新型系列教材。

然而，如何进一步构建完善的自动化专业教材体系结构？如何建设基础知识与最新知识有机融合的教材？如何充分利用现代技术，适应现代大学生的接受习惯，改变教材单一形态，建设数字化、电子化、网络化等多元形态、开放性的"广义教材"？等等，这些都还有待我们进行更深入的研究。

本套系列教材的出版，对更新自动化专业的知识体系、改善教学条件、创造个性化的教学环境，一定会起到积极的作用。但是由于受各方面条件所限，本套教材从整体结构到每本书的知识组成都可能存在许多不当甚至谬误之处，还望使用本套教材的广大教师、学生及各界人士不吝批评指正。

吴澄 院士

2005 年 10 月于清华大学

前言

PREFACE

本书介绍确定性系统最优控制理论的基础知识。首先介绍最优控制系统设计的三个基本方法，即变分法、极小值原理和动态规划，并应用这些方法求解一些典型最优控制问题，包括时间最短控制、燃料最省控制、线性二次型最优调节控制、线性最优跟踪控制问题，然后对 H_2 和 H_∞ 最优控制方法作简单介绍，最后介绍基于信号补偿的鲁棒最优控制方法。附录简要介绍矩阵微分的基本结论。

在介绍变分法基本原理的基础上，对最优控制问题的基本情形进行分析、推导，给出最优解应满足的条件，并讨论各种约束情形下的最优控制问题。对于极小值原理，首先在控制域为闭集的假设下，介绍一类简单最优控制问题的基本结论，并给出解释性证明，然后将这些结论应用于处理一般最优控制问题。对于动态规划方法，针对离散时间动态系统，推导给出基本递推公式；对于连续时间动态系统，介绍 HJB 方程的推导过程。

对于时间最短和燃料最省控制问题，利用极小值原理分别给出 Bang-Bang 控制原理和 Bang-off-Bang 控制原理，并针对二阶积分器系统说明最优解的求解过程。

对于线性二次型最优调节器问题，利用动态规划方法推导给出基于 Riccati 矩阵方程的最优解，并讨论最优解的存在性和唯一性。对于无限时间线性二次型最优调节系统的闭环稳定性和稳定余量进行分析。最后介绍一种通过选取加权矩阵指定线性二次型最优调节系统闭环主导极点的方法。

利用关于线性二次型最优调节器问题的结论，讨论最优伺服、最优跟踪和最优模型跟随问题，分别给出针对连续时间系统和离散时间系统的求解方程。

将线性二次型性能指标转换为相应的频域性能指标，从而导出线性定常系统 H_2 和 H_∞ 控制问题的描述，并简要介绍这些问题的基本求解方法。

最后考虑受控对象存在满足匹配条件的不确定性的情形，介绍鲁棒线性二次型最优调节器、鲁棒线性二次型最优动态输出反馈调节器和鲁棒线性二次型最优伺服控制器的设计方法。

本书前 9 章，可作为 32 学时的研究生课程的教学内容。全书可用于 48 学时或者 64 学时教学，前者可略去部分理论证明的课堂讲授。

对于书中的错误和失妥之处，敬请读者教正。

编者

目录

CONTENTS

第1章 最优控制问题的提出和数学描述

在古典控制理论中，控制系统的设计要求通常是，在保证闭环系统稳定的同时，对于典型的输入信号，受控对象输出具有一定的静态和动态响应特性。此类要求对于设计恒值调节系统和随动系统是有效的。但是，在许多控制问题中，依据这样的设计要求所得到的系统不能满足实际的控制需求。对一些问题，依据古典控制理论甚至无从进行控制系统设计。本章将举例说明在不同的领域具有各种类型的最优控制问题，并介绍最优控制问题的一般描述。

1.1 最优控制问题举例

例 1.1 最小耗能充电问题

考虑图 1.1 所示电路，欲外加控制电压使得在给定时间内将电容充电到给定电压，同时使得在电阻上消耗的电能最少。

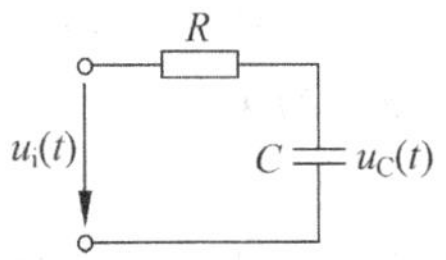

图 1.1 充电电路

以 $u_i(t)$ 和 $u_C(t)$ 分别表示控制电压和电容两端的电压，$i(t)$ 表示充电电流，而电阻值和电容值分别为 R 和 C。则

$$C\frac{\mathrm{d}u_C(t)}{\mathrm{d}t}=\frac{u_i(t)-u_C(t)}{R}=i(t)$$

即

$$\frac{\mathrm{d}u_C(t)}{\mathrm{d}t}=-\frac{1}{RC}u_C(t)+\frac{1}{RC}u_i(t) \tag{1.1.1}$$

电阻上消耗的功率为

$$w_R(t)=\frac{[u_i(t)-u_C(t)]^2}{R}$$

假设充电起始时间和终止时间分别为 t_0 和 t_f，电容电压的起始值和终止值分别为 V_0 和 V_f。则问题描述为：对于系统式(1.1.1)，给定 t_0、t_f、$u_C(t_0)(=V_0)$和 V_f，求 $u_i(t)$，$t\in[t_0,t_f]$，使得 $u_C(t_f)=V_f$，且电阻上消耗的电能

$$J=\int_{t_0}^{t_f}\frac{[u_i(t)-u_C(t)]^2}{R}\mathrm{d}t$$

达到最小。

例 1.2 交通信号控制问题

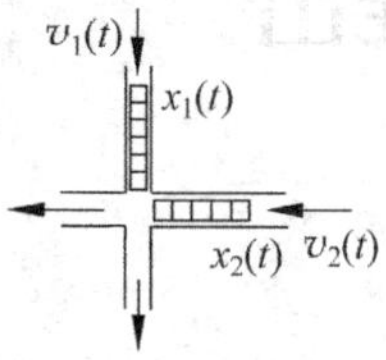

图 1.2 交叉路口信号控制

考虑两条单行车道的交叉路口,两条单行车道分别称为车道 1 和车道 2。如图 1.2 所示,在 t 时刻,两条车道在交叉路口处等待车辆的排列长度分别为 $x_1(t)$和 $x_2(t)$,到达交叉路口的车辆流量分别为 $v_1(t)$和 $v_2(t)$,两条车道的最大流量分别为 a_1 和 a_2,两个方向的绿色信号灯亮的时间长度分别为 $g_1(t)$和 $g_2(t)$。假设信号灯切换周期一定,记为 T;汽车加速所需时间与黄色信号灯亮的时间长度为一定,合记为 y。则

$$g_1(t)+g_2(t)+y=T$$

以 $u(t)$表示车道 1 上在一个信号切换周期内的平均车辆流量

$$u(t)=a_1\frac{g_1(t)}{T}$$

而车道 2 上的平均车辆流量则为

$$a_2\frac{g_2(t)}{T}=-\frac{a_2}{a_1}u(t)+a_2\left(1-\frac{y}{T}\right)$$

两条车道在交叉路口处等待车辆的排列长度满足如下方程

$$\dot{x}_1(t)=v_1(t)-u(t)$$

$$\dot{x}_2(t)=v_2(t)+\frac{a_2}{a_1}u(t)-a_2\left(1-\frac{y}{T}\right)$$

假设对车道 1 上的绿色信号灯亮的时间长度 $g_1(t)$有一定的范围限制,对应于 $u(t)$为如下约束

$$u_{\min}\leqslant u(t)\leqslant u_{\max}$$

对于给定的初始条件 $x_1(t_0)$和 $x_2(t_0)$,要设计控制 $u(t)$,$t\in[0,T]$,使得 $x_1(T)=0$和 $x_2(T)=0$,并使得车辆等待代价(或总时间)

$$J=\int_0^T[x_1(t)+x_2(t)]\mathrm{d}t$$

最小。

例 1.3 太空返回舱软着陆问题

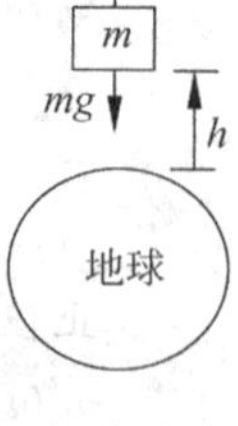

图 1.3 软着陆问题

太空返回舱在返回地球时,要求着陆的速度尽可能小(图 1.3)。为此,除了在返回阶段使用降落伞减速之外,在最后阶段还需启动发动机,将着陆速度减少到容许的范围内;同时,为了降低费用,要求减速发动机在着陆过程中消耗燃料尽可能少。

为了简化问题的描述,将返回舱视为一个质点,假设其在着陆过程的最后阶段在地面的垂线上运动,则返回舱的运动方程为

$$m(t)\frac{\mathrm{d}v(t)}{\mathrm{d}t}=p(t)+f(h,v)-m(t)g$$

$$\frac{\mathrm{d}h(t)}{\mathrm{d}t}=v(t)$$

$$\frac{\mathrm{d}m(t)}{\mathrm{d}t}=-\alpha p(t)$$

其中,$m(t)$是返回舱的质量,包括返回舱自重和所携带燃料质量;$h(t)$为返回舱到地面的距离;$v(t)$为返回舱的运动速度,垂直向上为正;$f(h,v)$为空气阻力;g为重力加速度,设为常数;α为发动机的燃烧系数,是一常数;$p(t)$为发动机推力,是要设计的控制变量。

假设返回舱发动机在$t=0$时刻点火,且假设

$$v(0)=v_0,\quad h(0)=h_0,\quad m(0)=M_s+M_e$$

其中,M_s为返回舱自身的质量;M_e为所携带燃料总质量。

假设返回舱的软着陆时刻为t_f,则要求

$$v(t_f)=0,\quad h(t_f)=0$$

发动机的推力$p(t)$恒为正,且最大值为p_M,即

$$0\leqslant p(t)\leqslant p_M$$

燃料最省返回舱软着陆问题可以描述为:在上述推力约束下,设计发动机推力函数$p(t)$,使得返回舱从初始状态$[h(0)\quad v(0)]^T$转移到终止状态$[h(t_f)\quad v(t_f)]^T$,并且消耗的燃料最少,即使得

$$J=m(t_f)$$

达到最大。

例1.4 太空拦截问题

考虑太空目标的拦截问题,假设太空目标以一定的速度飞行,拦截器的推力大小一定,推力方向可以操纵,太空目标和拦截器在一平面内运动。欲在时间区间$[t_0,t_f]$内控制拦截器推力方向,对太空目标实施拦截。太空目标与拦截器的相对运动的简化动力学方程为

$$\ddot{x}(t)=f\cos[\alpha(t)]$$

$$\ddot{y}(t)=f\sin[\alpha(t)]$$

其中,$x(t)$和$y(t)$分别是太空目标和拦截器的相对位置的坐标;拦截器的质量假设为1;f是拦截器推力幅值;$\alpha(t)$是拦截器推力方向角。

希望设计拦截器推力方向角$\alpha(t)$的控制策略,实现拦截,即

$$x(t_f)=0,\quad y(t_f)=0$$

并且使得拦截时间

$$J=\int_{t_0}^{t_f}\mathrm{d}t=t_f-t_0$$

最短。

例 1.5 最优消费策略问题

假设某人在 t_0 时刻持有资金 x_0 元，其计划在时间区间 $[t_0, t_f]$ 内消费这笔资金。如果考虑银行存款获利，那么此人如何进行消费可获得最大满足？

设在 t 时刻此人所持有的可消费资金(包括银行存款利息)为 $x(t)$，其消费为 $u(t)$，银行存款利率为 α。假定 α 为一常数。在消费资金 $u(t)$ 的过程中消费者所获得的满意度或效用为

$$L(t)=\sqrt{u(t)}\,\mathrm{e}^{-\beta t}$$

其中 β 为贴现率，是今后的消费款折算为现值的利率。

最优消费问题可描述为：给定资金动态方程

$$\dot{x}(t)=\alpha x(t)-u(t)$$

资金的初始值和终止值为

$$x(t_0)=x_0,\quad x(t_f)=0$$

求消费策略 $u(t)$ 使得总效用

$$J=\int_{t_0}^{t_f}\sqrt{u(t)}\,\mathrm{e}^{-\beta t}\,\mathrm{d}t$$

达到最大。

例 1.6 最优市场广告支付策略问题

广告费用是企业的重要开支之一，其支付策略是决定企业总收入的重要因素之一。企业在制定广告费用支付策略时，一方面要通过广告作用增加产品的销售，避免市场对其产品的遗忘；另一方面要注意市场饱和，即客户对其产品需求是有限的，市场存在最大销售量。当实际销售接近最大销售量时，广告的作用便会减小。

基于上述考虑，产品销售量和广告费用支付的关联可由如下动力学模型(Vidale-Wofle 模型)描述

$$\dot{x}(t)=-\alpha x(t)+\beta u(t)\left[1-\frac{x(t)}{x_M}\right]$$

其中，$x(t)$ 和 $u(t)$ 分别是产品销售量和广告费用支付；α 和 β 是常数，分别表示市场遗忘和广告效用对增加销售量的作用；x_M 是市场最大销售量。

假设单位产品的销售收入为 q 元，则在时间区间 $[t_0, t_f]$ 内的累计总收入为

$$J=\int_{t_0}^{t_f}\mathrm{e}^{-\beta t}[qx(t)-u(t)]\mathrm{d}t$$

其中 β 为贴现率。

最优市场广告支付问题为：求广告支付策略 $u(t), t\in[t_0, t_f]$，使得销售量由 $x(t_0)=x_0$ 增加到 $x(t_f)=x_f$，并且使得累计总收入 J 达到最大。

考虑实际情况时应注意到，在上述最优市场广告支付问题中有如下约束条件：

$$0\leqslant x(t)\leqslant x_M,\quad 0\leqslant u(t)\leqslant u_M$$

其中 u_M 是广告支付限额。

1.2　最优控制问题的数学描述

最优控制问题的描述一般包括受控系统运动方程、状态约束条件、目标集、容许控制集、性能指标等部分。

受控系统运动方程

集中参数连续受控系统的运动方程可由一组一阶常微分方程(称为状态方程)和一组代数方程(称为输出方程)组成,即

$$\dot{x}(t) = f(x,u,t)$$
$$y(t) = g(x,u,t)$$

其中,$x\in\mathbf{R}^n$ 和 $u\in\mathbf{R}^r$ 分别为受控系统的状态向量和控制向量; $y\in\mathbf{R}^m$ 为系统的输出向量; 函数向量 $f\in\mathbf{R}^n$ 满足一定的条件(例如,满足李普希茨条件)使得上述运动方程对于分段连续控制输入 u 存在唯一解; $g\in\mathbf{R}^m$ 为输出函数向量。有的情形下,状态 x 是可以量测的,可以用于设计控制律; 而一些场合,却只能利用输出 y 来构建控制律。

状态约束条件和目标集

根据具体情况,可能要求受控系统运动方程的初始状态和终端状态满足各种约束,包括等式约束和不等式约束。等式约束的一般形式为

$$h_1[x(t_0),t_0]=0,\quad h_2[x(t_f),t_f]=0$$

其中 h_1 和 h_2 是函数向量。典型的等式约束为

$$x(t_0)=x_0,\quad x(t_f)=x_f$$

其中 x_0 和 x_f 是给定的常数向量。注意,有时由等式约束条件并不能唯一地确定初始状态 $x(t_0)$或终端状态 $x(t_f)$。

不等式约束的一般形式为

$$h_1[x(t_0),t_0]\leqslant 0,\quad h_2[x(t_f),t_f]\leqslant 0$$

上述向量不等式的含义是函数向量 h_1 和 h_2 的各个元均小于或等于零。例如,要求终端状态位于状态空间中以原点为圆心、半径为 1 的圆域内时,可描述为对终端状态的不等式约束,即

$$x_1^2(t_f)+x_2^2(t_f)+\cdots+x_n^2(t_f)\leqslant 1$$

多数情况下,初始状态 $x(t_0)$是给定的,而要求终端状态 $x(t_f)$满足一定的约束。满足约束条件的所有终端状态所构成的集合称为**目标集**,其一般定义为

$$\mathbf{M}=\{x(t_f)\mid h_1[x(t_f),t_f]=0, h_2[x(t_f),t_f]\leqslant 0,\ x(t_f)\in\mathbf{R}^n\}$$

在一些情形下,会对系统状态和控制输入在整个控制过程中的特性有一定的要求或约束。此类约束通常用关于系统状态和控制输入的函数的积分来描述,并且有积分型等式约束和积分型不等式约束两种形式,即

$$\int_{t_0}^{t_f} L_e(x,u,t)\mathrm{d}t = 0$$

$$\int_{t_0}^{t_f} L_i(x,u,t)\mathrm{d}t \leqslant 0$$

其中 L_e 和 L_i 是可积函数向量。

容许控制集

通常对控制输入 u 有一定的约束，满足控制约束的所有向量所构成的集合称为**容许控制集**，记为 $\mathbf{U}$。

典型的控制约束为幅值约束。控制分量幅值约束为

$$\alpha_i \leqslant u_i \leqslant \beta_i, \quad i=1,2,\cdots,r$$

控制总幅值恒定约束为

$$u_1^2+u_2^2+\cdots+u_r^2=\alpha^2$$

其中 α_i，$\beta_i(i=1,2,\cdots,r)$ 和 α 均为常数。

机器人是具有控制分量幅值约束的系统，其各个关节驱动电机的输入电压具有限幅；推力大小一定而推力方向可控的火箭或导弹飞控系统具有控制总幅值约束。

性能指标

控制性能指标是对控制过程中的系统状态特性和控制输入特性的定量评价，是对我们所关注的主要问题的定量描述。性能指标是系统状态变量和控制输入变量的函数，一般可描述为

$$J = \Phi[x(t_f),t_f] + \int_{t_0}^{t_f} L(x,u,t)\mathrm{d}t \tag{1.2.1}$$

其中，Φ 和 L 均是标量值函数，L 为可积函数，Φ 称为**终端性能指标函数**，是对终端状态特性的评价；而 $\int_{t_0}^{t_f} L(x,u,t)\mathrm{d}t$ 称为**积分性能指标函数**，其决定系统状态和控制输入在时间区间 $[t_0,t_f]$ 上的特性。对于不同的控制问题，要对终端性能指标函数和积分性能指标函数作适当的选取。当我们不关心终端状态的特性（令 $\Phi=0$），而只注重在控制过程中系统状态和控制输入的特性时，上述性能指标便简化为

$$J = \int_{t_0}^{t_f} L(x,u,t)\mathrm{d}t \tag{1.2.2}$$

有时我们主要关心的是系统状态的终端特性，此时可采用如下性能指标

$$J = \Phi[x(t_f),t_f] \tag{1.2.3}$$

通常分别称式(1.2.1)、式(1.2.2)和式(1.2.3)所定义的性能指标为**混合型性能指标**、**积分型性能指标**和**终端型性能指标**。

最优控制问题的描述可归纳如下。

最优控制问题

对于给定的受控系统

$$\dot{x}(t) = f(x, u, t)$$
$$y(t) = g(x, u, t)$$

要求设计一容许控制 $u \in \mathbf{U}$,使得受控系统的状态在终端时刻到达目标集

$$x(t_f) \in \mathbf{M}$$

在整个控制过程中满足对状态和控制的约束

$$\int_{t_0}^{t_f} L_e(x, u, t)\mathrm{d}t = 0, \quad \int_{t_0}^{t_f} L_i(x, u, t)\mathrm{d}t \leqslant 0$$

的同时,使得性能指标

$$J = \Phi[x(t_f), t_f] + \int_{t_0}^{t_f} L(x, u, t)\mathrm{d}t$$

达到最小(或者最大)。

如果某个容许控制 $u \in \mathbf{U}$ 是上述最优控制问题的解,则称为**最优控制**,而称相应的受控系统状态为**最优轨线**。

在最优控制系统的设计中,性能指标的选取是十分重要的,选取不当则会导致控制系统的性能达不到所期望的要求,甚至使得相应的最优控制问题无解。

容易证明,通过引入辅助变量可以将上述三种类型的性能指标互相转换。

习题 1

1.1　求某给定连续标量实值函数的最小值问题是否为一最优控制问题?最优控制问题描述中,最基本的要素是什么?

1.2　将空间对接问题描述为最省燃料控制问题。

1.3　对于离散时间系统,给出最优控制问题的描述。

第2章 函数极值的基本理论

本章将介绍与后续章节内容相关的向量函数极值的基本理论。

2.1 向量函数的无条件极值

首先讨论在无约束条件下的向量函数的极值问题，考虑定义在 $\mathbf{R}^n$ 上的实数值向量函数 $f(x)\in\mathbf{R}^1$，其中 $x=[x_1 x_2 \cdots x_n]^{\mathrm{T}}\in\mathbf{R}^n$，如果对于 $\mathbf{R}^n$ 中的一点 x_*，成立

$$f(x_*)\leqslant f(x),\quad \forall x\in\mathbf{R}^n, x\neq x_* \tag{2.1.1}$$

则称 x_* 为函数 $f(x)$**全局极小值点**。如果上述不等式对 x_* 的一个邻域内的任意点 x 成立，即存在实数 $\varepsilon>0$，成立

$$f(x_*)\leqslant f(x),\quad \forall x\in\mathbf{D}_\varepsilon(x_*) \tag{2.1.2}$$

则称 x_* 为函数 $f(x)$ 的**局部极小值点**，这里

$$\mathbf{D}_\varepsilon(x_*)=\{x\,|\,\|x-x_*\|\leqslant\varepsilon, x\neq x_*, \forall x\in\mathbf{R}^n\}$$

其中 $\|\cdot\|$ 表示欧氏范数，定义为

$$\|x\|=\sqrt{x_1^2+x_2^2+\cdots+x_n^2}$$

如果小于等于号改为小于号时，式(2.1.1)和式(2.1.2)仍成立，则分别称 x_* 为**严格全局极小值点**和**严格局部极小值点**。

类似地可以定义函数 $f(x)$ 的极大值点。若 x_* 为函数 $f(x)$ 的极大值点，则 x_* 是函数 $-f(x)$ 的极小值点。所以，极大值问题可以转化为极小值问题。下面我们仅讨论极小值问题。

定理 2.1 x_* 为函数 $f(x)$ 的局部极小值点的必要条件为

(1) $f(x)$ 在 x_* 处一阶连续可微时

$$f_x(x_*)=0 \quad (\text{一阶必要条件}) \tag{2.1.3}$$

(2) $f(x)$ 在 x_* 处二阶连续可微时

$$f_{xx}(x_*)\geqslant 0 \quad (\text{二阶必要条件}) \tag{2.1.4}$$

当在 x_* 处 $f(x)$ 二阶连续可微时，x_* 为函数 $f(x)$ 的严格局部极小值点的充分条件为

$$f_x(x_*)=0 \quad \text{且} \quad f_{xx}(x_*)>0 \tag{2.1.5}$$

证明 假设 x_* 为函数 $f(x)$ 的局部极小值点。对于 x_* 的邻域 $\mathbf{D}_\varepsilon(x_*)$

内的点 x，当 $f(x)$ 在 x_* 处一阶连续可微时，$f(x)$ 可表示为

$$f(x)=f(x_*)+f_x^{\mathrm{T}}(x_*)(x-x_*)+o(\varepsilon)$$

$f(x)$ 在 x_* 处二阶连续可微时

$$\begin{aligned} f(x) &= f(x_*)+f_x^{\mathrm{T}}(x_*)(x-x_*) \\ &\quad +\frac{1}{2}(x-x_*)^{\mathrm{T}}f_{xx}(x_*)(x-x_*)+o(\varepsilon^2) \end{aligned} \tag{2.1.6}$$

其中 $o(\varepsilon)$ 是关于 ε 的高阶无穷小，即 $\lim\limits_{\varepsilon\to 0_+}o(\varepsilon)/\varepsilon=0$。

如果 $f_x(x_*)\neq 0$，可令

$$x=x_*-(\varepsilon/2)\parallel f_x(x_*)\parallel^{-1}f_x(x_*)$$

则 $x\in \mathbf{D}_\varepsilon(x_*)$，且

$$f(x)=f(x_*)-\varepsilon\parallel f_x(x_*)\parallel/2+o(\varepsilon)$$

当 ε 充分小时，有 $f(x)<f(x_*)$。从而导致矛盾。因此，式(2.1.3)是 x_* 为函数 $f(x)$ 的局部极小值点的必要条件。

现假设式(2.1.3)成立。则式(2.1.6)可改写为

$$f(x)=f(x_*)+\frac{1}{2}(x-x_*)^{\mathrm{T}}f_{xx}(x_*)(x-x_*)+o(\varepsilon^2)$$

如果式(2.1.4)不成立，即 $f_{xx}(x_*)$ 有负的特征值，则存在一常数 $\eta>0$ 和非零单位向量 ξ（即满足 $\xi^{\mathrm{T}}\xi=1$），成立

$$\xi^{\mathrm{T}}f_{xx}(x_*)\xi<-\eta$$

令 $x=x_*-(\varepsilon/2)\xi$，则 $x\in \mathbf{D}_\varepsilon(x_*)$，并且成立

$$f(x)<f(x_*)-\eta\varepsilon^2/8+o(\varepsilon^2)$$

同理导致矛盾。从而证明了式(2.1.4)也是 x_* 为 $f(x)$ 的局部极小值点的必要条件。

现证明式(2.1.5)中的条件的充分性。为此，假设式(2.1.5)的条件成立，则存在一常数 $\mu>0$，成立

$$f_{xx}(x_*)>\mu I_n$$

其中 I_n 为 $n\times n$ 单位矩阵，故有

$$f(x)>f(x_*)+\frac{\mu}{2}\parallel x-x_*\parallel^2+o(\varepsilon^2)$$

当 ε 充分小时，若 $x\neq x_*$，则有 $f(x)>f(x_*)$。因此，式(2.1.5)中的条件是 x_* 为 $f(x)$ 的严格局部极小值点的充分条件。 ■

定义 2.1（凸集） 假设 $\mathbf{X}$ 为一非空集合。对于任意正整数 $m\geqslant 1$，任意 $\xi_i\in\mathbf{X}$ 和任意 $\lambda_i\in[0,1]$，$i=1,2,\cdots,m$，$\sum\limits_{i=1}^{m}\lambda_i=1$，均成立

$$\sum_{i=1}^{m}\lambda_i\xi_i\in\mathbf{X}$$

则称 $\mathbf{X}$ 为凸集。

定义 2.2（凸函数） 假设 $\mathbf{X}$ 为凸集。如果对于任意 $\xi_i\in\mathbf{X}$ 和任意 $\lambda_i\in[0,1]$，$i=$

$1,2,\cdots,m$，$\sum_{i=1}^{m}\lambda_i=1$，成立

$$f\left(\sum_{i=1}^{m}\lambda_i\xi_i\right)\leqslant\sum_{i=1}^{m}\lambda_i f(\xi_i)$$

则称 $f(x)$是 $\mathbf{X}$ 上的凸函数。

定理 2.2 如果 $f(x)$是凸集 $\mathbf{X}$ 上的凸函数，x_* 是 $f(x)$在 $\mathbf{X}$ 上的局部极小值点，则 x_* 也是 $f(x)$在 $\mathbf{X}$ 上的全局极小值点。

证明 假设 x_* 是 $f(x)$在 $\mathbf{X}$ 上的局部极小值点，但不是全局极小值点。则存在 $\xi\in\mathbf{X}$，满足

$$f(x_*)>f(\xi) \tag{2.1.7}$$

由于 x_* 是 $f(x)$在 $\mathbf{X}$ 上的局部极小值点，对于充分小的正数 ε，成立

$$f(x)\geqslant f(x_*),\quad \forall x\in \mathbf{D}_\varepsilon(x_*) \tag{2.1.8}$$

另一方面，因 $\mathbf{X}$ 是凸集，对于 $\lambda\in(0,1)$，有 $\zeta=(1-\lambda)x_*+\lambda\xi\in\mathbf{X}$。当 λ 充分小时，有 $\|\zeta-x_*\|\leqslant\varepsilon$。由于 $f(x)$是凸函数，故成立

$$f(\zeta)\leqslant(1-\lambda)f(x_*)+\lambda f(\xi)$$

当 λ 为充分小的正数而又非零时，由式(2.1.7)，有

$$f(\zeta)<f(x_*)$$

这与式(2.1.8)矛盾。因此，定理所述结论成立。 ■

2.2 等式约束下的向量函数极值

本节讨论实数值向量函数 $f(x)$在如下等式约束条件下的极值问题，即

$$g_i(x)=0,\quad i=1,2,\cdots,m$$

令 $g(x)=[g_1(x)\quad g_2(x)\quad\cdots\quad g_m(x)]^{\mathrm{T}}$，定义集合

$$\mathbf{G}=\{x\,|\,g(x)=0,\ \forall x\in\mathbf{R}^n\}$$

即集合 $\mathbf{G}$ 由所有满足等式约束 $g(x)=0$ 的向量构成。称 $\mathbf{G}$ 为**容许集**，称 $g_i(x)(i=1,2,\cdots,m)$为**约束函数**，$g(x)$为**约束函数向量**。假设 $m\leqslant n$。

如果对于 $\mathbf{G}$ 中的一点 x_*，成立

$$f(x_*)\leqslant f(x),\quad \forall x\in\mathbf{G} \tag{2.2.1}$$

则称 x_* 为函数 $f(x)$满足等式约束条件 $g(x)=0$ 的全局极小值点。如果存在实数 $\varepsilon>0$，成立

$$f(x_*)\leqslant f(x),\quad \forall x\in\mathbf{D}_\varepsilon(x_*)\cap\mathbf{G} \tag{2.2.2}$$

则称 x_* 为函数 $f(x)$满足等式约束条件 $g(x)=0$ 的局部极小值点，其中"$\cap$"表示两集合的交。

定理 2.3 假设 x_* 是 $f(x)$满足约束条件 $g(x)=0$ 的局部极小值点。假设 $f(x)$和 $g_i(x)(i=1,2,\cdots,m)$在 x_* 处一阶连续可微，并且 Jacobi 矩阵 $g_{x^{\mathrm{T}}}(x_*)$满秩。则存在非零 Lagrange 乘子 $\lambda=[\lambda_1\quad\lambda_2\quad\cdots\quad\lambda_m]^{\mathrm{T}}$ 满足

$$\frac{\partial f(x_*)}{\partial x_i}+\sum_{j=1}^{m}\lambda_j\frac{\partial g_j(x_*)}{\partial x_i}=0,\quad i=1,2,\cdots,n \tag{2.2.3}$$

定义 Hamilton 函数

$$L(x,\lambda)=f(x)+\lambda^{\mathrm{T}}g(x)$$

则定理2.3中给出的 x_* 为 $f(x)$ 在满足约束 $g(x)=0$ 下的局部极小值点的必要条件可表述为

$$L_x(x,\lambda)=\frac{\mathrm{d}f(x)}{\mathrm{d}x}+\frac{\mathrm{d}g^{\mathrm{T}}(x)}{\mathrm{d}x}\lambda=0$$

$$L_\lambda(x,\lambda)=g(x)=0$$

由上述条件可见，$f(x)$ 满足约束条件 $g(x)=0$ 的局部极小值问题被转化为 Hamilton 函数 $L(x,\lambda)$ 无约束局部极小值问题。

例 2.1　求抛物线 $y=x^2+2x+4$ 与直线 $y=x+1$ 之间的最短距离。

假设 (x_1,y_1) 是抛物线上的点，(x_2,y_2) 是直线上的点，则其分别满足约束条件

$$g_1(x_1,y_1)=y_1-x_1^2-2x_1-4=0$$

$$g_2(x_2,y_2)=y_2-x_2-1=0$$

点 (x_1,y_1) 与点 (x_2,y_2) 之间的距离的平方为

$$f^2=(x_1-x_2)^2+(y_1-y_2)^2$$

令 $g=[g_1\quad g_2]^{\mathrm{T}}$。则问题可描述为，在等式约束条件 $g=0$ 下求 f^2 的最小值。

定义 Hamilton 函数

$$L=(x_1-x_2)^2+(y_1-y_2)^2+\lambda_1(y_1-x_1^2-2x_1-4)+\lambda_2(y_2-x_2-1)$$

由一阶必要条件，得

$$L_{x_1}=2(x_1-x_2)+\lambda_1(-2x_1-2)=0$$

$$L_{x_2}=-2(x_1-x_2)-\lambda_2=0$$

$$L_{y_1}=2(y_1-y_2)+\lambda_1=0$$

$$L_{y_2}=-2(y_1-y_2)+\lambda_2=0$$

$$L_{\lambda_1}=y_1-x_1^2-2x_1-4=0$$

$$L_{\lambda_2}=y_2-x_2-1=0$$

联立求解，可得

$$x_1=-\frac{1}{2},\quad y_1=\frac{13}{4},\quad x_2=\frac{7}{8},\quad y_2=\frac{15}{8},\quad \lambda_1=-\frac{11}{4},\quad \lambda_2=\frac{11}{4}$$

与一阶必要条件的解对应的距离为

$$f=\frac{11\sqrt{2}}{8}$$

对于一些向量函数极值问题，将函数 f 的变量区分为状态变量和决策变量（或控制变量）。以 x 表示状态变量，u 表示决策变量，其分别在 $\mathbf{R}^n$ 和 $\mathbf{R}^m$ 上取值。现考虑函数 $f(x,u)$ 在等式约束条件 $g(x,u)=0$ 下的局部极小值问题。

假设 $L(x,u,\lambda)=f(x,u)+\lambda^{\mathrm{T}}g(x,u)$ 是 n 维函数向量，并且对任意决策变量 u，

Jacobi 矩阵 $g_{x^{\mathrm{T}}}(x,u)$是非奇异的。由隐函数定理可知，对任意给定决策变量 u，由约束条件 $g(x,u)=0$ 可唯一地确定状态变量 x。

定义 Hamilton 函数

$$L(x,u,\lambda)=f(x,u)+\lambda^{\mathrm{T}}g(x,u)$$

假设对给定 Lagrange 乘子 λ，(x_*,u_*)是 Hamilton 函数 $L(x,u,\lambda)$的极小值点，在点(x_*,u_*)处展开 $L(x,u,\lambda)$到一阶项

$$\begin{aligned}L(x,u,\lambda)&=L(x_*,u_*,\lambda)+L_{x^{\mathrm{T}}}(x_*,u_*,\lambda)\mathrm{d}x+L_{u^{\mathrm{T}}}(x_*,u_*,\lambda)\mathrm{d}u+\varepsilon_1\\&=L(x_*,u_*,\lambda)+[f_{x^{\mathrm{T}}}(x_*,u_*)+\lambda^{\mathrm{T}}g_{x^{\mathrm{T}}}(x_*,u_*)]\mathrm{d}x\\&\quad+[f_{u^{\mathrm{T}}}(x_*,u_*)+\lambda^{\mathrm{T}}g_{u^{\mathrm{T}}}(x_*,u_*)]\mathrm{d}u+\varepsilon_1\end{aligned}\tag{2.2.4}$$

其中 ε_1 是关于 $\|\mathrm{d}x\|$ 和 $\|\mathrm{d}u\|$ 的高阶无穷小

$$\mathrm{d}x=x-x_*,\quad \mathrm{d}u=u-u_*$$

因为状态变量 x 和决策变量 u 必须满足等式约束条件 $g(x,u)=0$，故其偏量 $\mathrm{d}x$ 和 $\mathrm{d}u$ 不能同时是任意的。因此，不能断言称，由 $\mathrm{d}x$ 和 $\mathrm{d}u$ 的任意性，$L(x,u,\lambda)$的相应偏导数等于零。

有两种不同的方法处理上述问题，第一种方法是从约束条件 $g(x,u)=0$ 着手，导出 $\mathrm{d}x$ 和 $\mathrm{d}u$ 的关联。由等式 $g(x,u)=0$ 和 $g(x_*,u_*)=0$ 有

$$g_{x^{\mathrm{T}}}(x,u)\mathrm{d}x+g_{u^{\mathrm{T}}}(x,u)\mathrm{d}u=0$$

当 $\mathrm{d}u$ 给定时，$\mathrm{d}x$ 由下式给定

$$\mathrm{d}x=-[g_{x^{\mathrm{T}}}(x,u)]^{-1}g_{u^{\mathrm{T}}}(x,u)\mathrm{d}u\tag{2.2.5}$$

将式(2.2.5)代入式(2.2.4)，得

$$\begin{aligned}L(x,u,\lambda)=&L(x_*,u_*,\lambda)+[f_{u^{\mathrm{T}}}(x_*,u_*)\\&-f_{x^{\mathrm{T}}}(x_*,u_*)[g_{x^{\mathrm{T}}}(x_*,u_*)]^{-1}g_{u^{\mathrm{T}}}(x_*,u_*)]\mathrm{d}u+\varepsilon_1\end{aligned}\tag{2.2.6}$$

由 $\mathrm{d}u$ 的任意性(只要 $\|\mathrm{d}u\|$ 充分小)知，若(x_*,u_*)是 $L(x,u,\lambda)$的极小值点，则成立

$$f_u(x_*,u_*)-g_u^{\mathrm{T}}(x_*,u_*)[g_{x^{\mathrm{T}}}(x_*,u_*)]^{-\mathrm{T}}f_x(x_*,u_*)=0\tag{2.2.7}$$

另一种方法是视 Lagrange 乘子 λ 为待定向量，选取 λ 为

$$\lambda=-[g_{x^{\mathrm{T}}}(x_*,u_*)]^{-\mathrm{T}}f_x(x_*,u_*)\tag{2.2.8}$$

则式(2.2.4)也具有式(2.2.6)的形式，从而导出相同的必要条件。

可归纳上述条件式(2.2.7)和式(2.2.8)以及约束条件为如下一组等价条件

$$L_x(x_*,u_*,\lambda)=f_x(x_*,u_*)+g_x^{\mathrm{T}}(x_*,u_*)\lambda=0\tag{2.2.9}$$

$$L_u(x_*,u_*,\lambda)=f_u(x_*,u_*)+g_u^{\mathrm{T}}(x_*,u_*)\lambda=0\tag{2.2.10}$$

$$L_\lambda(x_*,u_*,\lambda)=g(x_*,u_*)=0\tag{2.2.11}$$

注意，在 Jacobi 矩阵 $g_{x^{\mathrm{T}}}(x,u)$为非奇异的假设下，联立条件式(2.2.9)和式(2.2.10)等价于条件式(2.2.7)。

现假设(x_*,u_*)满足上述一阶必要条件，欲导出其为函数 $f(x,u)$在等式约束条件 $g(x,u)=0$ 下的局部极小值点的二阶条件。

假设一阶条件式(2.2.9)、式(2.2.10)和式(2.2.11)成立，并注意到式(2.2.5)，在点(x_*,u_*)处$L(x,u,\lambda)$到二阶项的展开式为

$$L(x,u,\lambda)=f(x_*,u_*)+\frac{1}{2}\begin{bmatrix}\mathrm{d}x^{\mathrm{T}} & \mathrm{d}u^{\mathrm{T}}\end{bmatrix}\begin{bmatrix}L_{xx}(*) & L_{xu}(*)\\ L_{ux}(*) & L_{uu}(*)\end{bmatrix}\begin{bmatrix}\mathrm{d}x\\ \mathrm{d}u\end{bmatrix}+\varepsilon_2$$

$$=f(x_*,u_*)+\frac{1}{2}\mathrm{d}u^{\mathrm{T}}\begin{bmatrix}-g_{x^{\mathrm{T}}}^{-1}g_{u^{\mathrm{T}}}(*)\\ I_m\end{bmatrix}^{\mathrm{T}}\begin{bmatrix}L_{xx}(*) & L_{xu}(*)\\ L_{ux}(*) & L_{uu}(*)\end{bmatrix}\begin{bmatrix}-g_{x^{\mathrm{T}}}^{-1}g_{u^{\mathrm{T}}}(*)\\ I_m\end{bmatrix}\mathrm{d}u+\varepsilon_2$$

其中ε_2是关于$\|\mathrm{d}x\|^2$和$\|\mathrm{d}u\|^2$的高阶无穷小

$$\begin{bmatrix}L_{xx}(*) & L_{xu}(*)\\ L_{ux}(*) & L_{uu}(*)\end{bmatrix}=\begin{bmatrix}L_{xx}(x_*,u_*,\lambda) & L_{xu}(x_*,u_*,\lambda)\\ L_{ux}(x_*,u_*,\lambda) & L_{uu}(x_*,u_*,\lambda)\end{bmatrix}$$

$$g_{x^{\mathrm{T}}}^{-1}g_{u^{\mathrm{T}}}(*)=[g_{x^{\mathrm{T}}}(x_*,u_*)]^{-1}g_{u^{\mathrm{T}}}(x_*,u_*)$$

由$\mathrm{d}u$的任意性，可以给出局部极小值点的二阶条件。

总结上述讨论可得到如下定理。

定理 2.4　假设$f(x,u)$和$g_i(x,u)(i=1,2,\cdots,n)$在(x_*,u_*)处二阶连续可微，并且 Jacobi 矩阵$g_{x^{\mathrm{T}}}(x_*,u_*)$非奇异。则$(x_*,u_*)$是$f(x,u)$满足约束条件$g(x,u)=0$的局部极小值点的必要条件为

$$L_x(x_*,u_*,\lambda)=0,\quad L_u(x_*,u_*,\lambda)=0,\quad L_\lambda(x_*,u_*,\lambda)=0$$

$$\begin{bmatrix}-g_{x^{\mathrm{T}}}^{-1}g_{u^{\mathrm{T}}}(*)\\ I_m\end{bmatrix}^{\mathrm{T}}\begin{bmatrix}L_{xx}(*) & L_{xu}(*)\\ L_{ux}(*) & L_{uu}(*)\end{bmatrix}\begin{bmatrix}-g_{x^{\mathrm{T}}}^{-1}g_{u^{\mathrm{T}}}(*)\\ I_m\end{bmatrix}\geqslant 0$$

充分条件为

$$L_x(x_*,u_*,\lambda)=0,\quad L_u(x_*,u_*,\lambda)=0,\quad L_\lambda(x_*,u_*,\lambda)=0$$

$$\begin{bmatrix}-g_{x^{\mathrm{T}}}^{-1}g_{u^{\mathrm{T}}}(*)\\ I_m\end{bmatrix}^{\mathrm{T}}\begin{bmatrix}L_{xx}(*) & L_{xu}(*)\\ L_{ux}(*) & L_{uu}(*)\end{bmatrix}\begin{bmatrix}-g_{x^{\mathrm{T}}}^{-1}g_{u^{\mathrm{T}}}(*)\\ I_m\end{bmatrix}>0$$

例 2.1(续)　令

$$y=\begin{bmatrix}y_1\\ y_2\end{bmatrix},\quad x=\begin{bmatrix}x_1\\ x_2\end{bmatrix}$$

将y视为状态变量，x视为决策变量，则

$$L_{y_1y_1}=2,\quad L_{y_1y_2}=-2,\quad L_{y_1x_1}=0,\quad L_{y_1x_2}=0$$

$$L_{y_2y_1}=-2,\quad L_{y_2y_2}=2,\quad L_{y_2x_1}=0,\quad L_{y_2x_2}=0$$

$$L_{x_1y_1}=0,\quad L_{x_1y_2}=0,\quad L_{x_1x_1}=2-2\lambda_1,\quad L_{x_1x_2}=-2$$

$$L_{x_2y_1}=0,\quad L_{x_2y_2}=0,\quad L_{x_2x_1}=-2,\quad L_{x_2x_2}=2$$

$$g_{y^{\mathrm{T}}}=\begin{bmatrix}1 & 0\\ 0 & 1\end{bmatrix},\quad g_{x^{\mathrm{T}}}=\begin{bmatrix}-2x_1-2 & 0\\ 0 & -1\end{bmatrix}$$

将一阶条件的求解结果代入二阶条件，得

$$\begin{bmatrix} -g_{y^{\mathrm{T}}}^{-1} g_{x^{\mathrm{T}}}(*) \\ I_2 \end{bmatrix}^{\mathrm{T}} \begin{bmatrix} L_{yy}(*) & L_{yx}(*) \\ L_{xy}(*) & L_{xx}(*) \end{bmatrix} \begin{bmatrix} -g_{y^{\mathrm{T}}}^{-1} g_{x^{\mathrm{T}}}(*) \\ I_2 \end{bmatrix}$$

$$= \begin{bmatrix} 1 & 0 & 1 & 0 \\ 0 & 1 & 0 & 1 \end{bmatrix} \begin{bmatrix} 2 & -2 & 0 & 0 \\ -2 & 2 & 0 & 0 \\ 0 & 0 & \frac{15}{2} & -2 \\ 0 & 0 & -2 & 2 \end{bmatrix} \begin{bmatrix} 1 & 0 \\ 0 & 1 \\ 1 & 0 \\ 0 & 1 \end{bmatrix}$$

$$= \begin{bmatrix} 2 & -2 & \frac{15}{2} & -2 \\ -2 & 2 & -2 & 2 \end{bmatrix} \begin{bmatrix} 1 & 0 \\ 0 & 1 \\ 1 & 0 \\ 0 & 1 \end{bmatrix} = \begin{bmatrix} \frac{19}{2} & -4 \\ -4 & 4 \end{bmatrix} > 0$$

可见定理 2.4 的充分条件得到满足。最短距离为 $f=\frac{11\sqrt{2}}{8}$。

2.3 不等式约束下的向量函数极值

现讨论存在不等式约束的情形。假设容许集 **G** 由满足如下约束的向量 x 全体构成

$$h_i(x) \leqslant 0, \quad i = 1,2,\cdots,q \tag{2.3.1}$$

$$g_i(x) = 0, \quad i = 1,2,\cdots,p \tag{2.3.2}$$

即

$$\mathbf{G} = \{x \,|\, h(x) \leqslant 0, g(x) = 0, \forall x \in \mathbf{R}^n\} \tag{2.3.3}$$

其中

$$h(x) = [h_1(x) \quad h_2(x) \quad \cdots \quad h_q(x)]^{\mathrm{T}}$$

$$g(x) = [g_1(x) \quad g_2(x) \quad \cdots \quad g_p(x)]^{\mathrm{T}}$$

要求 $x_* \in \mathbf{G}$ 使得函数 $f(x)$ 在 x_* 处达到在 **G** 上的局部极小值,即

$$f(x_*) \leqslant f(x), \quad \forall x \in \mathbf{D}_\varepsilon(x_*) \cap \mathbf{G} \tag{2.3.4}$$

定义下标集

$$\mathrm{S}_k = \{1,2,\cdots,k\}$$

$$\mathrm{S}(x) = \{i \mid h_i(x) = 0, i \in \mathrm{S}_q\} \tag{2.3.5}$$

如果梯度 $\frac{\mathrm{d}g_i(x)}{\mathrm{d}x}(i \in \mathrm{S}_p)$ 是线性独立的,并且存在向量 η 使得

$$\frac{\mathrm{d}h_i(x)}{\mathrm{d}x^{\mathrm{T}}}\eta < 0, \quad i \in \mathrm{S}(x) \tag{2.3.6}$$

$$\frac{\mathrm{d}g_i(x)}{\mathrm{d}x^{\mathrm{T}}}\eta = 0, \quad i \in \mathrm{S}_p \tag{2.3.7}$$

则称约束函数 $h(x)$ 和 $g(x)$ 在 x 处满足**约束规范**。

定理 2.5(Kuhn-Tucker 定理——一阶必要条件) 假设 $f(x)$、$h(x)$ 和 $g(x)$ 在 **G**

上一阶连续可微。如果 x_* 是函数 $f(x)$ 在 **G** 上的局部极小值点，并且在 x_* 处约束函数 $h(x)$ 和 $g(x)$ 满足约束规范，则存在常数 $\lambda_1,\lambda_2,\cdots,\lambda_q$ 和 $\mu_1,\mu_2,\cdots,\mu_p$，Kuhn-Tucker 条件成立

$$L_x(x_*,\lambda,\mu)=0$$
$$\lambda_i\geqslant 0,h_i(x_*)\leqslant 0,\lambda_i h_i(x_*)=0,\quad i\in \mathrm{S}_q$$
$$g_i(x_*)=0,\quad i\in \mathrm{S}_p$$

其中

$$L(x,\lambda,\mu)=f(x)+\lambda^{\mathrm{T}}h(x)+\mu^{\mathrm{T}}g(x)$$
$$\lambda=[\lambda_1\quad\lambda_2\quad\cdots\quad\lambda_q]^{\mathrm{T}}$$
$$\mu=[\mu_1\quad\mu_2\quad\cdots\quad\mu_p]^{\mathrm{T}}$$

定理 2.6(二阶必要条件) 假设 $f(x)$、$h(x)$ 和 $g(x)$ 在 **G** 上二阶连续可微，设 x_* 是函数 $f(x)$ 在 **G** 上的局部极小值点，如果在 x_* 处，梯度 $\frac{\mathrm{d}g_i(x)}{\mathrm{d}x}(i\in \mathrm{S}_p)$、$\frac{\mathrm{d}h_i(x)}{\mathrm{d}x}$ $(i\in \mathrm{S}(x))$ 是线性独立的，并且存在常数向量 λ 和 μ，使得 Kuhn-Tucker 条件成立，则对于满足

$$\frac{\mathrm{d}g_i(x_*)}{\mathrm{d}x^{\mathrm{T}}}\eta=0,\quad i\in \mathrm{S}_p \tag{2.3.8}$$

$$\frac{\mathrm{d}h_i(x_*)}{\mathrm{d}x^{\mathrm{T}}}\eta=0,\quad i\in \mathrm{S}(x_*) \tag{2.3.9}$$

的任意向量 η，成立

$$\eta^{\mathrm{T}}L_{xx}(x_*,\lambda,\mu)\eta\geqslant 0$$

定理 2.7(二阶充分条件) 假设 $f(x)$、$h(x)$ 和 $g(x)$ 在 **G** 上二阶连续可微。假设在 $x=x_*$ 处，梯度 $\frac{\mathrm{d}g_i(x)}{\mathrm{d}x}(i\in \mathrm{S}_p)$、$\frac{\mathrm{d}h_i(x)}{\mathrm{d}x}(i\in \mathrm{S}(x))$ 是线性独立的，并存在常数向量 λ 和 μ，使得 Kuhn-Tucker 条件成立。如果对于满足

$$\frac{\mathrm{d}g_i(x_*)}{\mathrm{d}x^{\mathrm{T}}}\eta=0,\quad i\in \mathrm{S}_p \tag{2.3.10}$$

$$\frac{\mathrm{d}h_i(x_*)}{\mathrm{d}x^{\mathrm{T}}}\eta=0,\quad i\in \mathrm{S}(x_*),\quad \lambda_i>0 \tag{2.3.11}$$

$$\frac{\mathrm{d}h_i(x_*)}{\mathrm{d}x^{\mathrm{T}}}\eta\leqslant 0,\quad i\in \mathrm{S}(x_*),\quad \lambda_i=0$$

的任意非零向量 η，成立

$$\eta^{\mathrm{T}}L_{xx}(x_*,\lambda,\mu)\eta>0$$

则 x_* 是函数 $f(x)$ 在 **G** 上的严格局部极小值点。

例 2.2 求函数 $f(x)=x_2$ 在如下约束条件下的局部极小值，即

$$h(x)=(x_1+5)^2+(x_2-2)^2-8^2\leqslant 0$$
$$g(x)=(x_1-1)^2+(x_2-1)^2-5^2=0$$

令

$$L(x,\lambda,\mu) = f(x) + \lambda h(x) + \mu g(x)$$

则 Kuhn-Tucker 条件为

$$L_{x_1}(x,\lambda,\mu) = 2\lambda(x_1+5) + 2\mu(x_1-1) = 0$$

$$L_{x_2}(x,\lambda,\mu) = 1 + 2\lambda(x_2-2) + 2\mu(x_2-1) = 0$$

$$\lambda \geqslant 0, h(x) \leqslant 0, \quad \lambda h(x) = 0$$

$$g(x) = 0$$

分两种情况讨论。

(1) $h(x)=0$ 的情况。此时，与 $g(x)=0$ 联立，求得两组解

$$x_1 = 1.9837, \quad x_2 = 5.9023; \quad x_1 = 0.3406, \quad x_2 = -3.9563$$

由 $L_{x_1}(x,\lambda,\mu)=0, L_{x_2}(x,\lambda,\mu)=0$ 可相应解得

$$\lambda=0.0162, \quad \mu=-0.1149; \quad \lambda=0.0109, \quad \mu=0.0879$$

在点(1.9837,5.9023)处，仅有零向量 $\eta=0$ 同时满足式(2.3.8)和式(2.3.9)，可知定理 2.6 的二阶必要条件成立；因不存在非零向量 η 同时满足式(2.3.10)和式(2.3.11)(此时 $\lambda>0$)，可知定理 2.7 二阶充分条件也成立；因此 $f(x)$ 在点(1.9837,5.9023)处取得严格局部极小值 5.9023。

在点(0.3406,−3.9563)处，

$$L_{xx}(x,\lambda,\mu)=\begin{bmatrix} 2(\lambda+\mu) & 0 \\ 0 & 2(\lambda+\mu) \end{bmatrix}=\begin{bmatrix} 0.1976 & 0 \\ 0 & 0.1976 \end{bmatrix}>0$$

可知定理 2.6 的二阶必要条件和定理 2.7 二阶充分条件均成立，故点(0.3406，−3.9563)是严格局部极小值点，相应 $f(x)$ 的严格局部极小值为−3.9563。

(2) $h(x)<0$ 的情况。此时，$\lambda=0$；由 $L_{x_2}(x,\lambda,\mu)=1+2\mu(x_2-1)=0$ 知，$\mu\neq0$；则由 $L_{x_1}(x,\lambda,\mu)=0$ 和 $g(x)=0$ 解得两组解

$$x_1=1, \quad x_2=6; \quad x_1=1, \quad x_2=-4$$

在点(1,6)处，解得 $\mu=-0.1$。则在点(1,6)处，

$$\frac{\mathrm{d}g}{\mathrm{d}x^{\mathrm{T}}}=[0 \quad 10], \quad h(x)=-12\neq0$$

而

$$L_{xx}(x,\lambda,\mu)=\begin{bmatrix} 2(\lambda+\mu) & 0 \\ 0 & 2(\lambda+\mu) \end{bmatrix}=\begin{bmatrix} -0.2 & 0 \\ 0 & -0.2 \end{bmatrix}$$

若令 $\eta=[\alpha \quad 0]^{\mathrm{T}}$，则对任意实数 α，式(2.3.8)均成立，而对于任意非零实数 α，有

$$\eta^{\mathrm{T}}L_{xx}(x,\lambda,\mu)\eta=-0.2\alpha^2<0$$

定理 2.6 的二阶必要条件不成立。在点(1，−4)处，$h(x)=8>0$。因此，点(1,6)和点(1，−4)都不是欲求的局部极小值点。

约束条件和局部极小值点如图 2.1 所示。

例 2.3 假设某人计划花费在蔬菜和肉类上的总支出等于 100 元，其从消费蔬菜 a 千克和肉类 b 千克中获得的效用为

$$J=\sqrt{a}+2\sqrt{b}$$

假设蔬菜每千克 1 元钱，而肉类的价格是蔬菜的 6 倍。要求消费蔬菜不少于 30 千克，消费肉类不少于 10 千克。欲求此人蔬菜和肉类的消费量，使得其获得最大效用，即求解极值问题

$$\min_{\substack{a+6b=100\\ a\geqslant 30\\ b\geqslant 10}} (-J)$$

对于上述极值问题，相应的 Hamilton 函数为

$$L(a,b,\lambda,\mu)=-\sqrt{a}-2\sqrt{b}+\lambda_1(30-a)+\lambda_2(10-b)+\mu(a+6b-100)$$

令 $x=[a,b]^{\mathrm{T}}$，$h_1=30-a$，$h_2=10-b$，$g=a+6b-100$，并以 **G** 表示所有满足约束条件的 x 的集合。分析可知 $-J$ 是一凸函数，**G** 为一凸集。因为

$$L_{xx}(a,b,\lambda,\mu)=\begin{bmatrix}\dfrac{1}{4a\sqrt{a}} & 0\\ 0 & \dfrac{1}{2b\sqrt{b}}\end{bmatrix}$$

可见，对于满足约束条件的 a 和 b，$L_{xx}(a,b,\lambda,\mu)$ 恒为正定矩阵，即充分条件成立。因此，满足 Kuhn-Tucker 条件的解必是严格全局极小值点。

Kuhn-Tucker 条件为

$$L_a(a,b,\lambda,\mu)=-\frac{1}{2\sqrt{a}}+\mu-\lambda_1=0$$

$$L_b(a,b,\lambda,\mu)=-\frac{1}{\sqrt{b}}+6\mu-\lambda_2=0$$

$$h_i\leqslant 0,\quad \lambda_i\geqslant 0,\quad \lambda_i h_i=0,\quad i=1,2$$

$$g=0$$

下面对 $\lambda_1\neq 0$，$\lambda_1=0$，$\lambda_2\neq 0$ 和 $\lambda_2=0$ 的情况分别进行讨论。

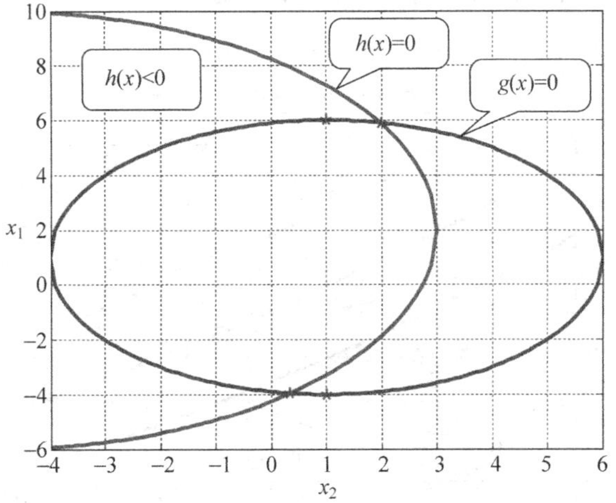

图 2.1　约束条件下的极值

1. $\lambda_1 \neq 0$ 的情况

由 $\lambda_1 \neq 0$，有 $h_1=0$，即 $a=30$；由 $g=0$ 解得 $b=35/3$；此时，$h_2=-5/3<0$，故 $\lambda_2=0$。由 $L_b=0$ 得 $\mu=\dfrac{1}{6\sqrt{b}}$，而由 $L_a=0$ 得 $\lambda_1=-\dfrac{1}{\sqrt{120}}+\dfrac{1}{\sqrt{420}}<0$，不满足 λ_1 非负的要求。故舍去此组解。

2. $\lambda_1=0$ 的情况

因 $\lambda_1=0$，由 $L_a=0$ 得 $\mu=\dfrac{1}{2\sqrt{a}}$；由 $L_b=0$ 得 $\lambda_2=-\dfrac{1}{\sqrt{b}}+\dfrac{3}{\sqrt{a}}$；由 $b\geqslant 10$，$a\leqslant 40$ 可知，$\lambda_2\geqslant 0$。

(1) $\lambda_1=0$ 且 $\lambda_2>0$ 的情况。因 $\lambda_2>0$，故 $h_2=0$，即 $b=10$，因而由 $g=0$ 解得 $a=40$。将 $a=40$ 和 $b=10$ 代入式 $\lambda_2=-\dfrac{1}{\sqrt{b}}+\dfrac{3}{\sqrt{a}}$ 得到 $\lambda_2=\dfrac{1}{\sqrt{40/9}}-\dfrac{1}{\sqrt{10}}>0$，可见对应此组解，Kuhn-Tucker 条件全部成立。

(2) $\lambda_1=0$ 且 $\lambda_2=0$ 的情况。因 $\lambda_2=0$，由 $L_b=0$ 得 $\mu=\dfrac{1}{6\sqrt{b}}$，故得 $a=9b$；由 $g=0$ 解得 $b=20/3$，$a=60$；此时，$h_2=10/3>0$。不满足约束条件。

因此得到最大效用为

$$\max J=4\sqrt{10}$$

相应的消费策略为消费蔬菜 40 千克和肉类 10 千克。图 2.2 显示在 **G** 上 J 的最大值为 $4\sqrt{10}$（图中横轴和纵轴分别为 a 和 b 的取值）。

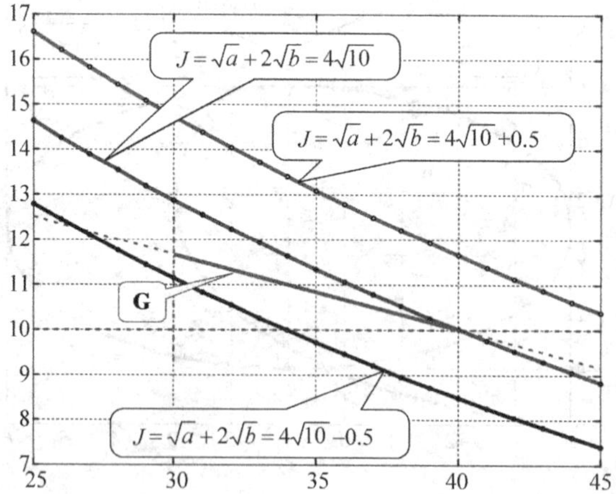

图 2.2 最大效用消费

习题 2

2.1　令 $f(x)=x^{\mathrm{T}}Ax+2b^{\mathrm{T}}x+c$，其中 A 是对称正定矩阵。求 $f(x)$ 的极小值。

2.2　求函数 $f(x)=x_1^2+(x_2-1)^2$ 在等式约束 $x_1^2=5x_2$ 下的极小值，其中 x_1 和 x_2 均为实数。

2.3　令 $f(x,u)=x^{\mathrm{T}}Qx+u^{\mathrm{T}}Ru$，$g(x,u)=x+Bu+c$，其中 $x\in\mathbf{R}^n$，$u\in\mathbf{R}^m$，$Q=Q^{\mathrm{T}}\geqslant 0$，$R=R^{\mathrm{T}}>0$。求在等式约束 $g(x,u)=0$ 下 $f(x,u)$ 的极小值（注：Q 未必可逆）。

2.4　求函数 $f(x)=(x_1-2)^2+(x_2-2)^2$ 在不等式约束 $x_1^2\leqslant 2x_2$，$x_1+x_2\leqslant 1$ 下的极小值，其中 $x\in\mathbf{R}^2$。

第3章 最优控制中的变分法

变分法是求解泛函极值问题的经典方法，也是研究一些基本类型最优控制问题的有效方法。变分法对最优控制理论的发展起了非常重要的作用，后续章节将要介绍的极大值原理可以认为是变分法的发展结果。本章首先简要介绍变分问题和变分法基本原理，然后利用这些原理处理一些基本类型的最优控制问题。

3.1 变分法基本原理

例 3.1（最速滑行曲线问题） 考虑一质量为 m 的质点 M，其在重力的作用下在垂直面内从位置 A 沿某光滑曲线无摩擦滑行到位置 B。如图 3.1 所示，设 A 点和 B 点坐标分别为 $(0,0)$ 和 (x_1, y_1)。欲求一光滑曲线 $y(x)$，使得质点 M 以零初始速度从位置 A 沿曲线 $y(x)$ 滑行到位置 B 所需的时间最短。

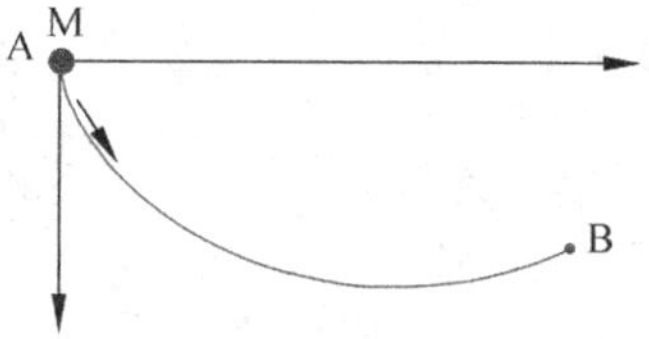

图 3.1 最速滑行问题

所求曲线 $y(x)$ 必须通过点 $A(0,0)$ 和点 $B(x_1, y_1)$，故有

$$y(0)=0, \quad y(x_1)=y_1$$

假设质点 M 在曲线 $y(x)$ 上点 (x,y) 处的速度为 v。由物理学可知

$$mgy=\frac{1}{2}mv^2$$

即

$$v=\sqrt{2gy}$$

其中 g 为重力加速度，假设为一常数。质点 M 滑过点 (x,y) 处充分小弧长 ds 所需的时间为

$$dt=\frac{ds}{v}=\frac{\sqrt{(dx)^2+(dy)^2}}{v}=\frac{\sqrt{1+\dot{y}^2}\,dx}{\sqrt{2gy}}$$

质点 M 从位置 A 沿曲线 $y(x)$ 滑行到位置 B 所需的时间为

$$T(y)=\int_0^{x_1}\frac{\sqrt{1+\dot{y}^2}}{\sqrt{2gy}}\mathrm{d}x$$

对于给定的起始点 A(0,0)和终止点 B(x_1,y_1),滑行时间 $T(y)$是曲线(或函数)$y(x)$的函数。因此,最速滑行问题是一个函数之函数的极值问题。

最速滑行问题是变分法讨论的最古老的问题之一,为了讨论这类问题,我们先给出一些必要的数学概念。

定义 3.1(函数范数)　假设函数向量 $y(x)$的定义域为 $\mathbf{X}$,当存在一常数 C 使得

$$\|y(x)\|\leqslant C,\quad \forall x\in\mathbf{X}$$

其中 $\|y(x)\|$ 表示向量 $y(x)$的欧氏范数,则称函数向量 $y(x)$在 $\mathbf{X}$ 上有界,并定义其函数(无穷)范数为

$$\|y\|=\sup_{x\in\mathbf{X}}\|y(x)\|$$

当 $y(x)$的维数等于1,即 $y(x)$是一标量时,欧氏范数 $\|y(x)\|$ 等于 $y(x)$在 x 处的绝对值,而函数范数 $\|y\|$ 是其绝对值在 $\mathbf{X}$ 上的上确界。

定义 3.2(函数向量线性空间)　函数向量 $y(x)$构成的集合 $\mathbf{Y}$ 称为**函数向量空间**,如果对于任意的常数 α、$\beta\in\mathbf{R}^1$ 和 $\mathbf{Y}$ 中的任意函数向量 $y_1(x)$、$y_2(x)$,均有

$$\alpha y_1(x)+\beta y_2(x)\in\mathbf{Y}$$

则称 $\mathbf{Y}$ 为**函数向量线性空间**。如果对于任意给定函数向量 $y(x)\in\mathbf{Y}$,均存在一正实数 $\varepsilon(y)$,成立

$$\{z(x)\mid\|z-y\|\leqslant\varepsilon(y)\}\subset\mathbf{Y}$$

则称 $\mathbf{Y}$ 为**开函数向量空间**。

定义 3.3(函数邻域)　对于函数向量空间 $\mathbf{Y}$ 的函数向量 $y(x)$,定义

$$\mathbf{D}_\varepsilon(y)=\{z(x)\mid\|z-y\|\leqslant\varepsilon,z\neq y,z(x)\in\mathbf{Y}\}$$

称 $\mathbf{D}_\varepsilon(y)$为在 $\mathbf{Y}$ 上函数向量 $y(x)$的(ε-函数)邻域。

定义 3.4(泛函)　若对于给定的函数向量空间 $\mathbf{Y}$ 中的每一个函数向量 $y(x)$,都对应一个确定的数 $J[y(x)]\in\mathbf{R}^1$,则称 $J[y(x)]$是函数向量 $y(x)$的泛函。函数空间 $\mathbf{Y}$ 称为泛函 $J[y(x)]$的定义域(在讨论极值问题时,也称为**容许函数空间**)。

要注意泛函与复合函数的差异。泛函 $J[y(x)]$的值并不直接与 x 的取值相关,而取决于函数向量 $y(x)$。为了明确此差异,有时将函数向量 $y(x)$的泛函写成 $J[y(\cdot)]$或 $J[y]$。

定义 3.5(线性泛函)　假设 $\mathbf{Y}$ 是一函数向量线性空间,$J[y(x)]$是 $\mathbf{Y}$ 上的泛函,如果对于任意的常数 α、$\beta\in\mathbf{R}^1$ 和 $\mathbf{Y}$ 中的任意函数向量 $y_1(x)$、$y_2(x)$,均有

$$J[\alpha y_1(x)+\beta y_2(x)]=\alpha J[y_1(x)]+\beta J[y_2(x)]$$

则称 $J[y(x)]$是 $\mathbf{Y}$ 上的**线性泛函**。

定义 3.6(泛函极值)　设 $J[y(x)]$是函数向量空间 $\mathbf{Y}$ 上的泛函,如果存在 $\mathbf{Y}$ 中的函数向量 $y^*(x)$,成立

$$J[y^*(x)]\leqslant J[y(x)],\quad\forall y(x)\in\mathbf{Y}$$

则称 $J[y^*(x)]$是泛函 $J[y(x)]$在 $\mathbf{Y}$ 上的(全局)**极小值**,称 $y^*(x)$为(全局)**极小值**

函数。如果存在一正常数 ε,成立

$$J[y^*(x)] \leqslant J[y(x)], \quad \forall y(x) \in \mathbf{Y} \cap \mathbf{D}_\varepsilon(y^*)$$

则称 $J[y^*(x)]$ 是泛函 $J[y(x)]$ 在 $\mathbf{Y}$ 上的**局部极小值**,称 $y^*(x)$ 为**局部极小值函数**。

可类似定义泛函的极大值,只需将极小值的定义中的小于或等于号改为大于或等于号。有时也将泛函的极值函数简称为极值曲线或极值解。

定义 3.7(泛函的变分) 考虑泛函 $J[y(x)]$,其定义域为开函数向量空间 $\mathbf{Y}$,如果对应函数向量 $y(x) \in \mathbf{Y}$ 和函数范数充分小的增量 $\delta y(x) \in \mathbf{Y}$,泛函 $J[y(x)]$ 的增量可以表示为

$$J[y(x)+\delta y(x)]-J[y(x)]=A[y(x),\delta y(x)]+B[y(x),\delta y(x)]$$

其中,$A[y(x),\delta y(x)]$ 是关于 $\delta y(x)$ 的线性泛函;$B[y(x),\delta y(x)]$ 是关于 $\|\delta y\|$ 的高阶无穷小量,则称 $A[y(x),\delta y(x)]$ 为**泛函** $J[y(x)]$(在 $y(x)$ 处由增量 $\delta y(x)$ 产生)**的(一阶)变分**,记为 $\delta J[y(x),\delta y(x)]$,简记为 $\delta J\big|_{y=y(x)}$,甚至简记为 δJ;函数向量增量 $\delta y(x)$ 也称为**函数向量 $\mathbf{y}(\mathbf{x})$ 的变分**或**宗量的变分**。

泛函的变分在求解泛函极值问题时所起的作用,如同函数的微分在求解函数极值问题时所起的作用。故也将泛函极值问题称为**变分问题**。

引理 3.1 如果泛函 $J[y(x)]$ 的定义域为开函数向量空间 $\mathbf{Y}$,其在函数向量 $y(x) \in \mathbf{Y}$ 处由函数范数充分小的增量 $\delta y(x) \in \mathbf{Y}$ 产生的变分存在,则

$$\delta J = \frac{\partial}{\partial \alpha} J[y(x)+\alpha\delta y(x)]\bigg|_{\alpha=0} \tag{3.1.1}$$

证明 令

$$\Delta J = J[y(x)+\alpha\delta y(x)]-J[y(x)]$$

因为 $J[y(x)]$ 的变分存在,所以有

$$\begin{aligned}\Delta J &= A[y(x),\alpha\delta y(x)]+B[y(x),\alpha\delta y(x)]\\ &= \alpha A[y(x),\delta y(x)]+B[y(x),\alpha\delta y(x)]\end{aligned}$$

其中,$A[y(x),\delta y(x)]=\delta J$;$B[y(x),\alpha\delta y(x)]$ 是关于 $\|\alpha\delta y\|$ 的高阶无穷小量。由上式可得

$$\begin{aligned}\frac{\partial}{\partial \alpha} J[y(x)+\alpha\delta y(x)]\bigg|_{\alpha=0} &= \lim_{\Delta\alpha\to 0}\frac{\Delta J}{\Delta \alpha}\\ &= \lim_{\alpha\to 0}\frac{\alpha A[y(x)+\delta y(x)]+B[y(x)+\alpha\delta y(x)]}{\alpha}\\ &= \delta J+\lim_{\alpha\to 0}\frac{B[y(x)+\alpha\delta y(x)]}{\|\alpha\delta y\|}\cdot\frac{\|\alpha\delta y\|}{\alpha}\\ &= \delta J\end{aligned}$$

■

假设 $y(x)$ 和 $\delta y(x)$ 均是开函数向量线性空间 $\mathbf{Y}$ 中的给定函数向量,并假设 $\delta y(x)$ 的函数范数充分小,泛函 $J[y(x)]$ 在 $y(x)$ 处由 $\delta y(x)$ 产生的变分为 $\delta J[y(x),\delta y(x)]$,则 $J[y(x)+\alpha\delta y(x)]$ 是关于 α 的一次可微函数,当 α 充分小时,其可表示为

$$J[y(x)+\alpha\delta y(x)] = J[y(x)]+\alpha\delta J[y(x),\delta y(x)]+\varepsilon(\alpha) \tag{3.1.2}$$

变分 δJ 也是关于 $y(x)$ 的泛函，若其变分也存在，即 $J[y(x)]$ 存在二阶变分，则 $J[y(x)+\alpha\delta y(x)]$ 是关于 α 的二次可微函数，对于充分小的 α，其可表示为

$$J[y(x)+\alpha\delta y(x)]=J[y(x)]+\alpha\delta J[y(x),\delta y(x)]+\frac{1}{2}\alpha^2\delta^2 J[y(x),\delta y(x)]+\varepsilon(\alpha^2) \tag{3.1.3}$$

其中，$\delta^2 J[y(x),\delta y(x)]$ 是 $J[y(x)]$ 在 $y(x)$ 处由 $\delta y(x)$ 产生的二阶变分；$\varepsilon(\rho)$ 是关于 ρ 的高阶无穷小。

定理 3.1　*假设泛函 $J[y(x)]$ 的定义域为开函数向量空间 $\mathbf{Y}$，在 $y^*(x)\in\mathbf{Y}$ 处由函数范数充分小的任意增量 $\delta y(x)\in\mathbf{Y}$ 产生的变分存在。如果 $J[y(x)]$ 在 $y^*(x)$ 处达到极值（极大值或极小值），则有*

$$\delta J[y^*(x),\delta y(x)]=0$$

证明　因为函数向量空间 $\mathbf{Y}$ 是开的，对于给定的函数 $y^*(x)\in\mathbf{Y}$ 和任意给定的函数范数充分小的增量 $\delta y(x)$，当 α 充分小时，$y^*(x)+\alpha\delta y(x)\in\mathbf{Y}$，$J[y^*(x)+\alpha\delta y(x)]$ 是 α 的函数，并且当 $\alpha=0$ 时，达到极值。因为 $J[y(x)]$ 在 $y^*(x)$ 处由 $\delta y(x)$ 产生的变分存在，所以，$J[y^*(x)+\alpha\delta y(x)]$ 作为 α 的函数在 $\alpha=0$ 处的导数存在且为零，即

$$\left.\frac{\partial}{\partial\alpha}J[y^*(x)+\alpha\delta y(x)]\right|_{\alpha=0}=0$$

由引理 3.1 可知，定理 3.1 的结论成立。■

事实上，利用式(3.1.2)和式(3.1.3)可以进行类似于函数极值的论证，得到泛函极值的一阶变分必要条件和二阶变分必要、充分条件，我们将主要利用一阶变分必要条件。当所讨论的最优控制问题的解存在，而满足一阶必要条件的解唯一时，我们可以认为此解便是最优解。

类似于函数极值问题，我们可以引入 Lagrange 乘子处理有约束情形下的泛函极值问题，得到与第 2 章中的结论类似的结果。

引理 3.2（变分法基本引理）　*假设 n 维函数向量 $f(x)$ 的每一个分量 $f_i(x)(i=1,2,\cdots,n)$ 均在区间 $[x_a,x_b]$ 上连续。若对于在区间 $[x_a,x_b]$ 上各分量均连续的任意函数向量 $\phi(x)$，其满足 $\phi(x_a)=\phi(x_b)=0$，都成立*

$$\int_{x_a}^{x_b} f^{\mathrm{T}}(x)\phi(x)\mathrm{d}x=0$$

则

$$f(x)\equiv 0,\quad \forall x\in[x_a,x_b]$$

证明　反设 $f(x)$ 的某个分量 $f_k(x)$ 在区间 $[x_a,x_b]$ 上不恒等于零，则在区间 $[x_a,x_b]$ 内存在一点 η，$f_k(x)$ 在该点处非零。由于 $f_k(x)$ 在区间 $[x_a,x_b]$ 上连续，故存在区间 $[x_a,x_b]$ 内的一个邻域 (η_a,η_b)，其中 $\eta_b>\eta_a$，$f_k(x)$ 在该邻域 (η_a,η_b) 内非零且不变号，即

$$\mathrm{sign}[f_k(\eta)]f_k(x)>0,\quad \forall x\in(\eta_a,\eta_b)\subset[x_a,x_b]$$

考虑如下构造的函数向量 $\phi(x)$

$$\phi_k(x)=\begin{cases}0, & x\in[x_a,\eta_a]\\ \operatorname{sign}[f_k(\eta)](x-\eta_a)^2(x-\eta_b)^2, & x\in(\eta_a,\eta_b)\\ 0, & x\in[\eta_b,x_b]\end{cases}$$

$$\phi_i(x)=0,\quad i=1,2,\cdots,n,i\neq k;\quad x\in[x_a,x_b]$$

此函数向量 $\phi(x)$ 显然满足 $\phi(x_a)=\phi(x_b)=0$，且在区间 $[x_a,x_b]$ 上连续，因此满足引理中的条件。对于上述函数向量 $\phi(x)$，成立

$$f^{\mathrm{T}}(x)\phi(x)>0,\quad \forall x\in(\eta_a,\eta_b)$$

因此有

$$\int_{x_a}^{x_b} f^{\mathrm{T}}(x)\phi(x)\mathrm{d}x=\int_{\eta_a}^{\eta_b} f^{\mathrm{T}}(x)\phi(x)\mathrm{d}x>0$$

这与引理中的假设相矛盾。故引理结论成立。 ■

注：从上述证明中可以看出，变分法基本引理中关于函数向量 $f(x)$ 和 $\phi(x)$ 的各分量的连续性假设可以放宽为分段连续。

例 3.2 考虑如下变分问题：求二次可微函数向量 $x(t)$，使得泛函

$$J=\int_{t_0}^{t_f} F[t,x(t),\dot{x}(t)]\mathrm{d}t$$

达到极值，并且满足边值条件

$$x(t_0)=x_0,\quad x(t_f)=x_f$$

其中，$F[t,x(t),\dot{x}(t)]\in\mathbf{R}^1$ 对 $t,x(t),\dot{x}(t)$ 存在二阶偏导数，t_0、t_f 为给定常数，且 $t_f>t_0$，x_0、x_f 为给定常数向量。此问题被称为**边值条件固定的 Lagrange 问题**。

假设上述 Lagrange 问题的极值解为 $x^*(t)$。令

$$x(t)=x^*(t)+\alpha\delta x(t)$$

其中，α 为一充分小标量；$\delta x(t)$ 为满足如下边值条件的任意二次可微函数向量

$$\delta x(t_0)=\delta x(t_f)=0$$

则

$$\begin{aligned}J&=\int_{t_0}^{t_f} F[t,x(t),\dot{x}(t)]\mathrm{d}t\\&=\int_{t_0}^{t_f} F[t,x^*(t)+\alpha\delta x(t),\dot{x}^*(t)+\alpha\delta\dot{x}(t)]\mathrm{d}t\end{aligned}$$

根据引理 3.1 有

$$\begin{aligned}\delta J\,|_{x^*(t)}&=\left.\frac{\partial J}{\partial\alpha}\right|_{\alpha=0}\\&=\int_{t_0}^{t_f}\left\{F_{x^{\mathrm{T}}}[t,x^*(t),\dot{x}^*(t)]\delta x(t)+F_{\dot{x}^{\mathrm{T}}}[t,x^*(t),\dot{x}^*(t)]\delta\dot{x}(t)\right\}\mathrm{d}t\\&=\int_{t_0}^{t_f} F_{x^{\mathrm{T}}}[t,x^*(t),\dot{x}^*(t)]\delta x(t)\mathrm{d}t+\int_{t_0}^{t_f} F_{\dot{x}^{\mathrm{T}}}[t,x^*(t),\dot{x}^*(t)]\mathrm{d}(\delta x(t))\\&=\int_{t_0}^{t_f} F_{x^{\mathrm{T}}}[t,x^*(t),\dot{x}^*(t)]\delta x(t)\mathrm{d}t-\int_{t_0}^{t_f}\frac{\mathrm{d}F_{\dot{x}^{\mathrm{T}}}[t,x^*(t),\dot{x}^*(t)]}{\mathrm{d}t}\delta x(t)\mathrm{d}t\\&\quad+F_{\dot{x}^{\mathrm{T}}}[t,x^*(t),\dot{x}^*(t)]\delta x(t)\Big|_{t_0}^{t_f}\end{aligned}$$

由定理 3.1 和边值条件可得

$$\int_{t_0}^{t_f}\left\{F_{x^{\mathrm{T}}}[t,x^*(t),\dot{x}^*(t)]-\frac{\mathrm{d}}{\mathrm{d}t}(F_{\dot{x}^{\mathrm{T}}}[t,x^*(t),\dot{x}^*(t)])\right\}\delta x(t)\mathrm{d}t=0$$

由 $\delta x(t)$ 的任意性和变分法基本引理得

$$F_x[t,x^*(t),\dot{x}^*(t)]-\frac{\mathrm{d}}{\mathrm{d}t}(F_{\dot{x}}[t,x^*(t),\dot{x}^*(t)])=0 \tag{3.1.4}$$

此方程被称为 **Euler-Lagrange 方程**。

满足 Euler-Lagrange 方程是函数向量 $x^*(t)$ 成为边值条件固定的 Lagrange 问题的极值解的必要条件。Euler-Lagrange 方程是二阶微分方程组，其积分常数由边值条件确定。

例 3.3（最速滑行曲线问题求解） 最速滑行曲线的变分问题可描述为边值条件固定的 Lagrange 问题，求函数 $y(x)$，在满足边值条件

$$y(0)=0,\quad y(x_1)=y_1$$

的同时，使得泛函

$$T(y(x))=\int_0^{x_1}F[y(x),\dot{y}(x)]\mathrm{d}x$$

达到极小，其中

$$F[y(x),\dot{y}(x)]=\frac{\sqrt{1+\dot{y}^2}}{\sqrt{2gy}}$$

相应的 Euler-Lagrange 方程为

$$F_y-\frac{\mathrm{d}}{\mathrm{d}x}F_{\dot{y}}=0$$

显然 $y(x)$ 等于常数不是极值解，即极值解的导数不恒等于零，因此，极值解满足如下方程

$$\dot{y}F_y-\left(\frac{\mathrm{d}}{\mathrm{d}x}F_{\dot{y}}\right)\dot{y}=\frac{\mathrm{d}}{\mathrm{d}x}(F-F_{\dot{y}}\dot{y})=0$$

即

$$\frac{\sqrt{1+\dot{y}^2}}{\sqrt{2gy}}-\frac{1}{\sqrt{2gy}}\frac{\dot{y}^2}{\sqrt{1+\dot{y}^2}}=c$$

其中 c 为一常数。整理上式得

$$y(1+\dot{y}^2)=k^2$$

其中

$$k^2=\frac{1}{2gc^2}$$

求解上述方程并利用边值条件 $y(0)=0$ 可知，极值解的参数方程为

$$x=\frac{k^2}{2}(\theta-\sin\theta),\quad y=\frac{k^2}{2}(1-\cos\theta)$$

这是一个旋轮线方程，其中的常数 k 由边值条件 $y(x_1)=y_1$ 确定。

上述极值解是 Euler-Lagrange 方程的唯一解，而该问题必存在最小值解，可知所求得的极值曲线必是欲求的最速滑行曲线。

3.2 无终端约束的最优控制

无终端约束的最优控制问题可以描述为：对于受控系统

$$\dot{x}(t)=f[x(t),u(t),t],\quad x(t_0)=x_0 \tag{3.2.1}$$

在给定的容许控制集 **U** 中求一控制 $u(t)\in\mathbf{U},t\in[t_0,t_f]$，使得性能指标

$$J[u]=\Phi[x(t_f),t_f]+\int_{t_0}^{t_f}L[x(t),u(t),t]\mathrm{d}t \tag{3.2.2}$$

为最小或最大。这里 x_0 是一给定的常数向量，t_0 和 t_f 分别为给定的起始时刻和终端时刻。

注：上述最优控制问题中，没有对终端状态 $x(t_f)$ 施加任何约束，即认为 $\mathbf{M}=\mathbf{R}^n$。

假设 3.1 容许控制集 **U** 为一开集。

假设 3.2 $\Phi[x(t_f),t_f]$ 关于 $x(t_f)$ 和 t_f 存在连续偏导数，$f[x(t),u(t),t]$ 和 $L[x(t),u(t),t]$ 关于 $x(t)$，$u(t)$ 和 t 存在连续偏导数。

在上述假设下，对于给定的初始状态 $x(t_0)$ 和（分段连续）控制 $u(t),t\in[t_0,t_f]$，状态 $x(t),t\in[t_0,t_f]$ 是唯一确定的。因此性能指标表达式虽然显含状态 $x(t)$ 和控制 $u(t)$，但性能指标仅是控制 $u(t)$ 的泛函，故记作 $J[u]$。

受控系统的状态方程可以视为等式约束，即

$$f[x(t),u(t),t]-\dot{x}(t)=0$$

引入一（分段）连续可微函数向量 $\lambda(t)$，称为 **Lagrange 乘子**，定义 **Hamilton 函数**

$$H[x(t),u(t),\lambda(t),t]=L[x(t),u(t),t]+\lambda^{\mathrm{T}}(t)f[x(t),u(t),t] \tag{3.2.3}$$

并定义泛函

$$\hat{J}=\Phi[x(t_f),t_f]+\int_{t_0}^{t_f}\{H[x(t),u(t),\lambda(t),t]-\lambda^{\mathrm{T}}(t)\dot{x}(t)\}\mathrm{d}t$$

对上式中的 $\lambda^{\mathrm{T}}(t)\dot{x}(t)$ 项作分部积分，得

$$\begin{aligned}\hat{J}=&\Phi[x(t_f),t_f]-\lambda^{\mathrm{T}}(t_f)x(t_f)+\lambda^{\mathrm{T}}(t_0)x(t_0)\\&+\int_{t_0}^{t_f}\{H[x(t),u(t),\lambda(t),t]+\dot{\lambda}^{\mathrm{T}}(t)x(t)\}\mathrm{d}t\end{aligned}$$

对于某个给定的控制变量 $u(t)$，考虑其变分 $\delta u(t)$ 对各相关量的影响，由于状态方程的关联，$\delta u(t)$ 会产生状态变量 $x(t)$ 的变分 $\delta x(t)$，从而导致泛函 $\hat{J}$ 的变分 $\delta\hat{J}$。因没有对终端状态 $x(t_f)$ 的约束，变分 $\delta u(t)$ 会产生 $x(t_f)$ 的变分 $\delta x(t_f)$。因为，Lagrange 乘子 $\lambda(t)$ 为待定函数向量，与控制 $u(t)$ 以及状态 $x(t)$ 无直接关联，所以，控制 $u(t)$ 的变分 $\delta u(t)$ 不会导致 $\lambda(t)$ 的变分。因此，对应变分 $\delta u(t)$，有

$$\begin{aligned}\delta\hat{J}=&\frac{\partial\Phi[x(t_f),t_f]}{\partial x^{\mathrm{T}}(t_f)}\delta x(t_f)-\lambda^{\mathrm{T}}(t_f)\delta x(t_f)\\&+\int_{t_0}^{t_f}\left\{\frac{\partial H[x(t),u(t),\lambda(t),t]}{\partial x^{\mathrm{T}}(t)}\delta x(t)+\dot{\lambda}^{\mathrm{T}}(t)\delta x(t)\right\}\mathrm{d}t\\&+\int_{t_0}^{t_f}\left\{\frac{\partial H[x(t),u(t),\lambda(t),t]}{\partial u^{\mathrm{T}}(t)}\delta u(t)\right\}\mathrm{d}t\end{aligned}$$

如果选取 Lagrange 乘子 $\lambda(t)$满足如下微分方程和终端条件

$$\dot{\lambda}(t) = -\frac{\partial H[x(t),u(t),\lambda(t),t]}{\partial x(t)}$$

$$\lambda(t_f) = \frac{\partial \Phi[x(t_f),t_f]}{\partial x(t_f)}$$

则

$$\delta \hat{J} = \int_{t_0}^{t_f} \left\{ \frac{\partial H[x(t),u(t),\lambda(t),t]}{\partial u^T(t)} \delta u(t) \right\} dt$$

当容许控制集 **U** 为开集时，在 $\|\delta u\|$ 充分小的前提下，变分 $\delta u(t)$可以是任意连续函数。由定理 3.1 和引理 3.2 可知，若 $u^*(t)$是最优控制，即 $u^*(t)$使得性能指标 $J[u]$ 达到最大或最小，$x^*(t)$是相应的最优轨线，则

$$\frac{\partial H[x^*(t),u^*(t),\lambda(t),t]}{\partial u^*(t)} = 0, \quad \forall t \in [t_0,t_f]$$

总结上述分析，可以得到如下结论。

定理 3.2　对于式(3.2.1)所描述的受控对象，假设初始状态 $x(t_0)$、起始时刻 t_0 和终端时刻 t_f 均给定，而容许控制集 **U** 为一开集。对应式(3.2.2)的性能指标，若 $u^*(t)$和 $x^*(t)$分别为最优控制和最优轨线，则存在适当选取的 Lagrange 乘子 $\lambda(t)$，如下方程和等式成立：

(1) 规范方程　对于 $t \in [t_0,t_f]$

$$\dot{x}^*(t) = \frac{\partial H[x^*(t),u^*(t),\lambda(t),t]}{\partial \lambda(t)} = f[x^*(t),u^*(t),t]$$

$$\dot{\lambda}(t) = -\frac{\partial H[x^*(t),u^*(t),\lambda(t),t]}{\partial x^*(t)} \tag{3.2.4}$$

其中 Hamilton 函数 H 如式(3.2.3)所定义；

(2) 边值条件

$$x(t_0) = x_0$$

$$\lambda(t_f) = \frac{\partial \Phi[x^*(t_f),t_f]}{\partial x^*(t_f)} \tag{3.2.5}$$

(3) 极值条件　对于 $t \in [t_0,t_f]$

$$\frac{\partial H[x^*(t),u^*(t),\lambda(t),t]}{\partial u^*(t)} = 0$$

注：关于 Lagrange 乘子 $\lambda(t)$的动态方程式(3.2.4)被称为**协态方程**。相应于状态 $x(t)$，$\lambda(t)$被称为**协态**。上述极值条件中是对 $u^*(t)$求偏导数，不必考虑 $x^*(t)$和 $\lambda(t)$通过规范方程与 $u^*(t)$的关联。有时也将极值条件称为**驻点条件**，因为其要求 Hamilton 函数 H 关于 $u^*(t)$的梯度等于零。有时还将极值条件称为**耦合方程**，因为它是关于 $u^*(t)$，$x^*(t)$和 $\lambda(t)$的代数方程，在通常情况下，给出了 $u^*(t)$与 $x^*(t)$和 $\lambda(t)$的“耦合”关系。

例 3.4（最优消费问题——有收入情形）　假设某人现有资金（或有息资产）x_0 元，其在 t 时刻的资金和（单位时间内）消费分别为 $x(t)$元和 $u(t)$元。假设目前收入

为 r 元，收入增长率为常数 ρ，银行利率和贴现率分别为常数 α 和 β。则该人的资金 $x(t)$ 满足如下动态方程

$$\dot{x}(t)=\alpha x(t)+re^{\rho t}-u(t)$$

假设该人到退休还有期限 t_f，其总效用为

$$J[u]=q\sqrt{x(t_f)}\,e^{-\beta t_f}+\int_0^{t_f}e^{-\beta t}\sqrt{u(t)}\,dt$$

其中，$\int_0^{t_f}e^{-\beta t}\sqrt{u(t)}\,dt$ 为退休前的消费效用；$\sqrt{x(t_f)}\,e^{-\beta t_f}$ 为养老效用；q 为养老效用的权重系数。欲设计最优消费策略 $u(t)$，使得总效用 $J[u]$ 达到最大。

定义 Hamilton 函数

$$H[x(t),u(t),\lambda(t),t]=e^{-\beta t}\sqrt{u(t)}+\lambda(t)[\alpha x(t)+re^{\rho t}-u(t)]$$

则协态方程及其边值条件为

$$\dot{\lambda}(t)=-\alpha\lambda(t)$$

$$\lambda(t_f)=\frac{qe^{-\beta t_f}}{2\sqrt{x(t_f)}}$$

解得

$$\lambda(t)=\frac{qe^{-\beta t_f}}{2\sqrt{x(t_f)}}e^{-\alpha(t-t_f)}$$

由极值条件，有

$$\frac{e^{-\beta t}}{2\sqrt{u(t)}}-\lambda(t)=0$$

求解得到最优消费策略

$$u(t)=\frac{e^{-2\beta t}}{4\lambda^2(t)}=\frac{1}{q^2}x(t_f)e^{-2(\beta-\alpha)(t-t_f)}$$

将上式结果代入资金动态方程，并假设 $\alpha\neq 2\beta$（对于 $\alpha=2\beta$ 的情形，可类似处理），可解得

$$x(t)=e^{\alpha t}x_0+\frac{r}{\rho-\alpha}(e^{\rho t}-e^{\alpha t})-\frac{x(t_f)e^{2(\beta-\alpha)t_f}}{q^2(\alpha-2\beta)}[e^{-2(\beta-\alpha)t}-e^{\alpha t}]$$

在上式中令 $t=t_f$，解得

$$x(t_f)=\frac{e^{\alpha t_f}x_0+\frac{r}{\rho-\alpha}(e^{\rho t_f}-e^{\alpha t_f})}{1+\frac{1}{q^2(\alpha-2\beta)}[1-e^{(2\beta-\alpha)t_f}]}$$

假设 $\alpha=0.03$、$\beta=0.02$、$r=5000$、$\rho=0.05$、$x_0=10^5$、$t_f=30$、$q=10$，则相应的最优消费策略为

$$u(t)=3055e^{0.02t}$$

30 年后的养老储蓄为

$$x(30)=556711$$

注：上述所求得的最优消费策略不是资金（状态）的反馈形式，与资金实时值

$x(t)$无直接关联，是一种开环形式的控制策略。

3.3　终端固定约束的最优控制

本节考虑初始时刻 t_0、初始状态 $x(t_0)$、终端时刻 t_f 和终端状态 $x(t_f)$均为给定的情形，对于给定的终端时刻 t_f 和终端状态 $x(t_f)$，函数 $\Phi[x(t_f),t_f]$是一个常数，所以，对应于控制变量 $u(t)$的变分 $\delta u(t)$，$\Phi[x(t_f),t_f]$的变分为零。如果选择 Lagrange 乘子 $\lambda(t)$使其满足协态方程式(3.2.4)，则由 $\delta u(t)$所产生泛函$\hat{J}$的变分$\delta\hat{J}$仍为

$$\delta\hat{J}=\int_{t_0}^{t_f}\left\{\frac{\partial H[x(t),u(t),\lambda(t),t]}{\partial u^{\mathrm{T}}(t)}\delta u(t)\right\}\mathrm{d}t$$

注意，此时终端状态 $x(t_f)$为给定的常数向量，其变分 $\delta x(t_f)=0$。变分 $\delta u(t)$受到此条件的约束，不能是任意的。因此，一般不能由变分 $\delta\hat{J}=0$ 导出极值条件。但是，如果受控系统是状态完全可控的，则可以证明，在上述情形下，极值条件仍然成立。

定理 3.3　假设式(3.2.1)所描述的受控对象是状态完全可控的，初始状态 $x(t_0)$、初始时刻 t_0、终端状态 $x(t_f)$和终端时刻 t_f 均给定，且 $x(t_0)=x_0$，$x(t_f)=x_f$，而容许控制集 $\mathbf{U}$ 为一开集。对应式(3.2.2)的性能指标，若 $u^*(t)$和 $x^*(t)$分别为最优控制和最优轨线，则存在适当选取的 Lagrange 乘子 $\lambda(t)$，如下方程和等式成立：

(1) 规范方程

$$\dot{x}^*(t)=\frac{\partial H[x^*(t),u^*(t),\lambda(t),t]}{\partial\lambda(t)}=f[x^*(t),u^*(t),t]$$

$$\dot{\lambda}(t)=-\frac{\partial H[x^*(t),u^*(t),\lambda(t),t]}{\partial x^*(t)}$$

其中 Hamilton 函数 H 如式(3.2.3)所定义；

(2) 边值条件

$$x(t_0)=x_0,\quad x(t_f)=x_f$$

(3) 极值条件

$$\frac{\partial H[x^*(t),u^*(t),\lambda(t),t]}{\partial u^*(t)}=0$$

例 3.5(电机制动最优控制问题)　考虑直流电机的速度控制问题，在忽略电枢电感和黏性阻尼时，电机的动态特性可由如下微分方程描述

$$T_m\dot{\omega}(t)+\omega(t)=\frac{1}{K_e}u(t)$$

其中，$\omega(t)$为电机转速；$u(t)$为电枢电压；T_m 为机电时间常数；K_e 为反电动势系数。假设电机初始转速为 $\omega(0)=1$，欲设计电枢电压 $u(t)$，使得电机在 t_f 时刻停止，即$\omega(t_f)=0$，且使得控制能量最小，即使得

$$J=\frac{1}{2}\int_0^{t_f}u^2(t)\mathrm{d}t$$

达到最小。

将电机动态方程改写为状态方程的形式

$$\dot{\omega}(t)=-\frac{1}{T_{\mathrm{m}}}\omega(t)+\frac{1}{K_{\mathrm{e}}T_{\mathrm{m}}}u(t)$$

定义 Hamilton 函数为

$$H[\omega(t),u(t),\lambda(t)]=\frac{1}{2}u^2(t)+\lambda(t)\left[-\frac{1}{T_{\mathrm{m}}}\omega(t)+\frac{1}{K_{\mathrm{e}}T_{\mathrm{m}}}u(t)\right]$$

则协态方程为

$$\dot{\lambda}(t)=\frac{1}{T_{\mathrm{m}}}\lambda(t)$$

解得协态为

$$\lambda(t)=\mathrm{e}^{t/T_{\mathrm{m}}}\lambda(0)$$

由极值条件有

$$\frac{\partial H}{\partial u}=u(t)+\lambda(t)\frac{1}{K_{\mathrm{e}}T_{\mathrm{m}}}=0$$

解得

$$u(t)=-\mathrm{e}^{t/T_{\mathrm{m}}}\frac{\lambda(0)}{K_{\mathrm{e}}T_{\mathrm{m}}}$$

将上式代入电机状态方程，求解可得

$$\begin{aligned}\omega(t)&=\mathrm{e}^{-t/T_{\mathrm{m}}}\omega(0)+\int_0^t \mathrm{e}^{-(t-\tau)/T_{\mathrm{m}}}\frac{1}{K_{\mathrm{e}}T_{\mathrm{m}}}u(\tau)\mathrm{d}\tau\\&=\mathrm{e}^{-t/T_{\mathrm{m}}}\omega(0)+\frac{\lambda(0)}{2K_{\mathrm{e}}^2T_{\mathrm{m}}}(\mathrm{e}^{-t/T_{\mathrm{m}}}-\mathrm{e}^{t/T_{\mathrm{m}}})\end{aligned}$$

由 $\omega(0)=1$ 和 $\omega(t_{\mathrm{f}})=0$，可解得

$$\lambda(0)=\frac{2K_{\mathrm{e}}^2T_{\mathrm{m}}\mathrm{e}^{-t_{\mathrm{f}}/T_{\mathrm{m}}}}{\mathrm{e}^{t_{\mathrm{f}}/T_{\mathrm{m}}}-\mathrm{e}^{-t_{\mathrm{f}}/T_{\mathrm{m}}}}$$

故最优控制为

$$u(t)=-\mathrm{e}^{t/T_{\mathrm{m}}}\frac{2K_{\mathrm{e}}\mathrm{e}^{-t_{\mathrm{f}}/T_{\mathrm{m}}}}{\mathrm{e}^{t_{\mathrm{f}}/T_{\mathrm{m}}}-\mathrm{e}^{-t_{\mathrm{f}}/T_{\mathrm{m}}}},\quad t\in[0,t_{\mathrm{f}}]$$

这里我们再次注意到，所求得的最优控制是一开环控制律。

3.4 终端等式约束的最优控制

较之终端状态 $x(t_{\mathrm{f}})$ 给定的情形更为一般的情况是要求终端状态 $x(t_{\mathrm{f}})$ 满足一组代数方程，即满足如下终端等式约束

$$g[x(t_{\mathrm{f}}),t_{\mathrm{f}}]=0,\quad g\in\mathbf{R}^l$$

其中函数向量 g 对于 $x(t_{\mathrm{f}})$ 存在一阶偏导数，$l\leqslant n$。事实上，上述终端等式约束定义了目标集 $\mathbf{M}$。

为了处理具有终端等式约束时的最优控制问题，引入一个待定常数向量 $\mu\in\mathbf{R}^l$，

并定义泛函

$$\hat{J}=\Phi[x(t_f),t_f]+g^{T}[x(t_f),t_f]\mu+\int_{t_0}^{t_f}\{H[x(t),u(t),\lambda(t),t]-\lambda^{T}(t)\dot{x}(t)\}dt$$

其中 H 为式(3.2.3)所定义的 Hamilton 函数。

类似于 3.2 节中的讨论，假设上述等式约束下的最优控制问题的解为 $u^*(t)$，相应的最优轨线为 $x^*(t)$，考虑由 $u^*(t)$的变分 $\delta u(t)$所产生的泛函$\hat{J}$的变分 $\delta\hat{J}$，则有

$$\begin{aligned}\delta\hat{J}=&\frac{\partial\Phi[x^*(t_f),t_f]}{\partial x^{*T}(t_f)}\delta x(t_f)-\lambda^{T}(t_f)\delta x(t_f)+\mu^{T}\frac{\partial g[x^*(t_f),t_f]}{\partial x^{*T}(t_f)}\delta x(t_f)\\&+\int_{t_0}^{t_f}\left\{\frac{\partial H[x^*(t),u^*(t),\lambda(t),t]}{\partial x^{*T}(t)}\delta x(t)+\dot{\lambda}^{T}(t)\delta x(t)\right\}dt\\&+\int_{t_0}^{t_f}\left\{\frac{\partial H[x^*(t),u^*(t),\lambda(t),t]}{\partial u^{*T}(t)}\delta u(t)\right\}dt\end{aligned}$$

若选取 Lagrange 乘子 $\lambda(t)$使得协态方程式(3.2.4)成立，而 $\lambda(t)$的终端值选为

$$\lambda(t_f)=\frac{\partial\Phi[x^*(t_f),t_f]}{\partial x^*(t_f)}+\frac{\partial g^{T}[x^*(t_f),t_f]}{\partial x^*(t_f)}\mu$$

则

$$\delta\hat{J}=\int_{t_0}^{t_f}\left\{\frac{\partial H[x^*(t),u^*(t),\lambda(t),t]}{\partial u^{*T}(t)}\delta u(t)\right\}dt$$

当受控对象为状态完全可控时，同样可证极值条件成立。

定理 3.4　假设式(3.2.1)所描述的受控对象是状态完全可控的，初始状态 $x(t_0)=x_0$，初始时刻 t_0 和终端时刻 t_f 均给定，容许控制集 $\mathbf{U}$ 为一开集。在如下终端等式约束条件下

$$g[x(t_f),t_f]=0,\quad g\in\mathbf{R}^{l}$$

对应式(3.2.2)的性能指标，若 $u^*(t)$ 和 $x^*(t)$ 分别为最优控制和最优轨线，则存在适当选取的 Lagrange 乘子 $\lambda(t)$和 μ，如下方程和等式成立：

(1) 规范方程

$$\dot{x}^*(t)=\frac{\partial H[x^*(t),u^*(t),\lambda(t),t]}{\partial\lambda(t)}=f[x^*(t),u^*(t),t]$$

$$\dot{\lambda}(t)=-\frac{\partial H[x^*(t),u^*(t),\lambda(t),t]}{\partial x^*(t)}$$

其中 Hamilton 函数 H 如式(3.2.3)所定义；

(2) 边值条件

$$x(t_0)=x_0$$

$$\lambda(t_f)=\frac{\partial\Phi[x^*(t_f),t_f]}{\partial x^*(t_f)}+\frac{\partial g^{T}[x^*(t_f),t_f]}{\partial x^*(t_f)}\mu$$

$$g[x^*(t_f),t_f]=0$$

(3) 极值条件

$$\frac{\partial H[x^*(t),u^*(t),\lambda(t),t]}{\partial u^*(t)}=0$$

例 3.6(空间飞行器变轨问题) 假设在 t 时刻,空间飞行器的飞行高度(与地球质心距离)为 $r(t)$,径向速度为 $u(t)$,切向速度为 $v(t)$(图 3.2)。为简化起见,将空间飞行器视为一个质点,质量为一常数 m。火箭发动机在时间 $[0,t_f]$ 内点火工作(t_f 为给定常数),其在 t 时刻的径向推力为 $mf(t)$,切向推力为 $mh(t)$。变轨过程的简化运动方程为

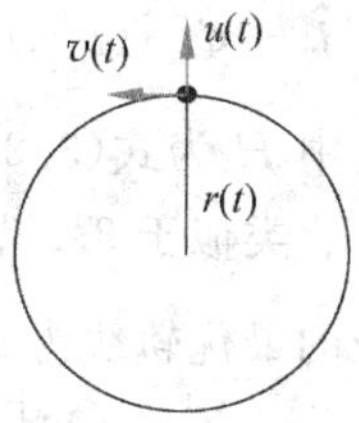

图 3.2 空间飞行器变轨问题

$$\dot{r}(t)=u(t)$$

$$\dot{u}(t)=\frac{v^2(t)}{r(t)}-\frac{\mu}{r^2(t)}+f(t)$$

$$\dot{v}(t)=-\frac{u(t)v(t)}{r(t)}+h(t)$$

其中 μ 为引力中心的重力常数。为了求得近似的解析解,将变轨过程的运动方程进一步简化为

$$\dot{r}(t)=u(t)$$

$$\dot{u}(t)=f(t)$$

$$\dot{v}(t)=h(t)$$

初始条件为

$$r(0)=r_0,\quad u(0)=u_0=0,\quad v(0)=v_0=\sqrt{\frac{\mu}{r_0}}$$

终端约束条件为

$$u(t_f)=0,\quad v(t_f)=\sqrt{\frac{\mu}{r(t_f)}}$$

欲求控制律 $f(t)$、$h(t)$,使空间飞行器达到尽可能高的运行轨道并耗能最少,即使得

$$J=-qr(t_f)+\int_0^{t_f}[f^2(t)+h^2(t)]\mathrm{d}t$$

达最小,其中 q 是一给定正数。

引入 Lagrange 常数乘子 ρ_u、ρ_v 和函数乘子 $\lambda_r(t)$、$\lambda_u(t)$、$\lambda_v(t)$,性能指标改写为

$$\hat{J}=-qr(t_f)+\rho_u u(t_f)+\rho_v\left[v(t_f)-\sqrt{\frac{\mu}{r(t_f)}}\right]+\int_0^{t_f}[f^2(t)+h^2(t)]\mathrm{d}t$$

Hamilton 函数定义为

$$H=f^2(t)+h^2(t)+\lambda_r(t)u(t)+\lambda_u(t)f(t)+\lambda_v(t)h(t)$$

则相应的协态方程为

$$\dot{\lambda}_r(t)=0$$

$$\dot{\lambda}_u(t)=-\lambda_r(t)$$

$$\dot{\lambda}_v(t)=0$$

协态的终端条件为

$$\lambda_r(t_f)=-q+\frac{\rho_v\sqrt{\mu}}{2r(t_f)\sqrt{r(t_f)}},\quad \lambda_u(t_f)=\rho_u,\quad \lambda_v(t_f)=\rho_v$$

求解协态方程并利用其终端条件，得

$$\lambda_r(t)=\lambda_r=-q+\frac{\rho_v\sqrt{\mu}}{2r(t_f)\sqrt{r(t_f)}}$$

$$\lambda_u(t)=-\lambda_r(t-t_f)+\rho_u$$

$$\lambda_v(t)=\rho_v$$

由极值条件有

$$2f(t)+\lambda_u(t)=0,\quad 2h(t)+\lambda_v(t)=0$$

解得

$$f(t)=\frac{1}{2}(\lambda_r t-\lambda_r t_f-\rho_u)$$

$$h(t)=-\frac{1}{2}\rho_v$$

由空间飞行器的运动方程解得

$$r(t)=r_0-\frac{1}{4}(\lambda_r t_f+\rho_u)t^2+\frac{\lambda_r}{12}t^3$$

$$u(t)=-\frac{1}{2}(\lambda_r t_f+\rho_u)t+\frac{\lambda_r}{4}t^2$$

$$v(t)=v_0-\frac{1}{2}\rho_v t$$

由终端约束条件，可求得 ρ_u、ρ_v 和 $r(t_f)$。

3.5　终端时刻自由的最优控制

本节首先讨论终端时刻 t_f 和终端状态 $x(t_f)$ 均为自由的情形，假设 $u^*(t)$ 为最优控制，$x^*(t)$ 为最优轨线，t_f^* 为最优终端时刻。此时，将终端时刻 t_f 视为一个控制参数，对控制输入 $u(t)$ 和终端时刻 t_f 分别在 $u^*(t)$ 和 t_f^* 的充分小邻域内作任意变分 $\delta u(t)$ 和 $\mathrm{d}t_f$。由于变分 $\delta u(t)$ 和 $\mathrm{d}t_f$，除了会导致 $x^*(t)$ 的变分 $\delta x(t)$ 和泛函 $\hat{J}$ 的变分 $\delta\hat{J}$ 之外，还会产生终端状态 $x^*(t_f)$ 的变分 $\delta x(t_f)$。令

$$u(t)=u^*(t)+\alpha\delta u(t)$$

$$x(t)=x^*(t)+\alpha\delta x(t)$$

$$t_f=t_f^*+\alpha\mathrm{d}t_f$$

其中 α 为一充分小实数。则

$$\begin{aligned}x(t_f)&=x^*(t_f)+\alpha\delta x(t_f)\\&=x^*(t_f^*+\alpha\mathrm{d}t_f)+\alpha\delta x(t_f^*+\alpha\mathrm{d}t_f)\end{aligned}$$

而泛函 $\hat{J}$ 可表示为

$$\begin{aligned}\hat{J}[u^*(t)+\alpha\delta u(t)]=&\ \Phi[x^*(t_f^*+\alpha\mathrm{d}t_f)+\alpha\delta x(t_f^*+\alpha\mathrm{d}t_f),t_f^*+\alpha\mathrm{d}t_f]\\&-\lambda^{\mathrm{T}}(t_f^*+\alpha\mathrm{d}t_f)[x^*(t_f^*+\alpha\mathrm{d}t_f)+\alpha\delta x(t_f^*+\alpha\mathrm{d}t_f)]\end{aligned}$$

$$+\lambda^{\mathrm{T}}(t_0)x(t_0)+\int_{t_0}^{t_f^*+\alpha dt_f}\{H[x^*(t)+\alpha\delta x(t),u^*(t)+\alpha\delta u(t),\lambda(t),t]+\dot{\lambda}^{\mathrm{T}}(t)[x^*(t)+\alpha\delta x(t)]\}\mathrm{d}t$$

由引理3.1可知,泛函$\hat{J}$的变分$\delta\hat{J}$为

$$\begin{aligned}\delta\hat{J}=&\left[\frac{\partial\Phi[x^*(t_f^*),t_f^*]}{\partial x^{*\mathrm{T}}(t_f^*)}-\lambda^{\mathrm{T}}(t_f^*)\right][\dot{x}^*(t_f^*)\mathrm{d}t_f+\delta x(t_f^*)]\\&+\left[\frac{\partial\Phi[x^*(t_f^*),t_f^*]}{\partial t_f^*}+H[x^*(t_f^*),u^*(t_f^*),\lambda(t_f^*),t_f^*]\right]\mathrm{d}t_f\\&+\int_{t_0}^{t_f^*}\left\{\left[\frac{\partial H[x^*(t),u^*(t),\lambda(t),t]}{\partial x^{*\mathrm{T}}(t)}+\dot{\lambda}^{\mathrm{T}}(t)\right]\delta x(t)\right.\\&\left.+\frac{\partial H[x^*(t),u^*(t),\lambda(t),t]}{\partial u^{*\mathrm{T}}(t)}\delta u(t)\right\}\mathrm{d}t\end{aligned}$$

如果Lagrange乘子$\lambda(t)$满足协态方程式(3.2.4)和终端条件式(3.2.5),则

$$\begin{aligned}\delta\hat{J}=&\left[\frac{\partial\Phi[x^*(t_f^*),t_f^*]}{\partial t_f^*}+H[x^*(t_f^*),u^*(t_f^*),\lambda(t_f^*),t_f^*]\right]\mathrm{d}t_f\\&+\int_{t_0}^{t_f^*}\frac{\partial H[x^*(t),u^*(t),\lambda(t),t]}{\partial u^{*\mathrm{T}}(t)}\delta u(t)\mathrm{d}t\end{aligned}$$

由于变分$\delta u(t)$和$\mathrm{d}t_f$的任意性知,极值条件成立,且Hamilton函数在终端满足如下等式

$$H[x^*(t_f^*),u^*(t_f^*),\lambda(t_f^*),t_f^*]=-\frac{\partial\Phi[x^*(t_f^*),t_f^*]}{\partial t_f^*}$$

整理上述讨论,可以得到如下结论。

定理3.5 对于式(3.2.1)所描述的受控对象,假设初始状态$x(t_0)$和初始时刻t_0给定,且$x(t_0)=x_0$,而容许控制集$\mathbf{U}$为一开集。对应式(3.2.2)的性能指标,若$u^*(t)$和$x^*(t)$分别为最优控制和最优轨线,t_f^*为最优终端时刻,则存在适当选取的Lagrange乘子$\lambda(t)$,如下方程和等式成立:

(1) 规范方程

$$\dot{x}^*(t)=\frac{\partial H[x^*(t),u^*(t),\lambda(t),t]}{\partial\lambda(t)}=f[x^*(t),u^*(t),t]$$

$$\dot{\lambda}(t)=-\frac{\partial H[x^*(t),u^*(t),\lambda(t),t]}{\partial x^*(t)}$$

其中Hamilton函数H如式(3.2.3)所定义;

(2) 边值条件

$$x(t_0)=x_0$$

$$\lambda(t_f^*)=\frac{\partial\Phi[x^*(t_f^*),t_f^*]}{\partial x^*(t_f^*)}$$

(3) 极值条件

$$\frac{\partial H[x^*(t),u^*(t),\lambda(t),t]}{\partial u^*(t)}=0$$

（4）终端条件

$$H[x^*(t_f^*),u^*(t_f^*),\lambda(t_f^*),t_f^*]=-\frac{\partial\Phi[x^*(t_f^*),t_f^*]}{\partial t_f^*}$$

对于终端时刻 t_f 自由而终端状态 $x(t_f)$受约束的情形，可以类似处理。假设存在如下终端等式约束

$$g[x(t_f),t_f]=0,\quad g\in\mathbf{R}^l$$

其中函数向量 g 对于 $x(t_f)$存在一阶偏导数，令

$$\hat{\Phi}[x(t_f),t_f]=\Phi[x(t_f),t_f]+g^{\mathrm{T}}[x(t_f),t_f]\mu$$

其中 μ 是 Lagrange 常数乘子。以 $\hat{\Phi}[x(t_f),t_f]$替代上述论述中的 $\Phi[x(t_f),t_f]$，在受控系统可控性的假设下，可以得到与定理 3.5 类似的结论。

由上述各节的论述中可见，对于不同的终端约束，会导致不同的边界条件，但对于最优控制和最优轨线，规范方程总是成立，在容许控制集 **U** 为一开集和受控对象为状态完全可控的假设下，Hamilton 函数 H 对 $u(t)$的偏导数总等于零，因此，总成立

$$\begin{aligned}\frac{\mathrm{d}H}{\mathrm{d}t}&=\frac{\partial H}{\partial x^{\mathrm{T}}}\frac{\mathrm{d}x}{\mathrm{d}t}+\frac{\partial H}{\partial u^{\mathrm{T}}}\frac{\mathrm{d}u}{\mathrm{d}t}+\frac{\partial H}{\partial\lambda^{\mathrm{T}}}\frac{\mathrm{d}\lambda}{\mathrm{d}t}+\frac{\partial H}{\partial t}\\&=\frac{\partial H}{\partial x^{\mathrm{T}}}\frac{\partial H}{\partial\lambda}+\frac{\partial H}{\partial u^{\mathrm{T}}}\frac{\mathrm{d}u}{\mathrm{d}t}+\frac{\partial H}{\partial\lambda^{\mathrm{T}}}\left(-\frac{\partial H}{\partial x}\right)+\frac{\partial H}{\partial t}\\&=\frac{\partial H}{\partial t}\end{aligned}$$

由此可知，当 Hamilton 函数 H 不显含 t（即受控对象是定常系统并且性能指标的被积函数不显含 t）时，其恒等于常数

$$H[x(t),u(t),\lambda(t),t]=H[x(t_f^*),u(t_f^*),\lambda(t_f^*),t_f^*]=H[x(t_0),u(t_0),\lambda(t_0),t_0]$$

对于此情形，若终端时刻是自由的且终端型性能指标部分 Φ 不显含终端时刻 t_f，则 Hamilton 函数 H 恒等于零，即

$$H[x(t),u(t),\lambda(t),t]=0,\quad t\in[t_0,t_f]$$

对于 Hamilton 函数 H 显含 t 的情形，则对于 $t\in[t_0,t_f]$，成立

$$H[x(t),u(t),\lambda(t),t]=H[x(t_f),u(t_f),\lambda(t_f),t_f]+\int_{t_f}^{t}\frac{\partial H[x(\tau),u(\tau),\lambda(\tau),\tau]}{\partial\tau}\mathrm{d}\tau$$

上述等式被称为 Hamilton **函数 H 沿最优解等式**。第 4 章将介绍的极小值原理表明，在容许控制集 **U** 不是开集时，上述 Hamilton 函数 H 沿最优解等式仍然成立。

例 3.7　给定平面上的一个圆，其由如下方程描述

$$\Sigma:(y-5)^2+(x-5)^2=1$$

欲求原点到圆 Σ 的最短距离（图 3.3）。

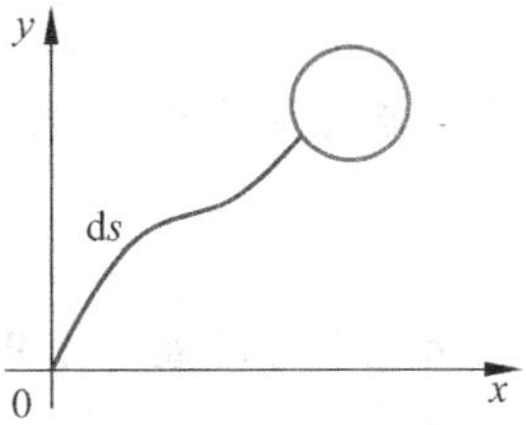

图 3.3　点到圆的最短距离问题

假设 $y(x)$是一条过原点且与圆 Σ 相交的曲线。该曲线上在(x,y)处的微小线段长度近似等于

$$\mathrm{d}s=\sqrt{1+\left(\frac{\mathrm{d}y}{\mathrm{d}x}\right)^2}\mathrm{d}x$$

令

$$\frac{\mathrm{d}y}{\mathrm{d}x}=u$$

则从原点沿曲线 $y(x)$ 到圆 Σ 的距离为

$$S=\int_0^{x_1}\sqrt{1+u^2}\,\mathrm{d}x$$

其中 x_1 是随着 x 从 0 开始增大，曲线 $y(x)$ 首次与圆 Σ 相交时 x 的值，其满足圆方程，即满足终端约束条件

$$(y(x_1)-5)^2+(x_1-5)^2=1$$

这样将求最短距离问题描述为具有终端等式约束的最优控制问题。

引入 Lagrange 常数乘子 η 和函数乘子 $\lambda(x)$，定义扩展性能指标

$$\hat{S}=\mu[(y(x_1)-5)^2+(x_1-5)^2-1]+\int_0^{x_1}\sqrt{1+u^2(x)}\,\mathrm{d}x$$

且定义 Hamilton 函数

$$H[u(x),\lambda(x)]=\sqrt{1+u^2(x)}+\lambda(x)u(x)$$

则相应的协态方程为

$$\dot{\lambda}(x)=0$$

其边值条件为

$$\lambda(x_1)=2\mu(y(x_1)-5)$$

可知，$\lambda(x)$ 是一常数

$$\lambda(x)=\lambda(x_1)=2\mu(y(x_1)-5)$$

由极值条件有

$$\frac{u(x)}{\sqrt{1+u^2(x)}}+\lambda(x)=0$$

解得

$$u(x)=-\frac{\lambda(x_1)}{\sqrt{1-\lambda^2(x_1)}}$$

因此曲线 $y(x)$ 是一条过原点的直线

$$y(x)=-\frac{\lambda(x_1)}{\sqrt{1-\lambda^2(x_1)}}x$$

由终端条件有

$$\sqrt{1+u^2(x_1)}+\lambda(x_1)u(x_1)=-2\mu(x_1-5)$$

联立协态边值条件、极值条件和终端条件，可解得

$$\mu^2=\frac{1}{4}$$

联立上述求得的直线方程和终端约束圆方程，可解得

$$x_1=5-\frac{\sqrt{2}}{2},\quad y_1=5-\frac{\sqrt{2}}{2}$$

最后求得极值解为

$$y(x)=x$$

从原点到圆 Σ 的最短距离为

$$S_{\min}=\sqrt{2}\,x_1=5\sqrt{2}-1$$

3.6 内点等式约束的最优控制

本章的前面几节讨论了各种终端约束下的最优控制问题，在一些情形下，会对控制过程中某时刻的状态，有一定形式的约束。本节讨论的问题是在 3.5 节中讨论的(终端时刻 t_f 自由)问题中加入如下内点状态等式约束

$$g[x(t_1),t_1]=0,\quad g\in\mathbf{R}^k$$

其中，t_1 是区间(t_0,t_f)内某时刻，是自由的；g 是 k 维连续可微函数向量。此时，由于变分 $\delta u(t)$和 $\mathrm{d}t_f$，除了会产生最优轨迹 $x^*(t)$的变分 $\delta x(t)$、最优终端状态 $x^*(t_f)$的变分 $\delta x(t_f)$和泛函$\hat{J}$的变分$\delta\hat{J}$之外，还会产生最优内点状态 $x^*(t_1)$的变分 $\delta x(t_1)$和最优内点时刻 t_1^* 的变分 $\mathrm{d}t_1$。令

$$t_1=t_1^*+\alpha\mathrm{d}t_1$$
$$x(t_1)=x^*(t_1)+\alpha\delta x(t_1)$$

以 t_{1-} 和 t_{1+} 分别表示极限

$$t_{1-}=\lim_{\varepsilon\to 0_-}(t_1+\varepsilon),\quad t_{1+}=\lim_{\varepsilon\to 0_+}(t_1+\varepsilon)$$

假设系统状态及其微分是连续的。则

$$\delta x(t_{1-}^*)=\delta x(t_{1+}^*)$$
$$\dot{x}^*(t_{1-}^*)=\dot{x}^*(t_{1+}^*)$$

考虑如下扩展性能指标

$$\begin{aligned}\hat{J}&=\Phi[x(t_f),t_f]+g^{\mathrm{T}}[x(t_1),t_1]\mu+\int_{t_0}^{t_f}\{H[x(t),u(t),\lambda(t),t]-\lambda^{\mathrm{T}}(t)\dot{x}(t)\}\mathrm{d}t\\&=\Phi[x(t_f),t_f]+g^{\mathrm{T}}[x(t_1),t_1]\mu+\int_{t_0}^{t_{1-}}[H-\lambda^{\mathrm{T}}\dot{x}]\mathrm{d}t+\int_{t_{1+}}^{t_f}[H-\lambda^{\mathrm{T}}\dot{x}]\mathrm{d}t\end{aligned}$$

在下面的讨论中我们将看到，需要选取 Lagrange 乘子 $\lambda(t)$为分段连续可微函数向量，其在时刻 t_1^* 处可存在跳变。所以，在上式中将积分分段写成两项。由

$$\begin{aligned}\hat{J}[u^*(t)+\alpha\delta u(t)]=&\Phi[x^*(t_f^*+\alpha\mathrm{d}t_f)+\alpha\delta x(t_f^*+\alpha\mathrm{d}t_f),t_f^*+\alpha\mathrm{d}t_f]\\&+g^{\mathrm{T}}[x^*(t_1^*+\alpha\mathrm{d}t_1)+\alpha\delta x(t_1^*+\alpha\mathrm{d}t_1),t_1^*+\alpha\mathrm{d}t_1]\mu\\&-\lambda^{\mathrm{T}}(t_{1-}^*+\alpha\mathrm{d}t_{1-})[x^*(t_{1-}^*+\alpha\mathrm{d}t_{1-})+\alpha\delta x(t_{1-}^*+\alpha\mathrm{d}t_{1-})]\\&+\lambda^{\mathrm{T}}(t_0)x(t_0)-\lambda^{\mathrm{T}}(t_f^*+\alpha\mathrm{d}t_f)[x^*(t_f^*+\alpha\mathrm{d}t_f)\\&+\alpha\delta x(t_f^*+\alpha\mathrm{d}t_f)]+\lambda^{\mathrm{T}}(t_{1+}^*+\alpha\mathrm{d}t_{1+})[x^*(t_{1+}^*+\alpha\mathrm{d}t_{1+})\\&+\alpha\delta x(t_{1+}^*+\alpha\mathrm{d}t_{1+})]+\int_{t_0}^{t_{1-}^*+\alpha\mathrm{d}t_1}\{H[x^*(t)+\alpha\delta x(t),u^*(t)\end{aligned}$$

$$+\alpha\delta u(t),\lambda(t),t]+\dot{\lambda}^{\mathrm{T}}(t)[x^*(t)+\alpha\delta x(t)]\}\mathrm{d}t$$

$$+\int_{t_{1+}^*+\alpha\mathrm{d}t_1}^{t_f^*+\alpha\mathrm{d}t_f}\{H[x^*(t)+\alpha\delta x(t),u^*(t)+\alpha\delta u(t),\lambda(t),t]$$

$$+\dot{\lambda}^{\mathrm{T}}(t)[x^*(t)+\alpha\delta x(t)]\}\mathrm{d}t$$

可求得$\hat{J}$的变分$\delta\hat{J}$为

$$\delta\hat{J}=\left\{\frac{\partial\Phi[x^*(t_f^*),t_f^*]}{\partial x^{*\mathrm{T}}(t_f^*)}-\lambda^{\mathrm{T}}(t_f^*)\right\}[\dot{x}^*(t_f^*)\mathrm{d}t_f+\delta x(t_f^*)]$$

$$+\left\{\frac{\partial\Phi[x^*(t_f^*),t_f^*]}{\partial t_f^*}+H[x^*(t_f^*),u^*(t_f^*),\lambda(t_f^*),t_f^*]\right\}\mathrm{d}t_f$$

$$+\left\{\lambda^{\mathrm{T}}(t_{1+}^*)-\lambda^{\mathrm{T}}(t_{1-}^*)+\mu^{\mathrm{T}}\frac{\partial g[x^*(t_1^*),t_1^*]}{\partial x^{*\mathrm{T}}(t_1^*)}\right\}[\dot{x}^*(t_1^*)\mathrm{d}t_1+\delta x(t_1^*)]$$

$$+\left\{H\bigg|_{t_{1-}^*}-H\bigg|_{t_{1+}^*}+\mu^{\mathrm{T}}\frac{\partial g[x^*(t_1^*),t_1^*]}{\partial t_1^*}\right\}\mathrm{d}t_1$$

$$+\int_{t_0}^{t_f^*}\left\{\left[\frac{\partial H[x^*(t),u^*(t),\lambda(t),t]}{\partial x^{*\mathrm{T}}(t)}+\dot{\lambda}^{\mathrm{T}}(t)\right]\delta x(t)\right.$$

$$\left.+\frac{\partial H[x^*(t),u^*(t),\lambda(t),t]}{\partial u^{*\mathrm{T}}(t)}\delta u(t)\right\}\mathrm{d}t$$

由此，我们可以得到如下结论。

定理3.6 假设状态完全可控受控对象式(3.2.1)的初始状态$x(t_0)=x_0$和初始时刻t_0给定，容许控制集$\mathbf{U}$为一开集。在如下内点状态等式约束条件下

$$g[x(t_1),t_1]=0,\quad g\in\mathbf{R}^k,\quad t_1\in(t_0,t_f)$$

对应式(3.2.2)的性能指标，若$u^*(t)$和$x^*(t)$分别为最优控制和最优轨线，t_f^*和t_1^*分别为最优终端时刻和最优内点时刻，则存在适当选取的Lagrange乘子$\lambda(t)$和μ，如下方程和等式成立：

(1) 规范方程

$$\dot{x}^*(t)=\frac{\partial H[x^*(t),u^*(t),\lambda(t),t]}{\partial\lambda(t)}=f[x^*(t),u^*(t),t]$$

$$\dot{\lambda}(t)=-\frac{\partial H[x^*(t),u^*(t),\lambda(t),t]}{\partial x^*(t)}$$

(2) 边值条件和内点条件

$$x(t_0)=x_0$$

$$\lambda(t_f^*)=\frac{\partial\Phi[x^*(t_f^*),t_f^*]}{\partial x^*(t_f^*)}$$

$$\lambda(t_{1+}^*)-\lambda(t_{1-}^*)=-\frac{\partial g^{\mathrm{T}}[x^*(t_1^*),t_1^*]}{\partial x^*(t_1^*)}\mu$$

$$H\bigg|_{t_{1+}^*}-H\bigg|_{t_{1-}^*}=\frac{\partial g^{\mathrm{T}}[x^*(t_1^*),t_1^*]}{\partial t_1^*}\mu$$

$$g[x^*(t_1^*),t_1^*]=0$$

(3) 极值条件

$$\frac{\partial H[x^*(t),u^*(t),\lambda(t),t]}{\partial u^*(t)}=0$$

(4) 终端条件

$$H[x^*(t_f^*),u^*(t_f^*),\lambda(t_f^*),t_f^*]=-\frac{\partial \Phi[x^*(t_f^*),t_f^*]}{\partial t_f^*}$$

注：因为 g 是连续可微函数向量，其偏导数在 t_1^* 处的值是连续的。因此，我们不区分其在 t_{1-}^* 和 t_{1+}^* 的值。由上述定理中的边界条件可知，Lagrange 乘子 $\lambda(t)$ 和 Hamilton 函数 H 在 t_1^* 处的值可能有跳变。在内点状态等式约束下的最优控制问题的求解问题是一个三点边值问题。

例 3.8 假设一系统的运动方程为

$$\dot{x}_1(t)=x_2(t)$$

$$\dot{x}_2(t)=u(t)$$

给定初始时刻 $t_0=0$，终端时刻 $t_f=2$ 和初始状态 $x_1(0)=x_2(0)=0$。欲求控制律 $u(t),t\in[0,2]$，使得

$$x_1(t_1)=h,\quad x_1(2)=0,\quad x_2(2)=0$$

且使得性能指标

$$J=\frac{1}{2}\int_0^2 u^2(t)\mathrm{d}t$$

达最小，其中 $t_1\in(0,2)$ 是内点时刻(未给定)，$h=200$。

引入 Lagrange 常数乘子 η_1、η_2 和 μ，函数乘子 $\lambda_1(t)$ 和 $\lambda_2(t)$，则扩展性能指标定义为

$$\hat{J}=\mu[x_1(t_1)-h]+\eta_1 x_1(2)+\eta_2 x_2(2)+\frac{1}{2}\int_0^2 u^2(t)\mathrm{d}t$$

Hamilton 函数定义为

$$H[x_2(t),u(t),\lambda_1(t),\lambda_2(t)]=\lambda_1(t)x_2(t)+\lambda_2(t)u(t)+\frac{1}{2}u^2(t)$$

协态方程为

$$\dot{\lambda}_1(t)=0,\quad \dot{\lambda}_2(t)=-\lambda_1(t)$$

协态的边值条件和内点条件分别为

$$\lambda_1(2)=\eta_1,\quad \lambda_2(2)=\eta_2$$

$$\lambda_1(t_{1+})-\lambda_1(t_{1-})=-\mu$$

$$\lambda_2(t_{1+})-\lambda_2(t_{1-})=0$$

解得

$$\lambda_1(t)=\eta_1+\mu,\quad \lambda_2(t)=-(\eta_1+\mu)t+2\eta_1+\mu t_1+\eta_2,\quad t\in[0,t_1)$$

$$\lambda_1(t)=\eta_1,\quad \lambda_2(t)=-\eta_1(t-2)+\eta_2,\quad t\in[t_1,2]$$

注意，在 t_1 处，$\lambda_1(t)$ 有跳变，而 $\lambda_2(t)$ 是连续的。

由极值条件得

$$u(t)=-\lambda_2(t)=\begin{cases}(\eta_1+\mu)t-2\eta_1-\mu t_1-\eta_2, & t\in[0,t_1)\\ \eta_1(t-2)-\eta_2, & t\in[t_1,2]\end{cases}$$

求解运动方程,并考虑初始条件和在内点处状态的连续性,得

$$x_2(t)=\begin{cases}\dfrac{1}{2}(\eta_1+\mu)t^2-(2\eta_1+\mu t_1+\eta_2)t, & t\in[0,t_1)\\ \dfrac{\eta_1}{2}(t-2)^2-\eta_2 t-\dfrac{\mu}{2}t_1^2-2\eta_1, & t\in[t_1,2]\end{cases}$$

$$x_1(t)=\begin{cases}\dfrac{1}{6}(\eta_1+\mu)t^3-\dfrac{1}{2}(2\eta_1+\mu t_1+\eta_2)t^2, & t\in[0,t_1)\\ \dfrac{\eta_1}{6}(t-2)^3-\dfrac{1}{2}\eta_2 t^2-\left(\dfrac{\mu}{2}t_1^2+2\eta_1\right)t+\dfrac{1}{6}\mu t_1^3+\dfrac{4}{3}\eta_1, & t\in[t_1,2]\end{cases}$$

在 t_1 处,因为 $\lambda_2(t)$ 和 $u(t)$ 是连续的,而 $\lambda_1(t)$ 有跳变,由 $H\Big|_{t_{1+}}-H\Big|_{t_{1-}}=0$ 可知,$x_2(t_1)=0$。联立状态的终端条件($x_1(2)=0,x_2(2)=0$)和内点状态等式约束条件($x_1(t_1)=200,x_2(t_1)=0$),可解得

$$\eta_1=2400,\quad \eta_2=-1200,\quad \mu=-4800,\quad t_1=1$$

最优控制律为

$$u(t)=\begin{cases}-2400t+1200, & t\in[0,1)\\ 2400t-3600, & t\in[1,2]\end{cases}$$

上述所求得最优控制 $u(t)$ 和最优状态 $x_1(t)$、$x_2(t)$ 分别如图 3.4、图 3.5 和图 3.6 所示。

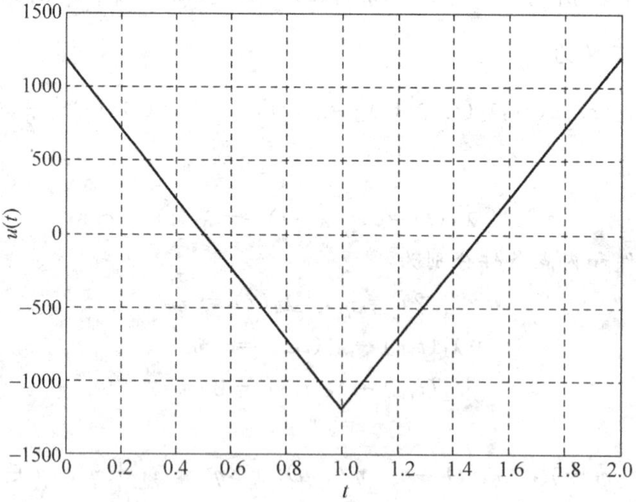

图 3.4 最优控制 $u(t)$

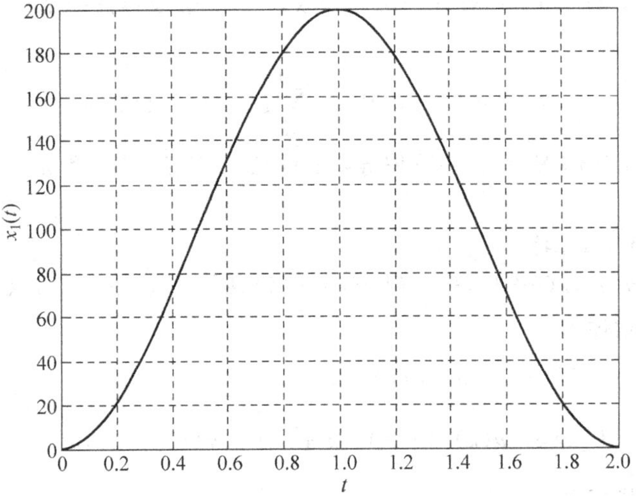

图 3.5　最优状态 $x_1(t)$

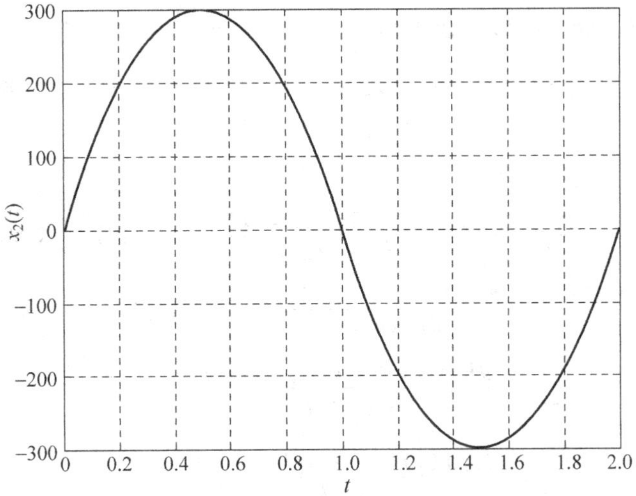

图 3.6　最优状态 $x_2(t)$

3.7　离散时间系统最优控制

考虑如下离散时间受控对象

$$x(k+1)=f[x(k),u(k),k],\quad k_0\leqslant k\leqslant N-1 \tag{3.7.1}$$

其中，$x(k)\in \mathbf{R}^n$ 和 $u(k)\in \mathbf{R}^m$ 分别为时刻 k(或第 k 次采样)的受控系统状态和控制输入；函数向量 f 对于 $x(k)$和 $u(k)$具有连续偏导数，起始时刻 k_0 和终端时刻 N 是给定整数。假设初始状态 $x(k_0)=x_0$ 给定，终端状态需满足等式约束

$$g[x(N),N]=0,\quad g\in \mathbf{R}^l$$

其中函数向量 g 对于 $x(N)$ 存在一阶偏导数，$l \leqslant n$。假设容许控制集 $\mathbf{U}$ 为一开集，性能指标为

$$J = \Phi[x(N), N] + \sum_{k=k_0}^{N-1} L[x(k), u(k), k] \tag{3.7.2}$$

其中，函数 Φ 对于 $x(N)$ 具有一阶偏导数；函数 L 对于 $x(k)$ 和 $u(k)$ 均具有一阶偏导数。

定义 Hamilton 函数为

$$H[x(k), u(k), \lambda(k+1), k] = L[x(k), u(k), k] + \lambda^{\mathrm{T}}(k+1) f[x(k), u(k), k]$$

则扩展的性能指标为

$$\begin{aligned}\hat{J} &= \Phi[x(N), N] + g^{\mathrm{T}}[x(N), N]\eta \\ &\quad + \sum_{k=k_0}^{N-1} \{L[x(k), u(k), k] + \lambda^{\mathrm{T}}(k+1)[f[x(k), u(k), k] - x(k+1)]\}\end{aligned}$$

扩展后的性能指标可改写为

$$\begin{aligned}\hat{J} &= \Phi[x(N), N] + g^{\mathrm{T}}[x(N), N]\eta - \lambda^{\mathrm{T}}(N)x(N) + H[x(k_0), u(k_0), \lambda(k_0+1), k_0] \\ &\quad + \sum_{k=k_0+1}^{N-1} \{H[x(k), u(k), \lambda(k+1), k] - \lambda^{\mathrm{T}}(k)x(k)\}\end{aligned}$$

对于某给定的控制序列 $\{u(k_0), u(k_0+1), \cdots, u(N-1)\}$，考虑变分 $\delta u(k)$ $(k = k_0, k_0+1, \cdots, N-1)$，其导致状态的变分为 $\delta x(k)$ $(k = k_0+1, k_0+2, \cdots, N)$，性能指标 $\hat{J}$ 的变分为

$$\begin{aligned}\delta \hat{J} &= \left[\frac{\partial \Phi[x(N), N]}{\partial x^{\mathrm{T}}(N)} + \eta^{\mathrm{T}} \frac{\partial g[x(N), N]}{\partial x^{\mathrm{T}}(N)} - \lambda^{\mathrm{T}}(N)\right]\delta x(N) \\ &\quad + \frac{\partial H[x(k_0), u(k_0), \lambda(k_0+1), k_0]}{\partial u^{\mathrm{T}}(k_0)}\delta u(k_0) \\ &\quad + \sum_{k=k_0+1}^{N-1}\left\{\left[\frac{\partial H[x(k), u(k), \lambda(k+1), k]}{\partial x^{\mathrm{T}}(k)} - \lambda^{\mathrm{T}}(k)\right]\delta x(k)\right\} \\ &\quad + \sum_{k=k_0+1}^{N-1}\left\{\frac{\partial H[x(k), u(k), \lambda(k+1), k]}{\partial u^{\mathrm{T}}(k)}\delta u(k)\right\}\end{aligned}$$

由上式可知，适当选取 Lagrange 乘子，由控制的变分 $\delta u(k)$ $(k = k_0, k_0+1, \cdots, N-1)$ 的任意性，可以得到无终端状态约束的离散时间系统最优控制应满足的必要条件（对于离散系统，可以证明类似于引理 3.2 的结论成立）。

定理 3.7 假设离散时间受控对象式(3.7.1)的初始状态 $x(k_0) = x_0$、初始时刻 k_0 以及终端时刻 N 均给定，容许控制集 $\mathbf{U}$ 为一开集。对应于式(3.7.2)的性能指标，最优控制序列为 $\{u^*(k_0), u^*(k_0+1), \cdots, u^*(N-1)\}$，相应的最优状态序列为 $\{x^*(k_0+1), x^*(k_0+2), \cdots, x^*(N)\}$，则存在适当选取的 Lagrange 乘子序列 $\{\lambda(k_0+1), \lambda(k_0+2), \cdots, \lambda(N)\}$，如下方程和等式成立：

(1) 规范方程

$$x^*(k+1) = \frac{\partial H[x^*(k), u^*(k), \lambda(k+1), k]}{\partial \lambda(k+1)} = f[x^*(k), u^*(k), k]$$

$$k = k_0, k_0 + 1, \cdots, N - 1$$

$$\lambda(k) = \frac{\partial H[x^*(k), u^*(k), \lambda(k+1), k]}{\partial x^*(k)}$$

$$k = k_0 + 1, k_0 + 2, \cdots, N - 1$$

(2) 边值条件

$$x(k_0) = x_0$$

$$\lambda(N) = \frac{\partial \Phi[x^*(N), N]}{\partial x^*(N)} + \frac{\partial g^{\mathrm{T}}[x^*(N), N]}{\partial x^*(N)}\eta$$

$$g[x^*(N), N] = 0$$

(3) 极值条件

$$\frac{\partial H[x^*(k), u^*(k), \lambda(k+1), k]}{\partial u^*(k)} = 0, \quad k = k_0, k_0 + 1, \cdots, N-1$$

例 3.9(最优消费策略——离散情形)　假设某人持有资金 x_0 元，其计划在 N 年内消费这笔资金。假设银行存款利率为 α，贴现率为 β，均为常数。设在第 k 年此人所持有的可消费资金(包括银行存款利息)为 $x(k)$元，该年其消费为 $u(k)$元，在消费资金 $u(k)$元的过程中此人所获得的效用为

$$L(k) = \sqrt{u(k)}\,\mathrm{e}^{-\beta k}$$

则此人持有资金满足状态方程

$$x(k+1) = (1+\alpha)x(k) - u(k)$$

持有资金的初始值和终端值为

$$x(t_0) = x_0, \quad x(N) = 0$$

其获得的总效用为 $\sum\limits_{k=0}^{N-1} \sqrt{u(k)}\,\mathrm{e}^{-\beta k}$。考虑如下扩展性能指标

$$\hat{J} = x(N)\eta - \sum_{k=0}^{N-1} \sqrt{u(k)}\,\mathrm{e}^{-\beta k}$$

其中 η 是 Lagrange 常数乘子。

对于上述问题的 Hamilton 函数为

$$H[x(k), u(k), \lambda(k+1), k] = -\sqrt{u(k)}\,\mathrm{e}^{-\beta k} + \lambda(k+1)[(1+\alpha)x(k) - u(k)]$$

协态方程及其边值条件为

$$\lambda(k) = (1+\alpha)\lambda(k+1)$$

$$\lambda(N) = \eta$$

可解得协态为

$$\lambda(k) = \eta(1+\alpha)^{(N-k)}$$

由极值条件有

$$-\frac{\mathrm{e}^{-\beta k}}{2\sqrt{u(k)}} = \lambda(k+1)$$

联立协态方程及其边值条件以及极值条件，解得最优消费策略为

$$u(k) = \frac{\mathrm{e}^{-2\beta k}}{4\lambda^2(k+1)} = \frac{\mathrm{e}^{-2\beta k}}{4\eta^2(1+\alpha)^{2(N-k-1)}}$$

由状态方程和终端等式约束有

$$x(N)=(1+\alpha)^N x_0-\frac{1}{\eta^2}\sum_{i=1}^{N}\frac{e^{-2\beta(N-i)}}{4(1+\alpha)^{(i-1)}}=0$$

解得

$$\eta=-\sqrt{\frac{1}{(1+\alpha)^N x_0}\sum_{i=1}^{N}\frac{e^{-2\beta(N-i)}}{4(1+\alpha)^{(i-1)}}}$$

考虑 $\alpha=0.0300$ 和 $\alpha=0.0526$，$\beta=0.1054$ 和 $\beta=0.0513$（分别对应于 $e^{-\beta}=0.9$ 和 $e^{-\beta}=0.95=1/1.0526$）的情形，持有资金的初始值 $x(t_0)=400$ 万，消费时间为 40 年，相应的最优消费策略 $u(k)$ 和最优持有资金 $x(k)$ 分别如图 3.7 和图 3.8 所示。

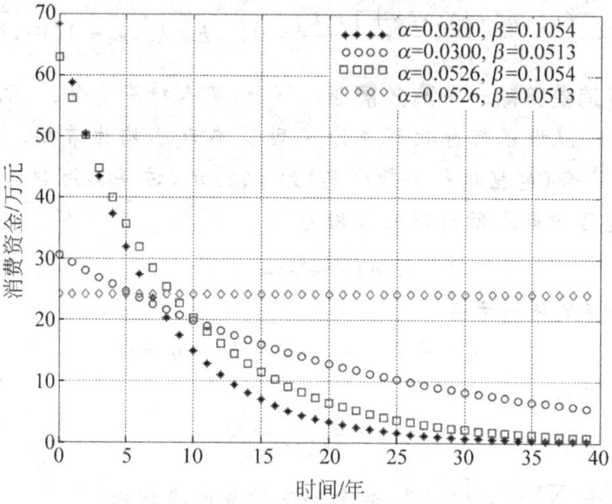

图 3.7 最优消费策略(离散情形)

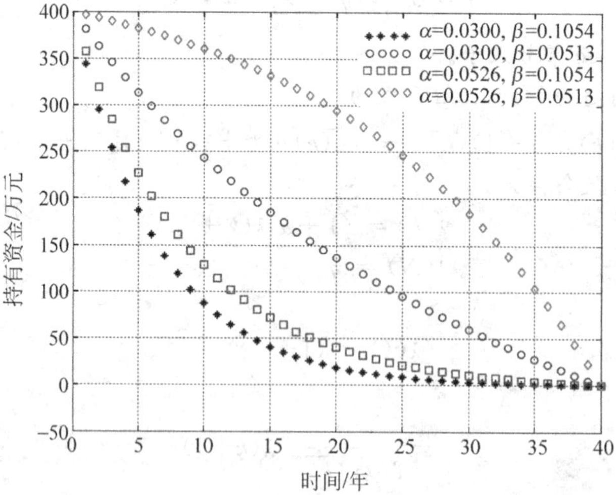

图 3.8 最优持有资金(离散情形)

习题 3

3.1　求泛函

$$J=\int_0^1[4y^2(t)+\dot{y}^2(t)]\mathrm{d}t$$

在边界条件 $y(0)=0,y(1)=1$ 下的最小值。

3.2　假设函数 $F[t,x(t),\dot{x}(t),\ddot{x}(t)]\in\mathbf{R}^1$，对 t、$x(t)$、$\dot{x}(t)$、$\ddot{x}(t)$ 存在二阶偏导数，考虑泛函

$$J=\int_{t_0}^{t_f}F[t,x(t),\dot{x}(t),\ddot{x}(t)]\mathrm{d}t$$

给出使得泛函 J 达到极小值且满足如下边界条件的函数向量 $x(t)$ 应满足的必要条件。

$$x(t_0)=x_0,\quad \dot{x}(t_0)=v_0,\quad x(t_f)=x_f,\quad \dot{x}(t_f)=v_f$$

其中 t_0、t_f 为给定常数，且 $t_f>t_0$，x_0、v_0、x_f、v_f 均为给定常数向量。

3.3　假设系统运动方程为

$$\dot{x}(t)=-x(t)+u(t)$$

初始时间和初始状态分别为 $t_0=0,x(0)=1$，终端时间为 $t_f=1$。求使得如下性能指标达到最小的控制 $u(t),t\in[0,1]$。

$$J=qx^2(1)+\int_0^1u^2(t)\mathrm{d}t$$

其中 q 为给定正数。

3.4　考虑一阶系统

$$\dot{x}(t)=x(t)+2u(t)$$

其初始状态为 $x(0)=0$，试求控制律 $u(t),t\in[0,5]$，使得 $x(5)=10$，且使得如下性能指标达到最小。

$$J=\int_0^5[x^2(t)+u^2(t)]\mathrm{d}t$$

3.5　考虑一线性定常二阶系统

$$\dot{x}_1(t)=x_2(t)+u_1(t)$$

$$\dot{x}_2(t)=u_2(t)$$

给定初始时间为 $t_0=0$，初始状态为 $x(0)=[1\quad 1]^{\mathrm{T}}$，终端时间为 $t_f=1$，$x_2(t)$ 的终端值为 $x_2(1)=0$。求控制向量 $u(t),t\in[0,1]$，使得如下性能指标达到最小（注意，仅第二个状态分量的终端值是给定的）。

$$J=\int_0^1[u_1^2(t)+u_2^2(t)]\mathrm{d}t$$

3.6　已知系统的运动方程和初始状态为

$$\dot{x}_1(t)=-x_1(t)+x_2(t),\quad x_1(1)=0$$

$$\dot{x}_2(t)=u(t),\quad x_2(1)=0$$

给定初始时间为 $t_0=1$，终端时间为 $t_f=2$。要求控制 $u(t),t\in[1,2]$，使得终端状态满足等式约束

$$x_1(2)+x_2(2)=2$$

且使得如下性能指标达到最小。

$$J=\int_1^2 u^2(t)\mathrm{d}t$$

3.7 对于系统 $\dot{x}(t)=-x(t)+u(t),x(0)=2$，求终端时间 t_f 和控制 $u(t),t\in[0,t_f]$，使得 $x(t_f)=0$，且使得性能指标 $J=t_f^2+\int_0^{t_f}u^2(t)\mathrm{d}t$ 达到最小。

3.8 考虑离散系统

$$x(k+1)=x(k)+u(k)$$

对于初始状态 $x(0)=1$，求控制序列 $u(k),k=0,1,\cdots,6$，使得终端状态为 $x(7)=-1$，且使得代价函数 $J=\sum_{k=0}^{6}u^2(k)$ 为最小。

第4章 极小值原理

利用变分法求解最优控制问题时，要求容许控制集 **U** 为一开集，同时要求 Hamilton 函数 H 关于控制 $u(t)$ 的连续偏导数存在。在一些情形下，这些条件未必成立。极小值原理可放宽这些要求。本章将首先对定常受控对象在终端型性能指标下的最优控制问题，证明相应的极小值原理的结论；然后在此基础上，讨论时变系统在混合型性能指标下的极小值原理和各种控制过程约束的处理方法，最后介绍离散时间系统的极小值原理。

4.1 定常系统极小值原理

本节讨论定常受控对象在终端型性能指标下的最优控制问题。这里放弃了对 Hamilton 函数 H 关于控制 $u(t)$ 存在连续偏导数和容许控制集 **U** 为开集的假设。

最优控制问题 4.1 受控对象的状态方程为

$$\dot{x}(t) = f[x(t), u(t)], \quad t \in [t_0, t_f] \tag{4.1.1}$$

$$x(t_0) = x_0$$

其中，初始时刻 t_0 和初始状态 $x(t_0)$ 是给定的，终端时刻 t_f 自由；容许控制集 **U** 为 $\mathbf{R}^m$ 中的有界闭集。求分段连续控制 $u(t) \in \mathbf{U}, t \in [t_0, t_f]$，使得性能指标

$$J[u] = \Phi[x(t_f)] \tag{4.1.2}$$

为最小。

假设 4.1 $\Phi[x(t_f)]$ 关于 $x(t_f)$ 存在连续偏导数，$f[x(t), u(t)]$ 关于 $u(t)$ 是连续的、关于 $x(t)$ 的偏导数对于 $x(t)$ 和 $u(t)$ 均连续，并且当 X 和 U 分别是状态空间 **X** 和容许控制集 **U** 内的有界集时，存在常数 $\gamma_f > 0$，对于 $x_1(t), x_2(t) \in X$ 和任意 $u(t) \in U$，成立

$$\| f[x_1(t), u(t)] - f[x_2(t), u(t)] \| \leqslant \gamma_f \| x_1(t) - x_2(t) \|$$

存在常数 $\rho_f > 0$，对于 $u_1(t), u_2(t) \in U$ 和任意 $x(t) \in X$，成立

$$\| f[x(t), u_1(t)] - f[x(t), u_2(t)] \| \leqslant \rho_f \| u_1(t) - u_2(t) \|$$

关于最优控制问题 4.1 的解如下结论成立。

定理 4.1 当假设 4.1 成立时，若 $u^*(t)$ 和 $x^*(t)$ 分别为最优控制问

题 4.1 的最优控制和最优轨线，t_f^* 为最优终端时刻，则存在适当选取的 Lagrange 乘子 $\lambda(t)$，如下方程和等式成立：

(1) 规范方程

$$\dot{x}^*(t)=\frac{\partial H[x^*(t),u^*(t),\lambda(t)]}{\partial\lambda(t)}=f[x^*(t),u^*(t)]$$

$$\dot{\lambda}(t)=-\frac{\partial H[x^*(t),u^*(t),\lambda(t)]}{\partial x^*(t)}$$

其中 Hamilton 函数 $H[x(t),u(t),\lambda(t)]$ 定义为

$$H[x(t),u(t),\lambda(t)]=\lambda^{\mathrm{T}}(t)f[x(t),u(t)]$$

(2) 边值条件

$$x(t_0)=x_0$$

$$\lambda(t_f^*)=\frac{\partial\Phi[x^*(t_f^*)]}{\partial x^*(t_f^*)}$$

(3) 极小值条件　在 $u^*(t)$ 连续时刻

$$H[x^*(t),u^*(t),\lambda(t)]\leqslant H[x^*(t),u(t),\lambda(t)],\quad u(t)\in\mathbf{U}$$

或

$$H[x^*(t),u^*(t),\lambda(t)]=\min_{u(t)\in\mathbf{U}}H[x^*(t),u(t),\lambda(t)]$$

(4) 终端条件

$$H[x^*(t_f^*),u^*(t_f^*),\lambda(t_f^*)]=0$$

(5) Hamilton 函数 H 沿最优解等式　对于 $t\in[t_0,t_f]$，除 $u^*(t)$ 不连续时刻外

$$H[x^*(t),u^*(t),\lambda(t)]=\text{常数}$$

注：联立定理 4.1 的终端条件和 Hamilton 函数 H 沿最优解等式可知

$$H[x^*(t),u^*(t),\lambda(t)]=0$$

但是，对于终端时刻给定的情形，终端条件不一定成立。此时，Hamilton 函数 H 沿最优解不一定恒等于零。

注：如果要求设计分段连续容许控制 $u(t)\in\mathbf{U}$，使得性能指标 $J[u]$ 达到最大，则上述定理中的极值条件应当改为，在 $u^*(t)$ 连续时刻，成立

$$H[x^*(t),u^*(t),\lambda(t)]\geqslant H[x^*(t),u(t),\lambda(t)],\quad u(t)\in\mathbf{U}$$

或

$$H[x^*(t),u^*(t),\lambda(t)]=\max_{u(t)\in\mathbf{U}}H[x^*(t),u(t),\lambda(t)]$$

证明定理 4.1 时需要如下预备结果。

引理 4.1　假设 $\xi(t)$ 是连续可微函数向量，且 $\|\xi(t)\|\neq0$，则

$$\frac{\mathrm{d}}{\mathrm{d}t}\|\xi(t)\|\leqslant\|\dot{\xi}(t)\|$$

其中 $\|\xi(t)\|$ 是 $\xi(t)$ 的欧氏范数。

证明　因 $\|\xi(t)\|\neq0$，由欧氏范数的定义，成立

$$\frac{\mathrm{d}}{\mathrm{d}t}\|\xi(t)\|=\frac{1}{\|\xi(t)\|}\xi^{\mathrm{T}}(t)\dot{\xi}(t)\leqslant\frac{1}{\|\xi(t)\|}\|\xi(t)\|\cdot\|\dot{\xi}(t)\|=\|\dot{\xi}(t)\|\quad\blacksquare$$

引理 4.2 假设在时间区间$[t_0,t_f]$上,$\beta(t)$是可积函数,α是一给定实数,若函数$\eta(t)$满足如下微分不等式

$$\dot{\eta}(t)\leqslant\alpha\eta(t)+\beta(t)$$

并且$\eta(t_0)=0$,则

$$\eta(t)\leqslant\int_{t_0}^{t}e^{\alpha(t-\tau)}\beta(\tau)d\tau,\quad t\in[t_0,t_f]$$

证明 在引理中的微分不等式两边乘以$e^{-\alpha t}$并移项,可得

$$\frac{d}{dt}[e^{-\alpha t}\eta(t)]\leqslant e^{-\alpha t}\beta(t)$$

对上式从t_0到t作积分,并利用$\eta(t_0)=0$,可得

$$\eta(t)\leqslant\int_{t_0}^{t}e^{\alpha(t-\tau)}\beta(\tau)d\tau,\quad t\in[t_0,t_f]$$ ■

定理 4.1 的证明 假设$u^*(t)$、$x^*(t)$和t_f^*分别为最优控制问题 4.1 的最优控制、最优轨线和最优终端时刻。考虑分段连续充分小控制增量$\Delta u(t)$和终端时刻的充分小增量Δt_f,假设相应的状态增量为$\Delta x(t)$,即

$$\begin{aligned}u(t)&=u^*(t)+\Delta u(t)\\x(t)&=x^*(t)+\Delta x(t)\\t_f&=t_f^*+\Delta t_f\end{aligned}$$

则

$$\begin{aligned}\Delta\dot{x}(t)&=\dot{x}(t)-\dot{x}^*(t)\\&=f[x^*(t)+\Delta x(t),u^*(t)+\Delta u(t)]-f[x^*(t),u^*(t)]\\&=f[x^*(t)+\Delta x(t),u^*(t)+\Delta u(t)]-f[x^*(t),u^*(t)+\Delta u(t)]\\&\quad+f[x^*(t),u^*(t)+\Delta u(t)]-f[x^*(t),u^*(t)]\end{aligned}\tag{4.1.3}$$

由假设 4.1 可知,$f[x(t),u(t)]$对于$x(t)$是连续可微的,故有

$$\begin{aligned}\Delta\dot{x}(t)=&\frac{\partial f[x^*(t),u^*(t)+\Delta u(t)]}{\partial x^{*T}(t)}\Delta x(t)+\varepsilon(\|\Delta x(t)\|)\\&+f[x^*(t),u^*(t)+\Delta u(t)]-f[x^*(t),u^*(t)]\\=&\frac{\partial f[x^*(t),u^*(t)]}{\partial x^{*T}(t)}\Delta x(t)+\varepsilon(\|\Delta x(t)\|)\\&+\left\{\frac{\partial f[x^*(t),u^*(t)+\Delta u(t)]}{\partial x^{*T}(t)}-\frac{\partial f[x^*(t),u^*(t)]}{\partial x^{*T}(t)}\right\}\Delta x(t)\\&+f[x^*(t),u^*(t)+\Delta u(t)]-f[x^*(t),u^*(t)]\end{aligned}\tag{4.1.4}$$

其中$\varepsilon(\|\Delta x(t)\|)$是关于$\|\Delta x(t)\|$的高阶无穷小量(为了避免繁多的符号,下面将用$\varepsilon(\sigma)$表示关于$\sigma$的高阶无穷小量,其在不同处的确切含义可能不一样)。因为初始状态$x(t_0)$是给定的,控制增量$\Delta u(t)$不会产生$x(t_0)$的增量,即$\Delta x(t_0)=0$。令$\phi(t,\tau)$是如下线性系统的状态转移矩阵

$$\dot{\zeta}(t)=\frac{\partial f[x^*(t),u^*(t)]}{\partial x^{*T}(t)}\zeta(t),\quad\zeta(t_0)=0$$

即$\phi(t,\tau)$是如下矩阵微分方程的解

$$\frac{\mathrm{d}\phi(t,\tau)}{\mathrm{d}t}=\frac{\partial f[x^*(t),u^*(t)]}{\partial x^{*\mathrm{T}}(t)}\phi(t,\tau),\quad \phi(\tau,\tau)=I$$

由式(4.1.4)有

$$\begin{aligned}\Delta x(t)=&\int_{t_0}^{t}\phi(t,\tau)\left\{\frac{\partial f[x^*(\tau),u^*(\tau)+\Delta u(\tau)]}{\partial x^{*\mathrm{T}}(\tau)}-\frac{\partial f[x^*(\tau),u^*(\tau)]}{\partial x^{*\mathrm{T}}(\tau)}\right\}\Delta x(\tau)\mathrm{d}\tau\\&+\int_{t_0}^{t}\phi(t,\tau)\{f[x^*(\tau),u^*(\tau)+\Delta u(\tau)]-f[x^*(\tau),u^*(\tau)]\}\mathrm{d}\tau\\&+\int_{t_0}^{t}\phi(t,\tau)\varepsilon(\|\Delta x(\tau)\|)\mathrm{d}\tau\end{aligned}\tag{4.1.5}$$

若令

$$\lambda(t)=\phi^{\mathrm{T}}(t_f^*,t)\frac{\partial\Phi[x^*(t_f^*)]}{\partial x^*(t_f^*)}$$

则 $\lambda(t)$满足协态方程

$$\begin{aligned}\dot{\lambda}(t)&=\dot{\phi}^{\mathrm{T}}(t_f^*,t)\frac{\partial\Phi[x^*(t_f^*)]}{\partial x^*(t_f^*)}\\&=-[\phi^{\mathrm{T}}(t_f^*,t)\dot{\phi}^{\mathrm{T}}(t,t_f^*)\phi^{\mathrm{T}}(t_f^*,t)]\frac{\partial\Phi[x^*(t_f^*)]}{\partial x^*(t_f^*)}\\&=-\frac{\partial f^{\mathrm{T}}[x^*(t),u^*(t)]}{\partial x^*(t)}\lambda(t)\\&=-\frac{\partial H[x^*(t),u^*(t),\lambda(t)]}{\partial x^*(t)}\end{aligned}$$

并满足协态边值条件

$$\lambda(t_f^*)=\frac{\partial\Phi[x^*(t_f^*)]}{\partial x^*(t_f^*)}$$

假设 $t_1\in(t_0,t_f)$为最优控制 $u^*(t)$的任意连续点，$\mu>0$ 为一充分小正数，其使得 $t_1+\mu\in(t_0,t_f)$。考虑如下形式最优控制 $u^*(t)$的增量 $\Delta u(t)$

$$\Delta u(t)=\begin{cases}0, & t\in[t_0,t_1)\cap(t_1+\mu,t_f]\\ \bar{u}-u^*(t), & t\in[t_1,t_1+\mu]\end{cases}\tag{4.1.6}$$

其中$\bar{u}$是 $\mathbf{U}$ 中的任意常值向量。上述形式的控制增量 $\Delta u(t)$被称为针状变分。由假设 4.1 和 $u^*(t)$与 $\Delta u(t)$的分段连续性知，必存在有界集合 $U\in\mathbf{U}$ 和有界集合 $X\in\mathbf{X}$，使得 $u^*(t)\in U,\bar{u}\in U,x^*(t)\in X$，并对于 $t\in[t_0,t_f]$，存在常数 $\alpha>0$ 和 $\beta>0$，成立

$$\|f[x^*(t)+\Delta x(t),u^*(t)+\Delta u(t)]-f[x^*(t),u^*(t)+\Delta u(t)]\|\leqslant\alpha\|\Delta x(t)\|$$
$$\|f[x^*(t),u^*(t)+\Delta u(t)]-f[x^*(t),u^*(t)]\|\leqslant b(t)$$

其中

$$b(t)=\begin{cases}0, & t\in[t_0,t_1)\cap(t_1+\mu,t_f]\\ \beta, & t\in[t_1,t_1+\mu]\end{cases}$$

由式(4.1.3)和引理 4.1 可得

$$\frac{\mathrm{d}}{\mathrm{d}t}\|\Delta x(t)\|\leqslant\alpha\|\Delta x(t)\|+b(t),\quad t\in[t_0,t_f]$$

而由引理 4.2 可得

$$\|\Delta x(t)\| \leqslant \int_{t_0}^{t} e^{\alpha(t-\tau)} b(\tau)\mathrm{d}\tau \leqslant e^{\alpha t_f}\beta\mu,\quad t\in[t_0,t_f] \tag{4.1.7}$$

现分析性能指标 J 的增量 ΔJ。由上述分析和假设 4.1 可知，ΔJ 可表示为

$$\begin{aligned}
\Delta J &= J[u^*(t)+\Delta u(t)] - J[u^*(t)] \\
&= \Phi[x(t_f)] - \Phi[x^*(t_f^*)] \\
&= \Phi[x(t_f)] - \Phi[x^*(t_f)] + \Phi[x^*(t_f^*+\Delta t_f)] - \Phi[x^*(t_f^*)] \\
&= \frac{\partial\Phi[x^*(t_f)]}{\partial x^{*\mathrm{T}}(t_f)}\Delta x(t_f) + \left\{\frac{\partial\Phi[x^*(t_f)]}{\partial x^{*\mathrm{T}}(t_f)}\dot{x}^*(t_f^*)\right\}\Delta t_f + \varepsilon(\|\Delta x(t_f)\|) + \varepsilon(\|\Delta t_f\|) \\
&= \frac{\partial\Phi[x^*(t_f)]}{\partial x^{*\mathrm{T}}(t_f)}\Delta x(t_f) + \left\{\frac{\partial\Phi[x^*(t_f^*)]}{\partial x^{*\mathrm{T}}(t_f^*)} f[x^*(t_f^*),u^*(t_f^*)]\right\}\Delta t_f \\
&\quad + \varepsilon(\|\Delta x(t_f)\|) + \varepsilon(\|\Delta t_f\|) \\
&= \left\{\frac{\partial\Phi[x^*(t_f)]}{\partial x^{*\mathrm{T}}(t_f)} - \frac{\partial\Phi[x^*(t_f^*)]}{\partial x^{*\mathrm{T}}(t_f^*)}\right\}\Delta x(t_f) + \frac{\partial\Phi[x^*(t_f^*)]}{\partial x^{*\mathrm{T}}(t_f^*)}\Delta x(t_f) \\
&\quad + \left\{\frac{\partial\Phi[x^*(t_f^*)]}{\partial x^{*\mathrm{T}}(t_f^*)} f[x^*(t_f^*),u^*(t_f^*)]\right\}\Delta t_f + \varepsilon(\|\Delta x(t_f)\|) + \varepsilon(\|\Delta t_f\|) \\
&= \frac{\partial\Phi[x^*(t_f^*)]}{\partial x^{*\mathrm{T}}(t_f^*)}\Delta x(t_f) + \frac{\partial\Phi[x^*(t_f^*)]}{\partial x^{*\mathrm{T}}(t_f^*)} f[x^*(t_f^*),u^*(t_f^*)]\Delta t_f \\
&\quad + \varepsilon(\|\Delta x(t_f)\|) + \varepsilon(|\Delta t_f|)
\end{aligned}$$

当控制增量 $\Delta u(t)\equiv 0(t\in[t_0,t_f])$ 时，有 $\Delta x(t)\equiv 0(t\in[t_0,t_f])$，此时，$\Delta x(t_f)=0$，性能指标的增量为

$$\Delta J = \frac{\partial\Phi[x^*(t_f^*)]}{\partial x^{*\mathrm{T}}(t_f^*)} f[x^*(t_f^*),u^*(t_f^*)]\Delta t_f + \varepsilon(|\Delta t_f|)$$

由于只要 $|\Delta t_f|$ 充分小，Δt_f 可取任意实数值，$\Delta J\geqslant 0$ 的必要条件为

$$\frac{\partial\Phi[x^*(t_f^*)]}{\partial x^{*\mathrm{T}}(t_f^*)} f[x^*(t_f^*),u^*(t_f^*)] = 0$$

注意协态的边界值，可知终端条件成立

$$H[x^*(t_f^*),u^*(t_f^*),\lambda(t_f^*)] = 0$$

对于式(4.1.6)的针状变分 $\Delta u(t)$，利用式(4.1.5)，并令 $\Delta t_f=0$，有

$$\begin{aligned}
\Delta J &= \lambda^{\mathrm{T}}(t_f^*)\int_{t_0}^{t_f^*}\phi(t_f^*,\tau)\left\{\frac{\partial f[x^*(\tau),u^*(\tau)+\Delta u(\tau)]}{\partial x^{*\mathrm{T}}(\tau)} - \frac{\partial f[x^*(\tau),u^*(\tau)]}{\partial x^{*\mathrm{T}}(\tau)}\right\}\Delta x(\tau)\mathrm{d}\tau \\
&\quad + \lambda^{\mathrm{T}}(t_f^*)\int_{t_0}^{t_f^*}\phi(t_f^*,\tau)\{f[x^*(\tau),u^*(\tau)+\Delta u(\tau)] - f[x^*(\tau),u^*(\tau)]\}\mathrm{d}\tau \\
&\quad + \lambda^{\mathrm{T}}(t_f^*)\int_{t_0}^{t_f^*}\phi(t_f^*,\tau)\varepsilon(\|\Delta x(\tau)\|)\mathrm{d}\tau + \varepsilon(\|\Delta x(t_f^*)\|) \\
&= \int_{t_1}^{t_1+\mu}\lambda^{\mathrm{T}}(\tau)\left\{\frac{\partial f[x^*(\tau),u^*(\tau)+\Delta u(\tau)]}{\partial x^{*\mathrm{T}}(\tau)} - \frac{\partial f[x^*(\tau),u^*(\tau)]}{\partial x^{*\mathrm{T}}(\tau)}\right\}\Delta x(\tau)\mathrm{d}\tau \\
&\quad + \int_{t_1}^{t_1+\mu}\lambda^{\mathrm{T}}(\tau)\{f[x^*(\tau),\bar{u}] - f[x^*(\tau),u^*(\tau)]\}\mathrm{d}\tau \\
&\quad + \int_{t_1}^{t_1+\mu}\lambda^{\mathrm{T}}(\tau)\varepsilon(\|\Delta x(\tau)\|)\mathrm{d}\tau + \varepsilon(\|\Delta x(t_f^*)\|)
\end{aligned}$$

由假设 4.1 和不等式(4.1.7)可知，上式中的第一项、第三项和第四项均是关于 μ 的高阶无穷小量，因此，利用中值定理，ΔJ 可表示为

$$\begin{aligned}\Delta J &= \int_{t_1}^{t_1+\mu} \lambda^{\mathrm{T}}(\tau)\{f[x^*(\tau),\bar{u}] - f[x^*(\tau),u^*(\tau)]\}\mathrm{d}\tau + \varepsilon(\mu) \\ &= \{H[x^*(\theta),\bar{u},\lambda(\theta)] - H[x^*(\theta),u^*(\theta),\lambda(\theta)]\}\mu\end{aligned}$$

其中 $\theta=t_1+\sigma\mu,\sigma\in[0,1]$。当 $\mu(>0)$ 充分小时，$\Delta J\geqslant 0$ 的必要条件为

$$H[x^*(\theta),\bar{u},\lambda(\theta)]\geqslant H[x^*(\theta),u^*(\theta),\lambda(\theta)]$$

令 $\mu\to 0_+$，则

$$H[x^*(t_1),\bar{u},\lambda(t_1)]\geqslant H[x^*(t_1),u^*(t_1),\lambda(t_1)]$$

因 $\bar{u}$ 可取 $\mathbf{U}$ 中的任意常值，因此有

$$H[x^*(t_1),u^*(t_1),\lambda(t_1)] = \min_{u(t_1)\in\mathbf{U}} H[x^*(t_1),u(t_1),\lambda(t_1)]$$

因 t_1 为 $u^*(t)$ 的任意连续点，故在 $u^*(t)$ 连续时刻，均成立

$$H[x^*(t),u^*(t),\lambda(t)] = \min_{u(t)\in\mathbf{U}} H[x^*(t),u(t),\lambda(t)]$$

现证沿最优解 Hamilton 函数等于常数。令

$$\begin{aligned}g(t) &= H[x^*(t),u^*(t),\lambda(t)] \\ G_u(t) &= H[x^*(t),u,\lambda(t)]\end{aligned}$$

则对于任意 $t\in[t_0,t_f]$，有

$$g(t) = \min_{u\in\mathbf{U}} G_u(t) = G_{u^*(t)}(t)$$

令 U^* 是 $u^*(t)$ 在 $[t_0,t_f]$ 上的值域，即

$$U^* = \{u \mid u=u^*(t),t\in[t_0,t_f]\}$$

因 $u^*(t)$ 在 $[t_0,t_f]$ 上是分段连续的，所以 U^* 是 $\mathbf{U}$ 中的有界子集，且成立

$$g(t) = \min_{u\in U^*} G_u(t),\quad t\in[t_0,t_f] \tag{4.1.8}$$

由假设 4.1 可知，对于给定常数向量 $u\in U^*$，$G_u(t)$ 是连续可微的，且成立

$$\begin{aligned}\frac{\mathrm{d}}{\mathrm{d}t}G_u(t) &= \dot{\lambda}^{\mathrm{T}}(t)f[x^*(t),u] + \lambda^{\mathrm{T}}(t)\frac{\partial f[x^*(t),u]}{\partial x^{*\mathrm{T}}(t)}\dot{x}^*(t) \\ &= -\lambda^{\mathrm{T}}(t)\frac{\partial f[x^*(t),u^*(t)]}{\partial x^{*\mathrm{T}}(t)}f[x^*(t),u] \\ &\quad + \lambda^{\mathrm{T}}(t)\frac{\partial f[x^*(t),u]}{\partial x^{*\mathrm{T}}(t)}f[x^*(t),u^*(t)]\end{aligned}$$

因此，对于任意给定 $t\in[t_0,t_f]$，若令 $u=u^*(t)$，则成立

$$\frac{\mathrm{d}}{\mathrm{d}t}G_{u^*(t)}(t)=0$$

对于 $u^*(t)$ 的连续点 τ，当 s 充分接近 τ 时，有

$$\left|\frac{\mathrm{d}}{\mathrm{d}\tau}G_{u^*(s)}(\tau)\right| < \upsilon \tag{4.1.9}$$

其中 υ 为充分小的正数。因为 $f[x(t),u(t)]$ 和 $f_x[x(t),u(t)]$ 是连续的，U^* 是有界集，所以，存在正数 ρ，使得

$$\left|\frac{d}{dt}G_u(t)\right|<\rho,\quad t\in[t_0,t_f],\quad u\in U^*$$

因此有

$$|G_u(s)-G_u(\tau)|<\rho|s-\tau|,\quad \forall u\in U^*$$

由式(4.1.8)，有

$$\begin{aligned}g(s)-g(\tau)&=G_{u^*(s)}(s)-G_{u^*(\tau)}(\tau)\\&\leqslant G_{u^*(\tau)}(s)-G_{u^*(\tau)}(\tau)\\&<\rho|s-\tau|\end{aligned}$$

同时有

$$\begin{aligned}g(s)-g(\tau)&=G_{u^*(s)}(s)-G_{u^*(\tau)}(\tau)\\&\geqslant G_{u^*(s)}(s)-G_{u^*(s)}(\tau)\\&>-\rho|s-\tau|\end{aligned}$$

故成立

$$-\rho|s-\tau|<g(s)-g(\tau)<\rho|s-\tau| \tag{4.1.10}$$

且

$$G_{u^*(s)}(s)-G_{u^*(s)}(\tau)\leqslant g(s)-g(\tau)\leqslant G_{u^*(\tau)}(s)-G_{u^*(\tau)}(\tau) \tag{4.1.11}$$

从式(4.1.10)可知 $g(t)$ 是绝对连续的，而由式(4.1.11)，有

$$\left|\frac{g(s)-g(\tau)}{s-\tau}\right|\leqslant\max\left\{\left|\frac{G_{u^*(s)}(s)-G_{u^*(s)}(\tau)}{s-\tau}\right|,\left|\frac{G_{u^*(\tau)}(s)-G_{u^*(\tau)}(\tau)}{s-\tau}\right|\right\} \tag{4.1.12}$$

因为 $u^*(t)$ 是分段连续的，当 s 充分接近 τ 时，s 也是 $u^*(t)$ 的连续点。因此，由式(4.1.9)和式(4.1.12)可知，当 $|s-\tau|$ 充分小时，有

$$\left|\frac{g(s)-g(\tau)}{s-\tau}\right|<\upsilon$$

即 $g(t)$ 在 $u^*(t)$ 的连续点处是可微的，且微分等于零。进而由 $g(t)$ 的绝对连续性知，$g(t)$ 在 $[t_0,t_f]$ 上除了 $u^*(t)$ 的不连续处外等于常数。 ■

4.2 时变系统极小值原理

考虑如下时变受控对象在混合型性能指标下的最优控制问题。

最优控制问题 4.2 受控对象的状态方程为

$$\dot{x}(t)=f[x(t),u(t),t],\quad t\in[t_0,t_f] \tag{4.2.1}$$

$$x(t_0)=x_0$$

其中，初始时刻 t_0 和初始状态 $x(t_0)$ 是给定的，终端时刻 t_f 自由；容许控制集 $\mathbf{U}$ 为 $\mathbf{R}^m$ 中的给定有界闭集。求分段连续控制 $u(t)\in\mathbf{U}$，$t\in[t_0,t_f]$，使得性能指标

$$J[u]=\Phi[x(t_f),t_f]+\int_{t_0}^{t_f}L[x(t),u(t),t]dt \tag{4.2.2}$$

为最小。

对上述最优控制问题4.2作如下假设。

假设4.2 $\Phi[x(t_f),t_f]$关于$x(t_f)$和t_f存在连续偏导数。$f[x(t),u(t),t]$和$L[x(t),u(t),t]$关于$u(t)$是连续的，关于$x(t)$和t存在连续偏导数，并且当X和U分别是状态空间$\mathbf{X}$和容许控制集$\mathbf{U}$内的有界集时，存在常数$\gamma_f>0$和$\gamma_L>0$，对于$x_1(t)$，$x_2(t)\in X$和任意$u(t)\in U$，成立

$$\|f[x_1(t),u(t),t]-f[x_2(t),u(t),t]\|\leqslant\gamma_f\|x_1(t)-x_2(t)\|$$

$$|L[x_1(t),u(t),t]-L[x_2(t),u(t),t]|\leqslant\gamma_L\|x_1(t)-x_2(t)\|$$

存在常数$\rho_f>0$和$\rho_L>0$，对于$u_1(t)$，$u_2(t)\in U$和任意$x(t)\in X$，成立

$$\|f[x(t),u_1(t),t]-f[x(t),u_2(t),t]\|\leqslant\rho_f\|u_1(t)-u_2(t)\|$$

$$|L[x(t),u_1(t),t]-L[x(t),u_2(t),t]|\leqslant\rho_L\|u_1(t)-u_2(t)\|$$

上述假设中不要求性能指标中的被积函数$L[x(t),u(t),t]$存在关于控制$u(t)$的偏导数。

定理4.2 当假设4.2成立时，若$u^*(t)$和$x^*(t)$分别为最优控制问题4.2的最优控制和最优轨线，t_f^*为最优终端时刻，则存在适当选取的Lagrange乘子$\lambda(t)$，如下方程和等式成立：

(1) 规范方程

$$\dot{x}^*(t)=\frac{\partial H[x^*(t),u^*(t),\lambda(t),t]}{\partial\lambda(t)}=f[x^*(t),u^*(t),t]$$

$$\dot{\lambda}(t)=-\frac{\partial H[x^*(t),u^*(t),\lambda(t),t]}{\partial x^*(t)}$$

其中Hamilton函数$H[x(t),u(t),\lambda(t),t]$定义为

$$H[x(t),u(t),\lambda(t),t]=L[x(t),u(t),t]+\lambda^{\mathrm{T}}(t)f[x(t),u(t),t] \quad (4.2.3)$$

(2) 边值条件

$$x(t_0)=x_0$$

$$\lambda(t_f^*)=\frac{\partial\Phi[x^*(t_f^*),t_f^*]}{\partial x^*(t_f^*)}$$

(3) 极小值条件　在$u^*(t)$连续时刻

$$H[x^*(t),u^*(t),\lambda(t),t]\leqslant H[x^*(t),u(t),\lambda(t),t],\quad u(t)\in\mathbf{U}$$

或

$$H[x^*(t),u^*(t),\lambda(t),t]=\min_{u(t)\in\mathbf{U}}H[x^*(t),u(t),\lambda(t),t]$$

(4) 终端条件

$$H[x^*(t_f^*),u^*(t_f^*),\lambda(t_f^*),t_f^*]=-\frac{\partial\Phi[x^*(t_f^*),t_f^*]}{\partial t_f^*} \quad (4.2.4)$$

(5) Hamilton函数H沿最优解等式

$$H[x^*(t),u^*(t),\lambda(t),t]=H[x^*(t_f^*),u^*(t_f^*),\lambda(t_f^*),t_f^*]+\int_{t_f^*}^{t}\frac{\partial H[x^*(\tau),u^*(\tau),\lambda(\tau),\tau]}{\partial\tau}\mathrm{d}\tau \quad (4.2.5)$$

注：当终端时刻t_f给定时，则无终端条件。

证明　定义辅助状态变量 $z(t)$ 和 $x_{n+1}(t)$ 为如下微分方程的解

$$\dot{z}(t)=L[x(t),u(t),t],\quad z(t_0)=0$$
$$\dot{x}_{n+1}(t)=1,\quad x_{n+1}(t_0)=t_0$$

则

$$z(t_f)=\int_{t_0}^{t_f}L[x(t),u(t),t]\mathrm{d}t$$
$$x_{n+1}(t)=t,\quad x_{n+1}(t_f)=t_f$$

令

$$\hat{x}(t)=\begin{bmatrix} z(t)\\ x(t)\\ x_{n+1}(t)\end{bmatrix}$$

则

$$\dot{\hat{x}}(t)=\begin{bmatrix} L[x(t),u(t),x_{n+1}(t)]\\ f[x(t),u(t),x_{n+1}(t)]\\ 1\end{bmatrix}=\hat{f}[\hat{x}(t),u(t)],\quad \hat{x}(t_0)=\begin{bmatrix}0\\ x_0\\ t_0\end{bmatrix}\tag{4.2.6}$$

而式(4.2.2)的性能指标可改写为

$$J[u]=\Psi[\hat{x}(t_f)]\tag{4.2.7}$$

其中

$$\Psi[\hat{x}(t_f)]=\Phi[x(t_f),x_{n+1}(t_f)]+z(t_f)$$

因此最优控制问题 4.2 可转化为 4.1 节中讨论了的对于定常受控对象在终端型性能指标下的最优控制问题。

定义函数

$$\begin{aligned}\hat{H}[\hat{x}(t),u(t),\hat{\lambda}(t)]&=\hat{\lambda}^{\mathrm{T}}(t)\,\hat{f}[\hat{x}(t),u(t)]\\ &=\lambda_z(t)L[x(t),u(t),x_{n+1}(t)]\\ &\quad+\lambda^{\mathrm{T}}(t)f[x(t),u(t),x_{n+1}(t)]+\lambda_{n+1}(t)\end{aligned}$$

其中 $\hat{\lambda}(t)$ 为函数向量

$$\hat{\lambda}(t)=\begin{bmatrix}\lambda_z(t)\\ \lambda(t)\\ \lambda_{n+1}(t)\end{bmatrix}$$

根据定理 4.1 的结论可知，可选取 $\hat{\lambda}(t)$，其满足方程

$$\dot{\hat{\lambda}}(t)=-\frac{\partial\hat{H}[\hat{x}(t),u(t),\hat{\lambda}(t)]}{\partial\hat{x}(t)}\tag{4.2.8}$$

和边界条件

$$\hat{\lambda}(t_f)=\frac{\partial\Psi[\hat{x}(t_f)]}{\partial\hat{x}(t_f)}\tag{4.2.9}$$

式(4.2.8)意味着

$$\dot{\lambda}_z(t)=0$$

$$\dot{\lambda}(t)=-\frac{\partial\lambda^{\mathrm{T}}(t)f[x(t),u(t),t]}{\partial x(t)}-\frac{\partial\lambda_z(t)L[x(t),u(t),t]}{\partial x(t)}$$

$$\dot{\lambda}_{n+1}(t)=-\frac{\partial\lambda^{\mathrm{T}}(t)f[x(t),u(t),t]}{\partial t}-\frac{\partial\lambda_z(t)L[x(t),u(t),t]}{\partial t}$$

而式(4.2.9)等价为

$$\begin{cases}\lambda_z(t_f)=1\\ \lambda(t_f)=\dfrac{\partial\Phi[x(t_f),t_f]}{\partial x(t_f)}\\ \lambda_{n+1}(t_f)=\dfrac{\partial\Phi[x(t_f),t_f]}{\partial t_f}\end{cases}\tag{4.2.10}$$

因此

$$\begin{cases}\lambda_z(t)=1\\ \dot{\lambda}(t)=-\dfrac{\partial H[x(t),u(t),\lambda(t),t]}{\partial x(t)}\\ \dot{\lambda}_{n+1}(t)=-\dfrac{\partial H[x(t),u(t),\lambda(t),t]}{\partial t}\end{cases}\tag{4.2.11}$$

其中 $H[x(t),u(t),\lambda(t),t]$如式(4.2.3)所定义。可见定理 4.2 的协态方程和协态的边界条件成立。

假设受控系统式(4.2.6)在性能指标式(4.2.7)下的最优控制、最优轨迹和最优终端时刻分别为 $u^*(t)$、$x^*(t)$和 t_f^*，则由定理 4.1 的结论中的极小值条件，在 $u^*(t)$连续时刻，有

$$\hat{H}[\hat{x}^*(t),u^*(t),\hat{\lambda}(t)]=\min_{u(t)\in\mathbf{U}}\hat{H}[\hat{x}^*(t),u(t),\hat{\lambda}(t)]$$

其意味着

$$H[x^*(t),u^*(t),\lambda(t),t]+\lambda_{n+1}(t)=\min_{u(t)\in\mathbf{U}}\{H[x^*(t),u(t),\lambda(t),t]+\lambda_{n+1}(t)\}$$

因此，极小值条件成立

$$H[x^*(t),u^*(t),\lambda(t),t]=\min_{u(t)\in\mathbf{U}}H[x^*(t),u(t),\lambda(t),t]$$

由定理 4.1 的终端条件有

$$\hat{H}[\hat{x}^*(t_f^*),u^*(t_f^*),\hat{\lambda}(t_f^*)]=0$$

利用式(4.2.10)，得定理 4.2 的终端条件

$$\begin{aligned}H[x^*(t_f^*),u^*(t_f^*),\lambda(t_f^*),t_f^*]&=-\lambda_{n+1}(t_f^*)\\&=-\frac{\partial\Phi[x^*(t_f^*),t_f^*]}{\partial t_f^*}\end{aligned}$$

对式(4.2.11)两边从 t 到积分 t_f^*，则

$$\lambda_{n+1}(t_f^*)-\lambda_{n+1}(t)=\int_{t_f^*}^{t}\frac{\partial H[x^*(\tau),u^*(\tau),\lambda(\tau),\tau]}{\partial\tau}\mathrm{d}\tau$$

因 Hamilton 函数$\hat{H}[\hat{x}(t),u(t),\hat{\lambda}(t)]$沿最优解恒等于零，即

$$H[x^*(t),u^*(t),\lambda(t),t]=-\lambda_{n+1}(t)$$

因此 Hamilton 函数 H 沿最优解等式成立

$$H[x^*(t),u^*(t),\lambda(t),t]=H[x^*(t_f^*),u^*(t_f^*),\lambda(t_f^*),t_f^*]+\int_{t_f^*}^{t}\frac{\partial H[x^*(\tau),u^*(\tau),\lambda(\tau),\tau]}{\partial \tau}\mathrm{d}\tau$$

■

例 4.1(交通信号控制问题) 受控对象的状态方程为

$$\dot{x}_1(t)=v_1(t)-u(t)$$

$$\dot{x}_2(t)=v_2(t)+\alpha u(t)-\beta$$

其中,$v_1(t)$和 $v_2(t)$是外部输入,状态的初始值和终端值给定为

$$x_1(0)=x_{10},\quad x_2(0)=x_{20}$$

$$x_1(T)=0,\quad x_2(T)=0$$

控制约束为

$$0<u_{\min}\leqslant u(t)\leqslant u_{\max}$$

欲设计控制 $u(t)$,使得性能指标

$$J=\int_0^T[x_1(t)+x_2(t)]\mathrm{d}t$$

达到最小。上述中的 $\alpha,\beta,x_{10},x_{20},T,u_{\min},u_{\max}$ 均是给定常数,$\alpha<1$。

此问题是终端状态给定问题,边值条件由状态的初始条件和终端条件构成。对应此问题的 Hamilton 函数为

$$H=x_1(t)+x_2(t)+\lambda_1(t)[v_1(t)-u(t)]+\lambda_2(t)[v_2(t)+\alpha u(t)-\beta]$$

协态方程为

$$\dot{\lambda}_1(t)=-1,\quad \dot{\lambda}_2(t)=-1$$

解得

$$\lambda_1(t)=-t+c_1,\quad \lambda_2(t)=-t+c_2$$

将解得的协态代入 Hamilton 函数,整理得

$$H=x_1(t)+x_2(t)+(-t+c_1)v_1(t)+(-t+c_2)[v_2(t)-\beta]+s(t)u(t)$$

其中

$$s(t)=(1-\alpha)t+c_2\alpha-c_1$$

根据极小值原理,最优控制为

$$u(t)=\begin{cases}u_{\max}, & s(t)<0\\ u_{\min}, & s(t)>0\end{cases}$$

因 $\alpha<1$,$s(t)$为一次函数,在区间$[0,T]$上其不恒等于零。令

$$t_1=\frac{c_1-c_2\alpha}{1-\alpha}$$

则

$$s(t)=(1-\alpha)(t-t_1)$$

当 $t_1\leqslant 0$ 或 $t_1\geqslant T$ 时,$u(t)$在区间$[0,T]$上分别取常值 $u_{\min}$和 $u_{\max}$;当 $t_1\in(0,T)$时,

$u(t)$在 t_1 时刻由 $u_{\max}$切换到 $u_{\min}$。当外部输入 $v_1(t)$和 $v_2(t)$给定时，常数 c_1 和 c_2 可由边值条件确定。外部输入满足一定条件时，最优解存在。

例 4.2(最优投资-消费策略问题) 假设某企业在 t 时刻的利润为 $x(t)$，再投资比例为 $u(t)$，消费比例为 $1-u(t)$，利润的增长率正比于再投资

$$\dot{x}(t)=\alpha x(t)u(t)$$

其中 α 为一正实数。给定时间区间$[0,T]$，欲求投资-消费策略 $u(t)\in[0,1]$，$t\in[0,T]$，使得该时间区间内的消费收益最大，即使如下性能指标达到最小。

$$J=-\int_0^T \mathrm{e}^{-\beta t}[1-u(t)]x(t)\mathrm{d}t$$

其中 β 为贴现率，是一正实数。

对应上述问题的 Hamilton 函数为

$$\begin{aligned}H&=-\mathrm{e}^{-\beta t}[1-u(t)]x(t)+\lambda(t)\alpha x(t)u(t)\\&=-\mathrm{e}^{-\beta t}x(t)+[\alpha\lambda(t)+\mathrm{e}^{-\beta t}]x(t)u(t)\end{aligned}$$

因利润 $x(t)$为非负数，由极小值原理可得最优投资-消费策略为

$$\begin{aligned}u(t)&=\begin{cases}0, & \alpha\lambda(t)+\mathrm{e}^{-\beta t}>0\\1, & \alpha\lambda(t)+\mathrm{e}^{-\beta t}<0\end{cases}\\&=\frac{1}{2}-\frac{1}{2}\mathrm{sign}[\alpha\lambda(t)+\mathrm{e}^{-\beta t}]\end{aligned}$$

相应的协态方程和协态的终端值为

$$\dot{\lambda}(t)=\mathrm{e}^{-\beta t}[1-u(t)]-\alpha\lambda(t)u(t),\quad \lambda(T)=0$$

由上述方程和边值条件易知，存在 $t_1(<T)$，使得

$$\alpha\lambda(t)+\mathrm{e}^{-\beta t}>0,\quad t\in(t_1,T]$$

即 $u(t)=0$，$t\in(t_1,T]$。故

$$\dot{\lambda}(t)=\mathrm{e}^{-\beta t},\quad t\in(t_1,T]$$

解之可得

$$\lambda(t)=\frac{1}{\beta}(\mathrm{e}^{-\beta T}-\mathrm{e}^{-\beta t}),\quad t\in(t_1,T]$$

而

$$\alpha\lambda(t)+\mathrm{e}^{-\beta t}=\frac{\alpha}{\beta}\mathrm{e}^{-\beta T}+\left(1-\frac{\alpha}{\beta}\right)\mathrm{e}^{-\beta t},\quad t\in(t_1,T]$$

令 $\alpha\lambda(t_1)+\mathrm{e}^{-\beta t_1}=0$，得

$$\mathrm{e}^{-\beta(T-t_1)}=\left(1-\frac{\beta}{\alpha}\right)$$

如果 $\beta\geqslant\alpha$，上式无解，即 $\alpha\lambda(t)+\mathrm{e}^{-\beta t}>0$，$t\in[0,T]$，相应的最优投资-消费策略为 $u(t)=0$，$t\in[0,T]$。可解释为再投资获利过低，所有利润均用于消费时收益最大。如果 $\beta<\alpha$，则由上式解得

$$t_1=T-\frac{1}{\beta}\ln\frac{\alpha}{\alpha-\beta}$$

如果 $T\leqslant\frac{1}{\beta}\ln\frac{\alpha}{\alpha-\beta}$，则最优投资-消费策略仍为 $u(t)=0,t\in[0,T]$，即当再投资增产系数接近贴现率并规划期限较短时，所有利润均用于消费是最优策略。

当 $T>\frac{1}{\beta}\ln\frac{\alpha}{\alpha-\beta}$ 时，存在 $t_2(<t_1)$，使得

$$\alpha\lambda(t)+\mathrm{e}^{-\beta t}<0,\quad t\in(t_2,t_1)$$

则 $u(t)=1,t\in(t_2,t_1)$，相应的协态方程为

$$\dot{\lambda}(t)=-\alpha\lambda(t),\quad t\in(t_2,t_1)$$

其解为

$$\lambda(t)=\mathrm{e}^{-\alpha(t-t_1)}\lambda(t_1)=-\frac{1}{\alpha}\mathrm{e}^{-\alpha t+(\alpha-\beta)t_1},\quad t\in(t_2,t_1)$$

对应有

$$\alpha\lambda(t)+\mathrm{e}^{-\beta t}=\mathrm{e}^{-\beta t}[1-\mathrm{e}^{(\alpha-\beta)(t_1-t)}],\quad t\in(t_2,t_1)$$

由上式可知，$t_2=0$。

归纳上述结论，可得最优投资-消费策略为

(1) 当 $\beta\geqslant\alpha$ 时，或当 $\beta<\alpha$ 但 $T\leqslant\frac{1}{\beta}\ln\frac{\alpha}{\alpha-\beta}$ 时

$$u(t)=0,\quad t\in[0,T]$$

(2) 当 $\beta<\alpha$ 且 $T>\frac{1}{\beta}\ln\frac{\alpha}{\alpha-\beta}$ 时

$$u(t)=\begin{cases}1, & t\in\left[0,T-\frac{1}{\beta}\ln\frac{\alpha}{\alpha-\beta}\right]\\ 0, & t\in\left(T-\frac{1}{\beta}\ln\frac{\alpha}{\alpha-\beta},T\right]\end{cases}$$

4.3 不等式过程约束下的最优控制

最优控制问题 4.3 在最优控制问题4.2中，增加在控制过程中对最优解的等式约束和/或不等式约束，即要求最优轨迹 $x(t)$ 和最优控制 $u(t)$ 满足

$$g_1[x(t),u(t),t]=0,\quad t\in[t_0,t_f],\quad g_1\in\mathbf{R}^p$$

$$g_2[x(t),u(t),t]\leqslant 0,\quad t\in[t_0,t_f],\quad g_2\in\mathbf{R}^q$$

假设 4.3 g_1 和 g_2 关于 $x(t)$ 和 t 具有连续偏导数，关于 $u(t)$ 满足 Lipschitz 条件，g_1 的维数小于 $u(t)$ 的维数(即 $p<m$)，且成立

$$\operatorname{rank}\left[\frac{\partial g_2[x(t),u(t),t]}{\partial u^{\mathrm{T}}(t)}\quad \operatorname{diag}\{g_2[x(t),u(t),t]\}\right]=q$$

其中 $\operatorname{diag}\{g_2\}$ 表示由 g_2 的元构成的对角矩阵。

引入 Lagrange 乘子 $\lambda(t)$、$\mu(t)$ 和 $\eta(t)$，分别为 n 维、p 维和 q 维函数向量，定义 Hamilton 函数 H 为

$$H[x(t),u(t),\lambda(t),t]=L[x(t),u(t),t]+\lambda^{\mathrm{T}}(t)f[x(t),u(t),t]$$

并定义函数$\hat{L}$(称之为 Lagrange 函数)为

$$\begin{aligned}\hat{L}[x(t),u(t),\lambda(t),\mu(t),\eta(t),t] = H[x(t),u(t),\lambda(t),t] \\ +\mu^{\mathrm{T}}(t)g_1[x(t),u(t),t] \\ +\eta^{\mathrm{T}}(t)g_2[x(t),u(t),t]\end{aligned}$$

定理 4.3 如果假设 4.2 和假设 4.3 成立,$u^*(t)$和 $x^*(t)$分别为最优控制问题 4.3 的最优控制和最优轨线,t_f^* 为最优终端时刻,则存在适当选取的 Lagrange 乘子 $\lambda(t)$、$\mu(t)$和 $\eta(t)$,如下方程、等式和不等式成立:

(1) 规范方程

$$\dot{x}^*(t) = \frac{\partial \hat{L}[x^*(t),u^*(t),\lambda(t),\mu(t),\eta(t),t]}{\partial\lambda(t)} = f[x^*(t),u^*(t),t]$$

$$\dot{\lambda}(t) = -\frac{\partial \hat{L}[x^*(t),u^*(t),\lambda(t),\mu(t),\eta(t),t]}{\partial x^*(t)}$$

(2) 边值条件

$$x(t_0) = x_0$$

$$\lambda(t_f^*) = \frac{\partial\Phi[x^*(t_f^*),t_f^*]}{\partial x^*(t_f^*)}$$

(3) 极小值条件和约束条件 在 $u^*(t)$连续时刻

$$H[x^*(t),u^*(t),\lambda(t),t]\leqslant H[x^*(t),u(t),\lambda(t),t],\quad u(t)\in\hat{\mathbf{U}}$$

或

$$H[x^*(t),u^*(t),\lambda(t),t] = \min_{u(t)\in\hat{\mathbf{U}}} H[x^*(t),u(t),\lambda(t),t]$$

$$g_1[x^*(t),u^*(t),t] = 0$$

$$g_{2i}[x^*(t),u^*(t),t]\leqslant 0$$

$$\eta_{2i}(t)g_{2i}[x^*(t),u^*(t),t] = 0,\ \eta_{2i}(t)\geqslant 0,\quad i=1,2,\cdots,q$$

$$\mathbf{U}_1 = \{u(t)\mid g_1[x^*(t),u(t),t]=0\}$$

$$\mathbf{U}_2 = \{u(t)\mid g_{2i}[x^*(t),u(t),t]\leqslant 0,\quad \eta_{2i}(t)g_{2i}[x^*(t),u(t),t]=0,\ \eta_{2i}(t)\geqslant 0, i=1,2,\cdots,q\}$$

$$\hat{\mathbf{U}} = \mathbf{U}\cap\mathbf{U}_1\cap\mathbf{U}_2$$

(4) 终端条件

$$H[x^*(t_f^*),u^*(t_f^*),\lambda(t_f^*),t_f^*] = -\frac{\partial\Phi[x^*(t_f^*),t_f^*]}{\partial t_f^*}$$

(5) Hamilton 函数 H 沿最优解等式

$$\begin{aligned}H[x^*(t),u^*(t),\lambda(t),t] = H[x^*(t_f^*),u^*(t_f^*),\lambda(t_f^*),t_f^*] \\ +\int_{t_f^*}^{t}\frac{\partial \hat{L}[x^*(\tau),u^*(\tau),\lambda(\tau),\mu(\tau),\eta(\tau),\tau]}{\partial\tau}\mathrm{d}\tau\end{aligned}$$

例 4.3 考虑如下一阶系统

$$\dot{x}(t)=u(t)$$

其初始状态为 $x(0)=1$。对状态和控制的约束条件为

$$0\leqslant u(t)\leqslant x(t),\quad t\in[0,1]$$

要求控制律,在满足上述约束条件下使得如下性能指标达到最小。

$$J=-\int_0^1 u(t)\mathrm{d}t$$

对于本例,定理 4.3 中的假设成立。定义 Hamilton 函数为

$$H=-u(t)+\lambda(t)u(t)$$

Lagrange 函数为

$$\begin{aligned}\hat{L}&=-u(t)+\lambda(t)u(t)-\eta_1(t)u(t)+\eta_2(t)[u(t)-x(t)]\\&=-\eta_2(t)x(t)+[-1+\lambda(t)-\eta_1(t)+\eta_2(t)]u(t)\end{aligned}$$

相应协态方程和边值条件为

$$\dot{\lambda}(t)=\eta_2(t),\quad \lambda(1)=0$$

因为 $\eta_2(t)\geqslant 0$,而 $\lambda(1)=0$,所以,$\lambda(t)\leqslant 0,t\in[0,1]$,从而 $-1+\lambda(t)<0$。又因 $\dot{x}(t)=u(t)\geqslant 0$ 和 $x(0)=1$,故 $x(t)\geqslant 1$。因此,由极值条件得最优控制为

$$u(t)=x(t),\quad t\in[0,1]$$

4.4　积分过程约束下的最优控制

最优控制问题 4.4　在最优控制问题 4.2 中,增加在控制过程中对最优解的积分等式约束和/或积分不等式约束,即要求最优轨迹 $x(t)$ 和最优控制 $u(t)$ 满足

$$\int_{t_0}^{t_f} L_1[x(t),u(t),t]\mathrm{d}t=0,\quad t\in[t_0,t_f],\quad L_1\in\mathbf{R}^p \tag{4.4.1}$$

$$\int_{t_0}^{t_f} L_2[x(t),u(t),t]\mathrm{d}t\leqslant 0,\quad t\in[t_0,t_f],\quad L_2\in\mathbf{R}^q \tag{4.4.2}$$

其中 L_1 和 L_2 是关于 $x(t)$ 和 t 具有连续偏导数的函数向量,对于 $u(t)$ 其满足 Lipschitz 条件,L_1 的维数小于 $u(t)$ 的维数(即 $p<m$)。

引入辅助的状态向量 $\xi(t)\in\mathbf{R}^p$ 和 $\zeta(t)\in\mathbf{R}^q$,其满足如下微分方程和初始条件

$$\dot{\xi}(t)=L_1[x(t),u(t),t],\quad \xi(t_0)=0$$

$$\dot{\zeta}(t)=L_2[x(t),u(t),t],\quad \zeta(t_0)=0$$

令

$$z(t)=\begin{bmatrix}x(t)\\\xi(t)\\\zeta(t)\end{bmatrix},\quad z(t_0)=z_0=\begin{bmatrix}x_0\\0\\0\end{bmatrix},\quad h[x(t),u(t),t]=\begin{bmatrix}f[x(t),u(t),t]\\L_1[x(t),u(t),t]\\L_2[x(t),u(t),t]\end{bmatrix}$$

将受控对象扩展为

$$\dot{z}(t)=h[x(t),u(t),t],\quad z(t_0)=z_0 \tag{4.4.3}$$

积分等式约束式(4.4.1)和积分不等式约束式(4.4.2)分别转化为终端约束

$$\xi(t_f) = 0, \quad \zeta(t_f) \leqslant 0 \tag{4.4.4}$$

考虑如下泛函

$$\hat{J} = \Phi[x(t_f), t_f] + \alpha^T \xi(t_f) + \beta^T \zeta(t_f) + \int_{t_0}^{t_f} L[x(t), u(t), t] dt \tag{4.4.5}$$

其中 α 和 β 分别为 p 和 q 维(待定)常数向量,β 满足

$$\beta_i \zeta_i(t_f) = 0, \quad \beta_i \geqslant 0, \quad i = 1, 2, \cdots, q \tag{4.4.6}$$

定理 4.4 当假设 4.2 成立时,若 $u^*(t)$ 和 $x^*(t)$ 分别为最优控制问题 4.4 的最优控制和最优轨线,t_f^* 为最优终端时刻,则存在适当选取的 Lagrange 乘子 $\lambda(t)$、α 和 β,如下方程、等式和不等式成立:

(1) 规范方程

$$\dot{x}^*(t) = \frac{\partial H[x^*(t), u^*(t), \lambda(t), \alpha, \beta, t]}{\partial \lambda(t)} = f[x^*(t), u^*(t), t] \tag{4.4.7}$$

$$\dot{\lambda}(t) = -\frac{\partial H[x^*(t), u^*(t), \lambda(t), \alpha, \beta, t]}{\partial x^*(t)} \tag{4.4.8}$$

其中

$$\begin{aligned} H[x^*(t), u^*(t), \lambda(t), \alpha, \beta, t] = & L[x^*(t), u^*(t), t] + \lambda^T(t) f[x^*(t), u^*(t), t] \\ & + \alpha^T L_1[x^*(t), u^*(t), t] + \beta^T L_2[x^*(t), u^*(t), t] \end{aligned} \tag{4.4.9}$$

(2) 边值条件

$$x(t_0) = x_0$$

$$\lambda(t_f^*) = \frac{\partial \Phi[x^*(t_f^*), t_f^*]}{\partial x^*(t_f^*)}$$

(3) 极小值条件 在 $u^*(t)$ 连续时刻

$$H[x^*(t), u^*(t), \lambda(t), \alpha, \beta, t] \leqslant H[x^*(t), u(t), \lambda(t), \alpha, \beta, t], \quad u(t) \in \mathbf{U}$$

或

$$H[x^*(t), u^*(t), \lambda(t), \alpha, \beta, t] = \min_{u(t) \in \mathbf{U}} H[x^*(t), u(t), \lambda(t), \alpha, \beta, t]$$

(4) 终端条件和积分约束

$$H[x^*(t_f^*), u^*(t_f^*), \lambda(t_f^*), \alpha, \beta, t_f^*] = -\frac{\partial \Phi[x^*(t_f^*), t_f^*]}{\partial t_f^*}$$

$$\int_{t_0}^{t_f^*} L_1[x^*(t), u^*(t), t] dt = 0$$

$$\int_{t_0}^{t_f^*} L_2[x^*(t), u^*(t), t] dt \leqslant 0$$

$$\beta_i \int_{t_0}^{t_f^*} L_{2i}[x^*(t), u^*(t), t] dt = 0, \quad \beta_i \geqslant 0, \quad i = 1, 2, \cdots, q$$

证明 最优控制问题 4.4 等价于系统式(4.4.3)在无约束下对于性能指标式(4.4.5)的最优控制问题。令

$$\hat{\Phi}[z(t_f), t_f] = \Phi[x(t_f), t_f] + \alpha^T \xi(t_f) + \beta^T \zeta(t_f)$$

则

$$\hat{J} = \hat{\Phi}[z(t_f), t_f] + \int_{t_0}^{t_f} L[z(t), u(t), t]\mathrm{d}t$$

引入的 Lagrange 乘子 $\lambda(t)$、$\mu(t)$和 $\eta(t)$，其维数分别为 n、p 和 q，令

$$\rho(t) = \begin{bmatrix} \lambda(t) \\ \eta(t) \\ \mu(t) \end{bmatrix}$$

对于由系统式(4.4.3)和性能指标式(4.4.5)描述的最优控制问题，定义 Hamilton 函数$\hat{H}$为

$$\hat{H}[z(t), u(t), \rho(t), t] = L[x(t), u(t), t] + \rho^{\mathrm{T}}(t)h[x(t), u(t), t]$$

假设 $u^*(t)$和 $z^*(t)$分别为最优控制和最优轨线，t_f^* 为最优终端时刻。则由定理 4.2 的规范方程，成立

$$\dot{z}^*(t) = \frac{\partial \hat{H}[z^*(t), u^*(t), \rho(t), t]}{\partial \rho(t)} \tag{4.4.10}$$

$$\dot{\rho}(t) = -\frac{\partial \hat{H}[z^*(t), u^*(t), \rho(t), t]}{\partial z^*(t)} \tag{4.4.11}$$

由式(4.4.10)，有

$$\dot{x}^*(t) = \frac{\partial \hat{H}[z^*(t), u^*(t), \rho(t), t]}{\partial \lambda(t)} = f[x^*(t), u^*(t), t]$$

$$\dot{\xi}^*(t) = \frac{\partial \hat{H}[z^*(t), u^*(t), \rho(t), t]}{\partial \mu(t)} = L_1[x^*(t), u^*(t), t]$$

$$\dot{\zeta}^*(t) = \frac{\partial \hat{H}[z^*(t), u^*(t), \rho(t), t]}{\partial \eta(t)} = L_2[x^*(t), u^*(t), t]$$

式(4.4.11)等价为

$$\dot{\lambda}(t) = -\frac{\partial \hat{H}[z^*(t), u^*(t), \rho(t), t]}{\partial x^*(t)}$$

$$\dot{\mu}(t) = -\frac{\partial \hat{H}[z^*(t), u^*(t), \rho(t), t]}{\partial \xi^*(t)} = 0$$

$$\dot{\eta}(t) = -\frac{\partial \hat{H}[z^*(t), u^*(t), \rho(t), t]}{\partial \zeta^*(t)} = 0$$

可知 $\mu(t)$和 $\eta(t)$均为常数向量。

由定理 4.2 的边值条件，有

$$\rho(t_f^*) = \frac{\partial \hat{\Phi}[z^*(t_f^*), t_f^*]}{\partial z^*(t_f^*)}$$

即

$$\lambda(t_f^*) = \frac{\partial \hat{\Phi}[z^*(t_f^*), t_f^*]}{\partial x^*(t_f^*)} = \frac{\partial \Phi[x^*(t_f^*), t_f^*]}{\partial x^*(t_f^*)}$$

$$\mu(t_f^*) = \frac{\partial\hat{\Phi}[z^*(t_f^*), t_f^*]}{\partial\xi^*(t_f^*)} = \alpha$$

$$\eta(t_f^*) = \frac{\partial\hat{\Phi}[z^*(t_f^*), t_f^*]}{\partial\zeta^*(t_f^*)} = \beta$$

因此

$$\mu(t) \equiv \alpha, \quad \eta(t) \equiv \beta, \quad t \in [t_0, t_f^*]$$

故函数 $\hat{H}$ 与式(4.4.9)中定义的函数 H 恒等。由此结论和定理 4.2,可知本定理成立。 ■

4.5 离散时间系统极小值原理

在 3.7 节中,在容许控制集 $\mathbf{U}$ 为开集并且 Hamilton 函数对于 $u(k)$ 具有一阶偏导数的假设下,讨论了离散时间系统最优控制问题。本节将放宽这些假设,介绍离散时间系统极小值原理。

最优控制问题 4.5 考虑离散时间受控对象

$$x(k+1) = f[x(k), u(k), k], \quad k_0 \leqslant k \leqslant N-1 \tag{4.5.1}$$

其中 $x(k) \in \mathbf{R}^n$, $u(k) \in \mathbf{R}^m$,初始时刻 k_0 和终端时刻 N 是给定整数;容许控制集为给定有界闭集 $\mathbf{U}$,对终端状态具有等式约束

$$g[x(N), N] = 0, \quad g \in \mathbf{R}^l$$

其中 $l \leqslant n$。欲求 $\mathbf{U}$ 中的控制序列 $\{u(k_0), u(k_0+1), \cdots, u(N-1)\}$,使得如下性能指标

$$J = \Phi[x(N), N] + \sum_{k=k_0}^{N-1} L[x(k), u(k), k] \tag{4.5.2}$$

为最小。

假设 4.4 $\Phi[x(N), N]$ 和 $g[x(N), N]$ 关于 $x(N)$ 存在连续偏导数;$f[x(k), u(k), k]$ 和 $L[x(k), u(k), k]$ 关于 $u(k)$ 是连续的,关于 $x(k)$ 存在连续偏导数,并当 X 和 U 分别是状态空间 $\mathbf{X}$ 和容许控制集 $\mathbf{U}$ 内的有界集时,存在常数 $\gamma_f > 0$ 和 $\gamma_L > 0$,对于 $x_1(k), x_2(k) \in X$ 和任意 $u(k) \in U$,成立

$$\| f[x_1(k), u(k), k] - f[x_2(k), u(k), k] \| \leqslant \gamma_f \| x_1(k) - x_2(k) \|$$

$$| L[x_1(k), u(k), k] - L[x_2(k), u(k), k] | \leqslant \gamma_L \| x_1(k) - x_2(k) \|$$

存在常数 $\rho_f > 0$ 和 $\rho_L > 0$,对于 $u_1(k), u_2(k) \in U$ 和任意 $x(k) \in X$,成立

$$\| f[x(k), u_1(k), k] - f[x(k), u_2(k), k] \| \leqslant \rho_f \| u_1(k) - u_2(k) \|$$

$$| L[x(k), u_1(k), k] - L[x(k), u_2(k), k] | \leqslant \rho_L \| u_1(k) - u_2(k) \|$$

其中 $k = k_0, k_0+1, \cdots, N-1$。

定理 4.5 当假设 4.4 成立时,若 $\{u^*(k_0), u^*(k_0+1), \cdots, u^*(N-1)\}$ 是最优控制问题 4.5 的最优控制序列,相应的最优状态序列为 $\{x^*(k_0+1), x^*(k_0+2), \cdots, x^*(N)\}$,则存在适当选取的 Lagrange 乘子序列 $\{\lambda(k_0+1), \lambda(k_0+2), \cdots, \lambda(N)\}$ 和

常数乘子 η,如下方程和等式成立:

(1) 规范方程

$$x^*(k+1)=\frac{\partial H[x^*(k),u^*(k),\lambda(k+1),k]}{\partial\lambda(k+1)}=f[x^*(k),u^*(k),k]$$

$$k=k_0,k_0+1,\cdots,N-1$$

$$\lambda(k)=\frac{\partial H[x^*(k),u^*(k),\lambda(k+1),k]}{\partial x^*(k)}$$

$$k=k_0+1,k_0+2,\cdots,N-1$$

其中 Hamilton 函数定义为

$$H[x(k),u(k),\lambda(k+1),k]=L[x(k),u(k),k]+\lambda^{\mathrm{T}}(k+1)f[x(k),u(k),k]$$

(2) 边值条件

$$x(k_0)=x_0$$

$$\lambda(N)=\frac{\partial\Phi[x^*(N),N]}{\partial x^*(N)}+\frac{\partial g^{\mathrm{T}}[x^*(N),N]}{\partial x^*(N)}\eta$$

$$g[x^*(N),N]=0$$

(3) 极小值条件

$$H[x^*(k),u^*(k),\lambda(k+1),k]=\min_{u(k)\in\mathbf{U}_k^*}H[x^*(k),u(k),\lambda(k+1),k]$$

$$k=k_0,k_0+1,\cdots,N-1$$

其中 $\mathbf{U}_k^*$ 是容许控制集合 $\mathbf{U}$ 中 $u^*(k)$的一个充分小邻域。

注: 当 $H[x^*(k),u(k),\lambda(k+1),k]$关于 $u(k)$是凸函数时,定理 4.5 中的极小值条件在整个容许控制集合 $\mathbf{U}$ 上成立。

证明　引入 Lagrange 常数乘子 η 和乘子序列 $\lambda(k)$,$k=k_0+1,\cdots,N$,定义泛函

$$\hat{J}[u]=\Phi[x(N),N]+\mu^{\mathrm{T}}g[x(N),N]+\sum_{k=k_0}^{N-1}\{H[x(k),u(k),\lambda(k+1),k]-\lambda^{\mathrm{T}}(k+1)x(k+1)\}$$

假设$\{u^*(k_0),u^*(k_0+1),\cdots,u^*(N-1)\}$为最优控制序列,$\{x^*(k_0+1),x^*(k_0+2),\cdots,x^*(N)\}$为相应的最优状态序列。考虑控制增量序列$\{\Delta u(k_0),\Delta u(k_0+1),\cdots,\Delta u(N-1)\}$,假设$\|\Delta u(k)\|$($k=k_0,\cdots,N-1$)充分小,并假设相应的状态增量序列为$\{\Delta x(k_0+1),\Delta x(k_0+2),\cdots,\Delta x(N)\}$,即

$$x(k)=x^*(k)+\Delta x(k)$$

$$u(k)=u^*(k)+\Delta u(k)$$

则相应的泛函增量为

$$\begin{aligned}\Delta\hat{J}[u]&=\hat{J}[u]-\hat{J}[u^*]\\&=\Phi[x(N),N]-\Phi[x^*(N),N]+\mu^{\mathrm{T}}g[x(N),N]-\mu^{\mathrm{T}}g[x^*(N),N]\\&\quad+\sum_{k=k_0}^{N-1}\{H[x(k),u(k),\lambda(k+1),k]-H[x^*(k),u(k),\lambda(k+1),k]\}\end{aligned}$$

$$+\sum_{k=k_0}^{N-1}\{H[x^*(k),u(k),\lambda(k+1),k]-H[x^*(k),u^*(k),\lambda(k+1),k]\}$$

$$+\sum_{k=k_0}^{N-1}\{\lambda^{\mathrm T}(k+1)x(k+1)-\lambda^{\mathrm T}(k+1)x^*(k+1)\}$$

$$=\frac{\partial\Phi[x^*(N),N]}{\partial x^{*\mathrm T}(N)}\Delta x(N)+\mu^{\mathrm T}\frac{\partial g[x(N),N]}{\partial x^{*\mathrm T}(N)}\Delta x(N)$$

$$+\sum_{k=k_0+1}^{N-1}\frac{\partial H[x^*(k),u(k),\lambda(k+1),k]}{\partial x^{*\mathrm T}(k)}\Delta x(k)$$

$$+\sum_{k=k_0}^{N-1}\{H[x^*(k),u(k),\lambda(k+1),k]-H[x^*(k),u^*(k),\lambda(k+1),k]\}$$

$$-\sum_{k=k_0}^{N-1}\{\lambda^{\mathrm T}(k+1)\Delta x(k+1)\}+\sum_{k=k_0+1}^{N}\varepsilon(\|\Delta x(k)\|)$$

$$=\left\{\frac{\partial\Phi[x^*(N),N]}{\partial x^{*\mathrm T}(N)}+\mu^{\mathrm T}\frac{\partial g[x(N),N]}{\partial x^{*\mathrm T}(N)}-\lambda^{\mathrm T}(N)\right\}\Delta x(N)$$

$$+\sum_{k=k_0+1}^{N-1}\left\{\frac{\partial H[x^*(k),u(k),\lambda(k+1),k]}{\partial x^{*\mathrm T}(k)}-\lambda^{\mathrm T}(k)\right\}\Delta x(k)$$

$$+\sum_{k=k_0}^{N-1}\{H[x^*(k),u(k),\lambda(k+1),k]-H[x^*(k),u^*(k),\lambda(k+1),k]\}$$

$$+\sum_{k=k_0+1}^{N}\varepsilon(\|\Delta x(k)\|)$$

其中利用了等式 $\Delta x(k_0)=0$；$\varepsilon(\|\Delta x(k)\|)$是关于$\|\Delta x(k)\|$的高阶无穷小量，在后面的论述中其在不同处的确切含义可能不一样。选取 $\lambda(k)$满足协态方程

$$\lambda(k)=\frac{\partial H[x^*(k),u^*(k),\lambda(k+1),k]}{\partial x^*(k)},\quad k=k_0+1,k_0+2,\cdots,N-1$$

和边界条件

$$\lambda(N)=\frac{\partial\Phi[x^*(N),N]}{\partial x^*(N)}+\frac{\partial g^{\mathrm T}[x^*(N),N]}{\partial x^*(N)}\eta$$

则

$$\Delta\hat J[u]=\sum_{k=k_0+1}^{N-1}\left\{\begin{aligned}&\frac{\partial H[x^*(k),u(k),\lambda(k+1),k]}{\partial x^{*\mathrm T}(k)}\\&-\frac{\partial H[x^*(k),u^*(k),\lambda(k+1),k]}{\partial x^{*\mathrm T}(k)}\end{aligned}\right\}\Delta x(k)$$

$$+\sum_{k=k_0}^{N-1}\{H[x^*(k),u(k),\lambda(k+1),k]-H[x^*(k),u^*(k),\lambda(k+1),k]\}$$

$$+\sum_{k=k_0+1}^{N}\varepsilon(\|\Delta x(k)\|)$$

因为 $H_{x(k)}[x(k),u(k),\lambda(k+1),k]$关于 $u(k)$是连续的，所以有

$$\Delta \hat{J}[u]=\sum_{k=k_0}^{N-1}\{H[x^*(k),u(k),\lambda(k+1),k]-H[x^*(k),u^*(k),\lambda(k+1),k]\}$$
$$+\sum_{k=k_0+1}^{N}\varepsilon(\|\Delta x(k)\|) \tag{4.5.3}$$

另一方面,关于状态的增量,成立

$$\begin{aligned}\Delta x(k+1)&=x(k+1)-x^*(k+1)\\&=f[x(k),u(k),k]-f[x^*(k),u^*(k),k]\\&=f[x^*(k)+\Delta x(k),u(k),k]-f[x^*(k),u(k),k]\\&\quad+f[x^*(k),u^*(k)+\Delta u(k),k]-f[x^*(k),u^*(k),k]\end{aligned}$$

由假设 4.4 可知,存在常数 α 和 β,成立

$$\|\Delta x(k+1)\|\leqslant\alpha\|\Delta x(k)\|+\beta\|\Delta u(k)\|$$

若选取控制增量使得其满足

$$\|\Delta u(k)\|\leqslant\eta,\quad k=k_0,\cdots,N-1$$

其中 η 为一充分小量,则

$$\|\Delta x(k+1)\|\leqslant\left(\sum_{i=0}^{k-k_0}\alpha^i\right)\beta\eta$$

因此,当 $\|\Delta u(k)\|(k=k_0,\cdots,N-1)$ 充分小时,$\|\Delta x(k)\|(k=k_0+1,\cdots,N)$ 也为充分小量。由此可知,对于充分小的控制增量 $\Delta u(k)(k=k_0,\cdots,N-1)$,泛函增量 $\Delta\hat{J}[u]$ 的符号由式(4.5.3)右端的第一项决定。考虑如下控制增量

$$\Delta u(k)=\begin{cases}\zeta, & k=j\\ 0 & k\neq j\end{cases}\quad k=k_0,\cdots,N-1$$

其中 j 为一整数,其满足 $k_0\leqslant j\leqslant N-1$,$\zeta$ 为一充分小量,则

$$\Delta\hat{J}[u]=H[x^*(j),u(j),\lambda(j+1),j]-H[x^*(j),u^*(j),\lambda(j+1),j]$$
$$+\sum_{k=k_0+1}^{N}\varepsilon(\|\Delta x(k)\|)$$

由 $\Delta\hat{J}[u]\geqslant 0$ 知

$$H[x^*(j),u^*(j),\lambda(j+1),j]\leqslant H[x^*(j),u(j),\lambda(j+1),j]$$

让 j 取遍整数 $k_0,k_0+1,\cdots,N-1$,得

$$H[x^*(k),u^*(k),\lambda(k+1),k]\leqslant H[x^*(k),u(k),\lambda(k+1),k]$$
$$k=k_0,k_0+1,\cdots,N-1$$

若令 $\mathbf{U}_k^*$ 是 $u^*(k)$ 的一个充分小邻域,则

$$H[x^*(k),u^*(k),\lambda(k+1),k]=\min_{u(k)\in\mathbf{U}_k^*}H[x^*(k),u(k),\lambda(k+1),k]$$
$$k=k_0,k_0+1,\cdots,N-1$$
■

例 4.4　考虑一阶线性时不变离散系统

$$x(k+1)=x(k)+\beta u(k)$$

其初始时刻 k_0 和终端时刻 N 给定，β 为给定常数。要求控制序列 $\{u(k),k=0,1,\cdots,N-1\}$，其满足控制约束 $|u(k)|\leqslant 1$，在此控制序列的作用下，系统状态由给定的初始状态 $x(k_0)=x_0$ 转移到给定的终端状态 $x(N)=x_N$，并且使得性能指标

$$J=\sum_{k=k_0}^{N-1}u^2(k)$$

达到最小。

对应上述问题的 Hamilton 函数为

$$H[x(k),u(k),\lambda(k+1),k]=u^2(k)+\lambda(k+1)[x(k)+\beta u(k)]$$

扩展终端型性能指标部分为

$$\hat{\Phi}[x(N),N]=\eta[x(N)-x_N]$$

其中 η 是 Lagrange 乘子。协态方程及其边值条件为

$$\lambda(k)=\lambda(k+1),\quad k=k_0+1,k_0+2,\cdots,N-1$$

$$\lambda(N)=\eta$$

可知协态为常数

$$\lambda(k)=\eta,\quad k=k_0+1,k_0+2,\cdots,N$$

容许控制集为

$$\mathbf{U}=\{u(k)\mid |u(k)|\leqslant 1\}$$

注意 Hamilton 函数关于 $u(k)$ 是凸函数，并可改写为

$$H=\left[u(k)+\frac{\beta\eta}{2}\right]^2+\eta x(k)-\left(\frac{\beta\eta}{2}\right)^2$$

由极小值条件得

$$u(k)=\begin{cases}-\operatorname{sign}\left(\dfrac{\beta\eta}{2}\right), & \left|\dfrac{\beta\eta}{2}\right|>1\\ -\dfrac{\beta\eta}{2}, & \left|\dfrac{\beta\eta}{2}\right|\leqslant 1\end{cases}$$

即最优控制序列为一常数序列

$$u(k)=u_0$$

其中

$$u_0=\pm 1,\quad 或\quad u_0=-\frac{\beta\eta}{2}$$

由状态方程及其边值条件可得

$$x_N=x(N)=x(N-1)+\beta u_0=x_0+(N-k_0)\beta u_0$$

当

$$\left|\frac{x_N-x_0}{(N-k_0)\beta}\right|\leqslant 1$$

时，最优控制序列为

$$u(k)=\frac{x_N-x_0}{(N-k_0)\beta},\quad k=k_0,k_0+1,\cdots,N-1$$

当

$$\left|\frac{x_N - x_0}{(N-k_0)\beta}\right| > 1$$

时，不存在能够实现所要求的状态转移且满足控制约束的控制序列，问题无解。

习题 4

4.1 考虑一阶系统

$$\dot{x}(t) = u(t)$$

其状态的初始值和终端值为

$$x(0) = 2, \quad x(t_f) = t_f$$

求终端时刻 t_f 和满足约束

$$|u(t)| \leqslant 1$$

的控制 $u(t)$，使得性能指标

$$J = x(t_f) + \int_0^{t_f} u(t)\mathrm{d}t$$

达到最小。

4.2 假设系统状态方程为

$$\dot{x}(t) = -x(t) + u(t)$$

其状态的初始值为 $x(0) = 1$。状态和控制满足如下不等式

$$[u(t) - x(t)]^2 \leqslant 1$$

性能指标为

$$J = \int_0^{t_f} 1\mathrm{d}t$$

求满足上述约束的控制 $u(t)$ 和终端时刻 t_f，使得 $x(t_f) = 0$，且 J 达到最小。

4.3 求解如下最优维护问题：维修和置换模型(Thomson 简化模型)为

$$x(k+1) = x(k) - 2 + \frac{2}{\sqrt{1+k}}u(k)$$

其中，$x(k)$ 为设备的正常率；$u(k)$ 为设备维护支出；$2/\sqrt{1+k}$ 为维护效益函数，并设折旧率为 2。假设当前设备正常率为百分之百，即 $x(0) = 100$，维护支出约束为 $0 \leqslant u(k) \leqslant 1$，单位时间单位设备的效益为 0.1，单位设备的价值为 1，贴现率为 $\beta = 0.05$。确定维护策略 $\{u(k), k = 0,1,2,3,4\}$，使得 5 年后的资产最大，即使得如下性能指标达到最小。

$$J = -x(5)\mathrm{e}^{-5\beta} - \sum_{k=0}^{4}[0.1x(k) - u(k)]\mathrm{e}^{-\beta k}$$

第5章 动态规划

可将控制过程划分为若干个子过程，在每个子过程中，根据系统所处的状态和控制约束，确定该阶段的控制策略，整个控制过程的控制策略由各子过程的控制决策组合构成，总代价(性能指标)是各子过程的代价之和。这样便将最优控制问题转化为多阶段决策问题。动态规划是处理多阶段决策问题的有效方法。

5.1 Bellman 最优性原理

考虑这样一个多阶段决策问题：下一阶段的状态和本阶段的代价都仅由本阶段状态和控制策略决定，多阶段的总代价为各阶段的代价之和，欲求控制策略使得总代价最小。

Bellman 最优性原理描述了多阶段决策过程的一个普遍而又直观的性质。

定理 5.1(Bellman 最优性原理) 最优策略(控制作用的最优集合)具有这样的特性，无论初始状态和初始决策(控制变量的初始值)如何，对于由初始决策所产生的系统状态，剩余决策(控制变量)构成一最优策略。

Bellman 本人对最优性原理做过这样的通俗解释：假设 AB 是从点 A 到点 B 的最短路线，M 是路线 AB 上的一点，将路线 AB 划分为路线 AM 和路线 MB 两段。则无论是如何到达 M 点的，路线 MB 是从点 M 到点 B 的最短路线。

证明 假设一个 N 阶段决策过程的初始状态为 $x(0)$，最优策略(序列)为 $\{u^*(0), u^*(1), \cdots, u^*(k), \cdots, u^*(N-1)\}$，最优状态(序列)为 $\{x(0), x^*(1), x^*(2), \cdots, x^*(k), \cdots, x^*(N)\}$，最小代价为 $J^*=J[x(0), u^*(0), u^*(1), \cdots, u^*(N-1)]$。以 $J[x^*(k), u^*(k), u^*(k+1), u^*(N-1)]$ 表示以 $x^*(k)$ 为初始状态、由控制策略 $\{u^*(k), u^*(k+1), \cdots, u^*(N-1)\}$ 所产生的代价，则

$$
\begin{aligned}
& J[x(0), u^*(0), u^*(1), \cdots, u^*(N-1)] \\
= & J[x(0), u^*(0), u^*(1), \cdots, u^*(k-1)] \\
& + J[x^*(k), u^*(k), u^*(k+1), \cdots, u^*(N-1)]
\end{aligned}
$$

需证对于任何控制策略$\{u(k),u(k+1),\cdots,u(N-1)\}$，均有

$$J[x^*(k),u^*(k),u^*(k+1),\cdots,u^*(N-1)]\leqslant J[x^*(k),u(k),u(k+1),\cdots,u(N-1)]$$

即当 $x^*(k)$为初始状态时，控制策略$\{u^*(k),u^*(k+1),\cdots,u^*(N-1)\}$是最优的。

反设从状态 $x^*(k)$出发的多阶段决策过程的最优控制策略不是$\{u^*(k),u^*(k+1),\cdots,u^*(N-1)\}$，而是$\{\hat{u}(k),\hat{u}(k+1),\cdots,\hat{u}(N-1)\}$，其中至少存在一个阶段的决策不相等，即存在 $j\in\{k,k+1,\cdots,N-1\}$，使得$\hat{u}(j)\neq u^*(j)$。则

$$J[x^*(k),u^*(k),u^*(k+1),\cdots,u^*(N-1)]>J[x^*(k),\hat{u}(k),\hat{u}(k+1),\cdots,\hat{u}(N-1)]$$

现对从状态 $x(0)$出发的多阶段决策过程构成新的控制策略$\{u^*(0),u^*(1),\cdots,u^*(k-1),\hat{u}(k),\cdots,\hat{u}(N-1)\}$，则

$$\begin{aligned}
&J[x(0),u^*(0),u^*(1),\cdots,u^*(k-1),\hat{u}(k),\hat{u}(k+1),\cdots,\hat{u}(N-1)]\\
=&J[x(0),u^*(0),u^*(1),\cdots,u^*(k-1)]\\
&+J[x^*(k),\hat{u}(k),\hat{u}(k+1),\cdots,\hat{u}(N-1)]\\
<&J[x(0),u^*(0),u^*(1),\cdots,u^*(k-1)]\\
&+J[x^*(k),u^*(k),u^*(k+1),\cdots,u^*(N-1)]\\
=&J[x(0),u^*(0),u^*(1),\cdots,u^*(N-1)]
\end{aligned}$$

即当从 $x(0)$出发时，控制策略$\{u^*(0),u^*(1),\cdots,u^*(k-1),\hat{u}(k),\hat{u}(k+1),\cdots,\hat{u}(N-1)\}$所产生的总代价小于控制策略$\{u^*(0),u^*(1),\cdots,u^*(k-1),u^*(k),u^*(k+1),\cdots,u^*(N-1)\}$所产生的总代价，这与控制策略$\{u^*(0),u^*(1),u^*(2),\cdots,u^*(N-1)\}$的最优性的假设相矛盾。 ■

如下定理的结论是 Bellman 最优性原理的另一种阐述。

定理 5.2 最优策略的部分策略仍是最优策略。

假设 $x(0)$为一个 N 阶段决策过程的初始状态，最优策略为$\{u^*(0),u^*(1),\cdots,u^*(k),\cdots,u^*(N-1)\}$，所产生的最优状态为$\{x(0),x^*(1),x^*(2),\cdots,x^*(k),\cdots,x^*(N)\}$。则根据定理 5.2，控制策略$\{u^*(i),u^*(i+1),\cdots,u^*(j-1)\}$是从状态 $x^*(i)$出发，经 $j-i$ 阶段决策过程，到达 $x^*(j)$的最优策略，而不论是如何到达状态 $x^*(i)$的，这里

$$i<j,\quad i\in\{0,1,2,\cdots,N-2\},\quad j\in\{1,2,\cdots,N-1\}$$

5.2 离散系统最优控制的动态规划求解

离散系统最优控制问题 考虑由如下差分方程描述的离散时间受控系统

$$x(k+1)=f[x(k),u(k),k],\quad x(k_0)=x_0$$

初始时刻 k_0、初始状态 $x(k_0)$和终端时刻 N 均给定，且 $N>k_0$。在容许控制集 $\mathbf{U}$ 中求控制策略$\{u(k_0),u(k_0+1),\cdots,u(N-1)\}$，使得 $x(j)(j=k_0+1,k_0+2,\cdots,N)$在容许状态集 $\mathbf{X}$ 中，并使得如下性能指标（本章称之为代价函数）达到最小。

$$J=\Phi[x(N),N]+\sum_{i=k_0}^{N-1}L[x(i),u(i),i]$$

上述最优控制问题可以视为一类多阶段决策问题。逆向递推求解是处理此类问题的有效方法。

定义

$$J[x(j),j]=\Phi[x(N),N]+\sum_{i=j}^{N-1}L[x(i),u(i),i]$$

其表示在时刻 j 以 $x(j)$ 为初始状态，由控制策略 $\{u(j),u(j+1),\cdots,u(N-1)\}$ 所产生的系统运动所对应的代价函数。则

$$J[x(j),j]=L[x(j),u(j),j]+J[x(j+1),j+1]$$

用 $J^*[x(j+1),j+1]$ 表示 $J[x(j+1),j+1]$ 的最小值，即在时刻 $j+1$ 以 $x(j+1)$ 为初始状态、对应最优控制策略 $\{u^*(j+1),u^*(j+2),\cdots,u^*(N-1)\}$ 的最优代价函数。那么，根据 Bellman 最优性原理，相应的最优代价函数 $J^*[x(j),j]$ 可表述为

$$\begin{aligned}
J^*[x(j),j]&=\min_{\substack{\{u(j),u(j+1),\cdots,u(N-1)\}\in\mathbf{U}\\ \{x(j+1),x(j+2),\cdots,x(N)\}\in\mathbf{X}}}\{L[x(j),u(j),j]+J[x(j+1),j+1]\}\\
&=\min_{\substack{u(j)\in\mathbf{U}\\ x(j+1)\in\mathbf{X}}}\min_{\substack{\{u(j+1),\cdots,u(N-1)\}\in\mathbf{U}\\ \{x(j+2),x(j+3),\cdots,x(N)\}\in\mathbf{X}}}\{L[x(j),u(j),j]+J[x(j+1),j+1]\}\\
&=\min_{\substack{u(j)\in\mathbf{U}\\ x(j+1)\in\mathbf{X}}}\left\{L[x(j),u(j),j]+\min_{\substack{\{u(j+1),\cdots,u(N-1)\}\in\mathbf{U}\\ \{x(j+2),\cdots,x(N)\}\in\mathbf{X}}}J[x(j+1),j+1]\right\}\\
&=\min_{\substack{u(j)\in\mathbf{U}\\ x(j+1)\in\mathbf{X}}}\{L[x(j),u(j),j]+J^*[x(j+1),j+1]\}
\end{aligned}$$

这样可以得到**动态规划的基本递推公式**

$$J^*[x(N-1),N-1]=\min_{\substack{u(N-1)\in\mathbf{U}\\ x(N)\in\mathbf{X}}}\left\{\begin{aligned}&\Phi[f[x(N-1),u(N-1),N-1],N]\\&+L[x(N-1),u(N-1),N-1]\end{aligned}\right\}$$

$$J^*[x(j),j]=\min_{\substack{u(j)\in\mathbf{U}\\ x(j+1)\in\mathbf{X}}}\{L[x(j),u(j),j]+J^*[f[x(j),u(j),j],j+1]\}$$

$$j=N-2,N-3,\cdots,k_0+1,k_0$$

$$J^*=J^*[x(k_0),k_0]$$

上述基本递推公式中是对单个控制向量 $u(j)$ 求标量函数的最小值，因此，将多阶段决策问题转化为多个单阶段的决策问题。

例 5.1 在例 4.5 中考虑了如下离散时间系统最优控制问题：受控系统的状态差分方程为

$$x(k+1)=x(k)+\beta u(k)$$

其初始时刻 k_0 和终端时刻 N 给定，β 为给定常数。要求满足控制约束 $|u(k)|\leqslant 1$ 的控制序列 $\{u(k),k=k_0,k_0+1,\cdots,N-1\}$，使得系统状态由给定的初始状态 $x(k_0)=$

x_0 转移到给定的终端状态 $x(N)=x_N$，并且使得如下代价函数达到最小。

$$J = \sum_{k=k_0}^{N-1} u^2(k)$$

现利用动态规划原理求解上述问题。因为存在终端状态约束，引入 Lagrange 常数乘子 η，考虑如下扩展代价函数

$$\hat{J} = \eta[x(N) - x_N] + \sum_{k=k_0}^{N-1} u^2(k)$$

令

$$\hat{J}[x(j), j] = \eta[x(N) - x_N] + \sum_{k=j}^{N-1} u^2(k)$$

则

$$\begin{aligned}
\hat{J}^*[x(N-1), N-1] &= \min_{|u(N-1)|\leqslant 1}\{u^2(N-1) + \hat{J}^*[x(N), N]\} \\
&= \min_{|u(N-1)|\leqslant 1}\{u^2(N-1) + \eta[x(N-1) + \beta u(N-1) - x_N]\} \\
&= \min_{|u(N-1)|\leqslant 1}\{u^2(N-1) + \beta\eta u(N-1) + \eta[x(N-1) - x_N]\} \\
&= \min_{|u(N-1)|\leqslant 1}\left\{\eta[x(N-1) - x_N] + \left[\frac{\beta\eta}{2} + u(N-1)\right]^2 - \left(\frac{\beta\eta}{2}\right)^2\right\}
\end{aligned}$$

可得

$$u^*(N-1) = \zeta^* := \begin{cases} -\operatorname{sign}\left(\dfrac{\beta\eta}{2}\right), & \left|\dfrac{\beta\eta}{2}\right| > 1 \\ -\dfrac{\beta\eta}{2}, & \left|\dfrac{\beta\eta}{2}\right| \leqslant 1 \end{cases}$$

$$\hat{J}^*[x(N-1), N-1] = \eta[x(N-1) - x_N] + \xi^*$$

其中

$$\xi^* = \left(\frac{\beta\eta}{2} + \zeta^*\right)^2 - \left(\frac{\beta\eta}{2}\right)^2 = \zeta^{*2} + \beta\eta\zeta^*$$

对于 $j=N-2$ 的情形，有

$$\begin{aligned}
\hat{J}^*[x(N-2), N-2] &= \min_{|u(N-2)|\leqslant 1}\{u^2(N-2) + \hat{J}^*[x(N-1), N-1]\} \\
&= \min_{|u(N-2)|\leqslant 1}\{u^2(N-2) + \eta[x(N-1) - x_N] + \xi^*\} \\
&= \min_{|u(N-2)|\leqslant 1}\{u^2(N-2) + \eta[x(N-2) + \beta u(N-2) - x_N] + \xi^*\} \\
&= \min_{|u(N-2)|\leqslant 1}\left\{\eta[x(N-2) - x_N] + \left[\frac{\beta\eta}{2} + u(N-2)\right]^2 - \left(\frac{\beta\eta}{2}\right)^2 + \xi^*\right\}
\end{aligned}$$

由此可得

$$u^*(N-2) = \zeta^*$$

$$\hat{J}^*[x(N-2),N-2] = \eta[x(N-2) - x_N] + 2\xi^*$$

类似求解，可得

$$u^*(k) = \zeta^*$$

$$\hat{J}^*[x(k),k] = \eta[x(k) - x_N] + (N-k)\xi^*$$

最后有

$$u^*(k_0) = \zeta^*$$

$$\hat{J}^* = \hat{J}^*[x(k_0),k_0] = \eta[x_0 - x_N] + (N-k_0)\xi^*$$

将上述求得的最优控制 $u^*(k)=\zeta^*, k=k_0, k_0+1, \cdots, N-1$ 应用于受控系统，得

$$x(N) = x(N-1) + \beta\zeta^* = x(N-2) + 2\beta\zeta^* = x(k_0) + (N-k_0)\beta\zeta^*$$

由此得到与例 4.5 相同的结论：当

$$\left|\frac{x_N - x_0}{(N-k_0)\beta}\right| \leqslant 1$$

时，最优控制为

$$u(k) = \frac{x_N - x_0}{(N-k_0)\beta}, \quad k = k_0, k_0+1, \cdots, N-1$$

当

$$\left|\frac{x_N - x_0}{(N-k_0)\beta}\right| > 1$$

时，问题无解。

例 5.2 给定一阶线性定常离散时间系统

$$x(k+1) = ax(k) + bu(k), \quad x(0) = x_0$$

其中，a、b 和 x_0 为给定常数，b 和 x_0 非零。假设无状态约束和控制约束。求控制策略$\{u(0), u(1), u(2)\}$使得如下代价函数达到最小。

$$J = fx^2(3) + \sum_{k=0}^{2}[qx^2(k) + ru^2(k)]$$

其中，f 和 q 为给定非负常数；r 为给定正常数。

根据动态规划的基本递推公式(这里代价函数不显含 k)，有

$$\begin{aligned} J^*[x(2)] &= \min_{u(2)}[f[ax(2) + bu(2)]^2 + qx^2(2) + ru^2(2)] \\ &= \min_{u(2)}[(fa^2 + q)x^2(2) + 2fabx(2)u(2) + (fb^2 + r)u^2(2)] \\ &= c(2)x^2(2) \end{aligned}$$

其中

$$u^*(2) = -\frac{fab}{fb^2 + r}x(2), \quad c(2) = q + \frac{fa^2 r}{fb^2 + r}$$

对于 $k=1$ 有

$$\begin{aligned} J^*[x(1)] &= \min_{u(1)}[qx^2(1) + ru^2(1) + J^*[x(2)]] \\ &= \min_{u(1)}[qx^2(1) + ru^2(1) + c(2)[ax(1) + bu(1)]^2] \end{aligned}$$

$$= \min_{u(1)}[(c(2)a^2 + q)x^2(1) + 2c(2)abx(1)u(1) + (c(2)b^2 + r)u^2(1)]$$
$$= c(1)x^2(1)$$

其中

$$u^*(1) = -\frac{c(2)ab}{c(2)b^2+r}x(1), \quad c(1) = q + \frac{c(2)a^2r}{c(2)b^2+r}$$

最后处理 $k=0$ 的情形，有

$$J^*[x(0)] = \min_{u(0)}[qx^2(0) + ru^2(0) + J^*[x(1)]]$$
$$= \min_{u(0)}[qx^2(0) + ru^2(0) + c(1)[ax(0) + bu(0)]^2]$$
$$= \min_{u(0)}[(c(1)a^2 + q)x^2(0) + 2c(1)abx(0)u(0) + (c(1)b^2 + r)u^2(0)]$$
$$= c(0)x^2(0)$$

其中

$$u^*(0) = -\frac{c(1)ab}{c(1)b^2+r}x(0), \quad c(0) = q + \frac{c(1)a^2r}{c(1)b^2+r}$$

注：上述所求得的最优控制是一线性时变状态反馈。

例 5.3　考虑如下差分方程描述的一阶离散时间系统

$$x(k+1) = x(k) + u(k)$$

状态约束为

$$x(k) \in \{-1, -0.5, 0, 0.5, 1\}$$

控制约束为

$$u(k) \in \{-0.5, 0, 0.5\}$$

要在满足控制约束和状态约束的前提下，求相应的最优控制策略$\{u(0), u(1), u(2), u(3), u(4)\}$，使得如下代价函数达到最小。

$$J = x^2(5)\mathrm{e}^{-5} + \sum_{k=0}^{4}\mathrm{e}^{-k}\left[u^2(k) + x(k)u(k) + \sqrt{|x(k)|}\right]$$

令

$$J[x(j), j] = x^2(5)\mathrm{e}^{-5} + \sum_{k=j}^{4}\mathrm{e}^{-k}[u^2(k) + x(k)u(k) + \sqrt{|x(k)|}]$$

利用动态规划的基本递推公式，进行逆向递推求解。首先考虑 $j=4$ 的情形，令

$$J[x(4), 4] = \mathrm{e}^{-4}[u^2(4) + x(4)u(4) + \sqrt{|x(4)|}] + J^*[x(4) + u(4), 5]$$

其中

$$J^*[x(4) + u(4), 5] = J^*[x(5), 5] = x^2(5)\mathrm{e}^{-5} = [x(4) + u(4)]^2\mathrm{e}^{-5}$$

当 $x(4) = -0.5$ 时，对应 $u(4) = -0.5$、0.0、0.5，$x(5)$的值分别为-1.0、-0.5、0.0，$J[x(4), 4]$的值分别为 0.0288、0.0146、0.0130，可见 $J^*[x(4), 4] = 0.0130$，$u^*(4) = 0.5$。$x(4)$为其他值时，做相同计算。结果可归纳为如表 5-1 所示。其中用黑框框出了与 $x(4)$相对应的最优解。

表 5-1 $j=4$ 时的计算结果

$J^*[x(4),4]$	$x(4)$	$x(5)$	$J[x(4),4]$					$x(5)$	$J^*[x(5),5]$
		$u(4)=-0.5$		$u(4)=0.0$		$u(4)=0.5$			
0.0154	−1.0	NaN	NaN	−1.0000	0.0251	−0.5000	0.0154	−1.0	0.0067
0.0130	−0.5	−1.0000	0.0288	−0.5000	0.0146	0	0.0130	−0.5	0.0017
0	0	−0.5000	0.0063	0	0	0.5000	0.0063	0	0
0.0130	0.5	0	0.0130	0.5000	0.0146	1.0000	0.0288	0.5	0.0017
0.0154	1.0	0.5000	0.0154	1.0000	0.0251	NaN	NaN	1.0	0.0067

对于 $j=3、2、1、0$ 的情形,做相同的逆推计算,结果分别归纳在表 5-2~表 5-5 中。

表 5-2 $j=3$ 时的计算结果

$J^*[x(3),3]$	$x(3)$	$x(4)$	$J[x(3),3]$					$x(4)$	$J^*[x(4),4]$
		$u(3)=-0.5$		$u(3)=0.0$		$u(3)=0.5$			
0.0503	−1.0	NaN	NaN	−1.0000	0.0652	−0.5000	0.0503	−1.0	0.0154
0.0352	−0.5	−1.0000	0.0755	−0.5000	0.0482	0	0.0352	−0.5	0.0130
0	0	−0.5000	0.0254	0	0	0.5000	0.0254	0	0
0.0352	0.5	0	0.0352	0.5000	0.0482	1.0000	0.0755	0.5	0.0130
0.0503	1.0	0.5000	0.0503	1.0000	0.0652	NaN	NaN	1.0	0.0154

表 5-3 $j=2$ 时的计算结果

$J^*[x(2),2]$	$x(2)$	$x(3)$	$J[x(2),2]$					$x(3)$	$J^*[x(3),3]$
		$u(2)=-0.5$		$u(2)=0.0$		$u(2)=0.5$			
0.1367	−1.0	NaN	NaN	−1.0000	0.1856	−0.5000	0.1367	−1.0	0.0503
0.0957	−0.5	−1.0000	0.2137	−0.5000	0.1309	0	0.0957	−0.5	0.0352
0	0	−0.5000	0.0690	0	0	0.5000	0.0690	0	0
0.0957	0.5	0	0.0957	0.5000	0.1309	1.0000	0.2137	0.5	0.0352
0.1367	1.0	0.5000	0.1367	1.0000	0.1856	NaN	NaN	1.0	0.0503

表 5-4 $j=1$ 时的计算结果

$J^*[x(1),1]$	$x(1)$	$x(2)$	$J[x(1),1]$					$x(2)$	$J^*[x(2),2]$
		$u(1)=-0.5$		$u(1)=0.0$		$u(1)=0.5$			
0.3716	−1.0	NaN	NaN	−1.0000	0.5046	−0.5000	0.3716	−1.0	0.1367
0.2601	−0.5	−1.0000	0.5808	−0.5000	0.3558	0	0.2601	−0.5	0.0957
0	0	−0.5000	0.1877	0	0	0.5000	0.1877	0	0
0.2601	0.5	0	0.2601	0.5000	0.3558	1.0000	0.5808	0.5	0.0957
0.3716	1.0	0.5000	0.3716	1.0000	0.5046	NaN	NaN	1.0	0.1367

表 5-5 $j=0$ 时的计算结果

$J^*[x(0),0]$	$x(0)$	$u(0)=-0.5$ $x(1)$	$u(0)=-0.5$ $J[x(0),0]$	$u(0)=0.0$ $x(1)$	$u(0)=0.0$ $J[x(0),0]$	$u(0)=0.5$ $x(1)$	$u(0)=0.5$ $J[x(0),0]$	$x(1)$	$J^*[x(1),1]$
1.0101	−1.0	NaN	NaN	−1.0000	1.3716	−0.5000	1.0101	−1.0	0.3716
0.7071	−0.5	−1.0000	1.5787	−0.5000	0.9672	0	0.7071	−0.5	0.2601
0	0	−0.5000	0.5101	0	0	0.5000	0.5101	0	0
0.7071	0.5	0	0.7071	0.5000	0.9672	1.0000	1.5787	0.5	0.2601
1.0101	1.0	0.5000	1.0101	1.0000	1.3716	NaN	NaN	1.0	0.3716

图 5.1 和图 5.2 描绘了各时间段的最优解之间的关联。根据图 5.1 可以很直观地得到在任何阶段从任何状态出发的最优控制策略和最优代价。例如，在 $j=0$ 时刻从 $x(0)=1$ 出发的最优控制策略为 $\{-0.5,-0.5,0.0,0.0,0.0\}$，最优代价为 $J^*=1.0101$；而在 $j=1$ 时刻从 $x(1)=-1$ 出发的最优控制策略为 $\{0.5,0.5,0.0,0.0\}$，最优代价为 $J^*=0.3716$。

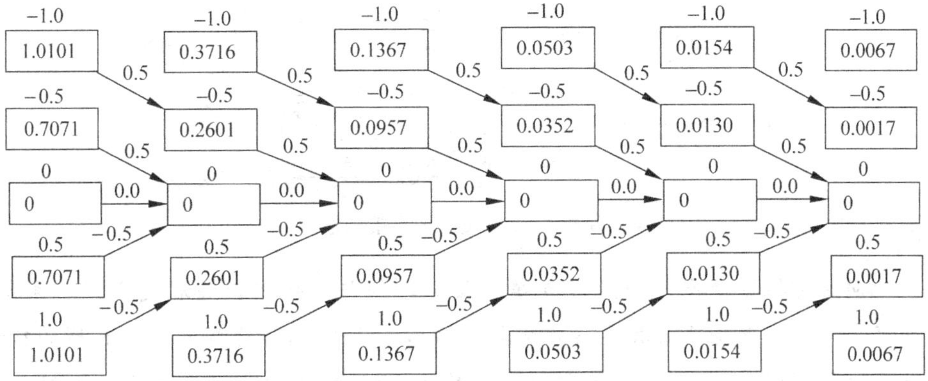

图 5.1 最优控制与最优代价关联图

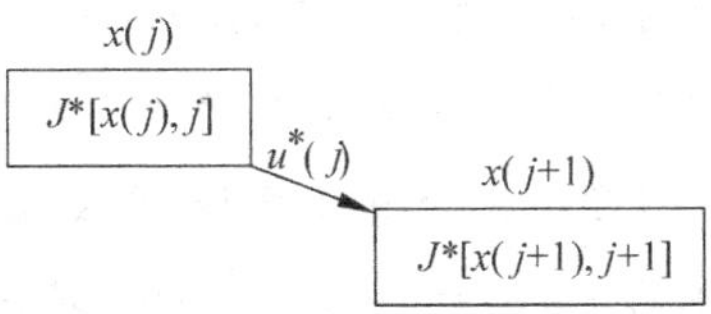

图 5.2 图 5.1 的图例

例 5.4(最短路程行车问题) 从 S 地到 F 地的可能行车路线、方向和相应路程(公里)如图 5.3 所示，其中，圆表述交通分叉站点；线段表示两站点间的公路；箭头表示行车的方向；所标数字表示相应两站点间路段的长度。欲求从 S 地到 F 地的最短行车路线。

可以将上述行车问题描述为一个多阶段的决策问题，为了描述方便，可以增加一些虚拟站点，例如在路程为 22 公里的那段路线上增加两个虚设的站点，而将问题

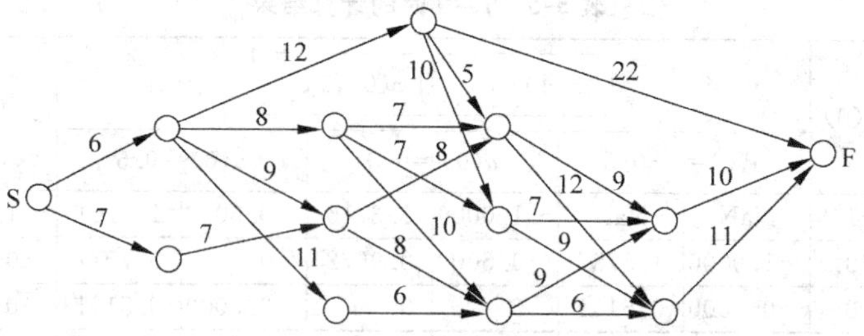

图 5.3 行车问题

整理为一个 5 阶段的行车决策问题，如图 5.4 所示。显然，这样处理不会影响决策结果。注意，每个阶段的站点之间没有直接关联，一个阶段的起始站点仅与该阶段的终止站点连接。以 $x_i(k)$ 表示第 k 阶段的第 i 号站点，以 u_{ij} 表示从第 i 号站点向第 j 号站点行使的决策。

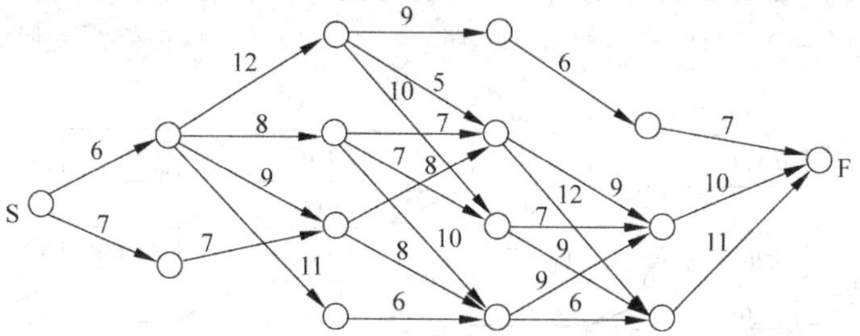

图 5.4 5 阶段行车决策问题

此问题可根据动态规划原理直接在最优控制与最优代价关联图上逆推求解。首先考虑所有与 F 地有直接连接的站点 $x_i(4)$，$i=1、2、3$，将这些站点到 F 地的行程记为 $J^*[x_i(4)]$，$i=1、2、3$，写入相应站点处的方框内，在这些站点与 F 地所对应的方框之间用线段连接，以箭头标示行车方向，如图 5.5(a) 所示。其次考虑站点 $x_i(3)$，$i=1、2、3、4$，将 $x_i(3)$ 到 $x(4)$ 所有存在的路线的行程与相应方框内的数值相加，取其最小者为 $J^*[x_i(3)]$，并将其写入对应的方框内。例如，考虑站点 $x_2(3)$，其与站点 $x_2(4)$ 和 $x_3(4)$ 相连，行程分别为 9 公里和 12 公里，从该站点发出的最短行程为 $J^*[x_2(3)]=\min\{9+10,12+11\}=19$，因此将 19 填入站点 $x_2(3)$ 所对应的方框内，并在站点 $x_2(3)$ 和站点 $x_2(4)$ 所对应的方框之间连接一线段，以箭头标示行车方向。对其他站点作类似处理。此阶段的处理结果如图 5.5(b) 所示。图 5.5(c) 是全部阶段的最优控制与最优代价关联图。

由图 5.5(c) 可以很容易确定从站点 S 出发到站点 F 的最优行车路线

$$S[x_1(0)]\Rightarrow x_1(1)\Rightarrow x_2(2)\Rightarrow x_3(3)\Rightarrow x_2(4)\Rightarrow F[x_1(5)]$$

从站点 S 出发到站点 F 的最短行车距离为 $J^*[x_1(0)]=38$。不仅如此，根据图 5.5(c)，可以确定从任意站点到站点 F 的最优行车路线和最短行车距离。

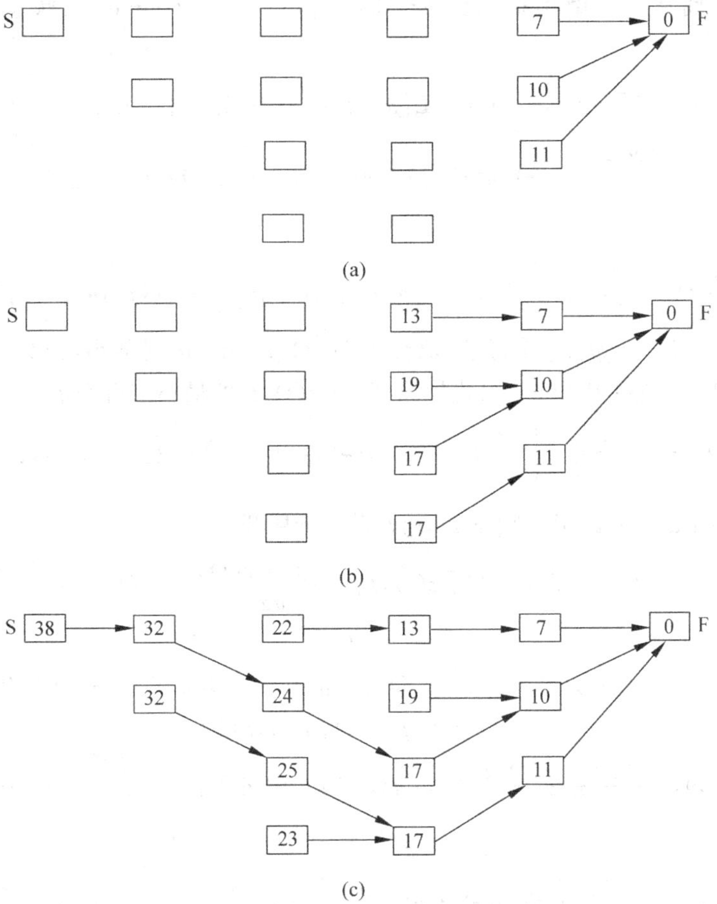

图 5.5　行车决策过程

5.3　连续系统最优控制的动态规划求解

本节利用 Bellman 最优性原理分析连续系统最优控制问题。假设受控对象由如下状态方程描述

$$\dot{x}(t)=f[x(t),u(t),t] \tag{5.3.1}$$

初始状态 $x(t_0)=x_0$、初始时刻 t_0 和终端时刻 t_f 均给定，终端状态 $x(t_f)$ 为自由的，而性能指标(或代价函数)为

$$J[x(t_0),t_0]=\Phi[x(t_f),t_f]+\int_{t_0}^{t_f}L[x(t),u(t),t]\mathrm{d}t \tag{5.3.2}$$

假设 $f[x(t),u(t),t]$的元和 $L[x(t),u(t),t]$关于 $x(t)$和 t 存在连续偏导数。令

$$J[x(t),t]=\Phi[x(t_f),t_f]+\int_{t}^{t_f}L[x(\tau),u(\tau),\tau]\mathrm{d}\tau$$

则 $J[x(t),t]$是在时刻 t 从状态 $x(t)$出发、在时刻 t_f 到达状态 $x(t_f)$的代价函数。

假设时间从 t 做微小摄动到 $t+\mathrm{d}t$，并假设在时刻 $t+\mathrm{d}t$ 的状态为 $x(t)+\mathrm{d}x(t)$，则

$$J[x(t),t]=\Phi[x(t_f),t_f]+\int_{t+\mathrm{d}t}^{t_f}L[x(\tau),u(\tau),\tau]\mathrm{d}\tau+\int_{t}^{t+\mathrm{d}t}L[x(\tau),u(\tau),\tau]\mathrm{d}\tau$$
$$=\int_{t}^{t+\mathrm{d}t}L[x(\tau),u(\tau),\tau]\mathrm{d}\tau+J[x(t)+\mathrm{d}x(t),t+\mathrm{d}t]$$

其中

$$J[x(t)+\mathrm{d}x(t),t+\mathrm{d}t]=\Phi[x(t_f),t_f]+\int_{t+\mathrm{d}t}^{t_f}L[x(\tau),u(\tau),\tau]\mathrm{d}\tau$$

假设 $u^*(\tau),\tau\in[t+\mathrm{d}t,t_f]$ 使得 $J[x(t)+\mathrm{d}x(t),t+\mathrm{d}t]$ 达到最小，记为 $J^*[x(t)+\mathrm{d}x(t),t+\mathrm{d}t]$。则由 Bellman 最优性原理，$J[x(t),t]$ 的最小值可表示为

$$J^*[x(t),t]=\min_{\substack{u(\tau)\in\mathbf{U}\\ t\leqslant\tau\leqslant t+\mathrm{d}t}}\left\{\int_{t}^{t+\mathrm{d}t}L[x(\tau),u(\tau),\tau]\mathrm{d}\tau+J^*[x(t)+\mathrm{d}x(t),t+\mathrm{d}t]\right\}$$

对 $J^*[x(t)+\mathrm{d}x(t),t+\mathrm{d}t]$ 在 $[x(t),t]$ 处做台劳展开

$$J^*[x(t)+\mathrm{d}x(t),t+\mathrm{d}t]=J^*[x(t),t]+\frac{\partial J^*[x(t),t]}{\partial x^{\mathrm{T}}(t)}\mathrm{d}x(t)+\frac{\partial J^*[x(t),t]}{\partial t}\mathrm{d}t$$
$$+\varepsilon[\mathrm{d}x(t),\mathrm{d}t]$$

其中 $\varepsilon[\mathrm{d}x(t),\mathrm{d}t]$ 表示关于 $\|\mathrm{d}x(t)\|$ 和 $|\mathrm{d}t|$ 的高阶无穷小量。$\mathrm{d}x(t)$ 可表示为

$$\mathrm{d}x(t)=f[x(t),u(t),t]\mathrm{d}t$$

由于 $J^*[x(t),t]$ 和 $\frac{\partial J^*[x(t),t]}{\partial t}\mathrm{d}t$ 与 $u(t)\in[t,t+\mathrm{d}t]$ 无关，故当 $\mathrm{d}t$ 和 $\mathrm{d}x(t)$ 充分小时，有

$$J^*[x(t),t]=\min_{\substack{u(\tau)\in\mathbf{U}\\ t\leqslant\tau\leqslant t+\mathrm{d}t}}\left\{L[x(t),u(\tau),t]\mathrm{d}t+\frac{\partial J^*[x(t),t]}{\partial x^{\mathrm{T}}(t)}f[x(t),u(\tau),t]\mathrm{d}t+\varepsilon[\mathrm{d}x(t),\mathrm{d}t]\right\}$$
$$+J^*[x(t),t]+\frac{\partial J^*[x(t),t]}{\partial t}\mathrm{d}t$$

令 $\mathrm{d}t\to 0$，则有

$$-\frac{\partial J^*[x(t),t]}{\partial t}=\min_{u(t)\in\mathbf{U}}\left\{L[x(t),u(t),t]+\frac{\partial J^*[x(t),t]}{\partial x^{\mathrm{T}}(t)}f[x(t),u(t),t]\right\}\tag{5.3.3}$$

此方程被称为 **Hamilton-Jacobi-Bellman 方程**。定义 Hamilton 函数为

$$H\left[x(t),u(t),\frac{\partial J^*[x(t),t]}{\partial x(t)},t\right]=L[x(t),u(t),t]+\frac{\partial J^*[x(t),t]}{\partial x^{\mathrm{T}}(t)}f[x(t),u(t),t]\tag{5.3.4}$$

则 Hamilton-Jacobi-Bellman 方程可写成如下形式

$$-\frac{\partial J^*[x(t),t]}{\partial t}=\min_{u(t)\in\mathbf{U}}\left\{H\left[x(t),u(t),\frac{\partial J^*[x(t),t]}{\partial x(t)},t\right]\right\}\tag{5.3.5}$$

其边界条件为

$$J^*[x(t_f),t_f]=\Phi[x(t_f),t_f] \tag{5.3.6}$$

定理 5.3(充分性)　对于受控对象式(5.3.1)和性能指标式(5.3.2),假设:

(1) $f[x(t),u(t),t]$的元、$L[x(t),u(t),t]$和$\Phi[x(t_f),t_f]$关于其所有变量均存在连续偏导数;

(2) 式(5.3.4)所定义的 Hamilton 函数对于$u(t)\in\mathbf{U}$存在唯一最小值,其最小值解$u^\circ\left[x(t),\frac{\partial J^*[x(t),t]}{\partial x(t)},t\right]$关于$x(t)$和$t$存在连续偏导数;

(3) $J^*[x(t),t]$是式(5.3.3)的 Hamilton-Jacobi-Bellman 方程满足式(5.3.6)的边界条件的解。

则最优控制为

$$u^*(t)=u^\circ\left[x(t),\frac{\partial J^*[x(t),t]}{\partial x(t)},t\right]$$

且$J^*[x(t),t]$是$J[x(t),t]$的最小值。

定理 5.4(必要性)　对于受控对象式(5.3.1)和性能指标式(5.3.2),假设:

(1) $f[x(t),u(t),t]$的元、$L[x(t),u(t),t]$和$\Phi[x(t_f),t_f]$关于其所有变量均存在连续偏导数;

(2) 最优控制存在;

(3) 在时刻t从状态$x(t)$出发、在时刻t_f到达状态$x(t_f)$的最小代价函数

$$J^*[x(t),t]=\min_{u(\tau)\in\mathbf{U}}\left\{\Phi[x(t_f),t_f]+\int_t^{t_f}L[x(\tau),u(\tau),\tau]\mathrm{d}\tau\right\}$$

关于$x(t)$和t存在二阶连续偏导数;

(4) 式(5.3.4)所定义的 Hamilton 函数对于$u(t)\in\mathbf{U}$存在唯一最小值,其最小值解$u^\circ\left[x(t),\frac{\partial J^*[x(t),t]}{\partial x(t)},t\right]$关于$x(t)$存在连续偏导数,关于$t$连续。

则最小代价函数$J^*[x(t),t]$满足式(5.3.3)的 Hamilton-Jacobi-Bellman 方程和式(5.3.6)的边界条件。

5.4　三种经典方法的比较

变分法、极小值原理和动态规划法是处理最优控制问题的三种基本方法,其他最优控制的理论方法都以其为基础。这三种基本方法具有密切关联,又有相互差异。

变分法为最优控制理论提供了基本理论和方法,变分法能够处理控制约束为开集、Hamilton 函数存在对控制的连续偏导数的情形。如果控制约束不是开集,则要求最优解为内点。即使这些条件满足,根据变分法的结论,也不能保证求得最优解,例如 Hamilton 函数关于控制是一次函数的情形。

极小值原理可以认为是变分法的直接推广,其可以处理控制约束为闭集和

Hamilton 函数不存在对控制的连续偏导数的情形。在一定的条件下,变分法的结论是极小值原理的结论的推论。由于闭集控制约束的普遍性,极小值原理的应用范围更为广泛。

动态规划法的结论的导出具有相对独立性,但当最小代价函数关于其所有变量均存在二次连续偏导数时,可以容易地推导出极小值原理的所有结论。在一定条件下,动态规划法给出的是关于最优解的充分条件,并且最优控制常是状态反馈的形式。Hamilton-Jacobi-Bellman 方程是一个偏微分方程,一般情形下,难以求解;但对后续章节将要讨论的线性二次型最优控制问题,其能方便地给出最优解,而在一些相关理论的论证中其发挥着重要作用。要求最优代价函数的可微性是动态规划法的主要局限之一。

对于离散时间系统,动态规划法给出的逆向递推求解问题,比较于变分法和极小值原理给出的两点边值问题,在计算上具有明显优越性。

这三种基本方法都没有给出解的存在性和唯一性等结论,要得到这方面的结论,需要在这些理论的基础上,结合实际问题做进一步的分析和讨论。

习题 5

5.1 对于一阶离散线性系统

$$x(k+1)=x(k)+u(k),\quad x(0)=x_0$$

其中 x_0 为常数,考虑代价函数

$$J=\sum_{k=0}^{N-1}[x^2(k)+x(k)u(k)+u^2(k)]$$

(1) 求控制序列 $u(k)=-\alpha(k)x(k)$, $k=0,1,\cdots,N-1$,使得上述代价函数达到最小;

(2) 当 $x_0=1$, $N=5$ 时,给出 $\alpha(k)$ 和最小代价函数的具体数值。

5.2 考虑如下一阶离散系统

$$x(k+1)=x(k)+u(k)$$

其状态约束为

$$x(k)\in\{0.0,0.5,1.0,1.5,2.0\}$$

控制约束为

$$u(k)\in\{-0.5,0.0,0.5\}$$

在上述约束条件下,对所有可能的初始状态,求控制序列 $\{u(0),u(1),u(2)\}$,使得代价函数

$$J=x^2(3)+\sum_{k=0}^{2}[x^2(k)+u^2(k)]$$

达到最小。

5.3 图 5.6 是一个交通网络图,其中,圆表示交通分叉站点;线段表示公路;

线段附近所标数字表示相应路程的公里数；运行方向如箭头所示。试求从站点 s 出发到站点 f 的最短路程。

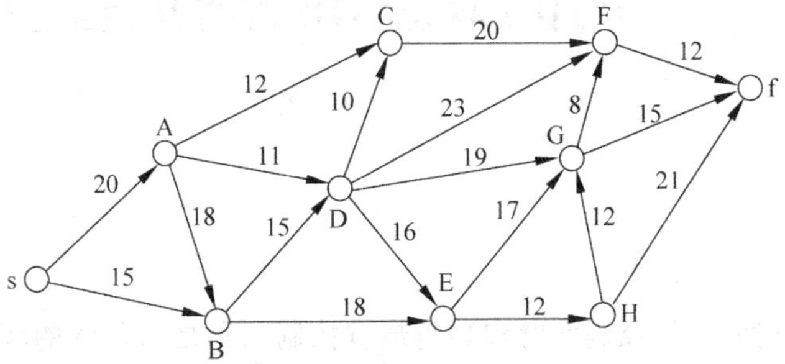

图 5.6　最短路程问题

第6章 时间最短和燃料最省控制

时间最短控制问题和燃料最省控制问题是与传统的频域方法处理的问题显著不同的一类问题，本章将利用极小值原理讨论处理这些问题的理论方法。首先对于仿射非线性时变受控对象，介绍最短时间控制的 Bang-Bang 控制原理，对于线性定常受控对象的最短时间控制问题进行深入分析，给出关于问题的正常性、解的存在性和唯一性以及切换次数等理论结果；其次，讨论线性定常受控对象的最省燃料控制问题，给出最省燃料控制的 Bang-off-Bang 控制原理，最后简要讨论时间-燃料综合最优控制问题。

6.1 时间最短控制与 Bang-Bang 控制原理

考虑状态方程关于控制输入为仿射非线性的时变受控对象

$$\dot{x}(t) = A(x,t) + B(x,t)u(t) \tag{6.1.1}$$

其中，$A(x,t)$为 n 维函数向量；$B(x,t)$为 $n\times m$ 维函数矩阵，$A(x,t)$和 $B(x,t)$的元对于 x 和 t 具有连续偏导数。假设初始状态 $x(t_0)$和初始时间 t_0 均给定。容许控制集为

$$\mathbf{U} = \{u(t) \mid |u_i(t)| \leqslant 1, i = 1,2,\cdots,m\} \tag{6.1.2}$$

即假设控制向量 $u(t)$的每一个分量的幅值都不大于1。对于存在控制幅值限制的情形，这样假设不失一般性。事实上，如果对某个控制分量 $u_k(t)$ 的幅值限制为

$$\alpha \leqslant u_k(t) \leqslant \beta, \quad \beta > \alpha$$

则可令

$$\hat{u}_k(t) = \frac{u_k(t) - \gamma}{\rho}$$

其中

$$\gamma = \frac{\beta + \alpha}{2}, \quad \rho = \frac{\beta - \alpha}{2}$$

以$\hat{u}_k(t)$替换 $u_k(t)$，并对 $A(x,t)$和 $B(x,t)$作相应处理，则可将控制幅值限制转化为式(6.1.2)中描述的形式。

时间最短控制问题　对于式(6.1.1)描述的受控对象，求容许控制 $u(t)\in\mathbf{U}$，$t\in[t_0,t_f]$，使得其状态从给定的初始状态 $x(t_0)$ 在最短的时间内到达如下目标集

$$\mathbf{M}=\{x(t_f)\mid g[x(t_f),t_f]=0\}$$

其中 g 是 p 维函数向量，其各分量对于 $x(t_f)$ 和 t_f 具有连续偏导数。

假设 t_f 是状态轨线首次与目标集相遇的时间，则上述问题的性能指标可选取为

$$J=\int_{t_0}^{t_f}\mathrm{d}t=t_f-t_0$$

定义 Hamiltom 函数

$$H[x(t),u(t),\lambda(t),t]=1+\lambda^{\mathrm{T}}(t)A(x,t)+\lambda^{\mathrm{T}}(t)B(x,t)u(t)$$

并定义泛函

$$\hat{J}=\mu^{\mathrm{T}}g[x(t_f),tf]+\int_{t_0}^{t_f}\mathrm{d}t$$

根据极小值原理，最优控制 $u^*(t)$ 满足如下极值条件

$$\begin{aligned}H[x^*(t),u^*(t),\lambda(t),t]&=1+\lambda^{\mathrm{T}}(t)A[x^*(t),t]+\lambda^{\mathrm{T}}(t)B[x^*(t),t]u^*(t)\\&=\min_{u(t)\in\mathbf{U}}\{1+\lambda^{\mathrm{T}}(t)A[x^*(t),t]+\lambda^{\mathrm{T}}(t)B[x^*(t),t]u(t)\}\end{aligned}$$

即

$$\lambda^{\mathrm{T}}(t)B[x^*(t),t]u^*(t)=\min_{u(t)\in\mathbf{U}}\{\lambda^{\mathrm{T}}(t)B[x^*(t),t]u(t)\}$$

定义 m 维函数向量

$$\eta(t)=B^{\mathrm{T}}[x^*(t),t]\lambda(t)$$

由于对 $u(t)$ 的各分量的幅值限制是相互独立的，所以，上述极值条件等价为

$$\eta^{\mathrm{T}}(t)u^*(t)=\min_{u(t)\in\mathbf{U}}\{\eta^{\mathrm{T}}(t)u(t)\}=\min_{u(t)\in\mathbf{U}}\left[\sum_{i=1}^{m}\eta_i(t)u_i(t)\right]=\sum_{i=1}^{m}[\min_{|u_i(t)|\leqslant 1}\eta_i(t)u_i(t)]$$

可见，最优控制 $u^*(t)$ 为

$$u_i^*(t)=-\operatorname{sign}[\eta_i(t)]=\begin{cases}1, & \eta_i(t)<0\\-1, & \eta_i(t)>0,\quad i=1,2,\cdots,m\\ *, & \eta_i(t)=0\end{cases}$$

其中 * 表示模不大于 1 的任意实数。

定义 6.1　函数向量 $\eta(t)$ 的各分量 $\eta_i(t)(i=1,2,\cdots,m)$ 仅在时间区间 $[t_0,t_f]$ 内可列个时刻 $t_{ij}(i=1,2,\cdots,m;\ j=1,2,\cdots)$ 为零，即

$$\eta_i(t)\begin{cases}=0, & t=t_{ij}\\ \neq 0, & t\neq t_{ij}\end{cases}$$

则称时间最短控制问题是**正常的**。

当时间最短控制问题为正常时，最优控制 $u^*(t)$ 的各分量在 $+1$ 和 -1 之间切换，切换时刻为 $\eta(t)$ 的各分量的变号时刻。如果用普通的电磁继电器实现这种切换，则可听见其声。故称此控制为 **Bang-Bang 控制**。

归纳上述分析结果，可以叙述为如下定理。

定理 6.1(Bang-Bang 控制原理)　假设时间最短问题是正常的，$u^*(t)$、$x^*(t)$ 和

$\lambda(t)$是相应的最优控制、最优轨线和协态，则 $u^*(t)$的各分量在可列个时刻在$+1$和-1之间切换

$$u_i^*(t) = -\operatorname{sign}\{b_i^{\mathrm{T}}[x^*(t),t]\lambda(t)\}, \quad i = 1,2,\cdots,m$$

6.2 线性定常系统时间最短控制

在 6.1 节中讨论了仿射非线性时变系统的时间最短控制问题，导出了 Bang-Bang 控制原理。本节将针对线性定常系统，对此问题做一步的讨论，回答时间最短控制的存在性、唯一性以及切换次数等问题。

假设受控对象是线性定常的，其状态方程为

$$\dot{x}(t) = Ax(t) + Bu(t) \tag{6.2.1}$$

其中 A 和 B 分别为 $n\times n$ 和 $n\times m$ 常数矩阵。假设初始时间 $t_0=0$，初始状态 $x(0)=x_0$ 给定且非零。容许控制集 $\mathbf{U}$ 由式(6.1.2)定义。目标集为状态空间的原点，即 $x(t_f)=0$。

根据极小值原理以及 6.1 节的结论，对于最优控制 $u^*(t)$、最优轨线 $x^*(t)$和最优终端时间 t_f^*，存在 Lagrange 函数乘子 $\lambda(t)$和常数乘子 μ 满足如下方程和等式：

(1) 规范方程

$$\begin{cases}\dot{x}(t) = Ax(t) + Bu(t) \\ \dot{\lambda}(t) = -A^{\mathrm{T}}\lambda(t)\end{cases} \tag{6.2.2}$$

(2) 边界条件

$$x(0) = x_0, \quad x(t_f^*) = 0, \quad \lambda(t_f^*) = \mu$$

(3) 极值条件

$$u_i^*(t) = -\operatorname{sign}[b_i^{\mathrm{T}}\lambda(t)], \quad i = 1,2,\cdots,m$$

Hamiltom 函数沿最优解等式和终端等式

$$\begin{aligned}1 + \lambda^{\mathrm{T}}(t)Ax^*(t) + \lambda^{\mathrm{T}}(t)Bu^*(t) &= 1 + \lambda^{\mathrm{T}}(t_f^*)Ax^*(t_f^*) \\ &\quad + \lambda^{\mathrm{T}}(t_f^*)Bu^*(t_f^*) \\ &= 0\end{aligned} \tag{6.2.3}$$

假设 $\lambda(0)=\lambda_0$，解协态方程，得

$$\lambda(t) = \mathrm{e}^{-A^{\mathrm{T}}t}\lambda_0$$

由式(6.2.3)知，$\lambda(t)\neq 0$，$\forall t\in[0,t_f^*]$。因此，$\lambda_0\neq 0$。

最优控制 $u^*(t)$可改写为

$$\begin{cases}u_i^*(t) = -\operatorname{sign}[\eta_i(t)], \quad \eta_i(t) = \lambda_0^{\mathrm{T}}\mathrm{e}^{-At}b_i, \quad t\in[0,t_f^*] \\ i = 1,2,\cdots,m\end{cases} \tag{6.2.4}$$

定理 6.2 线性定常系统时间最短控制问题是正常的充分必要条件为该系统是正常的，即对所有 $i=1,2,\cdots,m$，(A,b_i)均是状态完全可控对，即成立

$$\operatorname{rank}[b_i \quad Ab_i \quad A^2b_i \quad \cdots \quad A^{n-1}b_i] = n$$

证明 (A,b_i)为状态完全可控的充要条件是 $\mathrm{e}^{-At}b_i$ 为行线性独立的，即在任何

非零时间区间$[t_1,t_2]$($t_2>t_1$)上，对于任意非零常数向量λ_0，等式

$$\lambda_0^{\mathrm{T}}\mathrm{e}^{-At}b_i=0,\quad t\in[t_1,t_2]$$

不成立的充分必要条件为(A,b_i)是状态完全可控对。 ■

定理 6.3(存在性) 如果线性定常系统时间最短控制问题是正常的，且A的特征值的实部非正，则对任意初始状态$x(0)$，时间最短控制问题的解存在。

证明 需要证明存在一容许控制，其在有限时间内将系统状态从给定的初始状态转移到原点(如果有限时间控制问题有解，我们直观地认为时间最短控制问题的解存在。此结论的证明，参见参考文献[4]的第 60 页)。对于一般情形的证明，需要用到实分析等方面的数学知识，这里不予介绍。感兴趣的读者可参考有关资料。这里仅证明A的特征值的实部均为负的情形，即假设

$$\mathrm{Re}\lambda_j(A)<0,\quad j=1,2,\cdots,n$$

此时，如果令$u(t)=0$，则对任意有界初始状态$x(0)=x_0$，状态$x(t)$将按指数趋于零，即

$$\lim_{t\to\infty}x(t)=\lim_{t\to\infty}\mathrm{e}^{At}x_0=0$$

对任意给定的充分小数$\delta>0$，存在t_δ，当$t\geqslant t_\delta$时，有

$$\|x(t)\|\leqslant\delta$$

另一方面，当时间最短控制问题为正常时，由定理 6.2 知，$(A,b_i)(i=1,2,\cdots,m)$均是状态完全可控对，因此，(A,B)是状态完全可控对。

定义

$$W(\alpha,\beta)=\int_\alpha^\beta\mathrm{e}^{-A\tau}BB^{\mathrm{T}}\mathrm{e}^{-A^{\mathrm{T}}\tau}\mathrm{d}\tau$$

其中α和β是有界实数，$\beta\geqslant\alpha$。当$\beta\neq\alpha$时，$W(\alpha,\beta)$为非奇异矩阵。给定常数$\sigma>0$，令

$$t_{\mathrm{f}}=t_\delta+\sigma$$

考虑如下控制

$$u(t)=\begin{cases}0, & t\in[0,t_\delta)\\ -B^{\mathrm{T}}\mathrm{e}^{-A^{\mathrm{T}}t}W^{-1}(t_\delta,t_{\mathrm{f}})\mathrm{e}^{-At_\delta}x(t_\delta), & t\in[t_\delta,t_{\mathrm{f}}]\end{cases}\tag{6.2.5}$$

则

$$\begin{aligned}x(t_{\mathrm{f}})&=\mathrm{e}^{A(t_{\mathrm{f}}-t_\delta)}x(t_\delta)+\int_{t_\delta}^{t_{\mathrm{f}}}\mathrm{e}^{A(t_{\mathrm{f}}-\tau)}Bu(\tau)\mathrm{d}\tau\\&=\mathrm{e}^{A(t_{\mathrm{f}}-t_\delta)}x(t_\delta)-\mathrm{e}^{At_{\mathrm{f}}}\int_{t_\delta}^{t_{\mathrm{f}}}\mathrm{e}^{-A\tau}BB^{\mathrm{T}}\mathrm{e}^{-A^{\mathrm{T}}\tau}\mathrm{d}\tau W(t_\delta,t_{\mathrm{f}})\mathrm{e}^{-At_\delta}x(t_\delta)=0\end{aligned}$$

现证明对给定正常数σ，当t_δ充分大时，式(6.2.5)中定义的控制$u(t)$的各分量的模均小于 1。事实上，当$t\in[t_\delta,t_{\mathrm{f}}]$时

$$\begin{aligned}u(t)&=-B^{\mathrm{T}}\mathrm{e}^{-A^{\mathrm{T}}t}W^{-1}(t_\delta,t_{\mathrm{f}})\mathrm{e}^{-At_\delta}x(t_\delta)=-B^{\mathrm{T}}\mathrm{e}^{A^{\mathrm{T}}(t_\delta-t)}\left[\int_0^\sigma\mathrm{e}^{-A\omega}BB^{\mathrm{T}}\mathrm{e}^{-A^{\mathrm{T}}\omega}\mathrm{d}\omega\right]^{-1}x(t_\delta)\\&=-B^{\mathrm{T}}\mathrm{e}^{-A^{\mathrm{T}}\sigma}\mathrm{e}^{A^{\mathrm{T}}(t_{\mathrm{f}}-t)}W^{-1}(0,\sigma)x(t_\delta)\end{aligned}$$

由于A是稳定矩阵，对于给定σ和任意$t\in[t_\delta,t_{\mathrm{f}}]$，矩阵$B^{\mathrm{T}}\mathrm{e}^{-A^{\mathrm{T}}\sigma}\mathrm{e}^{A^{\mathrm{T}}(t_{\mathrm{f}}-t)}W^{-1}(0,\sigma)$的元的模均有界，且小于某个与$t_\delta$无关的常数。而当$t_\delta$充分大时，$\|x(t_\delta)\|$将小于任

意指定常数，从而使得$|u_i(t)|\leqslant 1, t\in[0,t_f]$ $(i=1,2,\cdots,m)$。■

定理 6.4(唯一性) 如果线性定常系统时间最短控制问题是正常的，且解存在，则解在如下意义下是唯一的，即不同的时间最短控制仅在有限个切换时刻取值相异。

证明 由前面的分析可知，当线性定常系统时间最短控制问题为正常的，并且解存在时，时间最短控制的各分量为 Bang-Bang 控制，即可表示为

$$u_i^*(t)=-\operatorname{sign}\{\eta_i(t)\},\quad \eta_i(t)=\lambda_0^{\mathrm{T}}\mathrm{e}^{-At}b_i,\quad t\in[0,t_f^*],\quad i=1,2,\cdots,m$$

其中，λ_0 为非零常数向量；t_f^* 为最短控制时间。注意函数 $\eta_i(t)$是关于 t 的解析函数，t_f^* 为有限正数，且对于任意 $t\in[0,t_f^*]$，$|\dot{\eta}_i(t)|$有界，因此，$\eta_i(t)$仅在$[0,t_f^*]$内有限个时刻变号，即 $u_i^*(t)$是仅做有限次切换的分段常值函数(取值为+1 或−1)。假设时间最短控制不唯一，即 $w_i^*(t)$和 $v_i^*(t)$均是最短时间控制，但不相等。则由极值条件，有

$$\min_{|u_i(t)|\leqslant 1}\{\eta_i(t)u_i(t)\}=\eta_i(t)w_i^*(t)$$

和

$$\min_{|u_i(t)|\leqslant 1}\{\eta_i(t)u_i(t)\}=\eta_i(t)v_i^*(t)$$

故有

$$\eta_i(t)[w_i^*(t)-v_i^*(t)]=0$$

由于 $\eta_i(t)$仅在$[0,t_f^*]$内有限个时刻等于零，所以，$w_i^*(t)$和 $v_i^*(t)$只在这些时刻的值可能是相异的。■

注：仅在有限时刻取值相异的控制所产生的状态是相同的。

定理 6.5 假设线性定常系统最短时间控制问题是正常的，且解存在，并假设 A 的所有特征值均为实数，则最短时间控制的各分量的切换次数不大于 $n-1$。

证明 假设 $u_i^*(t)$是线性定常系统时间最短控制的第 i 个分量，t_f^* 为最短控制时间，则

$$u_i^*(t)=-\operatorname{sign}\{\eta_i(t)\},\quad \eta_i(t)=\lambda_0^{\mathrm{T}}\mathrm{e}^{-At}b_i,\quad t\in[0,t_f^*]$$

假设 A 有 n 个相异的实特征值，对于 A 有相同的实特征值的情形，可对 A 的元作微小摄动，使得摄动后的矩阵具有相异的实特征值，且对应的函数 $\eta_i(t)$的变号次数不变。考虑矩阵的 Jordan 规范形并注意 $\eta_i(t)$关于 A 的元的连续性，可知这样的摄动矩阵总是存在的。

当 A 的实特征值相异时，函数 $\eta_i(t)$可以表示为

$$\eta_i(t)=\alpha_1\mathrm{e}^{-\lambda_1 t}+\alpha_2\mathrm{e}^{-\lambda_2 t}+\cdots+\alpha_n\mathrm{e}^{-\lambda_n t}\tag{6.2.6}$$

其中，$\lambda_i(i=1,2,\cdots,n)$为 A 的特征值；$\alpha_i(i=1,2,\cdots,n)$为实数且至少有一个非零(因为问题是正常的)。

如果能够证明任意形如式(6.2.6)的函数至多有 $n-1$ 个零点，则定理的结论成立。现用归纳法证之。令

$$\zeta(t,k)=\alpha_1\mathrm{e}^{-\lambda_1 t}+\alpha_2\mathrm{e}^{-\lambda_2 t}+\cdots+\alpha_k\mathrm{e}^{-\lambda_k t}$$

当 $k=1$ 时，$\zeta(t,1)=\alpha_1\mathrm{e}^{-\lambda_1 t}$，$\alpha_1$ 为非零实常数。此时，$\zeta(t,1)$符号一定，故无零点。

假设任意形如上式的函数 $\zeta(t,n-1)$ 至多有 $n-2$ 个零点。反设存在上述形式的函数 $\zeta(t,n)$，其零点的个数大于或等于 n。则函数

$$\xi(t,n)=e^{\lambda_n t}\zeta(t,n)=\alpha_1 e^{(\lambda_n-\lambda_1)t}+\alpha_2 e^{(\lambda_n-\lambda_2)t}+\cdots+\alpha_{n-1}e^{(\lambda_n-\lambda_{n-1})t}+\alpha_n$$

至少有 n 个零点，从而 $\frac{\partial\xi(t,n)}{\partial t}$ 至少有 $n-1$ 个零点。而 $\frac{\partial\xi(t,n)}{\partial t}$ 有如下形式

$$\frac{\partial\xi(t,n)}{\partial t}=\beta_1 e^{(\lambda_n-\lambda_1)t}+\beta_2 e^{(\lambda_n-\lambda_2)t}+\cdots+\beta_{n-1}e^{(\lambda_n-\lambda_{n-1})t}$$

其中 $\beta_i=\alpha_i(\lambda_n-\lambda_i)$。由于 λ_i 相异，而 α_i 非全零，所以 $\beta_i=\alpha_i(\lambda_n-\lambda_i)$ 非全零。由假设，$\frac{\partial\xi(t,n)}{\partial t}$ 至多有 $n-2$ 个零点。从而导致矛盾。 ■

注： 上述定理给出的是线性定常系统时间最短控制的各分量的切换次数的上界，而实际切换次数与系统的初始状态有关。当 A 具有复特征值时，一般不能给出各控制分量（与系统的初始状态无关）的切换次数的上界。

例 6.1（双积分系统时间最短控制）　考虑如下双积分系统的时间最短控制问题。

$$\dot{x}_1(t)=x_2(t)$$

$$\dot{x}_2(t)=u(t)$$

显然该系统是状态完全可控的，且两个特征值均非正，所以，对应的时间最短控制问题是正常的，解存在且唯一，切换次数不超过 1。

相应的 Hamilton 函数为

$$H[x(t),u(t),\lambda(t)]=1+\lambda_1(t)x_2(t)+\lambda_2(t)u(t)$$

协态方程及协态的终端条件为

$$\dot{\lambda}_1(t)=0,\quad \dot{\lambda}_2(t)=-\lambda_1(t)$$

$$\lambda_1(t_f)=\mu_1,\quad \lambda_2(t_f)=\mu_2$$

解得

$$\lambda_1(t)=\mu_1,\quad \lambda_2(t)=-\mu_1 t+(\mu_2+\mu_1 t_f)$$

时间最短控制为

$$u^*(t)=-\operatorname{sign}[\lambda_2(t)]=-\operatorname{sign}[-\mu_1 t+(\mu_2+\mu_1 t_f)]$$

由于 $\lambda_1(t)$ 和 $\lambda_2(t)$ 在 $[0,t_f]$ 上不同时为零，所以，μ_1 和 μ_2 不同时为零。对于 μ_1 和 μ_2 不同的取值，有四种情形：

情形一：$\mu_1>0$ 且 $\mu_2\geqslant0$；或 $\mu_1=0$ 且 $\mu_2>0$。此时，$\lambda_2(t)=\mu_1(t_f-t)+\mu_2>0$，$t\in[0,t_f)$，因此，$u^*(t)=-1,t\in[0,t_f)$。

情形二：$\mu_1<0$ 且 $\mu_2\leqslant0$；或 $\mu_1=0$ 且 $\mu_2<0$。因 $\lambda_2(t)=\mu_1(t_f-t)+\mu_2<0,t\in[0,t_f)$，所以，$u^*(t)=1,t\in[0,t_f)$。

情形三：$\mu_1>0$ 且 $\mu_2<0$。令 $t_1=t_f+\frac{\mu_2}{\mu_1}$，则

$$\lambda_2(t)=\mu_1(t_f-t)+\mu_2\begin{cases}>0, & t\in[0,t_1)\\ =0, & t=t_1\\ <0, & t\in(t_1,t_f]\end{cases}$$

因此，$u^*(t)$在$[0,t_1)$上等于-1；在$t=t_1$时，$u^*(t)$由-1切换到$+1$；在$(t_1,t_f]$上等于$+1$。由极小值条件不能确定$t=t_1$时刻$u^*(t)$的值，但该时刻$u^*(t)$的(幅值小于1的)取值并不影响状态轨线和最优终端时刻，所以，可取时间最短控制为

$$u^*(t)=\begin{cases}-1, & t\in[0,t_1)\\ 1, & t\in[t_1,t_f]\end{cases}$$

情形四：$\mu_1<0$且$\mu_2>0$。对于此情形有

$$\lambda_2(t)=\mu_1(t_f-t)+\mu_2\begin{cases}<0, & t\in[0,t_1)\\ =0, & t=t_1\\ >0, & t\in(t_1,t_f]\end{cases}$$

故，$u^*(t)$在$[0,t_1)$上等于$+1$；在$t=t_1$时，$u^*(t)$由$+1$切换到-1；在$(t_1,t_f]$上等于-1。同理可取时间最短控制为

$$u^*(t)=\begin{cases}1, & t\in[0,t_1)\\ -1, & t\in[t_1,t_f]\end{cases}$$

由于协态的终端值μ_1和μ_2并不能直接求得，根据上述分析虽然可以得知时间最短控制的特征，但不能给出具体问题的解。下面说明如何根据状态的相轨迹确定时间最短控制律。

假设初始状态为$x_1(0)=\alpha, x_2(0)=\beta$，控制为$u(t)=\rho=\pm1$。则

$$x_2(t)=\rho t+\beta$$
$$x_1(t)=\frac{1}{2}\rho t^2+\beta t+\alpha$$

为绘制状态的相轨迹，在上式中消去时间t，得

$$x_1(t)=\frac{1}{2\rho}x_2^2(t)+\alpha-\frac{1}{2\rho}\beta^2$$

若以横轴标记$x_1(t)$，以纵轴标记$x_2(t)$，则状态的相轨迹是对称于x_1轴、与x_1轴交点为$\alpha-\frac{1}{2\rho}\beta^2$的抛物线。当$\rho=1$时，抛物线的张口朝右；$\rho=-1$时，抛物线的张口朝左(见图6.1)。

如图6.1所示，有两条相轨迹通过原点。一条对应于$u(t)=1$，由第四象限过原点，运动到第一象限。用h^+表示该相轨迹在第四象限的部分，即

$$h^+=h^+(x_1,x_2)=\left\{(x_1,x_2)\mid x_1=\frac{1}{2}x_2^2, x_2\leqslant 0\right\} \tag{6.2.7}$$

另一条过原点相轨迹对应于$u(t)=-1$，由第二象限过原点，运动到第三象限。用h^-表示该相轨迹在第二象限的部分，即

$$h^-=h^-(x_1,x_2)=\left\{(x_1,x_2)\mid x_1=-\frac{1}{2}x_2^2, x_2\geqslant 0\right\} \tag{6.2.8}$$

令

$$h(x_1,x_2)=h^-(x_1,x_2)\cup h^+(x_1,x_2)=\{(x_1,x_2)\mid s(x_1,x_2)=0\} \tag{6.2.9}$$

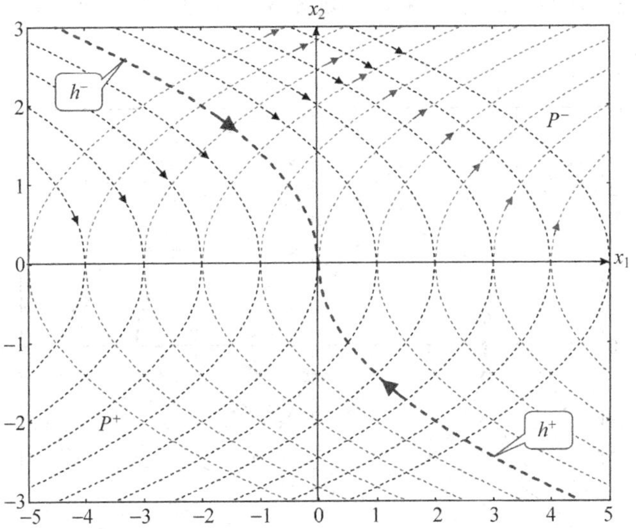

图 6.1　相轨迹与切换线

其中

$$s(x_1,x_2) = x_1 + \frac{1}{2}x_2 \mid x_2 \mid \tag{6.2.10}$$

则相平面被分为三个区域：曲线 $h(x_1,x_2)$ 及其右上区域和左下区域。后两区域分别记为 P^- 和 P^+。在这三区域内函数 $s(x_1,x_2)$ 分别等于零、大于零和小于零。

当初始状态位于 h^+ 或 h^- 上时，时间最短控制为 $u^*(t)=1$ 或 $u^*(t)=-1, t\in[0,t_f]$，无须做切换，状态从 $x(0)=[\alpha \quad \beta]^T$ 转移到原点的最短时间 $t_f^*=|\beta|$（图 6.2）。

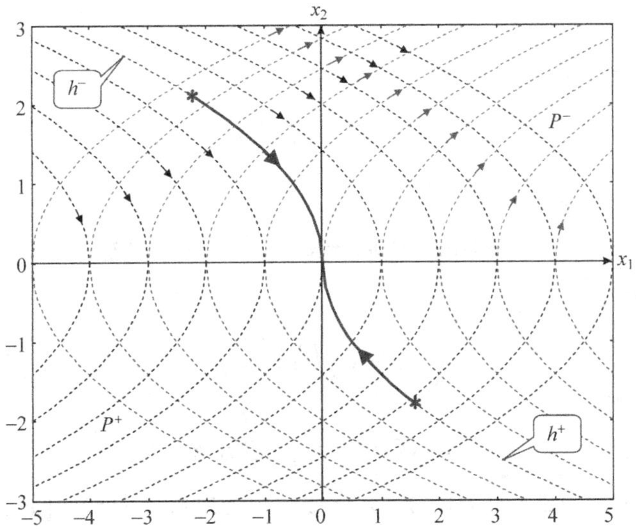

图 6.2　初始状态在切换线上时的最优轨线

若初始状态 $x(0)=[\alpha \quad \beta]^{\mathrm{T}}$ 不在曲线 $h(x_1,x_2)$ 上，则时间最短控制律需做一次切换(图 6.3)。

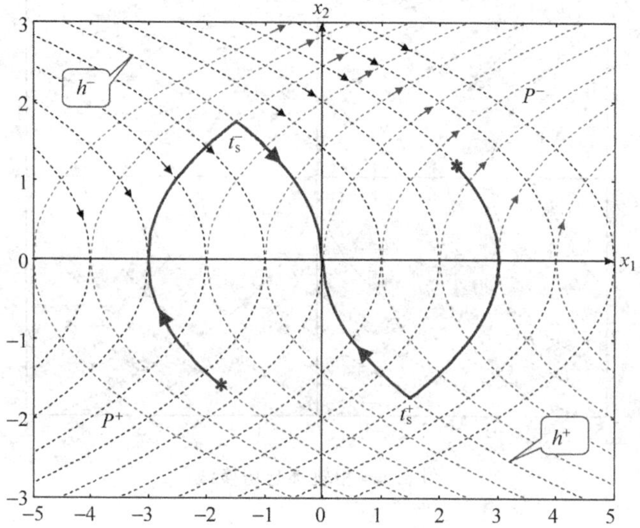

图 6.3　初始状态不在切换线上时的最优轨线

如果初始状态在 P^- 内，即 $s(\alpha,\beta)=\alpha+\dfrac{1}{2}\beta|\beta|>0$，则 $u^*(t)$ 首先取值 -1，状态沿张口朝左的抛物线运动，直到在某时刻 t_s^+ 状态到达 h^+，在此时刻 $u^*(t)$ 的取值由 -1 切换到 $+1$，此后，状态沿曲线 h^+ 运动到达原点。在 $[0,t_s^+]$ 内，有

$$x_2(t)=-t+\beta$$

$$x_1(t)=-\frac{1}{2}t^2+\beta t+\alpha$$

因在 t_s^+ 时刻状态到达 h^+，故有

$$x_1(t_s^+)=\frac{1}{2}x_2^2(t_s^+)$$

即

$$-\frac{1}{2}(t_s^+)^2+\beta t_s^+ +\alpha=\frac{1}{2}(-t_s^+ +\beta)^2$$

解得

$$t_s^+=\beta+\sqrt{\frac{1}{2}\beta^2+\alpha}$$

$$x_2(t_s^+)=-\sqrt{\frac{1}{2}\beta^2+\alpha}$$

在 $[t_s^+,t_f]$ 内，状态从 $x(t_s^+)=[x_1(t_s^+) \quad x_2(t_s^+)]^{\mathrm{T}}$ 运动到原点 $x(t_f)=[x_1(t_f) \quad x_2(t_f)]^{\mathrm{T}}=[0 \quad 0]^{\mathrm{T}}$。在此阶段，有

$$x_2(t)=t-t_s^+ +x_2(t_s^+)$$

由 $x_2(t_f)=0$ 解得

$$t_f = t_s^+ - x_2(t_s^+) = \beta + \sqrt{2\beta^2 + 4\alpha}$$

若初始状态在 P^+ 内，则 $u^*(t)$ 首先取值 $+1$，状态沿张口朝右的抛物线运动，在某时刻 t_s^- 状态到达 h^-，此时 $u^*(t)$ 的取值由 $+1$ 切换到 -1，之后，状态沿曲线 h^- 运动到达原点。类似分析，可得

$$t_s^- = -\beta + \sqrt{\frac{1}{2}\beta^2 - \alpha}$$

$$t_f = -\beta + \sqrt{2\beta^2 - 4\alpha}$$

归纳上述分析的结果，可得对应不同初始状态的时间最短控制为

$$u^*(t) = \begin{cases} -\operatorname{sign}[s(x_1(t), x_2(t))], & s(x_1(t), x_2(t)) \neq 0 \\ -\operatorname{sign}[x_2(t)], & s(x_1(t), x_2(t)) = 0 \end{cases}$$

最短时间为

$$t_f^* = \begin{cases} x_2(0) + \sqrt{2x_2^2(0) + 4x_1(0)}, & s(x_1(0), x_2(0)) > 0 \\ -x_2(0) + \sqrt{2x_2^2(0) - 4x_1(0)}, & s(x_1(0), x_2(0)) < 0 \\ |x_2(0)|, & s(x_1(0), x_2(0)) = 0 \end{cases}$$

由上述例题可以看到，求取函数 $s(x_1, x_2)$ 和曲线 $h(x_1, x_2)$ 是求解时间最短控制问题和类似问题的关键。通常称函数 $s(x_1, x_2)$ 为切换函数，称曲线 $h(x_1, x_2)$ 为切换曲线（或切换曲面）。

6.3　线性定常系统燃料最省控制

在航空航天等领域，燃料最省控制是很重要的一类控制问题。如果没有对控制幅值的约束，燃料最省控制与时间最短控制问题会导致两个极端的解，前者会趋于无穷长的控制时间，后者则会要求无穷大的控制能量（燃料）。如果存在对控制幅值的约束，则这两类控制问题相互关联。

燃料最省控制问题　考虑线性定常受控对象

$$\dot{x}(t) = Ax(t) + Bu(t), \quad x(0) = x_0 \tag{6.3.1}$$

其中，A 和 B 为常数矩阵；x_0 为给定非零初始状态。容许控制集 $\mathbf{U}$ 如式(6.1.2)定义。目标集为

$$\mathbf{M} = \{x(t_f) \mid g[x(t_f), t_f] = 0\}$$

假设燃料消耗与控制的幅值成正比，这样可采用如下性能指标

$$J = \int_0^{t_f} \sum_{i=1}^{m} \alpha_i \mid u_i(t) \mid \mathrm{d}t$$

其中 $\alpha_i > 0, i = 1, 2, \cdots, m$ 是给定的正常数。

假设终端时间 t_f 给定，并且假设 t_f 大于相应的时间最短控制问题的最优终端时间。

注： 如果终端时间 t_f 小于相应的时间最短控制问题的最优终端时间，则问题无

解；如果选定终端时间 t_f 与相应的时间最短控制问题的最优终端时间相等，则实现从初始状态 $x(0)=x_0$ 到终端状态 $x(t_f)\in \mathbf{M}$ 的控制是唯一的，也导致上述燃料最省控制问题没有意义。如果终端时间 t_f 是自由的，则燃料最省控制问题可能不存在。在后续的讨论中，我们将说明这一点。

对于如上描述的燃料最省控制问题，定义 Hamilton 函数为

$$H[x(t),u(t),\lambda(t)] = \sum_{i=1}^{m}\alpha_i \mid u_i(t) \mid + \lambda^{\mathrm{T}}(t)Ax(t) + \lambda^{\mathrm{T}}(t)Bu(t)$$

令

$$\eta(t) = B^{\mathrm{T}}\lambda(t) = [b_i^{\mathrm{T}}\lambda(t)]$$

其中 $b_i, i=1,2,\cdots,m$ 为 B 的列向量。假设燃料最省控制为 $u^*(t)$，相应的最优轨线为 $x^*(t)$，由极小值原理，有

$$\sum_{i=1}^{m}[\alpha_i \mid u_i^*(t) \mid + \eta_i(t)u_i^*(t)] + \lambda^{\mathrm{T}}(t)Ax^*(t)$$

$$\leqslant \sum_{i=1}^{m}[\alpha_i \mid u_i(t) \mid + \eta_i(t)u_i(t)] + \lambda^{\mathrm{T}}(t)Ax^*(t)$$

即

$$\sum_{i=1}^{m}[\alpha_i \mid u_i^*(t) \mid + \eta_i(t)u_i^*(t)] \leqslant \sum_{i=1}^{m}[\alpha_i \mid u_i(t) \mid + \eta_i(t)u_i(t)]$$

由此得到燃料最省控制为

$$u_i^*(t) = \begin{cases} 1, & \eta_i(t) < -\alpha_i \\ 0, & -\alpha_i < \eta_i(t) < \alpha_i \\ -1, & \eta_i(t) > \alpha_i \\ -v_i(t) * \mathrm{sign}[\eta_i(t)], & \mid \eta_i(t) \mid = \alpha_i \end{cases}$$

其中 $v_i(t)$ 是在 $[0,1]$ 上取值的任意可积函数。

定义 6.2 函数向量 $\eta(t)$ 的各分量 $\eta_i(t)(i=1,2,\cdots,m)$ 仅在时间区间 $[t_0,t_f]$ 内可列个时刻 $t_{ij}(i=1,2,\cdots,m;\ j=1,2,\cdots)$ 等于 $\pm\alpha_i$，即

$$\mid \eta_i(t) \mid \begin{cases} = \alpha_i, & t = t_{ij} \\ \neq \alpha_i, & t \neq t_{ij} \end{cases}$$

则称燃料最省控制问题是正常的。

定理 6.6 对于线性定常系统，如果对所有 $i=1,2,\cdots,m$，(A,Ab_i) 均是状态完全可控对，即

$$\mathrm{rank}[Ab_i \quad A^2b_i \quad A^3b_i \quad \cdots \quad A^nb_i] = n$$

则燃料最省控制问题是正常的。

注：燃料最省控制问题的正常性要求受控系统为正常且状态矩阵 A 为非奇异。

证明 如果线性定常系统燃料最省控制问题是奇异的，则存在一时间区间 $[t_a, t_b]\subset[0,t_f]$，$t_b>t_a$ 和某个 i，对于 $t\in[t_a,t_b]$，成立 $\eta_i(t)=\alpha_i$ 或 $\eta_i(t)=-\alpha_i$，即

$$\dot{\eta}_i(t) = \frac{\mathrm{d}}{\mathrm{d}t}[\lambda(0)\mathrm{e}^{-At}b_i] = -\lambda(0)\mathrm{e}^{-At}Ab_i = 0, \quad t\in[t_a,t_b]$$

如果 $\lambda(0)\neq 0$,则上式与(A, Ab_i)为状态完全可控对的假设相矛盾。因此,只需证明 $\lambda(0)\neq 0$,即 $\lambda(t)$在$[0,t_f]$上不恒等于零。假设 $\lambda(t)\equiv 0, t\in[0,t_f]$,则 $\eta(t)\equiv 0, t\in[0,t_f]$,这与$|\eta_i(t)|\equiv\alpha_i, t\in[t_a,t_b]\subset[0,t_f]$相矛盾。

定理 6.7(Bang-off-bang 控制原理) 假设燃料最省控制问题是正常的,最优控制和相应的协态分别为 $u^*(t)$和 $\lambda(t)$,则 $u^*(t)$的各分量在可列个时刻在$+1$、0 和-1之间切换,即

$$u_i^*(t)=\begin{cases}1, & b_i^{\mathrm{T}}\lambda(t)<-\alpha_i\\ 0, & -\alpha_i<b_i^{\mathrm{T}}\lambda(t)<\alpha_i, \quad i=1,2,\cdots,m\\ -1, & b_i^{\mathrm{T}}\lambda(t)>\alpha_i\end{cases}$$

例 6.2(双积分系统燃料最省控制) 对于双积分系统

$$\dot{x}_1(t)=x_2(t)$$

$$\dot{x}_2(t)=u(t)$$

欲在控制约束$|u(t)|\leqslant 1$下,求实现状态从给定初始状态$[x_1(0)\quad x_2(0)]^{\mathrm{T}}=[\alpha\quad\beta]^{\mathrm{T}}$到终端状态$[x_1(t_f)\quad x_2(t_f)]^{\mathrm{T}}=[0\quad 0]^{\mathrm{T}}$ 的转移,且使得性能指标

$$J=\int_0^{t_f}|u(t)|\,\mathrm{d}t$$

达到最小的控制律。

定义 Hamilton 函数为

$$H=|u(t)|+\lambda_1(t)x_2(t)+\lambda_2(t)u(t)$$

则协态方程为

$$\dot{\lambda}_1(t)=0, \quad \dot{\lambda}_2(t)=-\lambda_1(t)$$

可解得

$$\lambda_2(t)=\lambda_2(t_f)-(t-t_f)\lambda_1(t_f)$$

最优控制为

$$u^*(t)=\begin{cases}1, & \lambda_2(t)<-1\\ 0, & -1<\lambda_2(t)<1\\ -1, & \lambda_2(t)>1\\ -v(t)*\mathrm{sign}[\lambda_2(t)], & |\lambda_2(t)|=1\end{cases}$$

其中 $v(t)\in[0,1]$。

如果 $\lambda_2(t)$在$[0,t_f]$上恒等于零,则 $u^*(t)\equiv 0, t\in[0,t_f]$。对于非零初始状态,这显然不对。因此,在$[0,t_f]$上 $\lambda_2(t)$为一次函数或恒为非零常数。$u(t)$至多改变一次符号,并且 $u(t)$取异号值之间,必在一时间区间内等于 0。因此,$u(t)$的可能切换律有

$\{+1,0,-1\},\{-1,0,+1\},\{0,+1\},\{0,-1\},\{+1,0\},\{-1,0\},\{+1\},\{-1\}$

最后切换到 0 的情形,是状态早于终端时刻 t_f 转移到原点。

对应 $u(t)=1$ 和 $u(t)=-1$ 的相轨迹,分别为张口朝右和朝左的抛物线(如图 6.1 所示)。$u(t)=0$ 所对应的在 x_1 轴之外的相轨迹为平行于 x_1 轴的直线,若其在 x_1 轴

的上方，则自左往右运动；若其在 x_1 轴的下方，则自右往左运动；在 x_1 轴上的相轨迹是由停留在原初始状态处的点组成(如图 6.4 所示)。

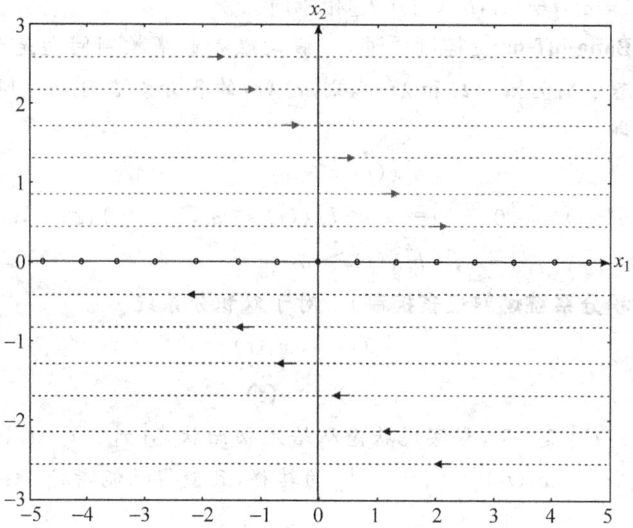

图 6.4 双积分系统 $u(t)=0$ 时的相轨迹

利用式(6.2.10)中定义的切换函数 $s(x_1,x_2)$ 将相平面划分为五个区域(如图 6.5 所示)：

$$h(x_1,x_2)=\{(x_1,x_2)\mid s(x_1,x_2)=0\}=h^-\cup h^+$$
$$P_1^-=\{(x_1,x_2)\mid x_2\geqslant 0,s(x_1,x_2)>0\}$$
$$P_2^-=\{(x_1,x_2)\mid x_2<0,s(x_1,x_2)>0\}$$
$$P_1^+=\{(x_1,x_2)\mid x_2\geqslant 0,s(x_1,x_2)<0\}$$
$$P_2^+=\{(x_1,x_2)\mid x_2<0,s(x_1,x_2)<0\}$$

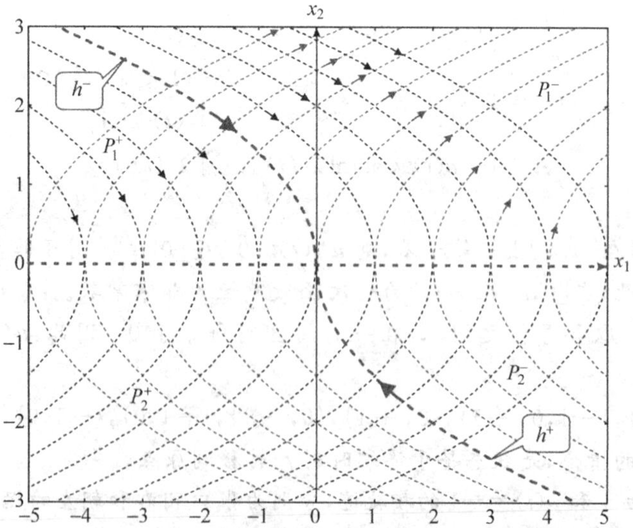

图 6.5 双积分系统燃料最省问题的相平面划分

为使性能指标达到最小，应在实现期望的状态转移的前提下，尽可能利用无燃料消耗滑行使状态转移到切换线 $h(x_1,x_2)$ 上，使得状态在抛物线上的运行时间尽可能短。因此，在保证 $x(t_f)=0$ 的前提下，控制切换到零的点离 x_1 轴应尽可能近。

对于初始状态位于不同区域的情形进行分析，可以得到如下结论。

(1) 当初始状态 $[x_1(0),x_2(0)]$ 位于区域 P_1^- 内，或者位于区域 P_2^- 内且满足 $t_f \leqslant -x_2(0)/2-x_1(0)/x_2(0)$ 时，最优控制为

$$u^*(t)=\begin{cases}-1, & t\in[0,t_a^+) \\ 0, & t\in[t_a^+,t_b^+) \\ 1, & t\in[t_b^+,t_f]\end{cases}$$

其中

$$t_a^+=\frac{t_f+x_2(0)-\sqrt{[t_f-x_2(0)]^2-4x_1(0)-2x_2^2(0)}}{2}$$

$$t_b^+=\frac{t_f+x_2(0)+\sqrt{[t_f-x_2(0)]^2-4x_1(0)-2x_2^2(0)}}{2}$$

(2) 当初始状态 $[x_1(0),x_2(0)]$ 位于区域 P_2^+ 内，或者位于区域 P_1^+ 内且满足 $t_f \leqslant x_2(0)/2-x_1(0)/x_2(0)$ 时，最优控制为

$$u^*(t)=\begin{cases}1, & t\in[0,t_a^-) \\ 0, & t\in[t_a^-,t_b^-) \\ -1, & t\in[t_b^-,t_f]\end{cases}$$

其中

$$t_a^-=\frac{t_f-x_2(0)-\sqrt{[t_f+x_2(0)]^2+4x_1(0)-2x_2^2(0)}}{2}$$

$$t_b^-=\frac{t_f+x_2(0)+\sqrt{[t_f+x_2(0)]^2+4x_1(0)-2x_2^2(0)}}{2}$$

(3) 当初始状态 $[x_1(0),x_2(0)]$ 位于区域 P_2^- 内且 $t_f>-x_2(0)/2-x_1(0)/x_2(0)$，或者位于区域 P_1^+ 内且满足 $t_f> x_2(0)/2-x_1(0)/x_2(0)$ 时，最优控制不唯一；

(4) 当初始状态 $[x_1(0),x_2(0)]$ 位于切换线 $h(x_1,x_2)$ 上时，最优控制为

$$u^*(t)=\begin{cases}-\operatorname{sign}[x_2(t)], & t\in[0,|x_2(0)|) \\ 0, & t\in[|x_2(0)|,t_f]\end{cases}$$

如果没有指定终端时间 t_f，则当状态从第一(或第三)象限运行进入第四(或第二)象限后，即刻将控制切换到零，使状态进入滑行。显然控制切换到零的点离 x_1 轴越近，状态在抛物线相轨迹上运行的时间就越短，所消耗的能量越少，状态转移到原点的时间也相应的越长。因此，不存在最优解。

6.4 时间与燃料综合最优控制

在实际问题中，往往要求在控制过程中兼顾考虑快速性和经济性，这是一类时间最短控制和燃料最省控制的折中问题，可通过选取综合性能指标来描述和处理此

类问题。

时间-燃料综合最优控制问题 对于线性定常系统

$$\dot{x}(t)=Ax(t)+Bu(t)$$

其初始状态 $x(0)=x_0$ 给定，容许控制集 $\mathbf{U}$ 由式(6.1.2)定义。求允许控制 $u(t)\in\mathbf{U}$，$t\in[0,t_f]$，其使得系统状态从给定的初始状态转移到目标集

$$\mathbf{M}=\{x(t_f)\mid g[x(t_f),t_f]=0\}$$

并使得性能指标

$$J=\int_0^{t_f}\left[\alpha+\sum_{i=1}^{m}\alpha_i\mid u_i(t)\mid\right]\mathrm{d}t$$

达到最小，其中，t_f 是待定终端时间；α 和 $\alpha_i(i=1,2,\cdots,m)$ 为给定的正实数。

注：正实数 α 是对终端时间的加权，其体现对控制时间和燃料消耗的折中。相对于 $\alpha_i(i=1,2,\cdots,m)$，α 取值较大时，能够在较短的时间内实现状态转移，但需要的燃料较多；反之，α 取值较小时，控制过程中消耗的燃料较少，但控制时间相应增长。

对应于上述问题的 Hamilton 函数为

$$H[x(t),u(t),\lambda(t),t]=\alpha+\sum_{i=1}^{m}\alpha_i\mid u_i(t)\mid+\lambda^{\mathrm{T}}(t)[Ax(t)+Bu(t)]$$

如果 $u^*(t)$ 和 $x^*(t)$ 是最优解，则其满足极小值条件

$$\alpha+\sum_{i=1}^{m}\alpha_i\mid u_i^*(t)\mid+\lambda^{\mathrm{T}}(t)[Ax^*(t)+Bu^*(t)]$$

$$\leqslant\alpha+\sum_{i=1}^{m}\alpha_i\mid u_i(t)\mid+\lambda^{\mathrm{T}}(t)[Ax^*(t)+Bu(t)]$$

由控制 $u(t)$ 各分量的彼此独立性可得

$$\alpha_i\mid u_i^*(t)\mid+\eta_i(t)u_i^*(t)\leqslant\alpha_i\mid u_i(t)\mid+\eta_i(t)u_i(t)$$

其中 $\eta_i(t)=\lambda^{\mathrm{T}}(t)b_i$。因此

$$u_i^*(t)=\begin{cases}1, & \eta_i(t)<-\alpha_i\\ 0, & -\alpha_i<\eta_i(t)<\alpha_i\\ -1, & \eta_i(t)>\alpha_i\\ -v_i(t)*\mathrm{sign}[\eta_i(t)], & \mid\eta_i(t)\mid=\alpha_i\end{cases}\tag{6.4.1}$$

其中 $v_i(t)$ 是在 $[0,1]$ 上取值的任意可积函数。

注：这里得到的最优控制的描述形式与上一节的燃料最省控制问题中的结果是一样的，但这不表明这两种问题有同解。事实上，这里的 Hamilton 函数中包含的加权系数 α 将影响 $\eta_i(t)$ 的特性，从而影响最优控制律 $u_i^*(t)$。

例 6.3（双积分系统时间-燃料综合最优控制） 考虑双积分受控系统

$$\dot{x}_1(t)=x_2(t)$$

$$\dot{x}_2(t)=u(t)$$

控制约束为 $|u(t)|\leqslant 1$，给定非零初始状态 $[x_1(0)\quad x_2(0)]^{\mathrm{T}}=[\zeta_1\quad\zeta_2]^{\mathrm{T}}$ 和终端状态 $[x_1(t_f)\quad x_2(t_f)]^{\mathrm{T}}=[0\quad 0]^{\mathrm{T}}$，其中终端时刻 t_f 没有给定。求容许控制，实现状态转

移，并使性能指标

$$J=\int_0^{t_f}[\alpha+|u(t)|]\mathrm{d}t$$

达到最小，其中 $\alpha>0$ 为给定正常数。

定义 Hamilton 函数：

$$H[x(t),u(t),\lambda(t)]=\alpha+|u(t)|+\lambda_1(t)x_2(t)+\lambda_2(t)u(t)$$

由于终端时间是未定的，且 Hamilton 函数不显含时间 t，故对于最优解，Hamilton 函数恒为零。

协态方程为

$$\dot{\lambda}_1(t)=0,\quad \dot{\lambda}_2(t)=-\lambda_1(t)$$

令 $[\lambda_1(0)\quad \lambda_2(0)]=[\eta_1\quad \eta_2]$，则

$$\lambda_1(t)=\eta_1,\quad \lambda_2(t)=-\eta_1 t+\eta_2$$

由式(6.4.1)得最优控制

$$u(t)=\begin{cases}1, & \lambda_2(t)<-1\\ 0, & -1<\lambda_2(t)<1\\ -1, & \lambda_2(t)>1\\ -v(t)*\mathrm{sign}[\lambda_2(t)], & |\lambda_2(t)|=1\end{cases}$$

其中 $v(t)$ 为在 $[0,1]$ 上取值的任意可积函数。

对于双积分系统，时间-燃料综合最优控制问题是正常的，若不然，则存在时间区间 $[t_1,t_2]\subset[0,t_f]$，其中 $t_2>t_1$，成立 $\lambda_2(t)\equiv\pm1,t\in[t_1,t_2]$。如果 $\lambda_2(t)\equiv-1(t\in[t_1,t_2])$，则 $\eta_1=0,\eta_2=-1$，且 $u(t)\geqslant0\ (t\in[t_1,t_2])$，从而有

$$H[x(t),u(t),\lambda(t)]=\alpha+u(t)+\lambda_1(t)x_2(t)-u(t)=\alpha=0$$

这与 α 非零的假设矛盾。若假设在 $[t_1,t_2]$ 上 $\lambda_2(t)\equiv1$，同样可导致矛盾。

利用 Hamilton 函数对于最优解恒为零的条件，分析可知，在终端状态 $[x_1(t_f)\quad x_2(t_f)]^{\mathrm{T}}=[0\quad 0]^{\mathrm{T}}$ 处，最优控制非零，即可能的最优控制策略为

$$\{+1\},\{-1\},\{0,+1\},\{0,-1\},\{+1,0,-1\},\{-1,0,+1\}$$

显然，对于双积分系统时间-燃料综合最优控制问题，可能的相轨迹与双积分系统燃料最省控制问题的相轨迹相同。

下面分析最优控制策略为 $\{-1,0,+1\}$ 的情形。此时的最优轨线如同图 6.6 或图 6.7 所示，其中 t_a^+ 和 t_b^+ 是切换时刻。假设 t_a^+ 和 t_b^+ 时刻的状态分别为

$$[x_1(t_a^+)\quad x_2(t_a^+)]=[\xi_1\quad \xi_2],\quad [x_1(t_b^+)\quad x_2(t_b^+)]=[\zeta_1\quad \zeta_2]$$

则成立

$$\zeta_1=\frac{1}{2}\zeta_2^2 \tag{6.4.2}$$

且成立

$$\zeta_1=\xi_2(t_b^+-t_a^+)+\xi_1,\quad \zeta_2=\xi_2 \tag{6.4.3}$$

在 t_a^+ 时刻，$\lambda_2(t_a^+)=1,u(t_a^+)\leqslant0$，且

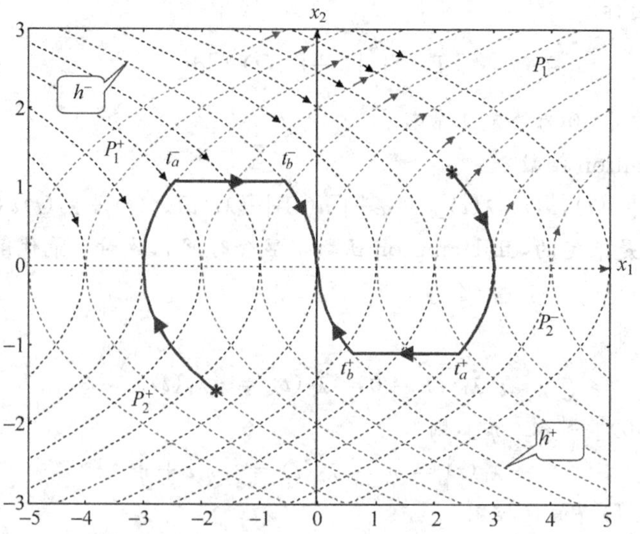

图 6.6 双积分系统燃料最省控制系统最优轨线

(初始状态位于区域 P_1^- 和 P_2^+ 内的情形)

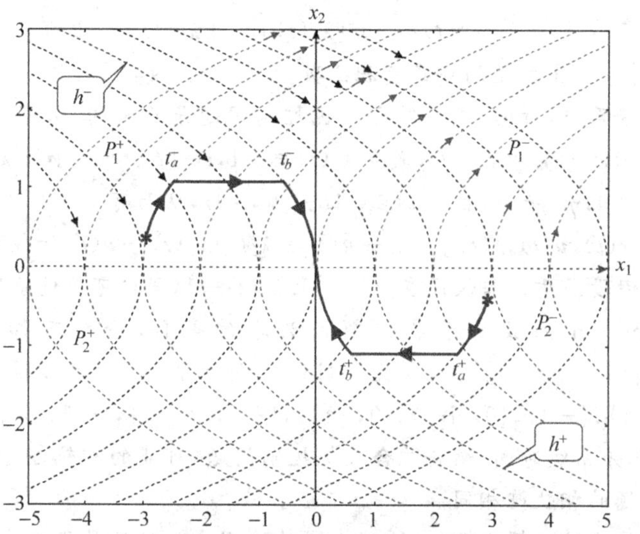

图 6.7 双积分系统燃料最省控制系统最优轨线

(初始状态位于区域 P_2^- 内且满足 $t_f \leqslant -x_2(0)/2 - x_1(0)/x_2(0)$ 和位于区域 P_1^+ 内且满足 $t_f \leqslant x_2(0)/2 - x_1(0)/x_2(0)$ 的情形)

$$H[x(t_a^+), u(t_a^+), \lambda(t_a^+)] = \alpha - u(t_a^+) + \eta_1 \xi_2 + u(t_a^+) = \alpha + \eta_1 \xi_2 = 0$$

因此

$$\eta_1 = -\frac{\alpha}{\xi_2} \tag{6.4.4}$$

而在 t_a^+ 和 t_b^+ 时刻，分别成立

$$\lambda_2(t_a^+) = 1 = -\eta_1 t_a^+ + \eta_2$$
$$\lambda_2(t_b^+) = -1 = -\eta_1 t_b^+ + \eta_2$$

故得

$$\eta_1 = \frac{2}{t_b^+ - t_a^+} \tag{6.4.5}$$

联立式(6.4.2)～式(6.4.5)，解得

$$\xi_1 = \left(\frac{1}{2} + \frac{2}{\alpha}\right)\xi_2^2 \tag{6.4.6}$$

因此可知，当最优控制切换律为$\{-1,0,+1\}$时，在第一次切换处和第二次切换处，状态分别满足式(6.4.6)和式(6.4.2)所定义的两条抛物线方程。对于最优控制切换律为$\{+1,0,-1\}$的情形，可得类似结论。

定义切换函数

$$s(x_1,x_2,\alpha) = x_1 + \left(\frac{1}{2} + \frac{2}{\alpha}\right)x_2 \mid x_2 \mid \tag{6.4.7}$$

和切换曲线

$$h_\alpha^+ = \{(x_1,x_2) \mid s(x_1,x_2,\alpha) = 0, x_2 \leqslant 0\}$$
$$h_\alpha^- = \{(x_1,x_2) \mid s(x_1,x_2,\alpha) = 0, x_2 \geqslant 0\}$$

可见式(6.2.10)所定义的切换函数是式(6.4.7)定义的切换函数中$\alpha=\infty$的情形。利用切换函数$s(x_1,x_2,\alpha)$将相平面划分为四个区域(当$\alpha=2$时，如图 6.8 所示)

$$P^- = \{(x_1,x_2) \mid s(x_1,x_2,\infty) \geqslant 0, s(x_1,x_2,\alpha) > 0\}$$
$$P_1^0 = \{(x_1,x_2) \mid s(x_1,x_2,\infty) < 0, s(x_1,x_2,\alpha) \geqslant 0\}$$
$$P^+ = \{(x_1,x_2) \mid s(x_1,x_2,\infty) \leqslant 0, s(x_1,x_2,\alpha) < 0\}$$
$$P_2^0 = \{(x_1,x_2) \mid s(x_1,x_2,\infty) > 0, s(x_1,x_2,\alpha) \leqslant 0\}$$

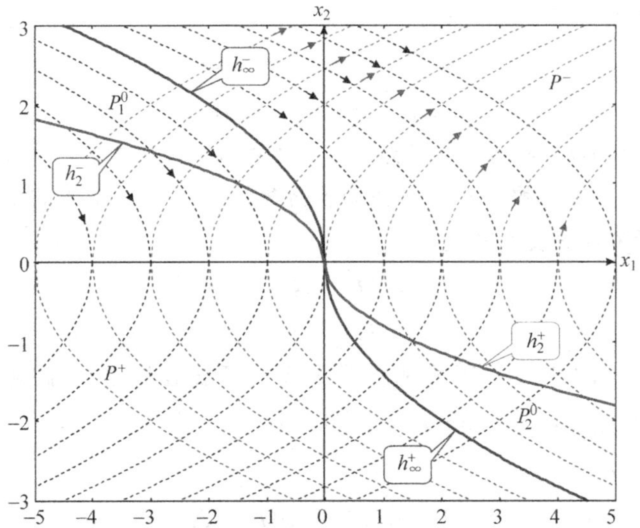

图 6.8　双积分系统时间-燃料综合最优控制的相平面划分和切换线

则最优控制可表示为状态的函数

$$u^*(t)=\begin{cases}-1, & x(t)\in P^-\\0, & x(t)\in P_1^0\cup P_2^0\\1, & x(t)\in P^+\end{cases}$$

最优轨线如图 6.9 所示。

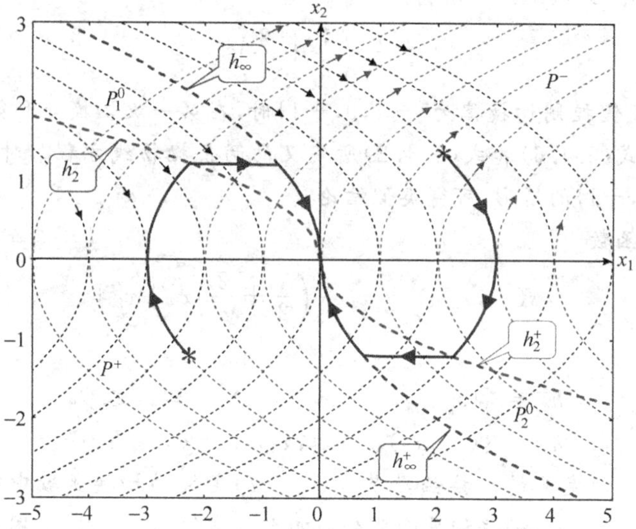

图 6.9 双积分系统时间-燃料综合最优控制系统最优轨线

习题 6

6.1 对于线性定常二阶系统

$$\dot{x}_1(t)=-x_1(t)-u(t)$$

$$\dot{x}_2(t)=-2x_2(t)-4u(t)$$

假设控制约束为$|u(t)|\leqslant 1$,目标集为状态空间的原点。试求使得系统状态以最短时间转移到目标集的最优控制 $u^*(t)$(用切换函数描述即可,不必求 t_f^*)。

6.2 对于双积分受控系统

$$\dot{x}_1(t)=x_2(t)$$

$$\dot{x}_2(t)=u(t)$$

考虑在控制约束$|u(t)|\leqslant 1$下的时间-燃料综合最优控制问题,假设其初始状态为$[x_1(0)\quad x_2(0)]^{\mathrm{T}}=[1\quad 1]^{\mathrm{T}}$,终端状态为$[x_1(t_f)\quad x_2(t_f)]^{\mathrm{T}}=[0\quad 0]^{\mathrm{T}}$,终端时刻 t_f 待求,性能指标为

$$J=\int_0^{t_f}[2+|u(t)|]\mathrm{d}t$$

最优控制可表示为

$$u^*(t)=\begin{cases}-1, & x(t)\in[0,t_1)\\ 0, & x(t)\in[t_1,t_2)\\ 1, & x(t)\in[t_2,t_f^*]\end{cases}$$

试求上述最优控制的切换时间 t_1、t_2 和最优终端时刻 t_f^*。

6.3　对于给定的初始状态，给出例 6.2 中的燃料最省控制的切换函数，在相平面上绘制相应的切换线，并标明解存在的初始状态区域。

6.4　试分析说明例 6.2 中的结论(3)。

第7章 线性二次型最优调节器设计

在许多控制问题中，要求将系统内的一些量保持在给定值附近，或在给定的函数值的附近，这类问题称为**调节器问题**。本章将线性系统的调节器问题描述为一类最优控制问题，即线性二次型最优调节器问题。首先，讨论连续时间系统有限时间和无限时间最优状态调节器的设计问题，利用连续时间系统动态规划的结论给出基于求解 Riccati 微分方程和 Riccati 代数方程的设计方法；其次，讨论指定衰减速度的最优状态调节器和状态不完全可量测的情况下利用状态观测器的最优状态调节器的设计问题；最后讨论离散时间系统最优状态调节器的设计问题。

7.1 最优调节器问题

假设受控对象关于调节偏差的状态方程为

$$\dot{x}(t) = A(t)x(t) + B(t)u(t) \tag{7.1.1}$$

其中状态 $x(t)$ 表示受控对象的状态与相应设定值的差。对于调节器问题，要求设计控制 $u(t)$ 使得 $\| x(t) \|$ 尽可能小，为此可考虑如下积分性能指标

$$J = \int_{t_0}^{t_f} \| x(t) \|^2 \mathrm{d}t$$

若在考虑状态 $x(t)$ 的各个分量的特性时有所侧重，则可引入加权，考虑如下性能指标

$$J = \int_{t_0}^{t_f} x^{\mathrm{T}}(t)Q(t)x(t)\mathrm{d}t \tag{7.1.2}$$

其中 $Q(t)$ 为一半正定矩阵，称为**状态加权矩阵**。

如果所关心的调节量是状态 $x(t)$ 的线性组合

$$y(t) = C(t)x(t)$$

控制要求是使得 $\| y(t) \|$ 尽可能小，则考虑性能指标

$$J = \int_{t_0}^{t_f} x^{\mathrm{T}}(t)C^{\mathrm{T}}(t)C(t)x(t)\mathrm{d}t$$

或

$$J = \int_{t_0}^{t_f} x^{\mathrm{T}}(t)C^{\mathrm{T}}(t)\tilde{Q}(t)C(t)x(t)\mathrm{d}t \tag{7.1.3}$$

若令 $Q(t)=C^{\mathrm{T}}(t)\widetilde{Q}(t)C(t)$，则式(7.1.3)和式(7.1.2)的性能指标的形式相同。

如果系统式(7.1.1)是状态完全可控的，则存在控制 $u(t)$ 在任意指定的时间内使系统状态从给定的初始状态转移到零状态，可使得如上定义的性能指标任意小。但实现此状态转移的控制 $u(t)$ 的幅值会很大。为了兼顾考虑状态调节特性和控制能量大小，可以考虑如下性能指标

$$J=\int_{t_0}^{t_f}[x^{\mathrm{T}}(t)Q(t)x(t)+u^{\mathrm{T}}(t)R(t)u(t)]\mathrm{d}t$$

其中**控制加权矩阵** $R(t)$ 为一正定矩阵。选择 $Q(t)$ 与 $R(t)$ 的相对大小可以对状态调节特性和控制能量大小进行折中设计。$u^{\mathrm{T}}(t)R(t)u(t)$ 是关于控制 $u(t)$ 的二次项，对于某些物理系统，其可表示系统消耗的功率，对应的积分项具有能量的物理含义。

若进而对状态的终端值的大小有一定的要求，则可在上述性能指标中添加关于终端状态的项。

由上述讨论可知，线性最优调节器问题一般可描述如下。

线性二次型有限时间最优状态调节器(LQR)问题　对于线性系统

$$\dot{x}(t)=A(t)x(t)+B(t)u(t)$$

其初始时间 t_0，终端时间 t_f 和初始状态 $x(t_0)$ 均给定，要设计控制 $u(t)$ 使得性能指标

$$J=\frac{1}{2}x^{\mathrm{T}}(t_f)S(t_f)x(t_f)+\frac{1}{2}\int_{t_0}^{t_f}[x^{\mathrm{T}}(t)Q(t)x(t)+u^{\mathrm{T}}(t)R(t)u(t)]\mathrm{d}t$$

达到最小。

在上述性能指标中引入了一个值为 1/2 的常数系数，是为了使得所求得的结果形式上更为简洁。这样做并不会导致任何局限性。

对于有限时间 LQR 问题，作如下假设。

假设 7.1　对于 $t\in[t_0,t_f]$，矩阵 $A(t)$、$B(t)$、$Q(t)$ 和 $R(t)$ 的元是时间 t 的连续有界函数，$Q(t)$ 为半正定矩阵，$R(t)$ 为正定矩阵，逆矩阵 $R^{-1}(t)$ 的元有界；$S(t_f)$ 为半正定矩阵，其元是 t_f 的连续有界函数。

线性二次型无限时间最优状态调节器(LQR)问题　对于线性系统

$$\dot{x}(t)=A(t)x(t)+B(t)u(t)$$

其初始时间 t_0 和初始状态 $x(t_0)$ 给定，要设计控制 $u(t)$ 使得性能指标

$$J=\frac{1}{2}\int_{t_0}^{\infty}[x^{\mathrm{T}}(t)Q(t)x(t)+u^{\mathrm{T}}(t)R(t)u(t)]\mathrm{d}t$$

达到最小。

对于无限时间 LQR 问题，作类似假设。

假设 7.2　对于 $t\geqslant t_0$，矩阵 $A(t)$、$B(t)$、$Q(t)$ 和 $R(t)$ 的元是时间 t 的连续有界函数，$Q(t)$ 为半正定矩阵，$R(t)$ 为正定矩阵，逆矩阵 $R^{-1}(t)$ 的元有界。

注：当闭环系统为渐近稳定时，状态 $x(t)$ 将趋于零。因此，在无限时间最优状态调节器问题中，性能指标中没有关于终端状态的项，即令 $S=0$。

7.2 连续时间系统有限时间最优状态调节器

本节讨论终端时间给定且为有限值的 LQR 问题。

对于连续时间线性系统有限时间 LQR 问题，令

$$J[x(t),t]=\frac{1}{2}x^{\mathrm{T}}(t_{\mathrm{f}})S(t_{\mathrm{f}})x(t_{\mathrm{f}})+\frac{1}{2}\int_{t}^{t_{\mathrm{f}}}[x^{\mathrm{T}}(t)Q(t)x(t)+u^{\mathrm{T}}(t)R(t)u(t)]\mathrm{d}t \tag{7.2.1}$$

相应的 Hamilton 函数为

$$H\left[x(t),u(t),\frac{\partial J^{*}[x(t),t]}{\partial x(t)},t\right]=\frac{1}{2}x^{\mathrm{T}}(t)Q(t)x(t)+\frac{1}{2}u^{\mathrm{T}}(t)R(t)u(t)+\frac{\partial J^{*}[x(t),t]}{\partial x^{\mathrm{T}}(t)}[A(t)x(t)+B(t)u(t)]$$

由 Hamilton-Jacobi-Bellman 方程，成立

$$-\frac{\partial J^{*}[x(t),t]}{\partial t}=\min_{u(t)}\left\{H\left[x(t),u(t),\frac{\partial J^{*}[x(t),t]}{\partial x(t)},t\right]\right\}$$

$$J^{*}[x(t_{\mathrm{f}}),t_{\mathrm{f}}]=\frac{1}{2}x^{\mathrm{T}}(t_{\mathrm{f}})S(t_{\mathrm{f}})x(t_{\mathrm{f}})$$

因为 Hamilton 函数 H 关于控制 $u(t)$ 有二阶连续偏导数，并且对于控制 $u(t)$ 没有约束，故可以由 H 对 $u(t)$ 的一阶偏导数为零求得最优控制律，即由

$$\frac{\partial H}{\partial u}=R(t)u(t)+B^{\mathrm{T}}(t)\frac{\partial J^{*}[x(t),t]}{\partial x(t)}=0$$

可求得

$$u^{*}(t)=-R^{-1}(t)B^{\mathrm{T}}(t)\frac{\partial J^{*}[x(t),t]}{\partial x(t)}$$

由 $R(t)$ 的正定性知，上式的 $u^{*}(t)$ 是 Hamilton 函数的唯一最小值解。将此最优控制律 $u^{*}(t)$ 代入 Hamilton-Jacobi-Bellman 方程，得

$$\begin{aligned}-\frac{\partial J^{*}[x(t),t]}{\partial t}&=\frac{1}{2}x^{\mathrm{T}}(t)Q(t)x(t)+\frac{1}{2}\frac{\partial J^{*}[x(t),t]}{\partial x^{\mathrm{T}}(t)}B(t)R^{-1}(t)B^{\mathrm{T}}(t)\frac{\partial J^{*}[x(t),t]}{\partial x(t)}\\&\quad+\frac{\partial J^{*}[x(t),t]}{\partial x^{\mathrm{T}}(t)}\left[A(t)x(t)-B(t)R^{-1}(t)B^{\mathrm{T}}(t)\frac{\partial J^{*}[x(t),t]}{\partial x(t)}\right]\\&=\frac{1}{2}x^{\mathrm{T}}(t)Q(t)x(t)-\frac{1}{2}\frac{\partial J^{*}[x(t),t]}{\partial x^{\mathrm{T}}(t)}B(t)R^{-1}(t)B^{\mathrm{T}}(t)\frac{\partial J^{*}[x(t),t]}{\partial x(t)}\\&\quad+\frac{\partial J^{*}[x(t),t]}{\partial x^{\mathrm{T}}(t)}A(t)x(t)\end{aligned}$$

分析上述方程的结构并注意系统的状态方程是线性的，可知，代价函数 $J^{*}[x(t),t]$ 是状态 $x(t)$ 的二次型函数，故可令

$$J^{*}[x(t),t]=\frac{1}{2}x^{\mathrm{T}}(t)P(t)x(t) \tag{7.2.2}$$

$P(t)$ 是待求矩阵。不失一般性，可以取 $P(t)$ 为对称矩阵（否则，以 $[P(t)+P^{\mathrm{T}}(t)]/2$

代之)。则最优控制 $u^*(t)$可表示为

$$u^*(t)=-R^{-1}(t)B^{\mathrm{T}}(t)P(t)x(t) \tag{7.2.3}$$

相应地,Hamilton-Jacobi-Bellman 方程为

$$\begin{aligned}-\frac{\partial J^*[x(t),t]}{\partial t}&=-\frac{1}{2}x^{\mathrm{T}}(t)\dot{P}(t)x(t)\\&=\frac{1}{2}x^{\mathrm{T}}(t)Q(t)x(t)-\frac{1}{2}x^{\mathrm{T}}(t)P(t)B(t)R^{-1}(t)B^{\mathrm{T}}(t)P(t)x(t)\\&\quad+x^{\mathrm{T}}(t)P(t)A(t)x(t)\end{aligned}$$

即

$$x^{\mathrm{T}}(t)[\dot{P}(t)+P(t)A(t)+A^{\mathrm{T}}(t)P(t)-P(t)B(t)R^{-1}(t)B^{\mathrm{T}}(t)P(t)+Q(t)]x(t)=0$$

上式的中括号内是一对称矩阵,其元与状态 $x(t)$无关。由于此等式对于任意状态 $x(t)(t\in[t_0,t_f])$均成立,故有

$$\dot{P}(t)=-P(t)A(t)-A^{\mathrm{T}}(t)P(t)+P(t)B(t)R^{-1}(t)B^{\mathrm{T}}(t)P(t)-Q(t) \tag{7.2.4}$$

此矩阵微分方程的右端是关于 $P(t)$的元的二次函数,称之为 **Riccati 矩阵微分方程**。由 Hamilton-Jacobi-Bellman 方程的边界条件,知

$$P(t_f)=S(t_f) \tag{7.2.5}$$

当假设 7.1 成立时,Riccati 矩阵微分方程的解存在且唯一。

上面的论述表明,$u(t)$为最优控制的充分条件是其可表示为式(7.2.3)的形式。由变分法或极小值原理可以容易证明,此条件也是必要的。

定理 7.1　对于连续时间线性系统有限时间 LQR 问题,当假设 7.1 成立时,$u^*(t)$为最优控制的充分必要条件是其可表示为

$$u^*(t)=-R^{-1}(t)B^{\mathrm{T}}(t)P(t)x(t)$$

其中矩阵 $P(t)$是 Riccati 矩阵微分方程式(7.2.4)在边界条件式(7.2.5)下的唯一非负定解。最优性能指标为

$$J^*=J^*[x(t_0),t_0]=\frac{1}{2}x^{\mathrm{T}}(t_0)P(t_0)x(t_0)$$

证明　$u(t)$为最优控制的充分必要条件是可表示为式(7.2.3)的形式以及 Riccati 矩阵微分方程式(7.2.4)有唯一解,这些结论,前面已经论述,故只需证明,矩阵 $P(t)$是非负定的。由矩阵 $S(t_f)$和 $Q(t)$的非负定性和 $R(t)$的正定性易知,对于任意的 $x(t)$,$J[x(t),t]$非负;因此,$J^*[x(t),t]$非负,$P(t)$非负定。最优性能指标的表达式显然。■

定理 7.2　对于连续时间线性系统有限时间 LQR 问题,当假设 7.1 成立时,连续最优控制存在且唯一。

证明　由定理 7.1 知,如果假设 7.1 成立,则 Riccati 矩阵微分方程式(7.2.4)在边界条件式(7.2.5)下有唯一非负定解。则经过代数处理,可以得到

$$\frac{1}{2}\frac{\mathrm{d}[x^{\mathrm{T}}(t)P(t)x(t)]}{\mathrm{d}t}=-\frac{1}{2}x^{\mathrm{T}}(t)Q(t)x(t)-\frac{1}{2}u^{\mathrm{T}}(t)R(t)u(t)$$

$$+\frac{1}{2}[u(t)+R^{-1}(t)B^{\mathrm{T}}(t)P(t)x(t)]^{\mathrm{T}}[u(t)+R^{-1}(t)B^{\mathrm{T}}(t)P(t)x(t)]$$

从 t_0 到 t_f 积分上式两端，并利用边界条件 $P(t_f)=S(t_f)$，得

$$J=\frac{1}{2}x^{\mathrm{T}}(t_0)P(t_0)x(t_0)$$

$$+\frac{1}{2}\int_{t_0}^{t_f}[u(t)+R^{-1}(t)B^{\mathrm{T}}(t)P(t)x(t)]^{\mathrm{T}}[u(t)+R^{-1}(t)B^{\mathrm{T}}(t)P(t)x(t)]\mathrm{d}t$$

可知

$$J\geqslant\frac{1}{2}x^{\mathrm{T}}(t_0)P(t_0)x(t_0)$$

使得性能指标达到最小值的连续控制存在且唯一

$$u(t)=-R^{-1}(t)B^{\mathrm{T}}(t)P(t)x(t)$$ ■

注：如果对控制没有连续性的要求，则最优控制存在，但不一定唯一。因为非负非连续函数的积分等于零时，不能断定该函数恒等于零(用实分析的语言来说，只能断定其几乎处处为零)。

例 7.1(简化的拦截问题) 考虑二维拦截问题(如图 7.1 所示)。拦截器与被拦截的飞行器之间的相对运动的简化方程为

$$\begin{bmatrix}\dot{x}(t)\\ \dot{v}(t)\end{bmatrix}=\begin{bmatrix}0&1\\0&0\end{bmatrix}\begin{bmatrix}x(t)\\ v(t)\end{bmatrix}+\begin{bmatrix}0\\1\end{bmatrix}u(t)$$

考虑如下性能指标

$$J=\frac{c}{2}x^2(t_f)+\frac{1}{2}\int_0^{t_f}u^2(t)\mathrm{d}t$$

其中 c 和 t_f 是给定的正数，c 充分大(即要求拦截脱靶量足够小)。欲求控制变量 $u(t)$ 使得上述性能指标达到最小。

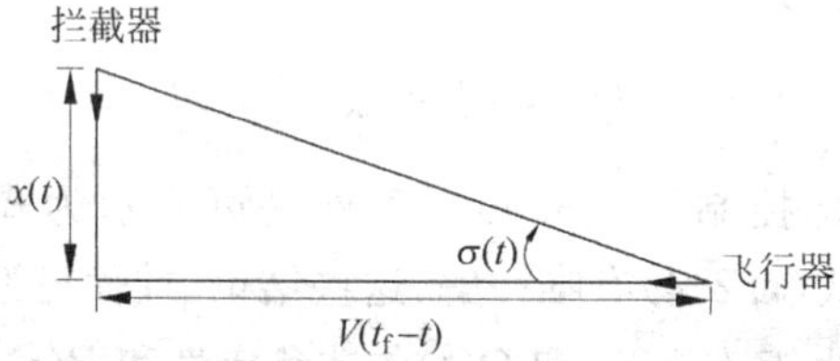

图 7.1 二维拦截问题

对应的 Riccati 矩阵微分方程及其边界条件为

$$\begin{bmatrix}\dot{p}_1(t)&\dot{p}_2(t)\\ \dot{p}_2(t)&\dot{p}_3(t)\end{bmatrix}=-\begin{bmatrix}p_1(t)&p_2(t)\\p_2(t)&p_3(t)\end{bmatrix}\begin{bmatrix}0&1\\0&0\end{bmatrix}-\begin{bmatrix}0&0\\1&0\end{bmatrix}\begin{bmatrix}p_1(t)&p_2(t)\\p_2(t)&p_3(t)\end{bmatrix}$$

$$+\begin{bmatrix}p_1(t)&p_2(t)\\p_2(t)&p_3(t)\end{bmatrix}\begin{bmatrix}0\\1\end{bmatrix}\begin{bmatrix}0\\1\end{bmatrix}^{\mathrm{T}}\begin{bmatrix}p_1(t)&p_2(t)\\p_2(t)&p_3(t)\end{bmatrix}$$

$$= \begin{bmatrix} p_2^2(t) & p_2(t)p_3(t)-p_1(t) \\ p_2(t)p_3(t)-p_1(t) & p_3^2(t)-2p_2(t) \end{bmatrix}$$

$$\begin{bmatrix} p_1(t_f) & p_2(t_f) \\ p_2(t_f) & p_3(t_f) \end{bmatrix} = \begin{bmatrix} c & 0 \\ 0 & 0 \end{bmatrix}$$

解得

$$p_1(t) = \frac{1}{\Delta(t_f-t)}, \quad p_2(t) = \frac{t_f-t}{\Delta(t_f-t)}, \quad p_3(t) = \frac{(t_f-t)^2}{\Delta(t_f-t)}$$

其中

$$\Delta(t_f-t) = \frac{1}{c} + \frac{1}{3}(t_f-t)^3$$

由式(7.2.3)得最优控制为

$$u^*(t) = -\frac{t_f-t}{\Delta(t_f-t)}x(t) - \frac{(t_f-t)^2}{\Delta(t_f-t)}v(t)$$

这是一个线性时变状态反馈控制律。当 c 充分大时，最优控制近似为

$$u^*(t) \approx -3\frac{x(t)}{(t_f-t)^2} - 3\frac{v(t)}{t_f-t} = -3\frac{\mathrm{d}}{\mathrm{d}t}\left(\frac{x(t)}{t_f-t}\right)$$

假设视线接近速度为常数 V，则视线角近似为

$$\sigma(t) \approx \frac{x(t)}{V(t_f-t)}$$

因此，最优控制近似为

$$u^*(t) \approx -3V\dot{\sigma}(t)$$

可知，最优控制是与视线角速度成比例的。此控制律被称为比例导引律。

例 7.2 对于如下一阶受控对象

$$\dot{x}(t) = ax(t) + bu(t), \quad x(0) = x_0$$

考虑性能指标

$$J = \frac{1}{2}sx^2(t_f) + \frac{1}{2}\int_0^{t_f}[qx^2(t) + ru^2(t)]\mathrm{d}t$$

其中 $a, b\neq 0, s\geqslant 0, q\geqslant 0, r>0, x_0, t_f>0$ 是给定常数。

相应的 Riccati 微分方程为

$$\dot{p}(t) = -2ap(t) + \frac{b^2}{r}p^2(t) - q, \quad p(t_f) = s$$

求解得

$$p(t) = \frac{r}{b^2}\frac{\beta + a + \eta(\beta - a)\mathrm{e}^{2\beta(t-t_f)}}{1-\eta\mathrm{e}^{2\beta(t-t_f)}}$$

其中 $\beta = \sqrt{\frac{qb^2}{r}+a^2}$，$\eta = \frac{sb^2 - r(\beta+a)}{sb^2+r(\beta-a)}$。则最优控制为

$$u^*(t) = -\frac{1}{r}p(t)bx(t)$$

最优轨线为

$$x^*(t) = x_0\mathrm{e}^{\int_0^t\left[a-\frac{1}{r}p(\tau)b\right]\mathrm{d}\tau}$$

图 7.2～图 7.4 分别为当 $a=-1, b=1, s=0, q=1, t_f=1, x_0=1$ 而控制加权分别为$r=0.01, 0.1, 1, 10$ 时对应的最优轨线、最优控制和 Riccati 微分方程的解。可以看出加权函数对状态调节特性和控制量大小的影响。图 7.5 为终端时刻 $t_f=10, 50, 100$ 而终端状态加权 $s=0, 1$ 时对应的 Riccati 微分方程的解。可见,当终端时刻 t_f 较大时,Riccati 微分方程的解 $p(t)$ 在大部分时间内都可认为是常数,其约等于 0.4142。

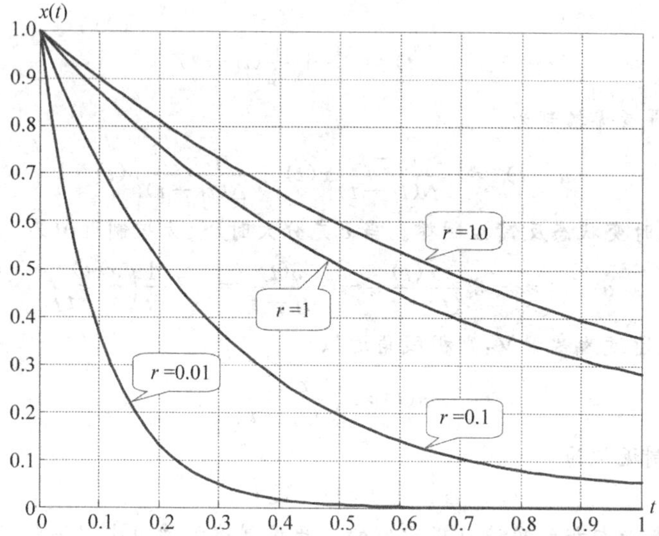

图 7.2 最优轨线($a=-1, b=1, s=0, q=1, t_f=1, x_0=1$)

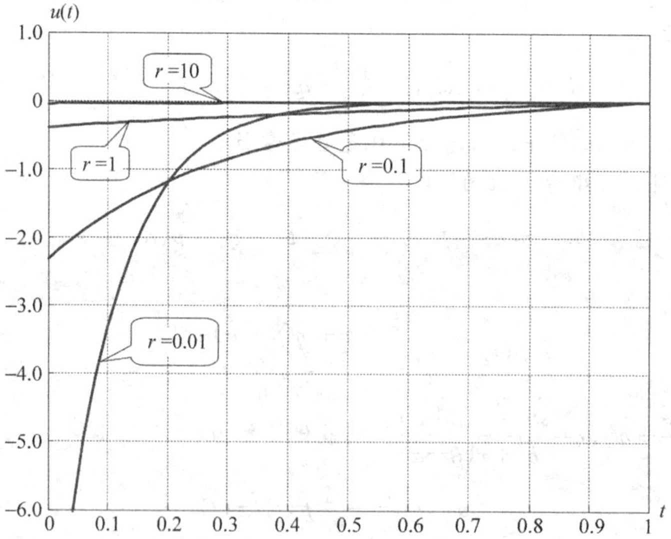

图 7.3 最优控制($a=-1, b=1, s=0, q=1, t_f=1, x_0=1$)

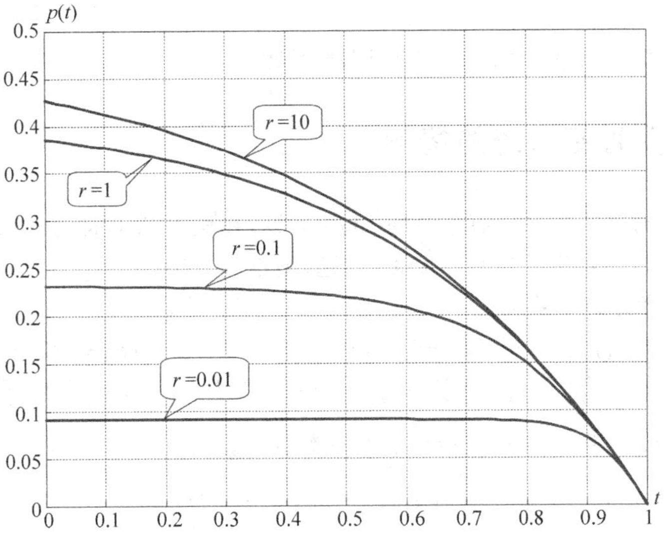

图 7.4　Riccati 方程的解($a=-1,b=1,s=0,q=1,t_f=1,x_0=1$)

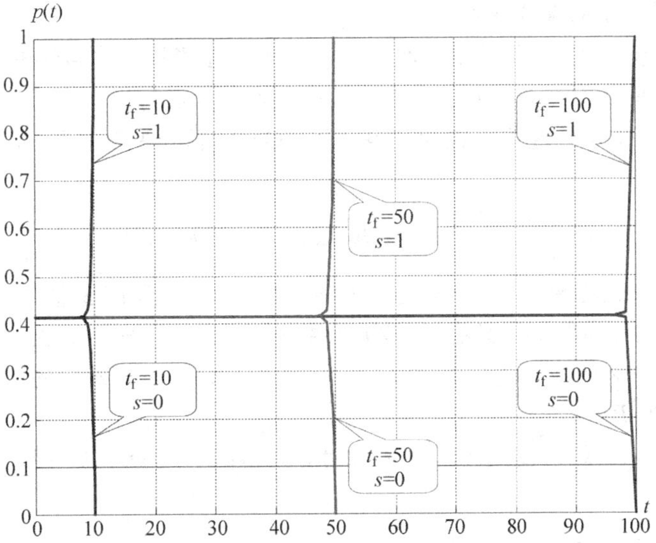

图 7.5　对于不同终端时刻和终端状态加权的 Riccati 方程的解

($a=-1,b=1,q=1,r=1,x_0=1$)

7.3 连续时间系统无限时间最优状态调节器

本节讨论终端时间为无穷大时的 LQR 问题。

7.3.1 线性时变系统的情形

对于连续时间线性系统有限时间 LQR 问题,在假设 7.1 成立时,最优控制总是存在且唯一。但是对于无限时间 LQR 问题,则不然。

例 7.3 考虑如下系统

$$\begin{bmatrix} \dot{x}_1(t) \\ \dot{x}_2(t) \end{bmatrix} = \begin{bmatrix} 2 & 0 \\ 0 & 1 \end{bmatrix} \begin{bmatrix} x_1(t) \\ x_2(t) \end{bmatrix} + \begin{bmatrix} 1 \\ 0 \end{bmatrix} u(t), \quad \begin{bmatrix} x_1(0) \\ x_2(0) \end{bmatrix} = \begin{bmatrix} 1 \\ 1 \end{bmatrix}$$

欲设计控制 $u(t) \in \mathbf{R}$,使得如下性能指标达到最小。

$$J = \int_0^\infty [x_1^2(t) + x_2^2(t) + u^2(t)] \mathrm{d}t$$

注意到控制 $u(t)$ 对 $x_2(t)$ 没有影响,根据初始条件,可解得 $x_2(t) = \mathrm{e}^t$。故有

$$J = \int_0^\infty [x_1^2(t) + \mathrm{e}^{2t} + u^2(t)] \mathrm{d}t$$

无论如何设计控制 $u(t)$,性能指标的值都是无穷大。因此,J 不存在最优值,当然也不存在使 J 为最小的最优控制。

从上述举例可以看到,导致问题无解的原因是性能指标中包含有不可控不稳定状态分量。下面我们在系统状态完全可控的假设下开展讨论。

无限时间 LQR 问题可以视为有限时间 LQR 问题的极限情形,即 t_f 趋于无穷的情形

$$J = \lim_{t_\mathrm{f} \to \infty} \left\{ \frac{1}{2} \int_{t_0}^{t_\mathrm{f}} [x^\mathrm{T}(t) Q(t) x(t) + u^\mathrm{T}(t) R(t) u(t)] \mathrm{d}t \right\}$$

虽然在假设 7.1 的条件下,对于给定有限终止时间 t_f,LQR 问题总是存在解,但相应的无限时间 LQR 问题却未必有解,故有必要分析当 $t_\mathrm{f} \to \infty$ 时相关函数的特性。

当考虑 $t_\mathrm{f} \to \infty$ 的极限过程时,Riccati 矩阵微分方程式(7.2.4)的解与终止时间 t_f 有关,故改写为 $P(t, t_\mathrm{f})$。

定理 7.3 假设$(A(t), B(t))$是可控对,而 $P(t, t_\mathrm{f})$ 是如下 Riccati 矩阵微分方程的解

$$\begin{aligned} \frac{\partial P(t, t_\mathrm{f})}{\partial t} &= -P(t, t_\mathrm{f}) A(t) - A^\mathrm{T}(t) P(t, t_\mathrm{f}) \\ &\quad + P(t, t_\mathrm{f}) B(t) R^{-1}(t) B^\mathrm{T}(t) P(t, t_\mathrm{f}) - Q(t) \\ P(t_\mathrm{f}, t_\mathrm{f}) &= 0 \end{aligned}$$

则极限

$$\lim_{t_\mathrm{f} \to \infty} P(t, t_\mathrm{f}) = \bar{P}(t)$$

存在，且 $\bar{P}(t)$ 是如下 Riccati 矩阵微分方程的解

$$\dot{\bar{P}}(t)=-\bar{P}(t)A(t)-A^{\mathrm{T}}(t)\bar{P}(t)+\bar{P}(t)B(t)R^{-1}(t)B^{\mathrm{T}}(t)\bar{P}(t)-Q(t) \quad (7.3.1)$$

$$\bar{P}(\infty)=0$$

证明　由式(7.2.2)和式(7.2.1)可知，对于任意 $t_2\geqslant t_1(\geqslant t)$ 和任意的状态 $x(t)$，成立

$$x^{\mathrm{T}}(t)P(t,t_1)x(t)\leqslant x^{\mathrm{T}}(t)P(t,t_2)x(t) \quad (7.3.2)$$

因为 $(A(t),B(t))$ 是可控对，对于任意给定 $t,t_{\mathrm{f}}(\geqslant t)$ 和任意给定状态 $x(t)$，存在控制 $u(t),t\in[t,t_{\mathrm{f}}]$，使得状态 $x(t)$ 在时刻 t_{f} 转移到零状态。若令 $u(t)=0,t\in(t_{\mathrm{f}},\infty]$，则

$$\begin{aligned}x^{\mathrm{T}}(t)P(t,t_{\mathrm{f}})x(t)&=2J^*[x(t),t_{\mathrm{f}}]\leqslant 2J[x(t),t_{\mathrm{f}}]\big|_{u(t)}\\&=2J[x(t),\infty]\big|_{u(t)}<\infty\end{aligned} \quad (7.3.3)$$

由式(7.3.2)和式(7.3.3)知，$x^{\mathrm{T}}(t)P(t,t_{\mathrm{f}})x(t)$ 对于 t_{f} 单调增大且有界，因此极限 $\lim\limits_{t_{\mathrm{f}}\to\infty}x^{\mathrm{T}}(t)P(t,t_{\mathrm{f}})x(t)$ 存在。因为式(7.3.2)和式(7.3.3)对任意状态 $x(t)$ 成立，可知 $P(t,t_{\mathrm{f}})$ 的 (i,i) 元 $P_{ii}(t,t_{\mathrm{f}})$ 对于 t_{f} 是单调增大且有界的函数，故极限 $\lim\limits_{t_{\mathrm{f}}\to\infty}P_{ii}(t,t_{\mathrm{f}})$ 存在。由 $P(t,t_{\mathrm{f}})$ 的对称性，有

$$2P_{ij}(t,t_{\mathrm{f}})=(e_i+e_j)^{\mathrm{T}}P(t,t_{\mathrm{f}})(e_i+e_j)-P_{ii}(t,t_{\mathrm{f}})-P_{jj}(t,t_{\mathrm{f}})$$

其中 e_i 是第 i 个分量为 1、其余分量为 0 的向量。由上述等式可知，极限 $\lim\limits_{t_{\mathrm{f}}\to\infty}P_{ij}(t,t_{\mathrm{f}})$ 存在。

令 $\bar{P}(t)=\lim\limits_{t_{\mathrm{f}}\to\infty}P(t,t_{\mathrm{f}})$。现证明 $\bar{P}(t)$ 是 Riccati 矩阵微分方程的解。令 $P(t,t_{\mathrm{f}};P_{\mathrm{f}})$ 表示终端条件为 $P(t_{\mathrm{f}})=P_{\mathrm{f}}$ 时的 Riccati 矩阵微分方程的解。则

$$P(t,t_{\mathrm{f}};0)=P(t,t_1;P(t_1,t_{\mathrm{f}};0))$$

其中 $t\leqslant t_1\leqslant t_{\mathrm{f}}$。故对给定 $t_1\in[t,t_{\mathrm{f}}]$，有

$$\begin{aligned}\bar{P}(t)&=\lim_{t_{\mathrm{f}}\to\infty}P(t,t_{\mathrm{f}};0)=\lim_{t_{\mathrm{f}}\to\infty}P(t,t_1;P(t_1,t_{\mathrm{f}};0))\\&=P\Big(t,t_1;\lim_{t_{\mathrm{f}}\to\infty}P(t_1,t_{\mathrm{f}};0)\Big)=P(t,t_1;\bar{P}(t_1))\end{aligned}$$

因此，$\bar{P}(t)$ 是 Riccati 矩阵微分方程的解。■

定理 7.4　假设 $(A(t),B(t))$ 是可控对，则无限时间 LQR 问题的最优控制律为

$$u^*(t)=-R^{-1}(t)B^{\mathrm{T}}(t)\bar{P}(t)x(t) \quad (7.3.4)$$

相应的初始状态为 $x(t)$ 的最优代价函数为

$$J^*(x(t),t,\infty)=\lim_{t_{\mathrm{f}}\to\infty}J^*(x(t),t,t_{\mathrm{f}})=\frac{1}{2}x^{\mathrm{T}}(t)\bar{P}(t)x(t) \quad (7.3.5)$$

证明　令 $J(x(t),u,t,t_{\mathrm{f}})$ 表示初始时刻为 t，初始状态为 $x(t)$，终止时刻为 t_{f}，在控制 $u(t)$ 的作用下，对应的代价函数。则

$$J(x(t),u^*,t,t_{\mathrm{f}})=\frac{1}{2}x^{\mathrm{T}}(t)\bar{P}(t)x(t)-\frac{1}{2}x^{\mathrm{T}}(t_{\mathrm{f}})\bar{P}(t_{\mathrm{f}})x(t_{\mathrm{f}})\leqslant\frac{1}{2}x^{\mathrm{T}}(t)\bar{P}(t)x(t)$$

故

$$\lim_{t_{\mathrm{f}}\to\infty}J(x(t),u^*,t,t_{\mathrm{f}})\leqslant\frac{1}{2}x^{\mathrm{T}}(t)\bar{P}(t)x(t)$$

另一方面,对于任意有限 t_f,有

$$J(x(t),u^*,t,t_f) \geqslant J^*(x(t),t,t_f) = \frac{1}{2}x^{\mathrm{T}}(t)P(t,t_f)x(t)$$

可知

$$\lim_{t_f\to\infty} J(x(t),u^*,t,t_f) \geqslant \frac{1}{2}x^{\mathrm{T}}(t)\bar{P}(t)x(t)$$

因此

$$J(x(t),u^*,t,\infty) = \lim_{t_f\to\infty} J(x(t),u^*,t,t_f) = \frac{1}{2}x^{\mathrm{T}}(t)\bar{P}(t)x(t) \tag{7.3.6}$$

现证明式(7.3.4)中给出的控制律为最优控制,即

$$J^*(x(t),t,\infty) = J(x(t),u^*,t,\infty) \tag{7.3.7}$$

显然

$$J^*(x(t),t,\infty) \leqslant J(x(t),u^*,t,\infty)$$

假设对某 t,成立

$$J^*(x(t),t,\infty) < J(x(t),u^*,t,\infty) \tag{7.3.8}$$

欲由此导出矛盾。

假设 u_o 是一个异于 u^* 的控制,其满足

$$\lim_{t_f\to\infty} J(x(t),u_o,t,t_f) = J^*(x(t),t,\infty)$$

由式(7.3.6),有

$$\begin{aligned} J(x(t),u^*,t,\infty) &= \frac{1}{2}x^{\mathrm{T}}(t)\bar{P}(t)x(t) = \lim_{t_f\to\infty}\frac{1}{2}x^{\mathrm{T}}(t)P(t,t_f)x(t) \\ &= \lim_{t_f\to\infty} J^*(x(t),t,t_f) \end{aligned}$$

当不等式(7.3.8)成立时,有

$$\lim_{t_f\to\infty} J(x(t),u_o,t,t_f) < \lim_{t_f\to\infty} J^*(x(t),t,t_f)$$

则当 t_f 充分大时,成立

$$J(x(t),u_o,t,t_f) < J^*(x(t),t,t_f)$$

此不等式与 $J^*(x(t),t,t_f)$ 为最优代价函数的定义相矛盾。这便证明了式(7.3.7)成立,即式(7.3.4)给出的控制 u^* 为所考虑的无限时间 LQR 问题的最优控制律。 ■

7.3.2 线性定常系统的情形

考虑如下线性定常系统

$$\dot{x}(t) = Ax(t) + Bu(t)$$

其初始时间 t_0 和初始状态 $x(t_0)$ 给定,而性能指标为

$$J = \frac{1}{2}\int_{t_0}^{\infty}[x^{\mathrm{T}}(t)Qx(t) + u^{\mathrm{T}}(t)Ru(t)]\mathrm{d}t$$

其中,A 和 B 为常数矩阵;Q 和 R 分别为半正定和正定常数矩阵。欲求状态反馈使

得上述性能指标达到最小。称此问题为**线性定常无限时间 LQR 问题**。

定理 7.5　假设(A,B)是可镇定对，则线性定常无限时间 LQR 问题存在唯一最优控制器

$$u^*(t) = -R^{-1}B^{\mathrm{T}}\bar{P}x(t) \tag{7.3.9}$$

其中 $\bar{P}$ 是如下 Riccati 矩阵代数方程的非负定解

$$\bar{P}A + A^{\mathrm{T}}\bar{P} - \bar{P}BR^{-1}B^{\mathrm{T}}\bar{P} + Q = 0 \tag{7.3.10}$$

相应的最优性能指标为

$$J^* = J^*(x(t_0), t_0, \infty) = \frac{1}{2}x^{\mathrm{T}}(t_0)\bar{P}x(t_0)$$

证明　首先证明对于线性定常无限时间 LQR 问题，在(A,B)为可镇定对的假设下，定理 7.3 和定理 7.4 的结论成立。

注意到定理 7.3 和定理 7.4 中的假设条件为$(A(t),B(t))$为可控对，此条件保证了 $P(t,t_{\mathrm{f}})$的元的有界性。对于线性定常系统，如果(A,B)是可镇定对，则存在常数矩阵 K，当控制为 $u(t)=-Kx(t)$时，闭环系统为指数稳定的。此时相应的性能指标是有界的，即对任意 $t_{\mathrm{f}}\geqslant t$，$P(t,t_{\mathrm{f}})$的元是有界的。因此，对于线性定常无限时间 LQR 问题，假设条件可以放宽为(A,B)是可镇定对。

若能证明对于线性定常无限时间 LQR 问题，定理 7.3 中的 Riccati 矩阵微分方程式(7.3.1)的解 $\bar{P}(t)$为常数矩阵，则本定理结论得证。

设 $\bar{P}(t)$是如下 Riccati 矩阵微分方程的解

$$\begin{aligned} &\dot{\bar{P}}(t) = -\bar{P}(t)A - A^{\mathrm{T}}\bar{P}(t) + \bar{P}(t)BR^{-1}B^{\mathrm{T}}\bar{P}(t) - Q \\ &\bar{P}(\infty) = 0 \end{aligned}$$

而 $P(t,t_{\mathrm{f}})$是如下 Riccati 矩阵微分方程的解

$$\begin{aligned} &\dot{P}(t) = -P(t)A - A^{\mathrm{T}}P(t) + P(t)BR^{-1}B^{\mathrm{T}}P(t) - Q \\ &P(t_{\mathrm{f}}) = 0 \end{aligned} \tag{7.3.11}$$

则由定理 7.3 知

$$\bar{P}(t) = \lim_{t_{\mathrm{f}}\to\infty} P(t,t_{\mathrm{f}})$$

另一方面，$P(t,t_{\mathrm{f}})$可表示为

$$P(t,t_{\mathrm{f}}) = Z(t)W^{-1}(t) \tag{7.3.12}$$

其中 $W(t)$、$Z(t)$是如下线性定常矩阵微分方程的解

$$\begin{bmatrix} \dot{W}(t) \\ \dot{Z}(t) \end{bmatrix} = H\begin{bmatrix} W(t) \\ Z(t) \end{bmatrix}, \quad \begin{bmatrix} W(t_{\mathrm{f}}) \\ Z(t_{\mathrm{f}}) \end{bmatrix} = \begin{bmatrix} I \\ 0 \end{bmatrix} \tag{7.3.13}$$

$$H = \begin{bmatrix} A & -BR^{-1}B^{\mathrm{T}} \\ -Q & -A^{\mathrm{T}} \end{bmatrix}$$

如上定义的常数矩阵 H 被称为对应于 Riccati 矩阵微分方程式(7.3.11)或 Riccati 矩阵代数方程式(7.3.10)的 **Hamilton 矩阵**。事实上，将式 (7.3.12)中的 $P(t,t_{\mathrm{f}})$代入式(7.3.11)，可知其满足 Riccati 矩阵微分方程。由 Riccati 矩阵微分方程解的唯

一性，可知 Riccati 矩阵微分方程式(7.3.11)的解 $P(t,t_f)$ 均可表示为 $Z(t)W^{-1}(t)$。式(7.3.13)是线性定常矩阵微分方程，由状态转移矩阵的特性可知，其解 $W(t)$、$Z(t)$ 仅与差 $t-t_f$ 有关。因此，有

$$P(t,t_f)=P(0,t_f-t)$$

故

$$\overline{P}(t)=\lim_{t_f\to\infty}P(t,t_f)=\lim_{t_f\to\infty}P(0,t_f-t)=P(0,\infty)$$

由此可知，$\overline{P}(t)$ 为一非负定常数矩阵，其是 Riccati 矩阵代数方程式(7.3.10)的非负定解。■

7.3.3 无限时间最优状态调节系统的稳定性

对于线性定常系统，系统状态不会在有限时间内趋于无穷，所以，不需讨论有限时间最优状态调节系统的稳定性问题。然而，无限时间最优状态调节系统则可能是不稳定的。

对于如下线性定常系统

$$\dot{x}(t)=Ax(t)+Bu(t)$$

其中矩阵 A 至少具有一个实部大于零的特征值，若性能指标为

$$J=\frac{1}{2}\int_{t_0}^{\infty}[u^{\mathrm{T}}(t)Ru(t)]\mathrm{d}t$$

其中 R 为正定矩阵，则最优控制为 $u(t)\equiv 0$，对应的闭环系统是不稳定的。

由上述举例可知，导致无限时间最优状态调节系统不稳定的原因是受控系统的不稳定状态分量的信息没有包含在性能指标中。

假设在线性定常无限时间 LQR 问题中，$Q\neq 0$，并令 D 是满足 $D^{\mathrm{T}}D=Q$ 的任意矩阵。

定理 7.6 假设(A,B)是可镇定对，(A,D)是可检测对，则线性定常无限时间 LQR 最优控制系统是渐近稳定的。如果(A,D)是可观测对，则 Riccati 矩阵代数方程式(7.3.10)的解 $\overline{P}$ 是正定的。

证明 线性定常无限时间 LQR 最优控制闭环系统的状态方程为

$$\dot{x}(t)=[A-BR^{-1}B^{\mathrm{T}}\overline{P}]x(t)$$

令

$$A_c=A-BR^{-1}B^{\mathrm{T}}\overline{P}$$

设 λ 是 A_c 的一特征值，ω 是相应的(非零)特征向量，则 $A_c\omega=\lambda\omega$。需证明 λ 的实部小于零。

Riccati 矩阵代数方程式(7.3.10)可改写为

$$\overline{P}A_c+A_c^{\mathrm{T}}\overline{P}+\overline{P}BR^{-1}B^{\mathrm{T}}\overline{P}+Q=0$$

以 ω^* 和 ω 分别左乘和右乘上式，得

$$(\lambda+\lambda^*)\omega^*\bar{P}\omega+\omega^*\bar{P}BR^{-1}B^{\mathrm{T}}\bar{P}\omega+\omega^*D^{\mathrm{T}}D\omega=0$$

如果$\lambda+\lambda^*=0$,即λ实部等于零,则$R^{-1}B^{\mathrm{T}}\bar{P}\omega=0$且$D\omega=0$,由此可得

$$\begin{bmatrix}\lambda I-A_c\\D\end{bmatrix}\omega=\begin{bmatrix}\lambda I-A\\D\end{bmatrix}\omega=0$$

这与(A,D)为可检测对的假设相矛盾。

如果$\lambda+\lambda^*>0$,即λ实部大于零,则$\omega^*\bar{P}\omega\leqslant0$。由于$\bar{P}$非负定,故$\bar{P}\omega=0$。此时也成立$R^{-1}B^{\mathrm{T}}\bar{P}\omega=0$和$D\omega=0$,同样导致与$(A,D)$为可检测对的假设相矛盾的结论。

因此,必有$\lambda+\lambda^*<0$,即闭环系统是渐近稳定的。

现证明$\bar{P}$的正定性。假设$\bar{P}$非正定,则存在非零向量η,使得$\eta^{\mathrm{T}}\bar{P}\eta=0$。如果令$x(t_0)=\eta$,则$J^*=\frac{1}{2}x^{\mathrm{T}}(t_0)\bar{P}x(t_0)=0$。由$R$的正定性和$u(t)$的连续性知,$J^*=0$意味着$u(t)\equiv0,t\geqslant t_0$,因此

$$J^*=\frac{1}{2}\int_{t_0}^{\infty}x^{\mathrm{T}}(t)Qx(t)\mathrm{d}t=\frac{1}{2}\int_{t_0}^{\infty}x^{\mathrm{T}}(t_0)\mathrm{e}^{A^{\mathrm{T}}(t-t_0)}D^{\mathrm{T}}D\mathrm{e}^{A(t-t_0)}x(t_0)\mathrm{d}t=0$$

故$D\mathrm{e}^{A(t-t_0)}x(t_0)\equiv0,t\geqslant t_0$。这与$(A,D)$为可观测对的假设相矛盾。$\bar{P}$的正定性得证。■

例 7.4(飞行控制问题)　某飞机的垂面运动线性化模型由如下(增量或偏差)状态方程描述

$$\dot{x}(t)=Ax(t)+Bu(t)$$
$$y(t)=Cx(t)$$

其中

$$A=\begin{bmatrix}0&0&1.132&0&-1\\0&-0.0538&-0.1712&0&0.0705\\0&0&0&1&0\\0&0.0485&0&-0.8556&-1.013\\0&-0.2909&0&1.0532&-0.6859\end{bmatrix}$$

$$B=\begin{bmatrix}0&0&0\\-0.12&1&0\\0&0&0\\4.419&0&-1.665\\1.575&0&-0.0732\end{bmatrix},\quad C=\begin{bmatrix}1&0&0&0&0\\0&1&0&0&0\\0&0&1&0&0\end{bmatrix}$$

其中,状态分量$x_1(t)$为高度,$x_2(t)$为前向速度,$x_3(t)$为俯仰角,$x_4(t)$为俯仰角速度,$x_5(t)$为垂直速度;控制分量$u_1(t)$为扰流板角度,$u_2(t)$为前向加速度,$u_3(t)$为升降舵角度。初始状态为$x(0)=[10\quad100\quad-15\quad1\quad25]^{\mathrm{T}}$。

性能指标为

$$J = \frac{1}{2}\int_0^{\infty}[x^{\mathrm{T}}(t)Qx(t) + u^{\mathrm{T}}(t)Ru(t)]\mathrm{d}t$$

考虑加权矩阵的三种选择：$Q=Q_1,Q_2,Q_3$，$R=R_1,R_2,R_3$，其中

$$Q_1 = C^{\mathrm{T}}C,\quad R_1 = I = \mathrm{diag}\{1,1,1\}$$

$$Q_2 = 100Q_1,\quad R_2 = R_1$$

$$Q_3 = Q_2,\quad R_3 = \mathrm{diag}\{100,1,1\}$$

对应三种加权矩阵(Q_i,R_i)，$i=1,2,3$，Riccati 矩阵代数方程的解分别为

$$P_1 = \begin{bmatrix} 2.0911 & 0.3003 & 3.1275 & 0.6352 & -1.9270 \\ 0.3003 & 1.0474 & 0.7179 & 0.1854 & -0.4613 \\ 3.1275 & 0.7179 & 7.4079 & 1.7163 & -4.1888 \\ 0.6352 & 0.1854 & 1.7163 & 0.4423 & -0.9578 \\ -1.9270 & -0.4613 & -4.1888 & -0.9578 & 2.5645 \end{bmatrix}$$

$$P_2 = \begin{bmatrix} 61.6293 & 0.0474 & 37.8141 & 5.7054 & -19.7687 \\ 0.0474 & 9.9274 & 0.4719 & 0.1510 & -0.0484 \\ 37.8141 & 0.4719 & 56.9181 & 8.4251 & -20.2524 \\ 5.7054 & 0.1510 & 8.4251 & 1.5465 & -3.6328 \\ -19.7687 & -0.0484 & -20.2524 & -3.6328 & 11.4626 \end{bmatrix}$$

$$P_3 = \begin{bmatrix} 127.0782 & 1.7558 & 96.1967 & 6.2308 & -70.3144 \\ 1.7558 & 9.9839 & 1.9288 & 0.157 & -1.4417 \\ 96.1967 & 1.9288 & 140.5937 & 13.3429 & -78.4208 \\ 6.2308 & 0.157 & 13.3429 & 2.2132 & -5.8143 \\ -70.3144 & -1.4417 & -78.4208 & -5.8143 & 57.1178 \end{bmatrix}$$

相应的状态反馈增益分别为

$$K_1 = R_1^{-1}B^{\mathrm{T}}P_1 = \begin{bmatrix} -0.2642 & -0.0329 & 0.9009 & 0.4240 & -0.1380 \\ 0.3003 & 1.0474 & 0.7179 & 0.1854 & -0.4613 \\ -0.9165 & -0.2750 & -2.5510 & -0.6664 & 1.4070 \end{bmatrix}$$

$$K_2 = R_2^{-1}B^{\mathrm{T}}P_2 = \begin{bmatrix} -5.9294 & -0.6000 & 5.2765 & 1.0942 & 2.0060 \\ 0.0474 & 9.9274 & 0.4719 & 0.1510 & -0.0484 \\ -8.0524 & -0.2479 & -12.5454 & -2.3090 & 5.2096 \end{bmatrix}$$

$$K_3 = R_3^{-1}B^{\mathrm{T}}P_3 = \begin{bmatrix} -0.8342 & -0.0277 & -0.6478 & 0.0060 & 0.6444 \\ 1.7558 & 9.9839 & 1.9288 & 0.1575 & -1.4417 \\ -5.2273 & -0.1566 & -16.4755 & -3.2593 & 5.4997 \end{bmatrix}$$

图 7.6～图 7.11 是对于不同的加权矩阵相应的最优状态调节控制（扰流板角度 $u_1(t)$、前向加速度 $u_2(t)$、升降舵角度 $u_3(t)$）和相应的状态（飞行高度 $x_1(t)$、前向速度 $x_2(t)$和俯仰角 $x_3(t)$）的变化曲线。我们可以看到，通过适当选取加权矩阵的元的相对大小，可以改变相应控制量的大小，相应地改变状态的幅值大小和衰减速度。

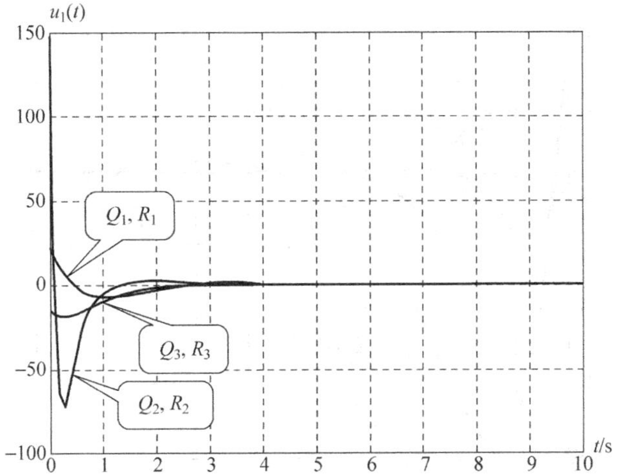

图 7.6　扰流板角度变化曲线

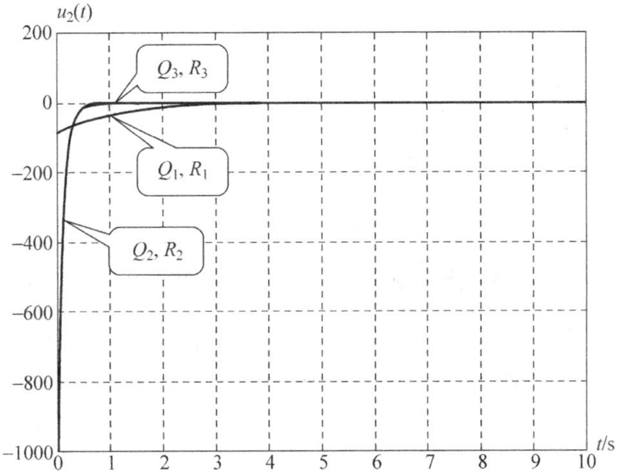

图 7.7　前向加速度变化曲线

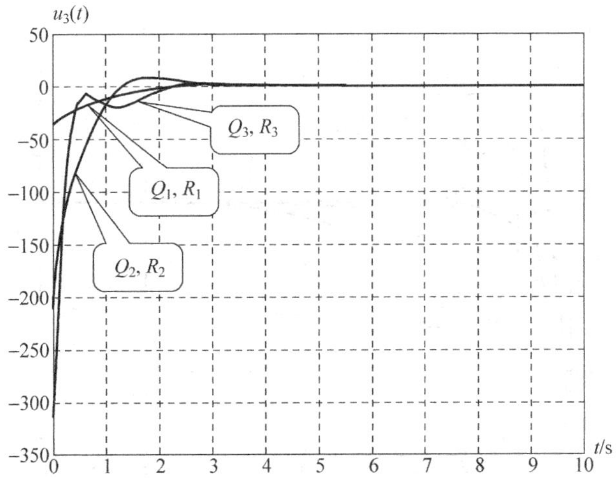

图 7.8　升降舵角度变化曲线

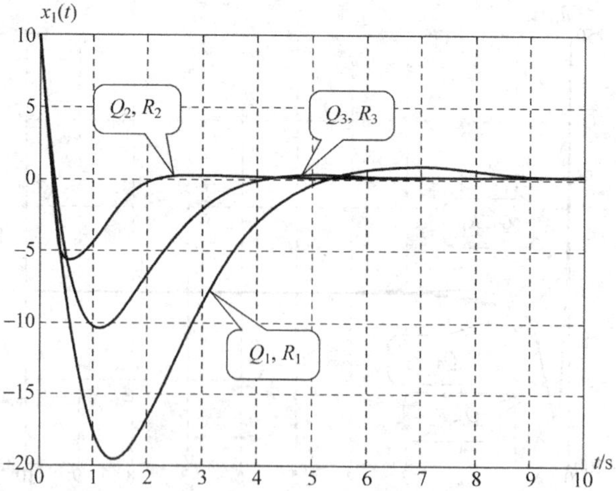

图 7.9 飞行高度变化曲线

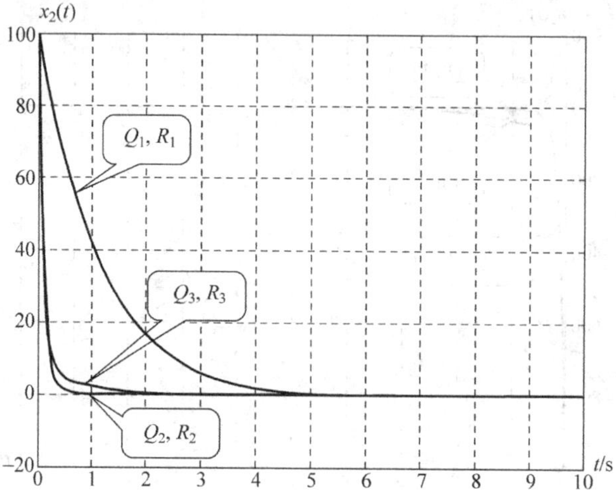

图 7.10 前向速度变化曲线

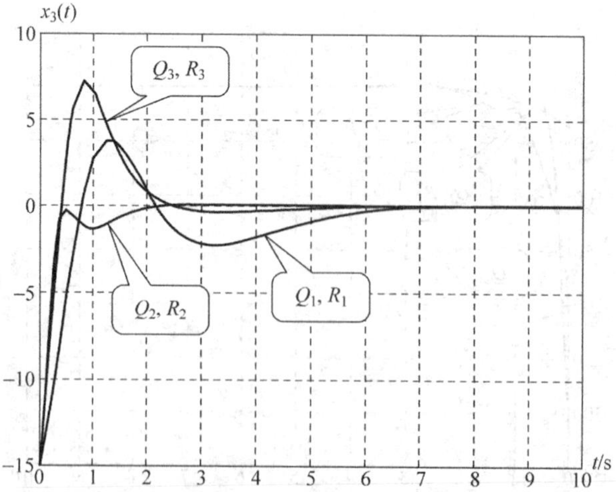

图 7.11 俯仰角变化曲线

7.4 指定衰减速度的最优状态调节器

对于无限时间 LQR 问题，有时我们不仅希望闭环系统的状态渐近趋于零，而且希望其衰减速度不低于某个指定速度，例如 $e^{-\alpha t}$，其中 α 是一大于零的实数。本节对线性定常系统讨论指定衰减速度的最优状态调节器设计问题。

假设受控对象是线性定常系统，其状态方程为

$$\dot{x}(t) = Ax(t) + Bu(t) \tag{7.4.1}$$

考虑性能指标

$$J = \frac{1}{2}\int_{t_0}^{\infty} e^{2\alpha t}[x^{\mathrm{T}}(t)Qx(t) + u^{\mathrm{T}}(t)Ru(t)]\mathrm{d}t \tag{7.4.2}$$

其中，A 和 B 为常数矩阵；Q 和 R 分别为半正定和正定矩阵，Q 可表示为 $Q=D^{\mathrm{T}}D$；α 为一正实数。

定义变量

$$\bar{x}(t) = e^{\alpha t}x(t)$$

$$\bar{u}(t) = e^{\alpha t}u(t)$$

则状态方程可改写为

$$\dot{\bar{x}}(t) = (A + \alpha I)\,\bar{x}(t) + B\,\bar{u}(t) \tag{7.4.3}$$

相应性能指标改写为

$$J = \frac{1}{2}\int_{t_0}^{\infty} [\bar{x}^{\mathrm{T}}(t)Q\,\bar{x}(t) + \bar{u}^{\mathrm{T}}(t)R\,\bar{u}(t)]\mathrm{d}t \tag{7.4.4}$$

这样便将问题转换为我们前面讨论过的线性定常无限时间 LQR 问题，其最优控制为

$$\bar{u}(t) = -R^{-1}B^{\mathrm{T}}P\,\bar{x}(t) \tag{7.4.5}$$

对于原 LQR 问题，则

$$u(t) = -R^{-1}B^{\mathrm{T}}Px(t) \tag{7.4.6}$$

其中 P 是如下 Riccati 矩阵代数方程的非负定解

$$P(A + \alpha I) + (A + \alpha I)^{\mathrm{T}}P - PBR^{-1}B^{\mathrm{T}}P + Q = 0 \tag{7.4.7}$$

定理 7.7 假设$(A+\alpha I,B)$是可镇定对，$(A+\alpha I,D)$是可检测对。对于线性定常系统式(7.4.1)，对应性能指标式(7.4.2)，最优控制由式(7.4.6)给定，相应的闭环系统的状态的衰减速度不低于指数 $e^{-\alpha t}$。

证明 因为$(A+\alpha I,B)$为可镇定对，$(A+\alpha I,D)$为可检测对，由定理 7.6 可知，对于由系统式(7.4.3)和性能指标式(7.4.4)描述的线性定常无限时间 LQR 问题，最优控制如式(7.4.5)给定，最优状态调节系统是渐近稳定的，即$\bar{x}(t)$有界且渐近趋于零。从而有

$$x(t) = e^{-\alpha t}\,\bar{x}(t) \to 0, \quad t \to \infty$$

即系统式(7.4.3)的状态 $x(t)$趋于零的速度不低于指数 $e^{-\alpha t}$。 ■

注：由模态判据可知，(A,B)的可控性与$(A+\alpha I,B)$的可控性等价，(A,D)的可

观性与$(A+\alpha I,D)$的可观性等价。因此，当(A,B)和(A,D)分别为可控对和可观对时，$(A+\alpha I,B)$是可镇定的，$(A+\alpha I,D)$是可检测的。当(A,B)和(A,D)分别是可镇定的和可检测的时，若其不可控模态和不可检测模态的衰减速度快于指数$e^{-\alpha t}$时，则$(A+\alpha I,B)$和$(A+\alpha I,D)$也分别是可镇定的和可检测的。

7.5 利用状态观测器的最优状态调节器

由前述章节的讨论我们知道，线性二次型最优控制器是一全状态反馈。但在实际应用中，有时不可能对受控对象的所有状态进行量测。有些系统的部分状态是量测不到的，或者进行量测的代价太大。本节将利用状态观测器对受控对象的状态进行估计，用估计的状态代替实际状态，实施最优状态反馈。

7.5.1 全维状态观测器的情形

考虑如下线性定常系统

$$\dot{x}(t)=Ax(t)+Bu(t) \tag{7.5.1}$$

$$y(t)=Cx(t) \tag{7.5.2}$$

其中$y(t)$是通过量测得到的变量。对于上述系统，观测器可构成如下

$$\begin{aligned}\dot{\hat{x}}(t)&=A\hat{x}(t)+Bu(t)+LC[\hat{x}(t)-x(t)]\\&=(A+LC)\hat{x}(t)+Bu(t)-Ly(t)\end{aligned} \tag{7.5.3}$$

其中L为观测器增益矩阵。令状态估计误差为

$$x_e(t)=\hat{x}(t)-x(t)$$

则

$$\dot{x}_e(t)=(A+LC)x_e(t) \tag{7.5.4}$$

如果(A,C)是可检测对，则存在矩阵L使得$A+LC$的特征值均有负实部。此时，状态估计误差$x_e(t)$将以指数的衰减率收敛于零。

考虑二次型性能指标

$$J=\frac{1}{2}\int_{t_0}^{\infty}[x^T(t)Qx(t)+u^T(t)Ru(t)]dt \tag{7.5.5}$$

其中Q和R分别是半正定和正定矩阵，$Q=D^TD$。

利用状态观测器估计的状态$\hat{x}(t)$构成控制

$$u(t)=-R^{-1}B^TP\hat{x}(t) \tag{7.5.6}$$

其中P是Riccati矩阵代数方程

$$PA+A^TP-PBR^{-1}B^TP+Q=0 \tag{7.5.7}$$

的非负定解。

定理7.8 假设(A,B)是可镇定对，(A,C)和(A,D)均是可检测对。若选取观测器增益矩阵L使得$A+LC$为稳定矩阵，则由受控对象式(7.5.1)和式(7.5.2)与

控制器式(7.5.3)和式(7.5.6)构成的反馈控制系统是渐近稳定的，相应的性能指标为

$$J=\frac{1}{2}x^{\mathrm{T}}(t_0)Px(t_0)+\frac{1}{2}\int_{t_0}^{\infty}x_{\mathrm{e}}^{\mathrm{T}}(t)PBR^{-1}B^{\mathrm{T}}Px_{\mathrm{e}}(t)\mathrm{d}t$$

证明　闭环系统的状态方程为

$$\begin{bmatrix}\dot{x}(t)\\ \dot{\hat{x}}(t)\end{bmatrix}=\begin{bmatrix}A & -BK\\ -LC & A+LC-BK\end{bmatrix}\begin{bmatrix}x(t)\\ \hat{x}(t)\end{bmatrix}$$

作非奇异变换

$$\begin{bmatrix}x(t)\\ x_{\mathrm{e}}(t)\end{bmatrix}=\begin{bmatrix}I & 0\\ -I & I\end{bmatrix}\begin{bmatrix}x(t)\\ \hat{x}(t)\end{bmatrix}$$

则

$$\begin{bmatrix}\dot{x}(t)\\ \dot{x}_{\mathrm{e}}(t)\end{bmatrix}=\begin{bmatrix}A-BK & -BK\\ 0 & A+LC\end{bmatrix}\begin{bmatrix}x(t)\\ x_{\mathrm{e}}(t)\end{bmatrix}$$

可见，闭环系统的特征值由矩阵 $A-BK$ 和 $A+LC$ 决定。由定理 7.6 可知，当(A,D)是可检测对时，$A-BK$ 为稳定矩阵。若观测器是渐近稳定的，即 $A+LC$ 是稳定矩阵，则闭环系统是渐近稳定的。

由 Riccati 矩阵代数方程式(7.5.7)，可得

$$\begin{aligned}x^{\mathrm{T}}(t)Qx(t)+u^{\mathrm{T}}(t)Ru(t)&=x^{\mathrm{T}}(t)Qx(t)+\hat{x}^{\mathrm{T}}(t)PBR^{-1}B^{\mathrm{T}}P\hat{x}(t)\\&=x^{\mathrm{T}}(t)[Q-PBR^{-1}B^{\mathrm{T}}P]x(t)\\&\quad+[\hat{x}^{\mathrm{T}}(t)-x^{\mathrm{T}}(t)]PBR^{-1}B^{\mathrm{T}}P[\hat{x}(t)-x(t)]\\&\quad+\hat{x}^{\mathrm{T}}(t)PBR^{-1}B^{\mathrm{T}}Px(t)+x^{\mathrm{T}}(t)PBR^{-1}B^{\mathrm{T}}P\hat{x}(t)\\&=-x^{\mathrm{T}}(t)[PA+A^{\mathrm{T}}P]x(t)+x_{\mathrm{e}}^{\mathrm{T}}(t)PBR^{-1}B^{\mathrm{T}}Px_{\mathrm{e}}(t)\\&\quad-\hat{x}^{\mathrm{T}}(t)K^{\mathrm{T}}B^{\mathrm{T}}Px(t)-x^{\mathrm{T}}(t)PBK\hat{x}(t)\\&=-\frac{\mathrm{d}}{\mathrm{d}t}x^{\mathrm{T}}(t)Px(t)+x_{\mathrm{e}}^{\mathrm{T}}(t)PBR^{-1}B^{\mathrm{T}}Px_{\mathrm{e}}(t)\end{aligned}$$

因闭环系统渐近稳定，$x(t)\to 0$，$t\to\infty$，故有

$$\begin{aligned}J&=-\frac{1}{2}\int_{t_0}^{\infty}\frac{\mathrm{d}}{\mathrm{d}t}x^{\mathrm{T}}(t)Px(t)\mathrm{d}t+\frac{1}{2}\int_{t_0}^{\infty}x_{\mathrm{e}}^{\mathrm{T}}(t)PBR^{-1}B^{\mathrm{T}}Px_{\mathrm{e}}(t)\mathrm{d}t\\&=\frac{1}{2}x^{\mathrm{T}}(t_0)Px(t_0)+\frac{1}{2}\int_{t_0}^{\infty}x_{\mathrm{e}}^{\mathrm{T}}(t)PBR^{-1}B^{\mathrm{T}}Px_{\mathrm{e}}(t)\mathrm{d}t\end{aligned}$$

■

注：由于状态观测器的引入，性能指标有所增大，闭环控制性能有所变坏。其影响大小，与状态估计误差 $x_{\mathrm{e}}(t)$的特性有关。由状态估计误差方程(7.5.4)可知，可以通过选取观测器增益矩阵 L，使得 $x_{\mathrm{e}}(t)$能够快速衰减，即状态估计$\hat{x}(t)$快速收敛于受控对象状态 $x(t)$，从而减小因状态观测器的引入所产生的控制性能的下降。如果能够知道受控对象的初始状态 $x(t_0)$，则可设定$\hat{x}(t_0)=x(t_0)$，使得状态估计误差 $x_{\mathrm{e}}(t)$恒等于零。此时，状态观测器的引入对性能指标没有影响。

注：由上述定理的证明可知，闭环系统的极点由矩阵 $A-BK$ 和 $A+LC$ 的特征值决定，最优状态反馈矩阵 K 和状态观测器增益矩阵 L 的设计是分别独立进行的，此特点被称之为分离性原理。

注：在随机控制理论中，将利用状态观测器(Kalman 滤波器)的最优状态调节问题称为 LQG(Linear Quadratic Gaussian)问题。

7.5.2 降维状态观测器的情形

为了实现线性最优控制，并不必须对受控对象的状态 $x(t)$进行估计，只要设计观测器给出 $Kx(t)$的估计即可。通常，控制向量 $u(t)$的维数低于状态向量 $x(t)$的维数。因此，利用一个较低维数的观测器便可实现对最优控制的估计。

对于受控系统式(7.5.1)和式(7.5.2)，考虑如下形式的观测器

$$\begin{cases}\dot{z}(t)=Gz(t)+Fy(t)+Hu(t)\\ w(t)=Ez(t)+Dy(t)\end{cases}\tag{7.5.8}$$

其中 $z(t)$是 p 维观测器状态向量。希望选取适当的维数 p 和常数矩阵 G、F、H、E、D，使得上述观测器的输出 $w(t)$收敛于 $Kx(t)$。因此，称观测器式(7.5.8)为 $Kx(t)$-观测器。

定理 7.9 如果 G 为稳定矩阵，且存在矩阵 T，成立

$$TA-GT=FC\tag{7.5.9}$$

$$K=ET+DC\tag{7.5.10}$$

$$H=TB\tag{7.5.11}$$

则观测器式(7.5.8)的输出 $w(t)$收敛于 $Kx(t)$。

证明 令 $z_e(t)=z(t)-Tx(t)$。若式(7.5.9)和式(7.5.11)成立，则

$$\dot{z}_e(t)=Gz(t)+Fy(t)+Hu(t)-TAx(t)-TBu(t)=Gz_e(t)$$

因 G 为稳定矩阵，故 $z_e(t)$收敛于零，即 $z(t)$收敛于 $Tx(t)$。由式(7.5.10)，有

$$w(t)=[ET+DC]x(t)+E[z(t)-Tx(t)]=Kx(t)+Ez_e(t)$$

因此，$w(t)$收敛于 $Kx(t)$。 ■

利用 $Kx(t)$-观测器的输出 $w(t)$构成控制器如下

$$u(t)=-w(t)\tag{7.5.12}$$

定理 7.10 假设(A,B)是可镇定对，(A,D)是可检测对。观测器式(7.5.8)满足定理 7.9 中的条件。则由受控对象式(7.5.1)和式(7.5.2)与控制器式(7.5.8)和式(7.5.12)构成的反馈控制系统是渐近稳定的，相应的性能指标为

$$J=\frac{1}{2}x^{\mathrm{T}}(t_0)Px(t_0)+\frac{1}{2}\int_{t_0}^{\infty}z_e^{\mathrm{T}}(t)E^{\mathrm{T}}REz_e(t)\mathrm{d}t$$

证明 由受控系统式(7.5.1)和式(7.5.2)和控制器式(7.5.8)和式(7.5.12)构成的闭环系统的状态方程为

$$\begin{bmatrix}\dot{x}(t)\\ \dot{z}(t)\end{bmatrix}=\begin{bmatrix}A-BDC & -BE\\ FC-HDC & G-HE\end{bmatrix}\begin{bmatrix}x(t)\\ z(t)\end{bmatrix}$$

作非奇异变换

$$\begin{bmatrix}x(t)\\ z_e(t)\end{bmatrix}=\begin{bmatrix}I & 0\\ -T & I\end{bmatrix}\begin{bmatrix}x(t)\\ z(t)\end{bmatrix}$$

得

$$\begin{bmatrix}\dot{x}(t)\\ \dot{z}_e(t)\end{bmatrix}=\begin{bmatrix}A-BK & -BE\\ 0 & G\end{bmatrix}\begin{bmatrix}x(t)\\ z_e(t)\end{bmatrix}$$

由此可知，在定理的假设条件下，闭环系统是渐近稳定的。

Riccati 矩阵代数方程式(7.5.7)可改写为

$$P(A-BK)+(A-BK)^{\mathrm{T}}P+K^{\mathrm{T}}RK+Q=0$$

由上式可得

$$\begin{aligned}x^{\mathrm{T}}(t)Qx(t)+u^{\mathrm{T}}(t)Ru(t)&=x^{\mathrm{T}}(t)Qx(t)+w^{\mathrm{T}}(t)Rw(t)\\&=x^{\mathrm{T}}(t)Qx(t)+[x^{\mathrm{T}}(t)K^{\mathrm{T}}+z_e^{\mathrm{T}}(t)E^{\mathrm{T}}]R[Kx(t)+Ez_e(t)]\\&=x^{\mathrm{T}}(t)[Q+K^{\mathrm{T}}RK]x(t)+z_e^{\mathrm{T}}E^{\mathrm{T}}REz_e(t)\\&\quad+z_e^{\mathrm{T}}(t)E^{\mathrm{T}}RKx(t)+x^{\mathrm{T}}(t)K^{\mathrm{T}}REz_e(t)\\&=-x^{\mathrm{T}}(t)[P(A-BK)+(A-BK)^{\mathrm{T}}P]x(t)\\&\quad+z_e^{\mathrm{T}}E^{\mathrm{T}}REz_e(t)+z_e^{\mathrm{T}}(t)E^{\mathrm{T}}RKx(t)+x^{\mathrm{T}}(t)K^{\mathrm{T}}REz_e(t)\\&=-\frac{\mathrm{d}}{\mathrm{d}t}x^{\mathrm{T}}(t)Px(t)+z_e^{\mathrm{T}}E^{\mathrm{T}}REz_e(t)\end{aligned}$$

由于闭环系统是渐近稳定的，故可得

$$\begin{aligned}J&=-\frac{1}{2}\int_{t_0}^{\infty}\frac{\mathrm{d}}{\mathrm{d}t}x^{\mathrm{T}}(t)Px(t)\mathrm{d}t+\frac{1}{2}\int_{t_0}^{\infty}z_e^{\mathrm{T}}(t)E^{\mathrm{T}}REz_e(t)\mathrm{d}t\\&=\frac{1}{2}x^{\mathrm{T}}(t_0)Px(t_0)+\frac{1}{2}\int_{t_0}^{\infty}z_e^{\mathrm{T}}(t)E^{\mathrm{T}}REz_e(t)\mathrm{d}t\end{aligned}$$ ■

注：对于给定受控对象，$Kx(t)$-观测器不唯一。当 rank $C=m$ 时，$Kx(t)$-观测器的维数 p 一般小于或等于 $n-m$。关于最小维 $Kx(t)$-观测器的讨论，参见有关文献。

7.6 离散时间系统最优状态调节器

对于离散时间系统，相应的 LQR 问题的求解，类似于连续时间系统，将导出 Riccati 矩阵差分方程和离散 Riccati 矩阵代数方程。

7.6.1 离散时间系统有限时间最优调节器

对于离散时间线性系统

$$x(k+1)=A(k)x(k)+B(k)u(k),\quad k_0\leqslant k\leqslant N-1 \tag{7.6.1}$$

假设初始状态给定为 $x(k_0)=x_0$，考虑二次型性能指标

$$J=\frac{1}{2}x^{\mathrm{T}}(N)S(N)x(N)+\frac{1}{2}\sum_{k=k_0}^{N-1}[x^{\mathrm{T}}(k)Q(k)x(k)+u^{\mathrm{T}}(k)R(k)u(k)] \tag{7.6.2}$$

其中，$S(N)$、$Q(k)$为半正定矩阵；$R(k)$为正定矩阵。

令

$$J[x(k),k]=\frac{1}{2}x^{\mathrm{T}}(N)S(N)x(N)+\frac{1}{2}\sum_{j=k}^{N-1}[x^{\mathrm{T}}(j)Q(j)x(j)+u^{\mathrm{T}}(j)R(j)u(j)]$$

$$k=k_0,k_0+1,\cdots,N-1$$

$$J[x(N),N]=\frac{1}{2}x^{\mathrm{T}}(N)S(N)x(N)$$

当 $k=N$ 时，有

$$J^*[x(N),N]=J[x(N),N]=\frac{1}{2}x^{\mathrm{T}}(N)P(N)x(N)$$

其中

$$P(N)=S(N)$$

当 $k=N-1$ 时，由动态规划基本递推公式，有

$$\begin{aligned}J^*[x(N-1),N-1]=&\min_{u(N-1)}\Big\{\frac{1}{2}x^{\mathrm{T}}(N-1)Q(N-1)x(N-1)\\&+\frac{1}{2}u^{\mathrm{T}}(N-1)R(N-1)u(N-1)+J^*[x(N),N]\Big\}\\=&\min_{u(N-1)}\Big\{\frac{1}{2}x^{\mathrm{T}}(N-1)Q(N-1)x(N-1)\\&+\frac{1}{2}u^{\mathrm{T}}(N-1)R(N-1)u(N-1)\\&+\frac{1}{2}[A(N-1)x(N-1)+B(N-1)u(N-1)]^{\mathrm{T}}P(N)\\&[A(N-1)x(N-1)+B(N-1)u(N-1)]\Big\}\end{aligned}$$

使上式右端达到最小的控制 $u(N-1)$满足如下等式

$$R(N-1)u(N-1)+B^{\mathrm{T}}(N-1)P(N)[A(N-1)x(N-1)+B(N-1)u(N-1)]=0$$

解得

$$u(N-1)=-K(N-1)x(N-1)$$

其中

$$K(N-1)=[R(N-1)+B^{\mathrm{T}}(N-1)P(N)B(N-1)]^{-1}B^{\mathrm{T}}(N-1)P(N)A(N-1)$$

将上述最优控制 $u(N-1)$代入 $J^*[x(N-1),N-1]$的表达式中，整理可得

$$J^*[x(N-1),N-1]=\frac{1}{2}x^{\mathrm{T}}(N-1)P(N-1)x(N-1)$$

其中

$$P(N-1)=Q(N-1)+A^{T}(N-1)P(N)A(N-1)-K^{T}(N-1)[R(N-1)+B^{T}(N-1)P(N)B(N-1)]K(N-1)$$

对 $k=N-2,N-3,\cdots$ 等情形，利用动态规划基本递推公式作类似处理，可得到递推计算公式

$$u(k)=-K(k)x(k)$$

其中

$$\begin{cases}K(k)=[R(k)+B^{T}(k)P(k+1)B(k)]^{-1}B^{T}(k)P(k+1)A(k)\\ P(k)=Q(k)+A^{T}(k)P(k+1)A(k)\\ \qquad -K^{T}(k)[R(k)+B^{T}(k)P(k+1)B(k)]K(k)\\ P(N)=S(N)\end{cases}\tag{7.6.3}$$

最优代价函数为

$$J^{*}[x(k),k]=\frac{1}{2}x^{T}(k)P(k)x(k)$$

定理 7.11　对于离散时间线性系统式(7.6.1)，使得二次型性能指标式(7.6.2)达到最小的最优控制为

$$u(k)=-[R(k)+B^{T}(k)P(k+1)B(k)]^{-1}B^{T}(k)P(k+1)A(k)x(k)$$

其中 $P(k+1)$ 是如下 Riccati 矩阵差分方程的解

$$\begin{cases}P(k)=Q(k)+A^{T}(k)P(k+1)A(k)-A^{T}(k)P(k+1)B(k)[R(k)\\ \qquad +B^{T}(k)P(k+1)B(k)]^{-1}B^{T}(k)P(k+1)A(k)\\ k=N-1,N-2,\cdots,k_0+1,k_0\\ P(N)=S(N)\end{cases}\tag{7.6.4}$$

相应的最优性能指标为

$$J^{*}=J^{*}[x(k_0),k_0]=\frac{1}{2}x^{T}(k_0)P(k_0)x(k_0)$$

证明　易证式(7.6.4)和式(7.6.3)等价。由 $J^{*}[x(j),j]$ 的定义直接可得最优性能指标的表达式。■

注：由定理 7.11 的结论可知，离散时间线性系统二次型最优状态调节器是一线性时变状态反馈，状态反馈增益矩阵可以通过逆向递推求解 Riccati 矩阵差分方程而离线计算求得。

7.6.2　离散时间系统无限时间最优调节器

考虑离散时间线性定常系统

$$x(k+1)=Ax(k)+Bu(k)\tag{7.6.5}$$

其中 A 和 B 为适当维数的常数矩阵，初始状态 $x(k_0)=x_0$ 给定。性能指标为

$$J=\frac{1}{2}\sum_{k=k_0}^{\infty}[x^{T}(k)Qx(k)+u^{T}(k)Ru(k)]\tag{7.6.6}$$

其中 Q 和 R 分别为半正定和正定常数矩阵。

定义

$$J[x(j)] = \frac{1}{2}\sum_{k=j}^{\infty}[x^{\mathrm{T}}(k)Qx(k) + u^{\mathrm{T}}(k)Ru(k)], \quad j = k_0, k_0+1, \cdots$$

类似可证，使得上式代价函数达到最小的最优控制为

$$u(j) = -R^{-1}B^{\mathrm{T}}\frac{\partial J^*[x(j+1)]}{\partial x(j+1)}$$

而相应的最小代价函数为

$$J^*[x(j)] = \frac{1}{2}x^{\mathrm{T}}(j)Qx(j) + J^*[x(j+1)] + \frac{1}{2}\frac{\partial J^*[x(j+1)]}{\partial x^{\mathrm{T}}(j+1)}BR^{-1}B^{\mathrm{T}}\frac{\partial J^*[x(j+1)]}{\partial x(j+1)}$$

注意到上式的结构，且 Q 和 $BR^{-1}B^{\mathrm{T}}$ 是常数矩阵，故可令

$$J^*[x(j)] = \frac{1}{2}x^{\mathrm{T}}(j)Px(j)$$

其中 P 为半正定矩阵。代入最优控制律中，得

$$u(j) = -R^{-1}B^{\mathrm{T}}Px(j+1) = -[R+B^{\mathrm{T}}PB]^{-1}B^{\mathrm{T}}PAx(j)$$

将上式的最优控制代入状态方程式(7.6.5)，有

$$x(j+1) = \Lambda x(j) \tag{7.6.7}$$

其中

$$\Lambda = A - B[R+B^{\mathrm{T}}PB]^{-1}B^{\mathrm{T}}PA \tag{7.6.8}$$

因此可得

$$\frac{1}{2}x^{\mathrm{T}}(j)Px(j) = \frac{1}{2}x^{\mathrm{T}}(j)Qx(j) + \frac{1}{2}x^{\mathrm{T}}(j)\Lambda^{\mathrm{T}}P\Lambda x(j) + \frac{1}{2}x^{\mathrm{T}}(j)\Lambda^{\mathrm{T}}PBR^{-1}B^{\mathrm{T}}P\Lambda x(j)$$

可见 P 满足如下方程

$$P = Q + \Lambda^{\mathrm{T}}P\Lambda + \Lambda^{\mathrm{T}}PBR^{-1}B^{\mathrm{T}}P\Lambda \tag{7.6.9}$$

将式(7.6.8)代入式(7.6.9)，整理可得离散 Riccati 矩阵代数方程

$$P = Q + A^{\mathrm{T}}PA - A^{\mathrm{T}}PB(R+B^{\mathrm{T}}PB)^{-1}B^{\mathrm{T}}PA \tag{7.6.10}$$

定理 7.12 对于离散时间线性系统式(7.6.5)和二次型性能指标式(7.6.6)，若 R 为正定矩阵，Q 为半正定且可表示为 $Q=D^{\mathrm{T}}D$，(A,B) 为可镇定对，(A,D) 为可观测对，则离散 Riccati 矩阵代数方程式(7.6.10)存在唯一正定解 P，最优控制为

$$u(k) = -Kx(k) \tag{7.6.11}$$

其中

$$K = (R+B^{\mathrm{T}}PB)^{-1}B^{\mathrm{T}}PA \tag{7.6.12}$$

并且相应的闭环控制系统

$$x(k+1) = (A-BK)x(k) \tag{7.6.13}$$

是渐近稳定的，最优性能指标为

$$J^* = \frac{1}{2}x^{\mathrm{T}}(k_0)Px(k_0) \tag{7.6.14}$$

证明　由前面的讨论已经知道，最优控制和最优性能指标具有定理中给出的形式。需要证明的是，在定理的假设条件下，离散 Riccati 矩阵代数方程式(7.6.10)存在唯一正定解 P，且闭环系统是渐近稳定的。

令

$$V[x(k)] = \frac{1}{2}x^{\mathrm{T}}(k)Px(k)$$

其中 P 满足式 (7.6.10)。易证式 (7.6.10)等价于下式

$$P = Q + (A - BK)^{\mathrm{T}}P(A - BK) + K^{\mathrm{T}}RK \tag{7.6.15}$$

所以，对任意 $x(k)$，$V[x(k)] \geqslant 0$。对于式(7.6.11)的最优控制，有

$$\begin{aligned}
V[x(k+1)] - V[x(k)] &= \frac{1}{2}x^{\mathrm{T}}(k+1)Px(k+1) - \frac{1}{2}x^{\mathrm{T}}(k)Px(k) \\
&= \frac{1}{2}x^{\mathrm{T}}(k+1)Px(k+1) - \frac{1}{2}[x^{\mathrm{T}}(k)Qx(k) \\
&\quad + x^{\mathrm{T}}(k+1)Px(k+1) + x^{\mathrm{T}}(k)K^{\mathrm{T}}RKx(k)] \\
&= -\frac{1}{2}[x^{\mathrm{T}}(k)Qx(k) + x^{\mathrm{T}}(k)K^{\mathrm{T}}RKx(k)]
\end{aligned}$$

由此，得

$$\begin{aligned}
V[x(k+1)] &= V[x(k)] - \frac{1}{2}[x^{\mathrm{T}}(k)Qx(k) + x^{\mathrm{T}}(k)K^{\mathrm{T}}RKx(k)] \\
&= V[x(k_0)] - \frac{1}{2}\sum_{j=k_0}^{k}[x^{\mathrm{T}}(j)Qx(j) + x^{\mathrm{T}}(j)K^{\mathrm{T}}RKx(j)]
\end{aligned}$$

因 $V[x(k+1)]$非负，故

$$\frac{1}{2}\sum_{j=k_0}^{k}[x^{\mathrm{T}}(j)Qx(j) + x^{\mathrm{T}}(j)K^{\mathrm{T}}RKx(j)] \leqslant V[x(k_0)]$$

因为 Q 为半正定矩阵而 R 为正定矩阵，所以

$$x^{\mathrm{T}}(j)Qx(j) + x^{\mathrm{T}}(j)K^{\mathrm{T}}RKx(j) \to 0, \quad j \to \infty$$

上式等价为

$$Dx(j) \to 0, \quad Kx(j) \to 0, \quad j \to \infty \tag{7.6.16}$$

由闭环系统状态方程，可得

$$\begin{aligned}
Dx(j+1) &= D(A - BK)x(j) = DAx(j) - DBKx(j) \\
Dx(j+2) &= D(A - BK)x(j+1) = DA(A - BK)x(j) - DBKx(j+1) \\
&= DA^2x(j) - DABKx(j) - DBKx(j+1) \\
Dx(j+3) &= D(A - BK)x(j+2) = DA(A - BK)x(j+1) - DBKx(j+2) \\
&= DA^3x(j) - \sum_{i=j}^{j+2}DA^{j+2-i}BKx(i)
\end{aligned}$$

…

$$Dx(j+n-1) = DA^{n-1}x(j) - \sum_{i=j}^{j+n-2} DA^{j+n-2-i}BKx(i)$$

由上式和式(7.6.16)可得

$$\begin{bmatrix} D \\ DA \\ DA^2 \\ \vdots \\ DA^{n-1} \end{bmatrix} x(j) \to 0, \quad j \to \infty$$

因(A,D)为可观测对，故得

$$x(j) \to 0, \quad j \to \infty$$

即闭环系统是渐近稳定的。

现证明离散 Riccati 矩阵代数方程式(7.6.10)存在唯一正定解 P。令 $R=W^{\mathrm{T}}W$，因 R 为正定矩阵，所以，W 为非奇异方阵。则存在矩阵$\hat{B}$，成立 $B=\hat{B}W$。因为(A,D)是可观测对，对于式(7.6.12)中的 K，成立

$$n = \operatorname{rank}\begin{bmatrix} sI-A \\ D \end{bmatrix} = \operatorname{rank}\begin{bmatrix} sI-A \\ D \\ WK \end{bmatrix}$$

$$= \operatorname{rank}\begin{bmatrix} I & 0 & \hat{B} \\ 0 & I & 0 \\ 0 & 0 & I \end{bmatrix}\begin{bmatrix} sI-A \\ D \\ WK \end{bmatrix} = \operatorname{rank}\begin{bmatrix} sI-(A-BK) \\ D \\ WK \end{bmatrix}$$

因此，$\left((A-BK),\begin{bmatrix} D \\ WK \end{bmatrix}\right)$是可观测对。式(7.6.15)可改写为

$$P = (A-BK)^{\mathrm{T}}P(A-BK) + \begin{bmatrix} D \\ WK \end{bmatrix}^{\mathrm{T}}\begin{bmatrix} D \\ WK \end{bmatrix} \tag{7.6.17}$$

由于 $A-BK$ 是稳定的，而$\left((A-BK),\begin{bmatrix} D \\ WK \end{bmatrix}\right)$是可观测对，则由稳定性理论知，式(7.6.17)对于 P 存在唯一的正定解。 ■

习题 7

7.1 考虑一阶系统

$$\dot{x}(t) = 2x(t) + u(t), \quad x(1) = 5$$

求控制律 $u(t), t\in[1,2]$，使得如下性能指标

$$J = \int_1^2 [x^2(t) + 2u^2(t)]\mathrm{d}t$$

达到最小。

7.2 对于二阶系统

$$\dot{x}(t)=\begin{bmatrix}0 & 1\\ 0 & 0\end{bmatrix}x(t)+\begin{bmatrix}0\\ 1\end{bmatrix}u(t)$$

考虑如下性能指标

$$J=\int_0^{\infty}[x_1^2(t)+2u^2(t)]\mathrm{d}t$$

求最优控制律 $u(t)$。

7.3 考虑倒立摆最优控制问题。倒立摆的结构如图7.12所示，参数为

$$M=2\text{kg},\quad m=1\text{kg}$$
$$L=0.5\text{m},\quad g=9.8\text{m/s}^2$$

假设质块与平面无摩擦，则此倒立摆的近似线性状态方程为

$$\dot{X}(t)=\begin{bmatrix}0 & 1 & 0 & 0\\ 0 & 0 & -\frac{mg}{M} & 0\\ 0 & 0 & 0 & 1\\ 0 & 0 & \frac{(M+m)g}{ML} & 0\end{bmatrix}X(t)+\begin{bmatrix}0\\ \frac{1}{M}\\ 0\\ -\frac{1}{ML}\end{bmatrix}u(t)$$

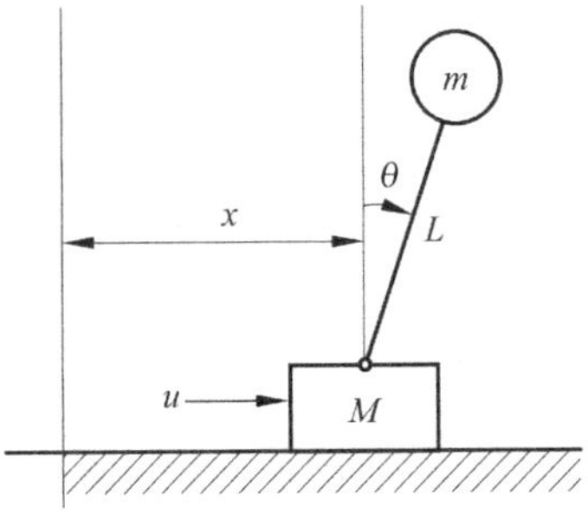

图7.12 倒立摆

其中

$$X(t)=[x(t)\quad \dot{x}(t)\quad \theta(t)\quad \dot{\theta}(t)]^{\mathrm{T}}$$

初始状态为

$$X(0)=[0\quad 0\quad 1\quad 0]^{\mathrm{T}}$$

考虑性能指标

$$J=\frac{1}{2}\int_0^{\infty}\mathrm{e}^{2\alpha t}[X^{\mathrm{T}}(t)QX(t)+ru^2(t)]\mathrm{d}t$$

(1) 令 $Q=\mathrm{diag}[1\quad 1\quad 1\quad 1]^{\mathrm{T}}$，$r=0.1$，$\alpha=0$，设计线性二次型最优调节器，并绘制 $\theta(t)$ 和 $u(t)$ 的曲线图($t\in[0,3]$)；

(2) 令 $Q=\mathrm{diag}[1\quad 1\quad 1\quad 1]^{\mathrm{T}}$，$r=10$，$\alpha=0$，重做(1)，并比较曲线 $\theta(t)$ 和 $u(t)$；

(3) 令 $Q=\mathrm{diag}[1\quad 1\quad 1\quad 1]^{\mathrm{T}}$，$r=10$，$\alpha=5$，设计(状态的衰减速度不低于指数 e^{-5t} 的)线性二次型最优调节器，并绘制 $\theta(t)$ 和 $u(t)$ 的曲线图($t\in[0,3]$)。

7.4　考虑二阶离散时间线性系统

$$x(k+1)=\begin{bmatrix}0 & 1\\ -1 & -1\end{bmatrix}x(k)+\begin{bmatrix}1\\ 1\end{bmatrix}u(k),\quad x(0)=\begin{bmatrix}0\\ 1\end{bmatrix}$$

(1) 求最优控制

$$u(k)=-K(k)x(k),\quad k=0,1,2$$

使得性能指标

$$J_1=x_2^2(3)+\sum_{k=0}^{2}\left[x_1^2(k)+2u^2(k)\right]$$

达到最小；

(2) 对于性能指标

$$J_2=\sum_{k=0}^{\infty}\left[x_1^2(k)+x_2^2(k)+u^2(k)\right]$$

求最优控制

$$u(k)=-Kx(k)$$

第8章 最优状态调节系统的鲁棒稳定性

在第 7 章中我们介绍了线性最优状态调节系统的设计方法，并分析了闭环系统稳定性。本章将进一步分析最优状态调节系统的特性，尤其是鲁棒稳定性。将证明当加权矩阵 R 为对角矩阵时，最优状态调节系统具有令人满意的稳定余量，并且对于扇形开环非线性摄动具有鲁棒稳定性。

8.1 最优状态调节器的频域公式

首先回顾一下线性定常无限时间 LQR 问题的求解。考虑线性定常系统

$$\dot{x}(t) = Ax(t) + Bu(t)$$

和二次型性能指标

$$J = \frac{1}{2}\int_{t_0}^{\infty}[x^{\mathrm{T}}(t)Qx(t) + u^{\mathrm{T}}(t)Ru(t)]\mathrm{d}t$$

其中，A 和 B 是常数矩阵，(A,B)是可镇定对；Q 和 R 分别是半正定和正定对称常数矩阵。将 Q 表示为$Q=D^{\mathrm{T}}D$，假设(A,D)是可检测对。使得上述性能指标达到最小的最优控制器存在且唯一，由下式给定

$$u^*(t) = -Kx(t)$$

$$K = R^{-1}B^{\mathrm{T}}P \tag{8.1.1}$$

其中 P 是 Riccati 矩阵代数方程

$$PA + A^{\mathrm{T}}P - PBR^{-1}B^{\mathrm{T}}P + Q = 0 \tag{8.1.2}$$

的非负定解，并且最优控制闭环系统

$$\dot{x}(t) = (A - BK)x(t)$$

是渐近稳定的。闭环系统框图如图 8.1 所示。

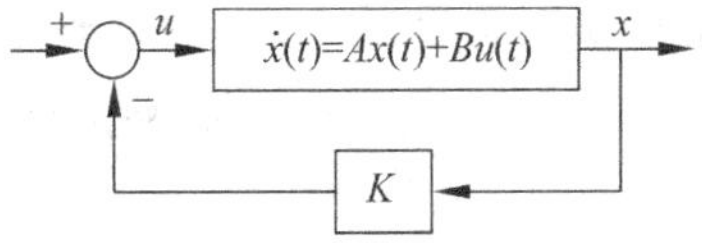

图 8.1 最优状态调节系统

Riccati 矩阵代数方程式(8.1.2)可改写为

$$P(sI - A) + (-sI - A)^{\mathrm{T}}P + K^{\mathrm{T}}RK = Q$$

以 $B^{\mathrm{T}}(-sI-A^{\mathrm{T}})^{-1}$左乘、以$(sI-A)^{-1}B$ 右乘上式，得

$$B^{\mathrm{T}}(-sI-A^{\mathrm{T}})^{-1}K^{\mathrm{T}}R+RK(sI-A)^{-1}B+B^{\mathrm{T}}(-sI-A^{\mathrm{T}})^{-1}K^{\mathrm{T}}RK(sI-A)^{-1}B$$
$$=B^{\mathrm{T}}(-sI-A^{\mathrm{T}})^{-1}Q(sI-A)^{-1}B$$

在上式的两端同时加上 R，配方可得

$$\begin{aligned}&[I+B^{\mathrm{T}}(-sI-A^{\mathrm{T}})^{-1}K^{\mathrm{T}}]R[I+K(sI-A)^{-1}B]\\&=R+B^{\mathrm{T}}(-sI-A^{\mathrm{T}})^{-1}Q(sI-A)^{-1}B\end{aligned}\tag{8.1.3}$$

上式被称为**回差恒等式**。因 R 是正定矩阵，其平方根矩阵 $R^{1/2}$ 存在且可逆。回差恒等式可改写为

$$\begin{aligned}&[I+R^{-1/2}B^{\mathrm{T}}(-sI-A^{\mathrm{T}})^{-1}K^{\mathrm{T}}R^{1/2}][I+R^{1/2}K(sI-A)^{-1}BR^{-1/2}]\\&=I+R^{-1/2}B^{\mathrm{T}}(-sI-A^{\mathrm{T}})^{-1}Q(sI-A)^{-1}BR^{-1/2}\end{aligned}\tag{8.1.4}$$

上式被称为最优状态调节系统的**频域公式**。

Riccati 矩阵代数方程(8.1.2)还可改写为

$$P(sI-A+BK)+(-sI-A+BK)^{\mathrm{T}}P-K^{\mathrm{T}}RK=Q$$

以 $B^{\mathrm{T}}(-sI-A^{\mathrm{T}}+K^{\mathrm{T}}B^{\mathrm{T}})^{-1}$左乘、以$(sI-A+BK)^{-1}B$ 右乘上式，则得

$$\begin{aligned}&B^{\mathrm{T}}(-sI-A^{\mathrm{T}}+K^{\mathrm{T}}B^{\mathrm{T}})^{-1}K^{\mathrm{T}}R+RK(sI-A+BK)^{-1}B\\&-B^{\mathrm{T}}(-sI-A^{\mathrm{T}}+K^{\mathrm{T}}B^{\mathrm{T}})^{-1}K^{\mathrm{T}}RK(sI-A+BK)^{-1}B\\&=B^{\mathrm{T}}(-sI-A^{\mathrm{T}}+K^{\mathrm{T}}B^{\mathrm{T}})^{-1}Q(sI-A+BK)^{-1}B\end{aligned}$$

在上式的两端乘以-1、同时加上 R 后，整理可得

$$\begin{aligned}&[I-B^{\mathrm{T}}(-sI-A^{\mathrm{T}}-K^{\mathrm{T}}B^{\mathrm{T}})^{-1}K^{\mathrm{T}}]R[I+K(sI-A+BK)^{-1}B]\\&=R-B^{\mathrm{T}}(-sI-A^{\mathrm{T}}-K^{\mathrm{T}}B^{\mathrm{T}})^{-1}Q(sI-A+BK)^{-1}B\end{aligned}$$

容易证明如下等式

$$\begin{aligned}\det[I+K(sI-A)^{-1}B]&=\det[I+(sI-A)^{-1}BK]\\&=\det[(sI-A)^{-1}]\det(sI-A+BK)\\&=\frac{\det(sI-A+BK)}{\det(sI-A)}=\frac{p_{\mathrm{c}}(s)}{p_{\mathrm{o}}(s)}\end{aligned}\tag{8.1.5}$$

其中 $p_{\mathrm{o}}(s)$和 $p_{\mathrm{c}}(s)$分别是开环系统和闭环系统的特征多项式

$$\begin{cases}p_{\mathrm{o}}(s)=\det(sI-A)\\p_{\mathrm{c}}(s)=\det(sI-A+BK)\end{cases}\tag{8.1.6}$$

对于单输入系统，令 $B=b,R=r$，且令

$$q(s)=p_{\mathrm{o}}(s)p_{\mathrm{o}}(-s)b^{\mathrm{T}}(-sI-A^{\mathrm{T}})^{-1}Q(sI-A)^{-1}b$$

则式(8.1.3)和式(8.1.4)可改写为

$$p_{\mathrm{o}}(s)p_{\mathrm{o}}(-s)+r^{-1}q(s)=p_{\mathrm{c}}(s)p_{\mathrm{c}}(-s)\tag{8.1.7}$$

8.2 最优状态调节系统的稳定余量

在古典控制理论中，稳定余量是控制系统特性的重要指标之一。本节将分析当选取加权矩阵 R 为对角阵时，最优状态调节系统各通道所具有的稳定余量。

引理 8.1 对于 $G\in C^{n\times n}$和$\Delta\in C^{n\times n}$，如果成立

$$(I+G^*)(I+G)\geqslant I \tag{8.2.1}$$

$$\Delta^*+\Delta>I \tag{8.2.2}$$

则 $I+G\Delta$ 为非奇异矩阵。

证明 反设 $I+G\Delta$ 为奇异矩阵，则存在非零向量 ω，成立

$$G\Delta\omega=-\omega$$

式(8.2.1)等价为

$$G^*+G+G^*G\geqslant 0$$

故成立

$$\Delta^*G^*\Delta+\Delta^*G\Delta+\Delta^*G^*G\Delta\geqslant 0$$

以 ω^* 和 ω 分别左乘和右乘上式，得

$$-\omega^*\Delta\omega-\omega^*\Delta^*\omega+\omega^*\omega\geqslant 0$$

即

$$\omega^*[\Delta^*+\Delta-I]\omega\leqslant 0$$

这与式(8.2.2)矛盾。故引理结论成立。 ■

考虑图 8.2 所示闭环系统的稳定性，其中，$G(s)$ 表示(标称)开环系统传递函数矩阵；$\Delta(s)$ 表示开环系统特性的摄动；$G(s)$ 和 $\Delta(s)$ 均为方阵。

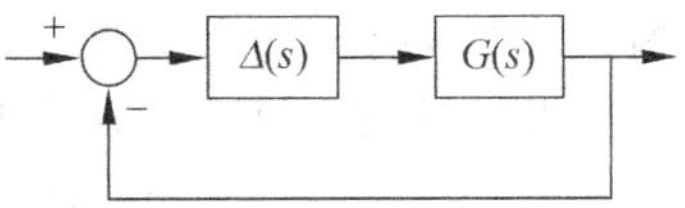

图 8.2 具有开环摄动的闭环系统

引理 8.2 *假设 $G(s)$ 与 $\Delta(s)$ 相乘时，不存在不稳定零极点相消；并假设当 $\Delta(s)=I$ 时，图 8.2 所示闭环系统是稳定的。若对任意实数 ω，$G(j\omega)$ 满足式(8.2.1)，$\Delta(j\omega)$ 满足式(8.2.2)，则闭环系统是稳定的。*

证明 令 $\tilde{\Delta}(s,\varepsilon)=(1-\varepsilon)I+\varepsilon\Delta(s)$，其中 $\varepsilon\in[0,1]$。则

$$\begin{aligned}\tilde{\Delta}^*(j\omega,\varepsilon)+\tilde{\Delta}(j\omega,\varepsilon)&=2(1-\varepsilon)I+\varepsilon[\Delta^*(j\omega)+\Delta(j\omega)]\\&>2(1-\varepsilon)I+\varepsilon I=(2-\varepsilon)I\geqslant I\end{aligned}$$

因为 $G(j\omega)$ 满足式(8.2.1)，由引理 8.1 知，对任意 ω 和 $\varepsilon\in[0,1]$，$I+G(j\omega)\tilde{\Delta}(j\omega,\varepsilon)$ 是非奇异的。

若以 $\tilde{\Delta}(s,\varepsilon)$ 替代图 8.2 中的 $\Delta(s)$，则闭环系统传递函数矩阵为 $G(s)\tilde{\Delta}(s,\varepsilon)[1+G(s)\tilde{\Delta}(s,\varepsilon)]^{-1}$。因 $\tilde{\Delta}(s,0)=I$，所以，当 $\varepsilon=0$ 时，对应的闭环系统是稳定的。反设引理结论不成立，即当 $\varepsilon=1$ 时，对应的闭环系统是不稳定的。由于 $G(s)$ 与 $\Delta(s)$ 相乘时不存在不稳定零极点相消，故当 ε 从 0 变化到 1 时，必有闭环极点从开的左半平面移动到右半平面，从而必存在某 $\tilde{\varepsilon}\in[0,1]$，使得对于某 ω，$I+G(j\omega)\tilde{\Delta}(j\omega,\tilde{\varepsilon})$ 为奇异矩阵。这与前述结论矛盾。因此，引理结论成立。 ■

对于线性最优状态调节问题，考虑存在开环系统特性的不确定性 $\Delta(s)$，闭环系统如图 8.3 所示。

若令

$$G(s)=R^{1/2}K(sI-A)^{-1}BR^{-1/2}$$

$$\Delta G(s) = R^{1/2}\Delta(s)R^{-1/2}$$

则图 8.3 所示系统的稳定性与图 8.4 所示系统一致。

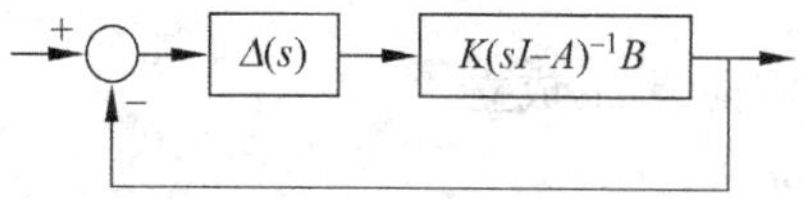

图 8.3 具有开环摄动的最优状态调节系统

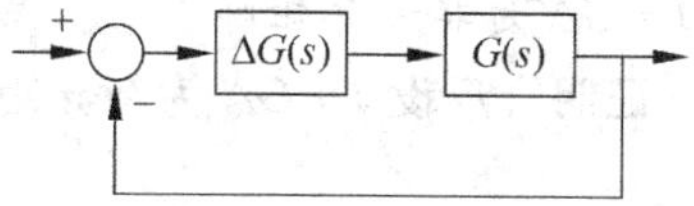

图 8.4 具有开环摄动的最优状态调节系统等价描述

由频域公式(8.1.4)，对任意实数 ω，成立

$$[I+G^*(\mathrm{j}\omega)][I+G(\mathrm{j}\omega)] = I + R^{-1/2}B^{\mathrm{T}}(-\mathrm{j}\omega I - A^{\mathrm{T}})^{-1}Q(\mathrm{j}\omega I - A)^{-1}BR^{-1/2} \geqslant I \tag{8.2.3}$$

如果成立

$$\Delta G^*(\mathrm{j}\omega) + \Delta G(\mathrm{j}\omega) > I$$

或等价地

$$\Delta^*(\mathrm{j}\omega)R + R\Delta(\mathrm{j}\omega) > R \tag{8.2.4}$$

根据引理 8.2，具有开环不确定性 $\Delta(s)$ 的最优状态调节系统是稳定的。

如果加权(正定)矩阵 R 和开环系统特性摄动 $\Delta(s)$ 均为对角矩阵，并且

$$\Delta(s) = \mathrm{diag}\{\Delta_i(s), i = 1,2,\cdots,m\}$$

则式(8.2.4)具有如下形式

$$\Delta_i^*(\mathrm{j}\omega) + \Delta_i(\mathrm{j}\omega) > 1, \quad i = 1,2,\cdots,m \tag{8.2.5}$$

定理 8.1 假设 $G(s)$ 与 $\Delta(s)$ 相乘时，不存在不稳定零极点相消，并假设加权矩阵 R 为对角矩阵，则最优状态调节系统各通道的增益稳定余量为 $(0.5,\infty)$，相角稳定余量为 $(-60°,60°)$。

证明 为讨论各通道的稳定余量，假设摄动 $\Delta(s)$ 为对角矩阵。在定理的假设条件下，式(8.2.5)成立。考虑增益稳定余量时，令 $\Delta_i(\mathrm{j}\omega)=\beta_i$，$\beta_i$ 为实数。则由式(8.2.5)，要求 $\beta_i>0.5$。即对 $\beta_i\in(0.5,\infty)$，闭环系统是稳定的。为分析相角稳定余量，令 $\Delta_i(\mathrm{j}\omega)=\mathrm{e}^{\mathrm{j}\alpha_i}$，$\alpha_i$ 为实数。此时式(8.2.5)等价为 $\cos(\alpha_i)>0.5$。因此，对 $\alpha_i\in(-60°,60°)$，闭环系统稳定。 ■

注：稳定余量是闭环稳定性对单纯的开环增益变化或单纯的开环相角变化的鲁棒性的度量。定理 8.1 中描述的结论并不要求各个通道具有相同性质的摄动，某些通道可以有开环增益摄动，而另一些则可以存在开环相角摄动。但是，同一个通道同时具有开环增益摄动和开环相角摄动时，则相应的稳定余量不是定理 8.1 中描述的范围。对于摄动 $\Delta(s)$ 不是对角矩阵的情形，不能给出如定理 8.1 所述的一般性结论。

8.3 最优状态调节系统对非线性摄动的鲁棒稳定性

假设最优状态调节系统中存在非线性摄动，如图 8.5 所示。

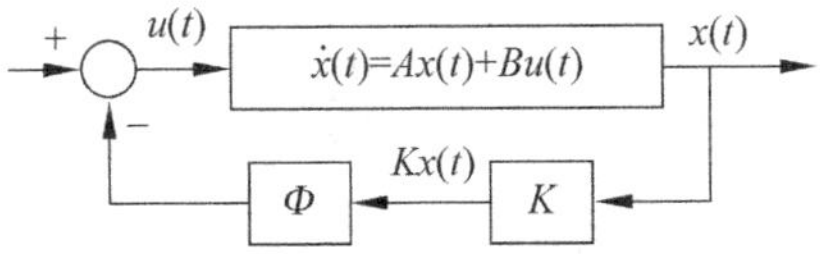

图 8.5　具有开环非线性摄动的最优状态调节系统

假设状态反馈增益 K 由式(8.1.1)给定，其行向量为 $K_i, i=1,2,\cdots,m$。考虑非线性摄动

$$\Phi[Kx(t)]=\begin{bmatrix}\phi_1[K_1x(t)]\\ \phi_2[K_2x(t)]\\ \vdots\\ \phi_m[K_mx(t)]\end{bmatrix} \tag{8.3.1}$$

其满足扇区条件

$$\phi_i(0)=0,\left(\frac{1}{2}+\alpha\right)\leqslant\frac{\phi_i(\gamma)}{\gamma}\leqslant\beta,\quad\forall\gamma\neq 0 \tag{8.3.2}$$

其中 α 和 β 是满足 $\beta\geqslant 1\geqslant\frac{1}{2}+\alpha$ 的任意正实数。对于标称系统，$\phi_i(K_ix(t))=K_ix(t)$。

定理 8.2　假设(A,B)是可镇定对，(A,D)是可观测对，其中 D 满足 $Q=D^{\mathrm T}D$，R 为对角正定矩阵，则对于任意满足扇区条件式(8.3.2)的开环非线性摄动 $\Phi[Kx(t)]$，最优状态调节系统是渐近稳定的。

证明　令 $R=\mathrm{diag}\{r_i, i=1,2,\cdots,m\}$，其中 $r_i>0$，则

$$\begin{aligned}2x^{\mathrm T}(t)K^{\mathrm T}R\Phi[Kx(t)]&=2\sum_{i=1}^{m}r_iK_ix(t)\phi_i[K_ix(t)]\\&\geqslant 2\sum_{i=1}^{m}r_i\left(\frac{1}{2}+\alpha\right)[K_ix(t)]^2\\&=(1+2\alpha)x^{\mathrm T}(t)K^{\mathrm T}RKx(t)\end{aligned} \tag{8.3.3}$$

令

$$V[x(t)]=x^{\mathrm T}(t)Px(t)$$

其中 P 是 Riccati 矩阵代数方程式(8.1.2)的解。因为(A,D)是可观测对，所以 P 是正定矩阵。利用方程式(8.1.2)和不等式(8.3.3)可得

$$\begin{aligned}\dot V[x(t)]&=[Ax(t)-B\Phi[Kx(t)]]^{\mathrm T}Px(t)+x^{\mathrm T}(t)P[Ax(t)-B\Phi[Kx(t)]]\\&=-x^{\mathrm T}(t)Qx(t)+x^{\mathrm T}(t)PBR^{-1}B^{\mathrm T}Px(t)\\&\quad-\Phi^{\mathrm T}[Kx(t)]B^{\mathrm T}Px(t)-x^{\mathrm T}(t)PB\Phi[Kx(t)]\\&=-x^{\mathrm T}(t)Qx(t)+x^{\mathrm T}(t)K^{\mathrm T}RKx(t)-2x^{\mathrm T}(t)K^{\mathrm T}R\Phi[Kx(t)]\\&\leqslant-x^{\mathrm T}(t)Qx(t)-2\alpha x^{\mathrm T}(t)K^{\mathrm T}RKx(t)\end{aligned}$$

即 $\dot V[x(t)]\leqslant 0$。若 $\dot V[x(t)]\equiv 0$，则 $Dx(t)\equiv 0$ 且 $Kx(t)\equiv 0$，从而有 $\dot x(t)=Ax(t)$，进而有 $De^{At}x(0)\equiv 0$。由(A,D)的可观测性，得 $x(0)=0$，即 $x(t)\equiv 0$。因此，系统为渐

近稳定。■

习题 8

8.1 考虑如下二阶线性系统

$$\dot{x}(t)=Ax(t)+bu(t)$$

和二次型性能指标

$$J=\frac{1}{2}\int_0^\infty[x^{\mathrm{T}}(t)(d^{\mathrm{T}}d)x(t)+ru^2(t)]\mathrm{d}t$$

其中 $r>0$，

$$A=\begin{bmatrix}-1 & 0\\ 0 & -3\end{bmatrix},\quad b=\begin{bmatrix}1\\0\end{bmatrix},\quad d=[1\quad -1]$$

则最优状态调节控制器为

$$u(t)=-kx(t)$$

其中

$$k=\frac{1}{r}b^{\mathrm{T}}P=\left[\beta(r)-1\quad -\frac{1}{r}\cdot\frac{1}{3+\beta(r)}\right],\quad \beta(r)=\sqrt{1+\frac{1}{r}}$$

若存在参数摄动时，状态矩阵为

$$A(\varepsilon)=\begin{bmatrix}-1 & 0\\ \varepsilon & -3\end{bmatrix}$$

试证明，当 $\varepsilon\leqslant 3$ 时，具有参数摄动的闭环系统仍是稳定的。

8.2 某轮船的状态方程为

$$\dot{x}(t)=Ax(t)+bu(t)$$

其中状态 $x(t)$ 的第 3 个分量和第 5 个分量分别为偏航角和滚转角；控制输入 $u(t)$ 为舵偏角；航行速度为 8m/s 时，

$$A=\begin{bmatrix}-0.1026 & 0 & 0 & 0 & 0\\ -2.2646 & -0.6154 & 0 & 0 & 0\\ 0 & 1 & 0 & 0 & 0\\ 0.6668 & 0 & 0 & -0.1189 & -0.3969\\ 0 & 0 & 0 & 1 & 0\end{bmatrix},\quad b=\begin{bmatrix}0.0082\\ -0.0133\\ 0\\ -0.0044\\ 0\end{bmatrix}$$

对于如下性能指标

$$J=\frac{1}{2}\int_0^\infty[x_3^2(t)+x_5^2(t)+10u^2(t)]\mathrm{d}t$$

最优状态调节器增益矩阵为

$$K_0=[8.1425\quad -0.5065\quad -0.3162\quad -0.0003\quad -0.0054]$$

考虑调节器增益矩阵摄动 $K=\alpha K_0$，其中 α 是一实数，试分析 α 在什么范围内取值可保证闭环系统渐近稳定。

第 9 章 最优控制系统的渐近特性和加权矩阵的选择

本章分析状态加权矩阵的取值远大于和远小于控制加权矩阵的取值时，无限时间线性二次型最优调节系统闭环极点的分布情况，并利用此分析结果，对单输入系统给出根据指定的闭环主导极点选取二次型性能指标中的加权矩阵的算法。

9.1 单输入最优控制系统闭环极点的渐近特性

考虑无限时间单输入线性二次型最优调节系统，其受控对象的状态方程为

$$\dot{x}(t) = Ax(t) + bu(t)$$

性能指标为

$$J = \frac{1}{2}\int_{t_0}^{\infty}[x^{\mathrm{T}}(t)Qx(t) + ru^2(t)]\mathrm{d}t$$

其中状态加权矩阵为 $Q=\rho d^{\mathrm{T}}d$，ρ 为一正数，d 为一 n 维的行向量，控制加权 $r=1$。注意假设控制加权为 1 并不会失去一般性。若选取控制加权为某正数 r_0，则只需考虑性能指标 J/r_0，其对应的状态加权矩阵为 Q/r_0，控制加权等于 1，这样不会改变控制系统的任何特性。假设(A,b)为可控对，(A,d)为可检测对。则最优调节控制器为

$$u(t) = -kx(t)$$

最优状态反馈矩阵 k 为

$$k = b^{\mathrm{T}}P$$

其中 P 为如下 Riccati 矩阵代数方程的非负定解

$$PA + A^{\mathrm{T}}P - Pbb^{\mathrm{T}}P + \rho d^{\mathrm{T}}d = 0$$

对于上述无限时间二次型最优调节系统，式(8.1.7)为如下形式

$$p_{\mathrm{o}}(s)p_{\mathrm{o}}(-s) + \rho h(s)h(-s) = p_{\mathrm{c}}(s)p_{\mathrm{c}}(-s) \qquad (9.1.1)$$

其中 $p_{\mathrm{o}}(s)$和 $p_{\mathrm{c}}(s)$分别为开环特征多项式和闭环特征多项式，如式(8.1.6)所定义；而 $h(s)h(-s)$为 $b^{\mathrm{T}}(-sI-A^{\mathrm{T}})^{-1}d^{\mathrm{T}}d(sI-A)^{-1}b$ 的分子多项式，即

$$\frac{h(s)h(-s)}{p_{\mathrm{o}}(s)p_{\mathrm{o}}(-s)} = b^{\mathrm{T}}(-sI-A^{\mathrm{T}})^{-1}d^{\mathrm{T}}d(sI-A)^{-1}b \qquad (9.1.2)$$

因(A,b)是可控对且(A,d)是可检测对，所以闭环系统是渐近稳定的，即闭环特征多项式$p_c(s)$的根均有负实部。

下面分析当ρ为充分小和充分大时，闭环极点的分布情况。

当$\rho\to 0$时，$p_c(s)p_c(-s)\to p_o(s)p_o(-s)$，即闭环极点趋于$p_o(s)p_o(-s)$的稳定零点。当开环系统在$j\omega$轴上没有极点时，闭环极点趋于稳定开环极点和不稳定开环极点关于$j\omega$轴的对称点。若开环系统在$j\omega$轴上存在极点，则有相应的闭环极点从左端趋于这些开环纯虚极点。当开环系统稳定时，所有闭环极点均趋于开环极点，即$p_c(s)\to p_o(s)$。此时，由式(8.1.5)，成立

$$p_c(s)=p_o(s)[1+k(sI-A)^{-1}b]$$

因(A,b)为可控对，向量$(sI-A)^{-1}b$是行独立的，故当$\rho\to 0$时，$k\to 0$。对此可做这样的解释，即当$\rho\to 0$时，意味着对状态的调节特性不关心，等价于控制加权趋于无穷大，即主要关注控制能量的消耗。可称这种情形为"昂贵控制"。

现考虑ρ充分大的情形，假设$h(s)$是首项系数为α的$\tilde{m}$次多项式，由式(9.1.1)可知，当$\rho\to\infty$时，有$\tilde{m}$个闭环极点趋于$h(s)h(-s)$的稳定零点，剩余$n-\tilde{m}$个闭环极点则趋于左半复平面的无穷远处。式(9.1.1)可写为

$$p_c(s)p_c(-s)=(-1)^n s^{2n}+\rho\alpha^2(-1)^{\tilde{m}}s^{2\tilde{m}}+s\text{ 的低次项}$$

因此，当$\rho\to\infty$时，$n-\tilde{m}$个闭环极点趋于如下方程的实部为负的解

$$s^{2(n-\tilde{m})}=\rho\alpha^2(-1)^{\tilde{m}-n+1} \tag{9.1.3}$$

注意，上式的$2(n-\tilde{m})$个解均匀分布在复平面内以原点为圆心、半径为$(\rho\alpha^2)^{\frac{1}{2(n-\tilde{m})}}$的圆上。由多项式的根与其系数的关系可知，当$\rho\to\infty$时，最优状态反馈矩阵$k$必有元也趋于无穷。对此可解释为，当$\rho\to\infty$时，等价于控制加权趋于零，这意味着此时不在意控制能量的消耗，主要注重状态的调节特性。这种情形可称为"便宜控制"。

9.2 多输入最优控制系统闭环极点的渐近特性

现考虑无限时间多输入线性二次型最优调节系统，利用8.1节的结果，注意状态加权矩阵为$Q=\rho D^T D$，并假设(A,B)为可控对，(A,D)为可检测对，则相应的最优调节系统是闭环稳定的。由式(8.1.3)和式(8.1.5)，有

$$p_c(s)p_c(-s)=p_o(s)p_o(-s)\det[I+\rho B^T(-sI-A^T)^{-1}D^T D(sI-A)^{-1}B]$$

由此可知，当$\rho\to 0$时，同有$p_c(s)p_c(-s)\to p_o(s)p_o(-s)$，即闭环极点趋于$p_o(s)p_o(-s)$的稳定零点。若开环极点均稳定，则所有闭环极点均趋于开环极点，即$p_c(s)\to p_o(s)$。在(A,B)为可控对的假设下，同有$K\to 0$。

当$\rho\to\infty$时，$p_c(s)$的有界零点趋于$\det[B^T(-sI-A^T)^{-1}D^T D(sI-A)^{-1}B]$的稳定零点。假设$\det[B^T(-sI-A^T)^{-1}D^T D(sI-A)^{-1}B]$的分子多项式的阶次为$2\tilde{m}$，则$p_c(s)$有$n-\tilde{m}$个零点趋于左半复平面的无穷远处。此时，最优状态反馈矩阵K也必有元趋于无穷。

9.3 线性最优调节器的加权矩阵选取

由前两节的分析可知，当 $\rho\to\infty$ 时，无限时间线性二次型最优调节系统的闭环极点一部分趋于 $b^{\mathrm{T}}(-sI-A^{\mathrm{T}})^{-1}d^{\mathrm{T}}d(sI-A)^{-1}b$ 或 $\det[B^{\mathrm{T}}(-sI-A^{\mathrm{T}})^{-1}D^{\mathrm{T}}D(sI-A)^{-1}BR^{-1}]$ 的稳定零点，剩余部分趋于左半复平面的无穷远处。根据此结论，可以适当选取加权矩阵，使得最优调节系统具有期望的闭环极点，从而使得闭环系统具有期望的动态特性，同时具有第 8 章中介绍的鲁棒稳定性。

现对单输入系统给出根据指定的闭环主导极点选取加权矩阵的算法，对于多输入系统可类似进行计算，但由于待选参数多于闭环极点个数，计算过程中具有更多的自由度。

具有期望闭环主导极点的最优调节系统设计算法

步骤 1　根据对闭环系统动态特性的要求，确定期望的闭环主导极点 s_i，$i=1,2,\cdots,\tilde{m}$，其中 $\tilde{m}<n$，令

$$h(s)=\prod_{i=1}^{\tilde{m}}(s-s_i) \tag{9.3.1}$$

步骤 2　由等式

$$\frac{h(s)}{p_{\mathrm{o}}(s)}=d(sI-A)^{-1}b \tag{9.3.2}$$

确定行向量 d（因 $h(s)$ 是首一稳定多项式，(A,d) 必是可检测对，并且式(9.1.3)中的 α 等于 1）。

步骤 3　选取充分大的 ρ，使其满足

$$\rho^{\frac{1}{2(n-\tilde{m})}}\geqslant\beta\max\{|s_i|,i=1,2,\cdots,\tilde{m}\} \tag{9.3.3}$$

其中正常数 β 指定闭环非主导极点与闭环主导极点之间的距离，一般要求 $\beta\geqslant3$。

步骤 4　选取状态加权矩阵为 $Q=\rho d^{\mathrm{T}}d$，控制加权矩阵为 $r=1$，求解 Riccati 矩阵代数方程

$$PA+A^{\mathrm{T}}P-Pbb^{\mathrm{T}}P+\rho d^{\mathrm{T}}d=0$$

计算最优状态反馈矩阵 k 为

$$k=b^{\mathrm{T}}P$$

步骤 5　求解闭环系统特征方程

$$p_{\mathrm{c}}(s)=\det(sI-A+bk)=0$$

检查闭环极点分布，若非主导极点远离主导极点，则完成设计，否则，调整步骤 3 中的常数 β，重复上述设计计算。

注：对于单输入系统，当状态加权矩阵和控制加权矩阵给定时，可以利用最优状态调节系统的频域公式直接求取最优状态反馈矩阵 k，而不必求解 Riccati 矩阵代数方程。即上述设计计算法中的步骤 4 可以改为：

步骤 4′　计算 $p_{\mathrm{o}}(s)p_{\mathrm{o}}(-s)+\rho h(s)h(-s)$，并对其做因式分解，其中所有的稳定因式构成闭环特征多项式 $p_{\mathrm{c}}(s)$，由下式(即式(8.1.5))求取最优状态反馈矩阵 k

$$1+k(sI-A)^{-1}b=\frac{p_c(s)}{p_o(s)}$$

例 9.1 考虑如图 9.1 所示的双质块-弹簧系统的最优调节控制问题。

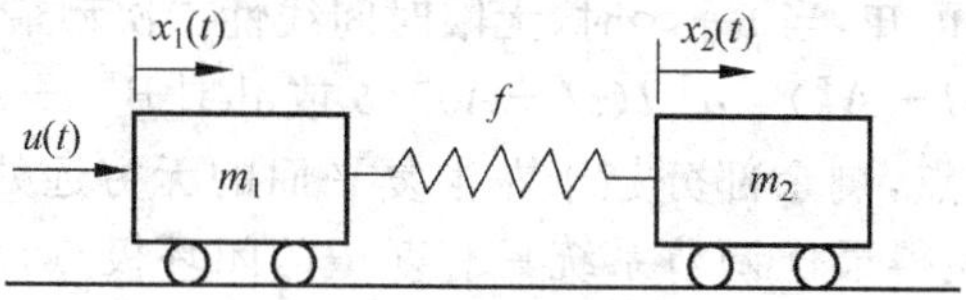

图 9.1 双质块-弹簧系统

双质块-弹簧系统的运动可由如下 4 阶状态方程描述

$$\dot{X}(t)=AX(t)+bu(t)$$

其中状态为 $X(t)=[x_1(t)x_2(t)\dot{x}_1(t)\dot{x}_2(t)]^T$，状态矩阵和输入矩阵分别为

$$A=\begin{bmatrix}0&0&1&0\\0&0&0&1\\-\frac{f}{m_1}&\frac{f}{m_1}&0&0\\\frac{f}{m_2}&-\frac{f}{m_2}&0&0\end{bmatrix},\quad b=\begin{bmatrix}0\\0\\\frac{1}{m_1}\\0\end{bmatrix}$$

假设其中的物理参数为 $m_1=1, m_2=1, f=1$，初始状态为 $X(0)=[1\quad1\quad1\quad1]^T$。

依据“设计算法”的步骤设计二次型最优状态调节器：

(1) 选取主导极点为 $s_1=-3$，则 $h=s+3$。

(2) 由

$$\frac{h(s)}{p_o(s)}=d(sI-A)^{-1}b=[d_1\quad d_2\quad d_3\quad d_4]\begin{bmatrix}s^2+1\\1\\s(s^2+1)\\s\end{bmatrix}\frac{1}{p_o(s)}$$

解得 $d=[0\quad3\quad0\quad1]$。

(3) 选取 $\beta=6$，由 $\rho^{1/6}\geqslant\beta|s_1|=18$，可取 $\rho=3.6\times10^7$。

(4) 解相应 Riccati 矩阵代数方程，求得最优状态反馈矩阵为

$$k=[764.6\quad 17\,235.4\quad 39.1\quad 7935.8]\tag{9.3.4}$$

(5) 闭环系统特征方程

$$p_c(s)=\det(sI-A+bk)=s^4+39.1s^3+766.6s^2+7974.9s+18\,000=0$$

闭环极点为

$$p_1=-3.0001,\quad p_2=-18.0497,\quad p_{3,4}=-9.028\,13\pm j15.8399$$

可见非主导极点的模约为主导极点的 6 倍。

图 9.2～图 9.5 中的 $x_i^a(t)$，$i=1、2、3、4$ 是对应上述设计的最优状态调节系统的状态，图 9.6 中的 $u^a(t)$ 是对应的最优控制。可以看到，虽然主导极点指定为 $s_1=-3$，但状态还是具有较大振荡。究其原因，可以看到，闭环极点中有一对共轭极点对应的模态是欠阻尼的。注意到，增大 ρ 的值并不能增加该模态的阻尼，因为相应的式(9.1.3)有 6 个根是均匀地分布在圆心为原点、半径为 $\rho^{1/6}$ 的圆上，其中必有一对

共轭极点对应的模态的阻尼系数近似为 0.5。当 $n-\tilde{m}>3$ 时，对应的阻尼系数还要减小。为了避免此问题，可以增大 $\tilde{m}$ 值，即减小 $n-\tilde{m}$ 的值。例如，可选取 $\tilde{m}=n-1$，此时对应的 $\tilde{m}$ 次多项式 $h(s)$ 的零点可以由闭环主导极点和(指定的)闭环非主导极点构成。对于上述例，可以选取多项式 $h(s)$ 为

$$h(s)=(s+3)(s+10)^2$$

则相应解得 $d=[23\quad 277\quad 1\quad 159]$；若选取 $\rho=2300$，可求得最优状态反馈矩阵为

$$k=[1242.9\quad 13\,144.6\quad 69.2\quad 7865.7] \tag{9.3.5}$$

注意到，式(9.3.5)给定的最优状态反馈矩阵与式(9.3.4)中的相应矩阵的元的大小大致相当。此时闭环极点为

$$p_1=-3.0001,\quad p_2=-9.1062,\quad p_3=-11.5750,\quad p_4=-45.4983$$

图 9.2～图 9.5 中的 $x_i^b(t)$，$i=1、2、3、4$ 和图 9.6 中的 $u^b(t)$ 分别是采用式(9.3.5)中的最优状态反馈矩阵时的闭环系统状态和最优控制。可以看到，状态的振荡性有明显减小。

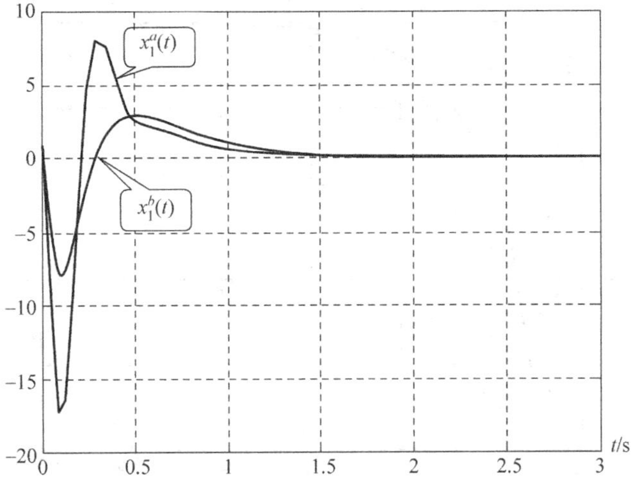

图 9.2　双质块-弹簧系统最优调节状态 $x_1(t)$ 变化曲线

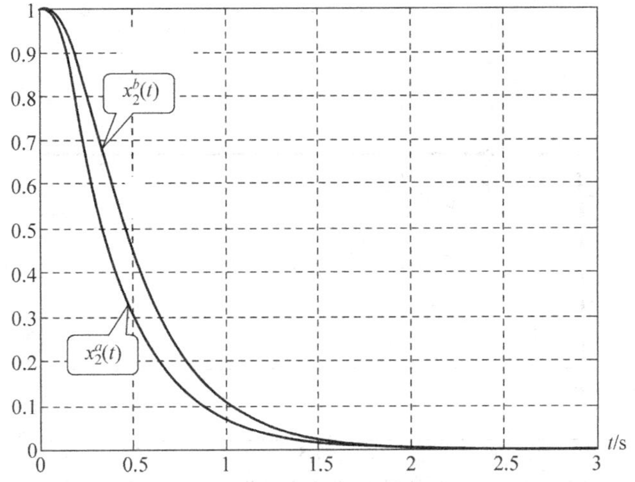

图 9.3　双质块-弹簧系统最优调节状态 $x_2(t)$ 变化曲线

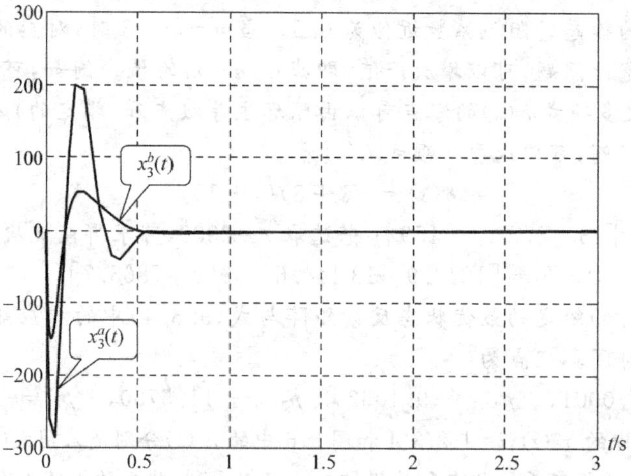

图 9.4 双质块-弹簧系统最优调节状态 $x_3(t)$变化曲线

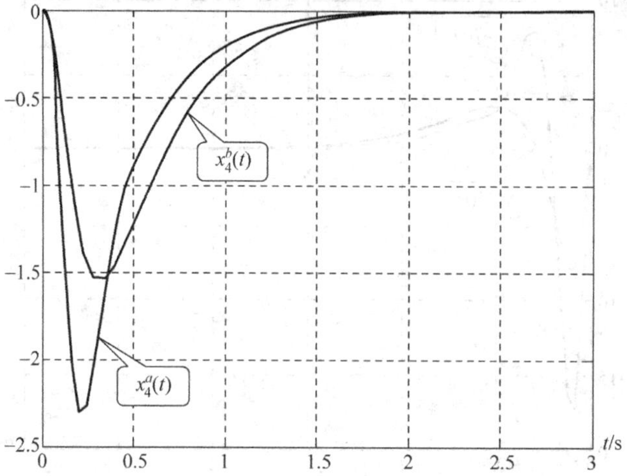

图 9.5 双质块-弹簧系统最优调节状态 $x_4(t)$变化曲线

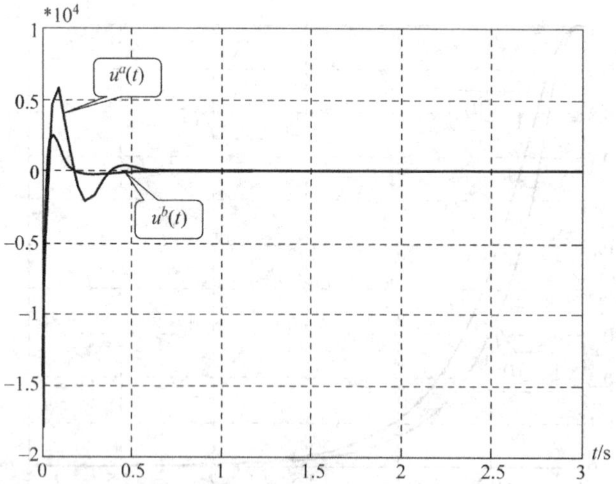

图 9.6 双质块-弹簧系统最优调节控制 $u(t)$变化曲线

习题 9

9.1　考虑图 9.7 所示四分之一车主动支撑系统。选取状态如下

$$\begin{bmatrix} x_1(t) \\ x_2(t) \\ x_3(t) \\ x_4(t) \end{bmatrix} = \begin{bmatrix} z_2(t) - z_0(t) \\ \dot{z}_2(t) \\ z_2(t) - z_1(t) \\ \dot{z}_1(t) \end{bmatrix}$$

则该系统的状态方程为

$$\dot{x}(t) = Ax(t) + Bu(t) + B_{\mathrm{d}}\omega(t)$$

其中 $\omega(t)=\dot{z}_0(t)$，

$$A = \begin{bmatrix} 0 & 1 & 0 & 0 \\ -\dfrac{f}{M_2} & -\dfrac{h_s}{M_2} & \dfrac{F}{M_2} & \dfrac{h_s}{M_2} \\ 0 & -1 & 0 & 1 \\ 0 & \dfrac{h_s}{M_1} & -\dfrac{F}{M_1} & -\dfrac{h_s}{M_1} \end{bmatrix}$$

$$B = \begin{bmatrix} 0 & \dfrac{1}{M_2} & 0 & -\dfrac{1}{M_1} \end{bmatrix}^{\mathrm{T}}, \quad B_{\mathrm{d}} = [-1 \quad 0 \quad 0 \quad 0]^{\mathrm{T}}$$

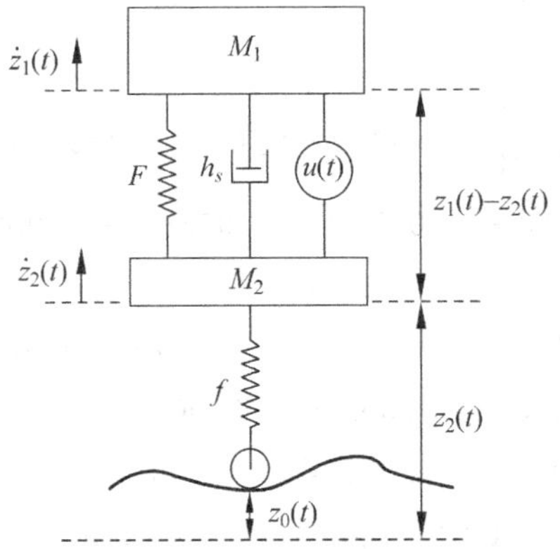

图 9.7　四分之一车主动支撑系统

假设该系统的参数为

$M_1 = 250\text{kg}$，　$M_2 = 30\text{kg}$，　$f = 150\,000\text{N/m}$，　$F = 15\,000\text{N/m}$

$h_s = 1000\text{N/m/s}$

考虑如下性能指标

$$J = \frac{1}{2}\int_0^{\infty} [x^{\mathrm{T}}(t)\rho d^{\mathrm{T}} dx(t) + u^2(t)]\mathrm{d}t$$

其中 $d=[d_1 \quad d_2 \quad d_3 \quad d_4]$。令式(9.3.1)中的多项式为 $h(s)=(s+10)(s+30)^2$，

试确定上述性能指标中的状态加权矩阵(即 ρ 和 d),并设计最优状态控制器,使得闭环主导极点在−10左右。

提示:

(1) 设计时不考虑扰动,即令 $\omega(t)=0$;

(2) 可利用如下结果

$$(sI-A)^{-1}B=\left\{sI-\begin{bmatrix}0 & 1 & 0 & 0\\ -5000 & -\dfrac{100}{3} & 500 & \dfrac{100}{3}\\ 0 & -1 & 0 & 1\\ 0 & 4 & -60 & -4\end{bmatrix}\right\}^{-1}\begin{bmatrix}0\\ \dfrac{1}{30}\\ 0\\ -\dfrac{1}{250}\end{bmatrix}$$

$$=\frac{1}{p_o(s)}\begin{bmatrix}\dfrac{s^2}{30} & \dfrac{s^3}{30} & -\dfrac{600+1.12s^2}{30} & -\dfrac{(600+0.12s^2)s}{30}\end{bmatrix}^{\mathrm{T}}$$

$$p_o(s)=s^4+\frac{112}{3}s^3+5560s^2+20\,000s+300\,000$$

9.2 对于习题8.2中的轮船控制问题,考虑如下性能指标

$$J=\frac{1}{2}\int_0^\infty[x^{\mathrm{T}}(t)\rho d^{\mathrm{T}}\mathrm{d}x(t)+u^2(t)]\mathrm{d}t$$

试选取正常数 ρ 和行向量 d,使得相应的最优状态调节控制系统闭环主导极点在−0.5左右。提示:

(1) 取 $h(s)=(s+0.5)(s+2)^3$。

(2) 利用如下计算结果

$$(sI-A)^{\mathrm{T}}b=\frac{1}{p_o(s)}[n_1(s)\quad n_2(s)\quad n_3(s)\quad n_4(s)\quad n_5(s)]^{\mathrm{T}}$$

$$n_1(s)=0.0080s^4+0.0059s^3+0.0038s^2+0.0020s$$

$$n_2(s)=-0.0130s^4-0.0210s^3-0.0075s^2-0.0077s$$

$$n_3(s)=-0.0130s^3-0.0210s^2-0.0075s-0.0077$$

$$n_4(s)=-0.0040s^4+0.0025s^3+0.0030s^2$$

$$n_5(s)=-0.0040s^3+0.0025s^2+0.0030s$$

$$p_o(s)=s^5+0.8369s^4+0.5454s^3+0.2925s^2+0.0251s$$

第10章 线性最优跟踪控制器设计

调节器问题是要通过反馈控制将受控对象的状态转移到零状态(或零状态的附近)。本章讨论更为一般的问题,即轨迹跟踪问题。此类控制问题的目的是要使受控对象的输出跟踪期望的轨迹。

10.1 轨迹跟踪问题的三种类型

考虑连续时间线性定常系统

$$\begin{cases}\dot{x}(t) = Ax(t) + Bu(t) \\ y(t) = Cx(t)\end{cases} \tag{10.1.1}$$

其中,$x(t)$是 n 维状态(向量); $u(t)$是 m 维控制(向量); $y(t)$是 m 维输出(向量); A、B 和 C 为适当维数的常数矩阵。欲设计轨迹跟踪控制器使得闭环系统输出 $y(t)$跟踪期望的轨迹$\hat{y}(t)$。

定义输出跟踪误差

$$y_{\mathrm{e}}(t) = y(t) - \hat{y}(t)$$

并考虑如下二次型性能指标

$$J = \frac{1}{2}y_{\mathrm{e}}^{\mathrm{T}}(t_{\mathrm{f}})Fy_{\mathrm{e}}(t_{\mathrm{f}}) + \frac{1}{2}\int_{t_0}^{t_{\mathrm{f}}}[y_{\mathrm{e}}^{\mathrm{T}}(t)Q_2y_{\mathrm{e}}(t) + u^{\mathrm{T}}(t)Ru(t)]\mathrm{d}t$$

其中,F 和 Q_2 是半正定常数矩阵; R 是正定常数矩阵。

当 C 行满秩时,要求 $y(t)$跟踪$\hat{y}(t)$等价于对状态 $x(t)$施加了 m 个约束。因此,还可以要求 $x(t)$满足另外 $n-m$ 个约束。为此,可以考虑更为一般的性能指标

$$\begin{aligned}J = &\frac{1}{2}y_{\mathrm{e}}^{\mathrm{T}}(t_{\mathrm{f}})Fy_{\mathrm{e}}(t_{\mathrm{f}}) \\ &+ \frac{1}{2}\int_{t_0}^{t_{\mathrm{f}}}[\bar{y}^{\mathrm{T}}(t)Q_1\bar{y}(t) + y_{\mathrm{e}}^{\mathrm{T}}(t)Q_2y_{\mathrm{e}}(t) + u^{\mathrm{T}}(t)Ru(t)]\mathrm{d}t\end{aligned}$$

其中 Q_1 是半正定常数矩阵,而

$$\begin{aligned}&\bar{y}(t) = \bar{C}x(t) \\ &\bar{C} = I - LC, \quad L = C^{\mathrm{T}}(CC^{\mathrm{T}})^{-1}\end{aligned} \tag{10.1.2}$$

注意 $C\bar{y}(t)=0$。可知对状态 $x(t)$的约束$\bar{y}^{\mathrm{T}}(t)Q_1\bar{y}(t)$和 $y_{\mathrm{e}}^{\mathrm{T}}(t)Q_2y_{\mathrm{e}}(t)$是

彼此独立的。上述性能指标可写成直接对 $x(t)$ 的约束形式，将问题描述为如下形式。

连续系统最优轨迹跟踪问题 对于线性定常系统式(10.1.1)，设计线性控制器，使得性能指标

$$J = \frac{1}{2}x_e^T(t_f)Sx_e(t_f) + \frac{1}{2}\int_{t_0}^{t_f}[x_e^T(t)Qx_e(t) + u^T(t)Ru(t)]dt \quad (10.1.3)$$

达到最小，其中

$$x_e(t) = x(t) - \hat{x}(t), \quad \hat{x}(t) = L\hat{y}(t)$$
$$Q = \bar{C}^T Q_1 \bar{C} + C^T Q_2 C, \quad S = C^T FC \quad (10.1.4)$$

由于 $\hat{y}(t) = C\hat{x}(t)$，故称 $\hat{x}(t)$ 为期望状态轨迹(也称为期望状态)，而称 $\hat{y}(t)$ 为期望输出轨迹(也称为期望输出)。对于不同性质的期望输出轨迹 $\hat{y}(t)$ 和关于它的不同已知条件，对应于不同的轨迹跟踪问题。

伺服问题 期望输出轨迹 $\hat{y}(t)$ 是另一模型(称之为参考模型)的输出，此参考模型没有外部指令信号输入，其在 t 时刻的状态已知。

跟踪问题 期望输出轨迹 $\hat{y}(t)$ 是给定的时间函数，即整个控制过程的期望输出轨迹 $\hat{y}(t)$ 均是已知的。

模型跟随问题 期望输出轨迹 $\hat{y}(t)$ 是参考模型的输出，参考模型具有外部指令信号输入，其在 t 时刻的状态是已知的。

由上述讨论可知，我们可以针对性能指标式(10.1.3)，研究状态轨迹的最优跟踪问题，而输出轨迹最优跟踪问题是状态轨迹最优跟踪问题的一个特例，即选取加权矩阵 Q 满足式(10.1.4)和式(10.1.2)。

在下面的讨论中，假设 (A,B) 可镇定，(A,C) 可检测，C 行满秩；令 $Q=D^TD$，其中 D 为行满秩矩阵，并假设 (A,D) 可检测。对于 10.4 节中讨论的离散时间线性定常系统，也作相应的假设。

10.2 连续时间系统最优跟踪控制器

10.2.1 连续系统最优伺服控制器

假设受控对象式(10.1.1)的输出 $y(t)$ 要跟踪的期望输出 $\hat{y}(t)$ 是如下线性定常参考模型在某初始条件 $z(t_0)$ 下的输出

$$\begin{cases} \dot{z}(t) = Gz(t) \\ \hat{y}(t) = Hz(t) \end{cases} \quad (10.2.1)$$

其中 G 和 H 为适当维数的常数矩阵，并假设参考模型 t 时刻的状态 $z(t)$ 是已知的。有限时间连续系统最优伺服问题可描述如下。

连续系统最优伺服问题 对于线性定常系统式(10.1.1)和线性定常参考模型式(10.2.1)，设计线性控制器，使得性能指标

$$J = \frac{1}{2}x_e^{\mathrm{T}}(t_f)Sx_e(t_f) + \frac{1}{2}\int_{t_0}^{t_f}[x_e^{\mathrm{T}}(t)Qx_e(t) + u^{\mathrm{T}}(t)Ru(t)]\mathrm{d}t \quad (10.2.2)$$

达到最小，其中 $x_e(t)=x(t)-\hat{x}(t)$，$\hat{x}(t)=L\hat{y}(t)$，矩阵 L 如式(10.1.2)中所定义，S 和 Q 为半正定矩阵，如式(10.1.4)中所定义，R 为一正定矩阵。

适当选取参考模型式(10.2.1)中的状态矩阵 G 和输出矩阵 H 以及初始条件 $z(t_0)$，一些典型信号的跟踪问题可以描述为上述最优伺服控制问题。例如，若选取 G 如下

$$G = \begin{bmatrix} 0 & -\omega & 0 \\ \omega & 0 & 0 \\ 0 & 0 & 0 \end{bmatrix}$$

则对应不同初始条件 $z(t_0)$，适当选取矩阵 H，$\hat{y}(t)$ 的分量中可以包含有角频率为 ω 的具有相应幅值和初始相角的正弦、余弦信号、具有相应大小的阶跃信号以及上述信号的线性组合所得的信号。

令

$$\tilde{x}(t) = \begin{bmatrix} x(t) \\ z(t) \end{bmatrix}$$

则上述最优伺服控制问题可描述为最优调节器问题，相应的系统状态方程为

$$\dot{\tilde{x}}(t) = \tilde{A}\,\tilde{x}(t) + \tilde{B}u(t)$$

性能指标为

$$J = \frac{1}{2}\,\tilde{x}^{\mathrm{T}}(t_f)\,\tilde{S}\,\tilde{x}(t_f) + \frac{1}{2}\int_{t_0}^{t_f}[\tilde{x}^{\mathrm{T}}(t)\,\tilde{Q}\,\tilde{x}(t) + u^{\mathrm{T}}(t)Ru(t)]\mathrm{d}t$$

其中

$$\tilde{A} = \begin{bmatrix} A & 0 \\ 0 & G \end{bmatrix}, \quad \tilde{B} = \begin{bmatrix} B \\ 0 \end{bmatrix} \quad (10.2.3)$$

$$\tilde{S} = \begin{bmatrix} I \\ -H^{\mathrm{T}}L^{\mathrm{T}} \end{bmatrix} S [I \quad -LH] = \begin{bmatrix} S & -SLH \\ -H^{\mathrm{T}}L^{\mathrm{T}}S & H^{\mathrm{T}}L^{\mathrm{T}}SLH \end{bmatrix} \quad (10.2.4)$$

$$\tilde{Q} = \begin{bmatrix} I \\ -H^{\mathrm{T}}L^{\mathrm{T}} \end{bmatrix} Q [I \quad -LH] = \begin{bmatrix} Q & -QLH \\ -H^{\mathrm{T}}L^{\mathrm{T}}Q & H^{\mathrm{T}}L^{\mathrm{T}}QLH \end{bmatrix} \quad (10.2.5)$$

由定理 7.1 知，相应的最优状态调节控制为

$$u^*(t) = -R^{-1}\,\tilde{B}^{\mathrm{T}}\,\tilde{P}(t)\,\tilde{x}(t)$$

其中 $\tilde{P}(t)$ 是 Riccati 矩阵微分方程

$$\dot{\tilde{P}}(t) = -\tilde{P}(t)\,\tilde{A} - \tilde{A}^{\mathrm{T}}\,\tilde{P}(t) + \tilde{P}(t)\,\tilde{B}R^{-1}\,\tilde{B}^{\mathrm{T}}\,\tilde{P}(t) - \tilde{Q}, \quad \tilde{P}(t_f) = \tilde{S}$$

的唯一非负定解，最优性能指标为

$$J^* = \frac{1}{2}\,\tilde{x}^{\mathrm{T}}(t_0)\,\tilde{P}(t_0)\,\tilde{x}(t_0)$$

由上述讨论，可以得到如下结论。

定理 10.1 对于连续系统最优伺服问题，最优伺服控制为

$$u(t) = -K_x(t)x(t) - K_z(t)z(t) \tag{10.2.6}$$

其中

$$K_x(t) = R^{-1}B^{\mathrm{T}}P_x(t) \tag{10.2.7}$$

$$K_z(t) = R^{-1}B^{\mathrm{T}}P_z(t) \tag{10.2.8}$$

最优性能指标为

$$J^* = \frac{1}{2}x^{\mathrm{T}}(t_0)P_x(t_0)x(t_0) + x^{\mathrm{T}}(t_0)P_z(t_0)z(t_0) + \frac{1}{2}z^{\mathrm{T}}(t_0)P_{zz}(t_0)z(t_0)$$

其中，$P_x(t)$、$P_z(t)$和 $P_{zz}(t)$分别是如下矩阵微分方程的解

$$\begin{cases}\dot{P}_x(t) = -P_x(t)A - A^{\mathrm{T}}P_x(t) + P_x(t)BR^{-1}B^{\mathrm{T}}P_x(t) - Q \\ P_x(t_{\mathrm{f}}) = S\end{cases} \tag{10.2.9}$$

$$\begin{cases}\dot{P}_z(t) = -P_z(t)G - A^{\mathrm{T}}P_z(t) + P_x(t)BR^{-1}B^{\mathrm{T}}P_z(t) + QLH \\ P_z(t_{\mathrm{f}}) = -SLH\end{cases} \tag{10.2.10}$$

$$\begin{cases}\dot{P}_{zz}(t) = -P_{zz}(t)G - G^{\mathrm{T}}P_{zz}(t) + P_z^{\mathrm{T}}(t)BR^{-1}B^{\mathrm{T}}P_z(t) - H^{\mathrm{T}}L^{\mathrm{T}}QLH \\ P_{zz}(t_{\mathrm{f}}) = H^{\mathrm{T}}L^{\mathrm{T}}SLH\end{cases} \tag{10.2.11}$$

注：最优伺服控制式(10.2.6)是受控对象状态 $x(t)$和参考模型状态 $z(t)$的线性组合，如图 10.1 所示，由受控对象状态 $x(t)$的反馈部分和参考模型状态 $z(t)$的前馈控制组成。由式(10.2.7)和(10.2.9)可知，受控对象状态反馈增益矩阵 $K_x(t)$与最优状态调节控制器的增益矩阵相同，独立于参考模型和参考模型状态前馈增益矩阵 $K_z(t)$。但参考模型状态 $z(t)$的前馈增益矩阵 $K_z(t)$却与受控对象状态反馈增益矩阵 $K_x(t)$以及受控对象特性相关(注意式(10.2.10)右端中的各项)。

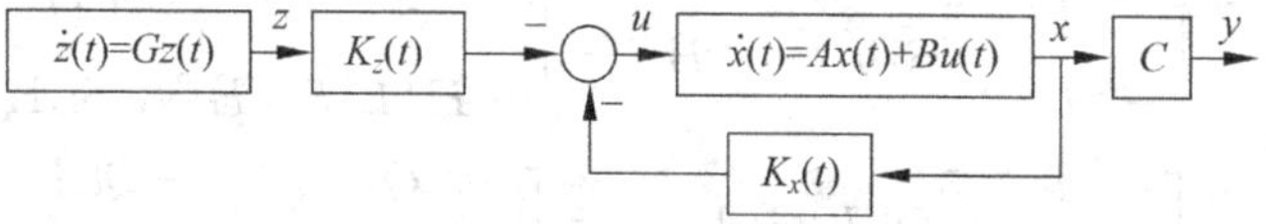

图 10.1 最优伺服系统

注：当受控对象状态 $x(t)$和参考模型状态 $z(t)$不能得到，而只能利用受控对象输出 $y(t)$和参考模型输出$\hat{y}(t)$构成控制器时，如果(A,C)和(G,H)均是可检测对或可观测对，则可对受控对象和参考模型分别设计状态观测器，构成动态反馈控制器和动态前馈控制器，这样所得到的控制器具有图 10.2 所示的二自由度控制器的结构。

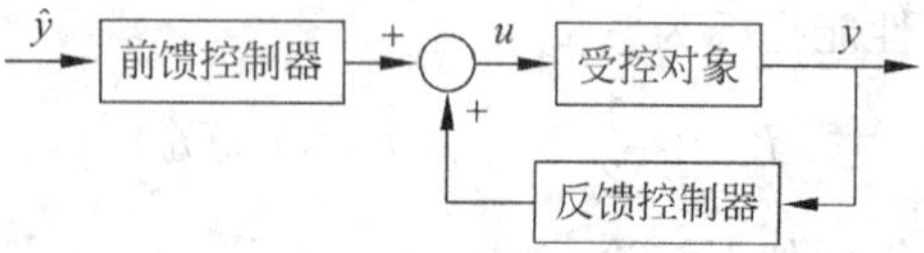

图 10.2 二自由度控制系统

例 10.1　考虑如下二阶系统

$$\dot{x}(t)=\begin{bmatrix}0 & 1\\0 & -1\end{bmatrix}x(t)+\begin{bmatrix}0\\1\end{bmatrix}u(t),\quad x(0)=\begin{bmatrix}0\\1\end{bmatrix}$$

$$y(t)=\begin{bmatrix}1 & 0\end{bmatrix}x(t)$$

欲设计控制器使得上述系统的输出 $y(t)$ 跟踪如下参考模型的输出 $\hat{y}(t)$

$$\dot{z}(t)=\begin{bmatrix}0 & 2\\-2 & 0\end{bmatrix}z(t),\quad z(0)=\begin{bmatrix}0\\1\end{bmatrix}$$

$$\hat{y}(t)=\begin{bmatrix}1 & 0\end{bmatrix}z(t)$$

假设上述参考模型是已知的，即式(10.2.1)中矩阵 G 和 H 是已知的。

令 $y_e(t)=y(t)-\hat{y}(t)$。考虑性能指标

$$J=\frac{1}{2}y_e^2(10)+\frac{1}{2}\int_0^{10}[y_e^2(t)+0.001u^2(t)]\mathrm{d}t$$

即令 $t_f=10, F=1, Q_2=1, R=0.001$。由式(10.1.2)和式(10.1.4)，有

$$L=\begin{bmatrix}1\\0\end{bmatrix},\quad \bar{C}=\begin{bmatrix}0 & 0\\0 & 1\end{bmatrix},\quad Q=\begin{bmatrix}1 & 0\\0 & 0\end{bmatrix},\quad D=\begin{bmatrix}1 & 0\end{bmatrix},\quad S=\begin{bmatrix}1 & 0\\0 & 0\end{bmatrix}$$

当参考模型状态 $z(t)$ 已知时，考虑有限时间连续系统最优伺服问题。相应的 Riccati 矩阵微分方程式(10.2.9)为

$$\dot{P}_x(t)=\begin{bmatrix}\dot{p}_{x1}(t) & \dot{p}_{x2}(t)\\\dot{p}_{x2}(t) & \dot{p}_{x3}(t)\end{bmatrix}$$

$$=\begin{bmatrix}-1+10p_{x2}^2(t) & -p_{x1}(t)+p_{x2}(t)+10p_{x2}(t)p_{x3}(t)\\-p_{x1}(t)+p_{x2}(t)+10p_{x2}(t)p_{x3}(t) & -2p_{x2}(t)+2p_{x3}(t)+10p_{x3}^2(t)\end{bmatrix}$$

$$P_x(1)=\begin{bmatrix}1 & 0\\0 & 0\end{bmatrix}$$

矩阵微分方程式(10.2.10)为

$$\dot{P}_z(t)=\begin{bmatrix}\dot{p}_{z1}(t) & \dot{p}_{z2}(t)\\\dot{p}_{z4}(t) & \dot{p}_{z3}(t)\end{bmatrix}$$

$$=\begin{bmatrix}2p_{z2}(t)+10p_{z4}(t)p_{x2}(t)+1 & -2p_{z1}(t)+10p_{z3}(t)p_{x2}(t)\\2p_{z3}(t)-p_{z1}(t)+(1+10p_{x3}(t))p_{z4}(t) & -2p_{z4}(t)-p_{z2}(t)+(1+10p_{x3}(t))p_{z3}(t)\end{bmatrix}$$

$$P_z(10)=\begin{bmatrix}-1 & 0\\0 & 0\end{bmatrix}$$

数值求解上述矩阵微分方程，由式(10.2.7)和式(10.2.8)可分别求得 $K_x(t)=[k_{x1}(t)\quad k_{x2}(t)]$ 和 $K_z(t)=[k_{z1}(t)\quad k_{z2}(t)]$，分别如图 10.3(实线为 $k_{x1}(t)$)和图 10.4(实线为 $k_{z1}(t)$)所示。

相应的系统输出 $y(t)$ 和参考模型输出 $\hat{y}(t)$ 如图 10.5(实线为 $y(t)$)所示。

图 10.6 显示了输出轨迹跟踪误差 $y(t)-\hat{y}(t)$。

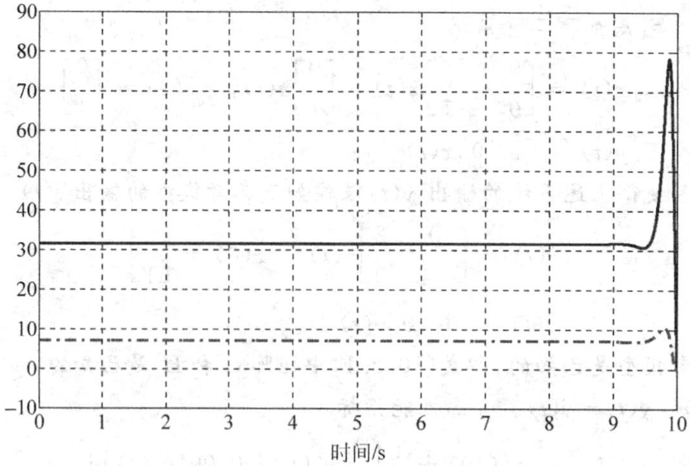

图 10.3 例 10.1 中的增益矩阵 $K_x(t)$

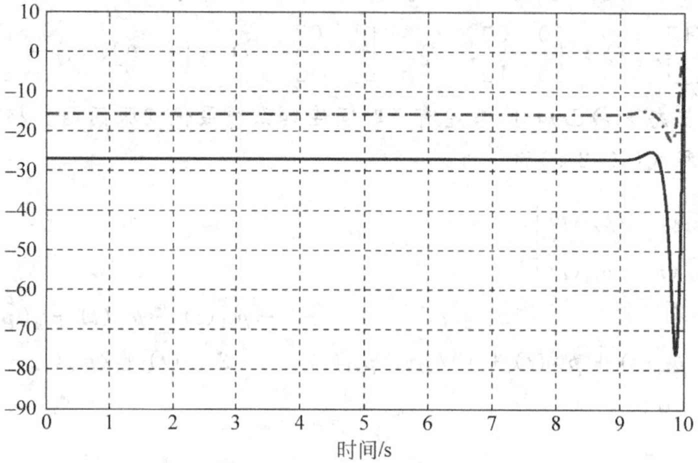

图 10.4 例 10.1 中的增益矩阵 $K_z(t)$

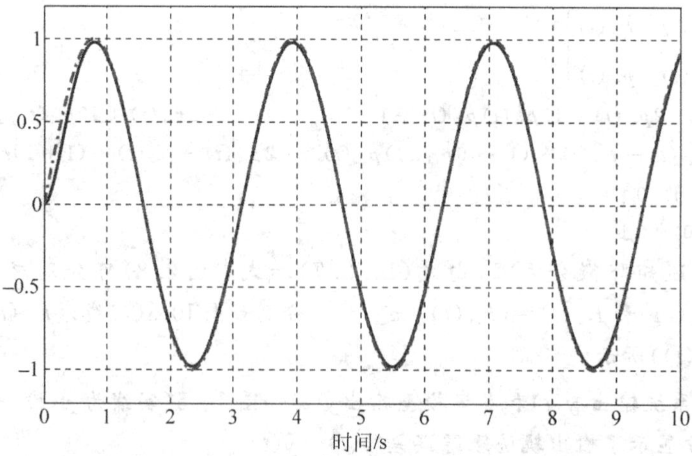

图 10.5 例 10.1 中的系统输出 $y(t)$和参考模型输出$\hat{y}(t)$

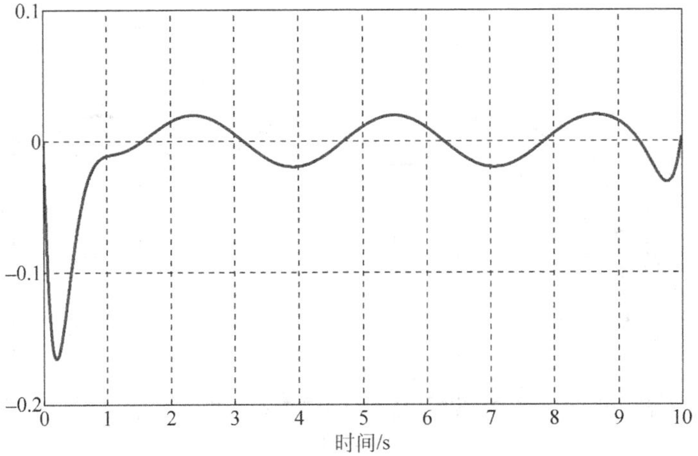

图 10.6 例 10.1 中的输出轨迹跟踪误差 $y(t)-\hat{y}(t)$

由图(10.3)和图(10.4)可以看到，增益矩阵 $K_x(t)$ 和 $K_z(t)$ 在控制过程的前大部时间内近似为常数

$$K_x(t)=[31.6228 \quad 7.0153],\quad K_z(t)=[-27.0812 \quad -15.7163]$$

其仅在控制过程的最后阶段为时变的，以减小输出轨迹的稳态跟踪误差。

如果增益矩阵 $K_x(t)$ 和 $K_z(t)$ 在整个控制过程中均采用上述常数值，则相应的系统输出 $y(t)$ 和参考模型输出 $\hat{y}(t)$ 如图 10.7(实线为 $y(t)$)所示。

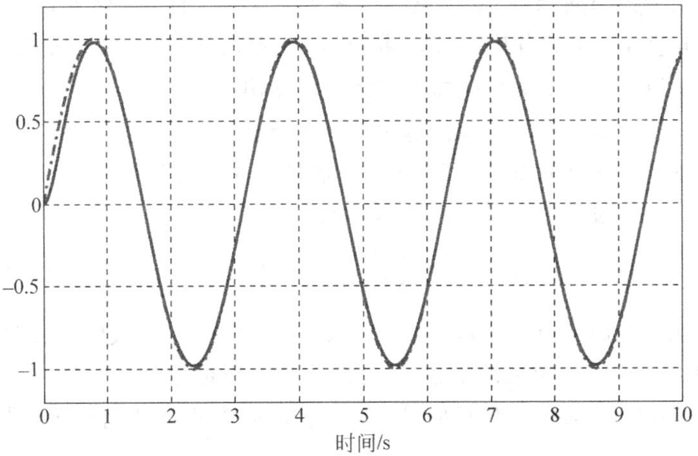

图 10.7 例 10.1 中的系统输出 $y(t)$ 和参考模型输出 $\hat{y}(t)$(定常增益矩阵)

相应的输出轨迹跟踪误差 $y(t)-\hat{y}(t)$ 如图 10.8 所显示。

由图 10.6 和图 10.8 所示的输出轨迹跟踪误差曲线可以看到，采用时变增益矩阵和常数增益矩阵所得到的输出轨迹非常接近，较为明显的差异仅在控制过程的最后阶段。采用时变增益矩阵时，输出跟踪的稳态误差为

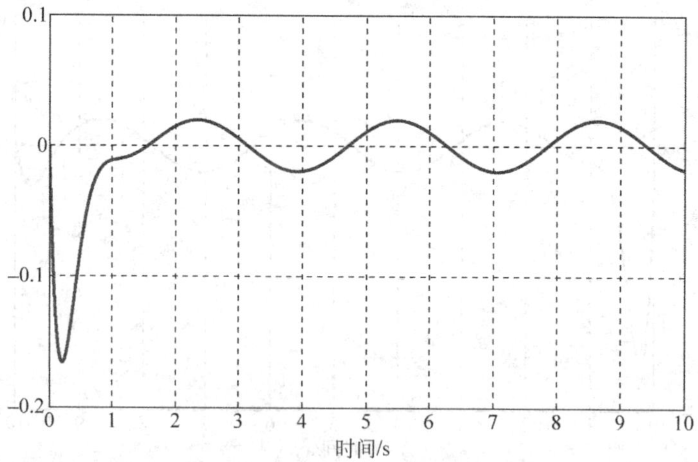

图 10.8 例 10.1 中的输出轨迹跟踪误差 $y(t)-\hat{y}(t)$（定常增益矩阵）

$$y(10)-\hat{y}(10)=0.0028$$

而采用常数增益矩阵时，输出跟踪的稳态误差为

$$y(10)-\hat{y}(10)=-0.0179$$

10.2.2 连续系统最优跟踪控制器

对轨迹跟踪控制问题，假设事先已知整个控制过程的期望轨迹，即期望轨迹 $\hat{y}(t)$ 作为时间区间 $[t_0, t_f]$ 上的分段连续函数，在控制器设计时（即 t 时刻）是已知的。这里不要求期望轨迹 $\hat{y}(t)$ 是某个已知参考模型的输出。

有限时间连续系统最优跟踪问题可描述如下。

连续系统最优跟踪问题 对于线性定常系统式(10.1.1)和事先给定的期望轨迹 $\hat{y}(t), t\in[t_0, t_f]$，设计控制器，使得性能指标

$$J=\frac{1}{2}x_e^{\mathrm{T}}(t_f)Sx_e(t_f)+\frac{1}{2}\int_{t_0}^{t_f}[x_e^{\mathrm{T}}(t)Qx_e(t)+u^{\mathrm{T}}(t)Ru(t)]\mathrm{d}t$$

达到最小，其中 $x_e(t)=x(t)-\hat{x}(t)$，$\hat{x}(t)=L\hat{y}(t)$，矩阵 L 如式(10.1.2)中所定义，S 和 Q 为式(10.1.4)中所定义的半正定矩阵，R 为一正定矩阵。

对于上述连续系统最优跟踪问题，利用连续系统动态规划原理，可以证明如下结论。

定理 10.2 对于连续系统最优跟踪问题，最优跟踪控制为

$$u(t)=-K_x(t)x(t)-K_\beta\beta(t) \tag{10.2.12}$$

其中

$$K_x(t)=R^{-1}B^{\mathrm{T}}P(t) \tag{10.2.13}$$

$$K_\beta=R^{-1}B^{\mathrm{T}} \tag{10.2.14}$$

最优性能指标为

$$J^* = \frac{1}{2}x^{\mathrm{T}}(t_0)P(t_0)x(t_0) + x^{\mathrm{T}}(t_0)\beta(t_0) + \frac{1}{2}\alpha(t_0)$$

$P(t)$、$\beta(t)$和 $\alpha(t)$分别是如下微分方程的解

$$\dot{P}(t) = -P(t)A - A^{\mathrm{T}}P(t) + P(t)BR^{-1}B^{\mathrm{T}}P(t) - Q \tag{10.2.15}$$

$$P(t_f) = S$$

$$\dot{\beta}(t) = -[A - BR^{-1}B^{\mathrm{T}}P(t)]^{\mathrm{T}}\beta + Q\hat{x}(t) \tag{10.2.16}$$

$$\beta(t_f) = -S\hat{x}(t_f)$$

$$\dot{\alpha}(t) = \beta^{\mathrm{T}}(t)BR^{-1}B^{\mathrm{T}}\beta(t) - \hat{x}^{\mathrm{T}}(t)Q\hat{x}(t) \tag{10.2.17}$$

$$\alpha(t_f) = \hat{x}^{\mathrm{T}}(t_f)S\hat{x}(t_f)$$

证明　定义代价函数为

$$J[x(t),t] = \frac{1}{2}[x(t_f) - \hat{x}(t_f)]^{\mathrm{T}}S[x(t_f) - \hat{x}(t_f)] + \frac{1}{2}\int_t^{t_f}\{[x(\tau) - \hat{x}(\tau)]^{\mathrm{T}}Q[x(\tau) - \hat{x}(\tau)] + u^{\mathrm{T}}(\tau)Ru(\tau)\}\mathrm{d}\tau$$

并定义 Hamilton 函数为

$$H = \frac{1}{2}[x(t) - \hat{x}(t)]^{\mathrm{T}}Q[x(t) - \hat{x}(t)] + \frac{1}{2}u^{\mathrm{T}}(t)Ru(t) + \lambda^{\mathrm{T}}(t)[Ax(t) + Bu(t)]$$

则由 Hamilton-Jacobi-Bellman 方程式(5.3.3)，有

$$-\frac{\partial J^*[x(t),t]}{\partial t} = \frac{1}{2}[x(t) - \hat{x}(t)]^{\mathrm{T}}Q[x(t) - \hat{x}(t)] + \frac{\partial J^*[x(t),t]}{\partial x^{\mathrm{T}}(t)}\left[Ax(t) - \frac{1}{2}BR^{-1}B^{\mathrm{T}}\frac{\partial J^*[x(t),t]}{\partial x(t)}\right]$$

由上式右端可知，最优代价函数 $J^*[x(t),t]$是状态 $x(t)$的二次函数，故令

$$J^*[x(t),t] = \frac{1}{2}x^{\mathrm{T}}(t)P(t)x(t) + x^{\mathrm{T}}(t)\beta(t) + \frac{1}{2}\alpha(t)$$

则

$$\begin{aligned}-\frac{\partial J^*[x(t),t]}{\partial t} &= -\frac{1}{2}x^{\mathrm{T}}(t)\dot{P}(t)x(t) - x^{\mathrm{T}}(t)\dot{\beta}(t) - \frac{1}{2}\dot{\alpha}(t)\\ &= \frac{1}{2}x^{\mathrm{T}}(t)Qx(t) + \frac{1}{2}x^{\mathrm{T}}(t)[P(t)A + A^{\mathrm{T}}P(t)]x(t)\\ &\quad - \frac{1}{2}x^{\mathrm{T}}(t)P(t)BR^{-1}B^{\mathrm{T}}P(t)x(t) + x^{\mathrm{T}}(t)A^{\mathrm{T}}\beta(t)\\ &\quad - x^{\mathrm{T}}(t)P(t)BR^{-1}B^{\mathrm{T}}\beta(t) - x^{\mathrm{T}}(t)Q\hat{x}(t)\\ &\quad - \frac{1}{2}\beta^{\mathrm{T}}(t)BR^{-1}B^{\mathrm{T}}\beta(t) + \frac{1}{2}\hat{x}^{\mathrm{T}}(t)Q\hat{x}(t)\end{aligned}$$

因为上述等式对于任意状态 $x(t)$成立，故微分方程式(10.2.15)、式(10.2.16)和式(10.2.17)成立。由 Hamilton-Jacobi-Bellman 方程的边界条件，有

$$J^*[x(t_f),t_f] = \frac{1}{2}x^{\mathrm{T}}(t_f)P(t_f)x(t_f) + x^{\mathrm{T}}(t_f)\beta(t_f) + \frac{1}{2}\alpha(t_f)$$

$$= \frac{1}{2}[x(t_f) - \hat{x}(t_f)]^T S[x(t_f) - \hat{x}(t_f)]$$

$$= \frac{1}{2}x^T(t_f)Sx(t_f) - x^T(t_f)S\hat{x}(t_f) + \frac{1}{2}\hat{x}^T(t_f)S\hat{x}(t_f)$$

得

$$P(t_f) = S, \quad \beta(t_f) = -S\hat{x}(t_f), \quad \alpha(t_f) = \hat{x}^T(t_f)S\hat{x}(t_f)$$

最优跟踪控制为

$$u(t) = -R^{-1}B\frac{\partial J^*[x(t),t]}{\partial x(t)} = -R^{-1}B[P(t)x(t) + \beta(t)]$$

最优性能指标为

$$J^* = J^*[x(t_0),t_0] = \frac{1}{2}x^T(t_0)P(t_0)x(t_0) + x^T(t_0)\beta(t_0) + \frac{1}{2}\alpha(t_0)$$ ■

例 10.2 对于例 10.1 中的输出轨迹跟踪问题，如果已知 $\hat{y}(t)=\sin(2t)$，则可利用定理 10.2 的结论求解相应的最优跟踪问题。因

$$\hat{x}(t) = L\hat{y}(t) = \begin{bmatrix}1\\0\end{bmatrix}\sin(2t)$$

相应的 Riccati 矩阵微分方程式(10.2.15)与例 10.1 中的 Riccati 矩阵微分方程式(10.2.9)有相同解，因此增益矩阵 $K_x(t)$也与例 10.1 相同。而相应的微分方程式(10.2.16)为

$$\begin{bmatrix}\dot{\beta}_1(t)\\ \dot{\beta}_2(t)\end{bmatrix} = \begin{bmatrix}0 & 10^3 p_2(t)\\ -1 & 1+10^3 p_3(t)\end{bmatrix}\begin{bmatrix}\beta_1(t)\\ \beta_2(t)\end{bmatrix} + \begin{bmatrix}1\\0\end{bmatrix}\hat{y}(t), \quad \begin{bmatrix}\beta_1(10)\\ \beta_2(10)\end{bmatrix} = \begin{bmatrix}-\sin(20)\\ 0\end{bmatrix}$$

求得 $\beta(t)=[\beta_1(t) \quad \beta_2(t)]^T$ 如图 10.9(实线为 $\beta_1(t)$)所示。

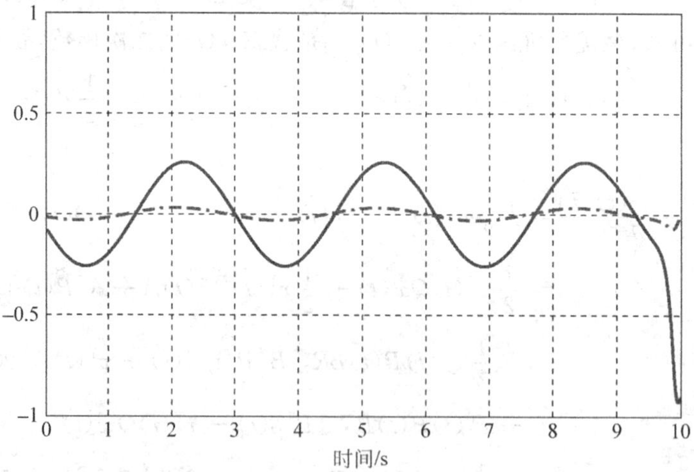

图 10.9 例 10.2 中的 $\beta(t)$

相应的系统输出 $y(t)$和参考模型输出 $\hat{y}(t)$如图 10.10(实线为 $y(t)$)所示，输出轨迹跟踪误差 $y(t)-\hat{y}(t)$如图 10.11 所示。

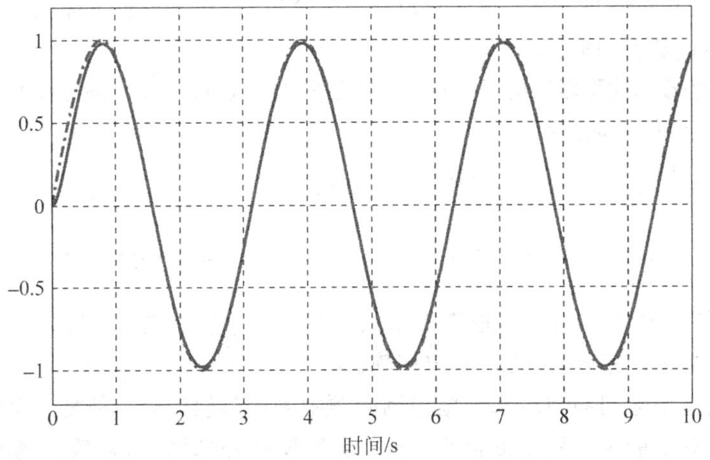

图 10.10　例 10.2 中的系统输出 $y(t)$和参考模型输出$\hat{y}(t)$

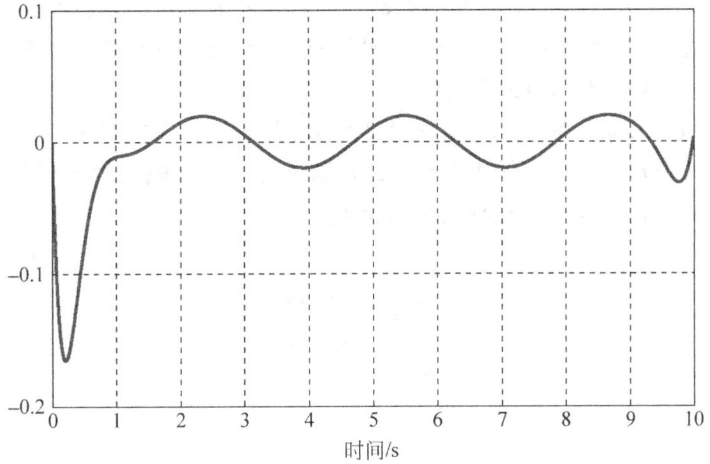

图 10.11　例 10.2 中的输出轨迹跟踪误差 $y(t)-\hat{y}(t)$

由图 10.6 和图 10.11 可知，最优伺服控制和最优跟踪控制得到了一样的输出轨迹跟踪特性，但是前者要求在 t 时刻参考模型状态 $z(t)$已知，而后者在控制器设计时(即在确定 $\beta(t)$，$t\in[0,10]$时)要求已知整个控制过程的参考模型输出$\hat{y}(t)$，$t\in[0,10]$。

10.2.3　连续系统最优模型跟随控制器

对于模型跟随问题，期望跟踪的轨迹$\hat{y}(t)$是一个已知参考模型的输出。考虑参考模型为线性定常系统的情形，假设其具有如下状态空间描述

$$\begin{cases}\dot{z}(t)=Gz(t)+B_r r(t)\\ \hat{y}(t)=Hz(t)\end{cases}\tag{10.2.18}$$

其中，B_r 为适当维数的常数矩阵；$r(t)$是一指令信号，称之为**参考输入**。假设参考模型的状态 $z(t)$是已知的。

连续系统最优模型跟随问题 对于线性定常系统式(10.1.1)和参考模型式(10.2.18)，设计控制器，使得性能指标

$$J=\frac{1}{2}[x(t_f)-\hat{x}(t_f)]^T S[x(t_f)-\hat{x}(t_f)]$$

$$+\frac{1}{2}\int_{t_0}^{t_f}\{[x(t)-\hat{x}(t)]^T Q[x(t)-\hat{x}(t)]+u^T(t)Ru(t)\}dt \quad (10.2.19)$$

达到最小，其中$\hat{x}(t)=L\hat{y}(t)$，矩阵 L 如式(10.1.2)中所定义；S 和 Q 为式(10.1.4)中所定义的半正定矩阵，R 为一正定矩阵。

最优模型跟随问题与最优伺服控制问题中的期望轨迹$\hat{y}(t)$都是一个已知参考模型的输出。对于最优伺服控制问题，参考模型没有外部输入，对应参考模型的不同初始条件，期望轨迹$\hat{y}(t)$的特性也不同；由于假设初始条件是未知的，因此，只知道期望轨迹$\hat{y}(t)$是某些类型的函数的线性组合。对于最优模型跟随问题，参考模型具有外部输入——参考输入 $r(t)$，此参考输入 $r(t)$或者为给定的，或者是一个给定线性定常系统的输出，或者是未知的，对于这些不同情形，需要分别予以处理。

情形 1 参考输入 $r(t)$给定的情形

假设 $r(t)$是时间区间$[t_0,t_f]$上的已知函数，并假设参考模型的状态 $z(t)$是可得到的(即 $z(t)$可以用于构成控制输入 $u(t)$)，则最优模型跟随问题可以转换为存在外部指令输入或干扰输入的最优状态调节问题。

定义

$$\tilde{x}(t)=\begin{bmatrix}x(t)\\z(t)\end{bmatrix}$$

则

$$\dot{\tilde{x}}(t)=\tilde{A}\,\tilde{x}(t)+\tilde{B}u(t)+\tilde{B}_r r(t) \quad (10.2.20)$$

其中$\tilde{A}$和$\tilde{B}$如式(10.2.3)中所定义，

$$\tilde{B}_r=\begin{bmatrix}0\\B_r\end{bmatrix}$$

性能指标式(10.2.19)可改写为

$$J=\frac{1}{2}\tilde{x}^T(t_f)\,\tilde{S}\,\tilde{x}(t_f)+\frac{1}{2}\int_{t_0}^{t_f}[\tilde{x}^T(t)\,\tilde{Q}\,\tilde{x}(t)+u^T(t)Ru(t)]dt \quad (10.2.21)$$

其中$\tilde{S}$和$\tilde{Q}$如式(10.2.4)和式(10.2.5)中所定义。

因为式(10.2.20)的右端有给定的参考输入 $r(t)$，所以，由式(10.2.20)和式(10.2.21)描述的最优状态调节问题不能直接用第 7 章中的结论来求解。

定理 10.3 对于式(10.2.20)和式(10.2.21)所描述的具有外部输入的最优状态调节问题，最优调节控制为

$$u(t)=-\tilde{K}_x(t)\,\tilde{x}(t)-\tilde{K}_\beta\tilde{\beta}(t) \quad (10.2.22)$$

其中

$$\widetilde{K}_x(t) = R^{-1}\widetilde{B}^{\mathrm{T}}\widetilde{P}(t) \tag{10.2.23}$$

$$\widetilde{K}_\beta = R^{-1}\widetilde{B}^{\mathrm{T}} \tag{10.2.24}$$

最优性能指标为

$$J^* = \frac{1}{2}\tilde{x}^{\mathrm{T}}(t_0)\widetilde{P}(t_0)\tilde{x}(t_0) + \tilde{x}^{\mathrm{T}}(t_0)\tilde{\beta}(t_0) + \frac{1}{2}\alpha(t_0)$$

$\widetilde{P}(t)$、$\tilde{\beta}(t)$和 $\alpha(t)$分别是如下微分方程的解

$$\dot{\widetilde{P}}(t) = -\widetilde{P}(t)\widetilde{A} - \widetilde{A}^{\mathrm{T}}\widetilde{P}(t) + \widetilde{P}(t)\widetilde{B}R^{-1}\widetilde{B}^{\mathrm{T}}\widetilde{P}(t) - \widetilde{Q} \tag{10.2.25}$$

$$\widetilde{P}(t_f) = \widetilde{S}$$

$$\dot{\tilde{\beta}}(t) = -[\widetilde{A} - \widetilde{B}R^{-1}\widetilde{B}^{\mathrm{T}}\widetilde{P}(t)]^{\mathrm{T}}\tilde{\beta}(t) - \widetilde{P}(t)\widetilde{B}_r r(t) \tag{10.2.26}$$

$$\tilde{\beta}(t_f) = 0$$

$$\dot{\alpha}(t) = \tilde{\beta}^{\mathrm{T}}(t)[\widetilde{B}R^{-1}\widetilde{B}^{\mathrm{T}}\tilde{\beta}(t) - 2\widetilde{B}_r r(t)] \tag{10.2.27}$$

$$\alpha(t_f) = 0$$

证明　对于式(10.2.20)和式(10.2.21)描述的最优状态调节问题，相应的代价函数为

$$J[\tilde{x}(t),t] = \frac{1}{2}\tilde{x}^{\mathrm{T}}(t_f)\widetilde{S}\tilde{x}(t_f) + \frac{1}{2}\int_t^{t_f}[\tilde{x}^{\mathrm{T}}(\tau)\widetilde{Q}\tilde{x}(\tau) + u^{\mathrm{T}}(\tau)Ru(\tau)]\mathrm{d}\tau$$

Hamilton 函数为

$$H = \frac{1}{2}\tilde{x}^{\mathrm{T}}(t)\widetilde{Q}\tilde{x}(t) + \frac{1}{2}u^{\mathrm{T}}(t)Ru(t) + \frac{\partial J^*[\tilde{x}(t),t]}{\partial\tilde{x}^{\mathrm{T}}(t)}[\widetilde{A}\tilde{x}(t) + \widetilde{B}u(t) + \widetilde{B}_r r(t)]$$

由 Hamilton-Jacobi-Bellman 方程式(5.3.3)，有

$$-\frac{\partial J^*[\tilde{x}(t),t]}{\partial t} = \frac{1}{2}\tilde{x}^{\mathrm{T}}(t)\widetilde{Q}\tilde{x}(t) + \frac{\partial J^*[\tilde{x}(t),t]}{\partial\tilde{x}^{\mathrm{T}}(t)}\left[\widetilde{A}\tilde{x}(t) - \frac{1}{2}\widetilde{B}R^{-1}\widetilde{B}^{\mathrm{T}}\frac{\partial J^*[\tilde{x}(t),t]}{\partial\tilde{x}(t)} + \widetilde{B}_r r(t)\right]$$

令

$$J^*[\tilde{x}(t),t] = \frac{1}{2}\tilde{x}^{\mathrm{T}}(t)\widetilde{P}(t)\tilde{x}(t) + \tilde{x}^{\mathrm{T}}(t)\tilde{\beta}(t) + \frac{1}{2}\alpha(t)$$

则

$$\begin{aligned}-\frac{\partial J^*[\tilde{x}(t),t]}{\partial t} &= -\frac{1}{2}\tilde{x}^{\mathrm{T}}(t)\dot{\widetilde{P}}(t)\tilde{x}(t) - \tilde{x}^{\mathrm{T}}(t)\dot{\tilde{\beta}}(t) - \frac{1}{2}\dot{\alpha}(t)\\ &= \frac{1}{2}\tilde{x}^{\mathrm{T}}(t)\widetilde{Q}\tilde{x}(t) + \frac{1}{2}\tilde{x}^{\mathrm{T}}(t)[\widetilde{P}(t)\widetilde{A} + \widetilde{A}^{\mathrm{T}}\widetilde{P}(t)]\tilde{x}(t)\\ &\quad - \frac{1}{2}\tilde{x}^{\mathrm{T}}(t)\widetilde{P}(t)\widetilde{B}R^{-1}\widetilde{B}^{\mathrm{T}}\widetilde{P}(t)\tilde{x}(t)\\ &\quad + \tilde{x}^{\mathrm{T}}(t)\{[\widetilde{A}^{\mathrm{T}} - \widetilde{P}(t)\widetilde{B}R^{-1}\widetilde{B}^{\mathrm{T}}]\tilde{\beta}(t) + \widetilde{P}(t)\widetilde{B}_r r(t)\}\end{aligned}$$

$$+\widetilde{\beta}^{\mathrm{T}}(t)[\widetilde{B}_r r(t)-\frac{1}{2}\widetilde{B}R^{-1}\widetilde{B}^{\mathrm{T}}\widetilde{\beta}(t)]$$

因上述等式对于任意状态$\tilde{x}(t)$均成立，故微分方程式(10.2.25)、式(10.2.26)和式(10.2.27)成立。由 Hamilton-Jacobi-Bellman 方程的边界条件，有

$$\begin{aligned}J^*[\tilde{x}(t_f),t_f]&=\frac{1}{2}\tilde{x}^{\mathrm{T}}(t_f)\widetilde{P}(t_f)\tilde{x}(t_f)+\tilde{x}^{\mathrm{T}}(t_f)\widetilde{\beta}(t_f)+\frac{1}{2}\alpha(t_f)\\&=\frac{1}{2}\tilde{x}^{\mathrm{T}}(t_f)S\tilde{x}(t_f)\end{aligned}$$

得

$$\widetilde{P}(t_f)=\widetilde{S},\quad \widetilde{\beta}(t_f)=0,\quad \alpha(t_f)=0$$

最优控制为

$$u(t)=-R^{-1}\widetilde{B}^{\mathrm{T}}\frac{\partial J^*[\tilde{x}(t),t]}{\partial\tilde{x}(t)}=-R^{-1}\widetilde{B}^{\mathrm{T}}[\widetilde{P}(t)\tilde{x}(t)+\widetilde{\beta}(t)]$$

最优性能指标为

$$J^*=J^*[\tilde{x}(t_0),t_0]=\frac{1}{2}\tilde{x}^{\mathrm{T}}(t_0)\widetilde{P}(t_0)\tilde{x}(t_0)+\tilde{x}^{\mathrm{T}}(t_0)\widetilde{\beta}(t_0)+\frac{1}{2}\alpha(t_0)$$ ■

利用定理 10.3 的结论，可直接给出参考输入 $r(t)$给定时最优模型跟随问题的解。

定理 10.4 对于连续系统最优模型跟随问题，如果参考输入 $r(t)$给定，则最优模型跟随控制为

$$u(t)=-K_x(t)x(t)-K_z(t)z(t)-K_\beta\beta(t)\tag{10.2.28}$$

其中

$$K_x(t)=R^{-1}B^{\mathrm{T}}P_x(t)\tag{10.2.29}$$

$$K_z(t)=R^{-1}B^{\mathrm{T}}P_z(t)\tag{10.2.30}$$

$$K_\beta=R^{-1}B^{\mathrm{T}}\tag{10.2.31}$$

最优性能指标为

$$\begin{aligned}J^*=&\frac{1}{2}x^{\mathrm{T}}(t_0)P_x(t_0)x(t_0)+x^{\mathrm{T}}(t_0)P_z(t_0)z(t_0)+\frac{1}{2}z^{\mathrm{T}}(t_0)P_{zz}(t_0)z(t_0)\\&+x^{\mathrm{T}}(t_0)\beta(t_0)+z^{\mathrm{T}}(t_0)\beta_z(t_0)+\frac{1}{2}\alpha(t_0)\end{aligned}$$

$P_x(t)$、$P_z(t)$、$\beta(t)$、$P_{zz}(t)$、$\beta_z(t)$和 $\alpha(t)$分别是如下微分方程的解

$$\begin{cases}\dot{P}_x(t)=-P_x(t)A-A^{\mathrm{T}}P_x(t)+P_x(t)BR^{-1}B^{\mathrm{T}}P_x(t)-Q\\P_x(t_f)=S\end{cases}\tag{10.2.32}$$

$$\begin{cases}\dot{P}_z(t)=-P_z(t)G-A^{\mathrm{T}}P_z(t)+P_x(t)BR^{-1}B^{\mathrm{T}}P_z(t)+QLH\\P_z(t_f)=-SLH\end{cases}\tag{10.2.33}$$

$$\begin{cases}\dot{\beta}(t)=-[A-BR^{-1}B^{\mathrm{T}}P_x(t)]^{\mathrm{T}}\beta(t)-P_z(t)B_r r(t)\\\beta(t_f)=0\end{cases}\tag{10.2.34}$$

$$\dot{P}_{zz}(t) = -P_{zz}(t)G - G^{\mathrm{T}}P_{zz}(t) + P_z^{\mathrm{T}}(t)BR^{-1}B^{\mathrm{T}}P_z(t) - H^{\mathrm{T}}L^{\mathrm{T}}QLH$$

$$P_{zz}(t_f) = H^{\mathrm{T}}L^{\mathrm{T}}SLH$$

$$\dot{\beta}_z(t) = -G^{\mathrm{T}}\beta_z(t) + P_z^{\mathrm{T}}(t)BR^{-1}B^{\mathrm{T}}\beta(t) - P_{zz}(t)B_r r(t)$$

$$\beta_z(t_f) = 0$$

$$\dot{\alpha}(t) = \beta^{\mathrm{T}}(t)BR^{-1}B^{\mathrm{T}}\beta(t) - 2\beta_z^{\mathrm{T}}(t)B_r r(t)$$

$$\alpha(t_f) = 0$$

情形 2　参考输入 $r(t)$的产生系统给定的情形

假设参考输入 $r(t)$是如下零输入线性定常系统的输出

$$\begin{cases} \dot{w}(t) = G_r w(t) \\ r(t) = H_r w(t) \end{cases} \tag{10.2.35}$$

如同讨论最优伺服控制问题时指出的那样，适当选取系统式(10.2.35)中的状态矩阵 G_r 和输出矩阵 H_r，对应不同的初始条件 $w(t_0)$，参考输入 $r(t)$是一些运动模态的不同线性组合。

令

$$\tilde{z}(t) = \begin{bmatrix} z(t) \\ w(t) \end{bmatrix}$$

参考模型式(10.2.18)和 $r(t)$的产生系统式(10.2.35)可合并描述为

$$\dot{\tilde{z}}(t) = \widetilde{G}\,\tilde{z}(t), \quad \hat{y}(t) = \widetilde{H}\,\tilde{z}(t) \tag{10.2.36}$$

其中

$$\widetilde{G} = \begin{bmatrix} G & B_r H_r \\ 0 & G_r \end{bmatrix}, \quad \widetilde{H} = [H \quad 0]$$

注意系统式(10.2.36)和系统式(10.2.1)形式上是一样的。因此，参考输入 $r(t)$的产生系统给定时的线性最优模型跟随问题转化为线性最优伺服问题，可直接利用定理 10.1 的结论进行求解。

情形 3　参考输入 $r(t)$未知的情形

当参考输入 $r(t)$完全未知时，我们没有关于期望轨迹$\hat{y}(t)$的任何先验信息。此时，我们可以如同古典控制理论中的处理方法那样，假定参考输入 $r(t)$可以由一些典型信号(例如阶跃信号或三角函数信号)的线性组合来逼近，针对这些典型信号进行最优模型跟随控制系统设计。如果上述典型信号选取合适，这样也能获得较好的模型跟随控制性能。

在上述讨论中，我们总是假定受控对象的状态和参考模型的状态都是可以获得的，可以用于控制器的构成。当这些状态不能全部获得时，则需在相应的可检测性或可观测性的假设下，设计相应的状态观测器，构成动态反馈控制器。

例 10.3　对于例 10.2 中的输出轨迹跟踪问题，考虑如下参考模型

$$\dot{z}(t) = \begin{bmatrix} -5 & 0 \\ 0 & -15 \end{bmatrix} z(t) + \begin{bmatrix} 1 \\ 1 \end{bmatrix} r(t)$$

$$\hat{y}(t)=[7.5 \quad -7.5]z(t)$$

其中 $r(t)$ 是一方波信号

$$r(t)=\text{sign}[\sin(t)]$$

令 $R=10^{-4}$。求得相应的增益矩阵 $K_x(t)=[K_{x1}(t) \quad K_{x2}(t)]$ 如图 10.12(实线为 $K_{x1}(t)$)所示。相应的微分方程式(10.2.33)为

$$\dot{P}_z(t)=\begin{bmatrix}\dot{p}_{z1}(t) & \dot{p}_{z2}(t)\\ \dot{p}_{z4}(t) & \dot{p}_{z3}(t)\end{bmatrix}$$

$$=\begin{bmatrix}7.5+5p_{z1}(t)+(1/R)p_{x2}(t)p_{z4}(t) & -7.5+15p_{z2}(t)+(1/R)p_{x2}(t)p_{z3}(t)\\ -p_{z1}(t)+(6+(1/R)p_{x3}(t))p_{z4}(t) & -p_{z2}(t)+(16+(1/R)p_{x3}(t))p_{z3}(t)\end{bmatrix}$$

$$P_z(10)=\begin{bmatrix}-7.5 & 7.5\\ 0 & 0\end{bmatrix}$$

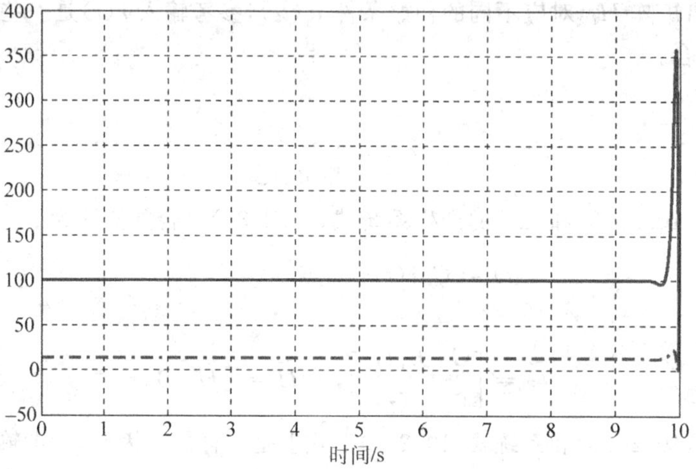

图 10.12 例 10.3 中的增益矩阵 $K_x(t)$

求得 $K_z(t)=[K_{z1}(t) \quad K_{z2}(t)]$ 如图 10.13(实线为 $K_{z1}(t)$)所示。相应的向量微分方程式(10.2.34)为

$$\begin{bmatrix}\dot{\beta}_1(t)\\ \dot{\beta}_2(t)\end{bmatrix}=\begin{bmatrix}0 & 10^4p_{x2}(t)\\ -1 & 1+10^4p_{x3}(t)\end{bmatrix}\begin{bmatrix}\beta_1(t)\\ \beta_2(t)\end{bmatrix}-\begin{bmatrix}p_{z1}(t)+p_{z2}(t)\\ p_{z4}(t)+p_{z3}(t)\end{bmatrix}r(t),\quad \begin{bmatrix}\beta_1(10)\\ \beta_2(10)\end{bmatrix}=\begin{bmatrix}0\\ 0\end{bmatrix}$$

求得 $\beta(t)=[\beta_1(t) \quad \beta_2(t)]^{\mathrm{T}}$ 如图 10.14(实线为 $\beta_1(t)$)所示。相应的系统输出 $y(t)$ 和参考模型输出 $\hat{y}(t)$ 如图 10.15(实线为 $y(t)$)所示,输出轨迹跟踪误差 $y(t)-\hat{y}(t)$ 如图 10.16 所示。

如果 Riccati 矩阵微分方程式(10.2.32)的解和矩阵微分方程式(10.2.33)的解均取为常数矩阵

$$P_x(t)=\begin{bmatrix}0.1418 & 0.01\\ 0.01 & 0.0013\end{bmatrix},\quad P_z(t)=\begin{bmatrix}-0.7343 & 0.4070\\ -0.0383 & 0.0139\end{bmatrix}$$

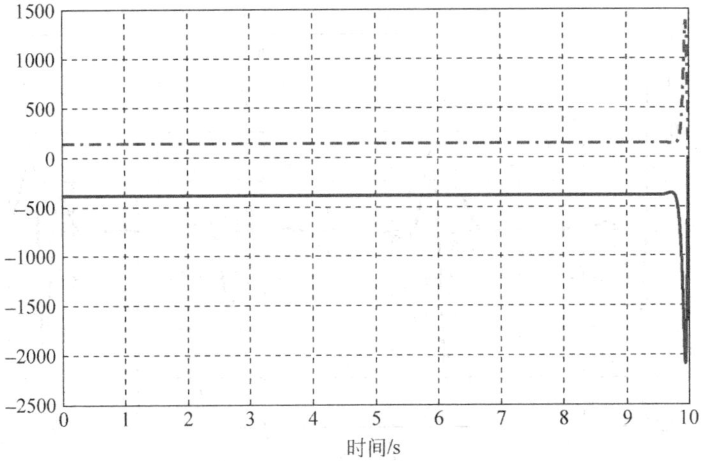

图 10.13　例 10.3 中的增益矩阵 $K_z(t)$

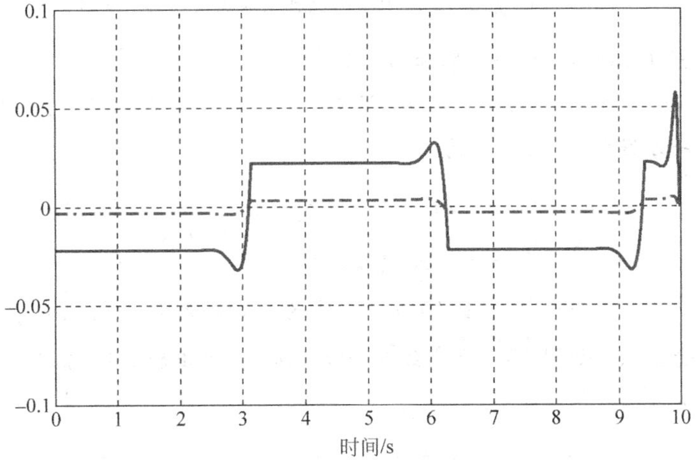

图 10.14　例 10.3 中的 $\beta(t)$

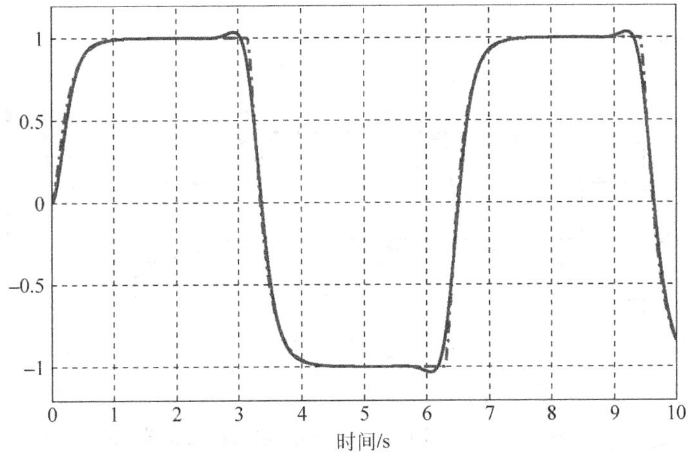

图 10.15　例 10.3 中的系统输出 $y(t)$和参考模型输出$\hat{y}(t)$

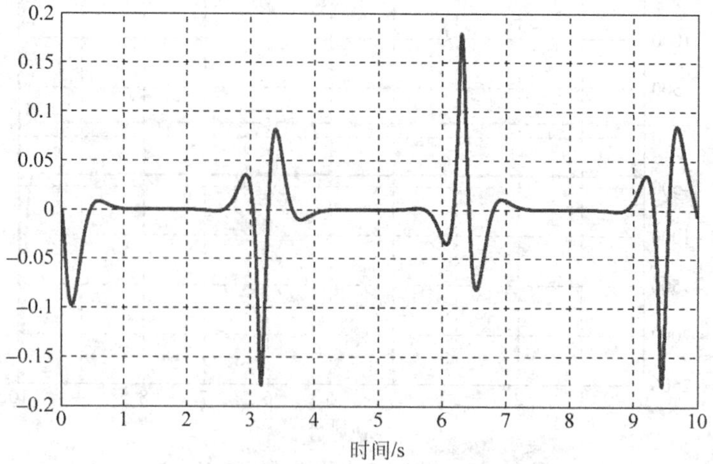

图 10.16 例 10.3 中的输出轨迹跟踪误差 $y(t)-\hat{y}(t)$

而增益矩阵 $K_x(t)$ 和 $K_z(t)$ 分别取为常数

$$K_x(t)=[100 \quad 13.1774], \quad K_z(t)=[-382.8733 \quad 139.4929]$$

则相应的微分方程式(10.2.34)为

$$\begin{bmatrix}\dot{\beta}_1(t)\\ \dot{\beta}_2(t)\end{bmatrix}=\begin{bmatrix}0 & 100\\ -1 & 14\end{bmatrix}\begin{bmatrix}\beta_1(t)\\ \beta_2(t)\end{bmatrix}-\begin{bmatrix}-0.3273\\ -0.0244\end{bmatrix}r(t), \quad \begin{bmatrix}\beta_1(10)\\ \beta_2(10)\end{bmatrix}=\begin{bmatrix}0\\ 0\end{bmatrix}$$

求得 $\beta(t)=[\beta_1(t) \quad \beta_2(t)]^{\mathrm{T}}$ 如图 10.17(实线为 $\beta_1(t)$)所示。相应的系统输出 $y(t)$ 和参考模型输出 $\hat{y}(t)$ 如图 10.18(实线为 $y(t)$)所示,输出轨迹跟踪误差 $y(t)-\hat{y}(t)$ 如图 10.19 所示。

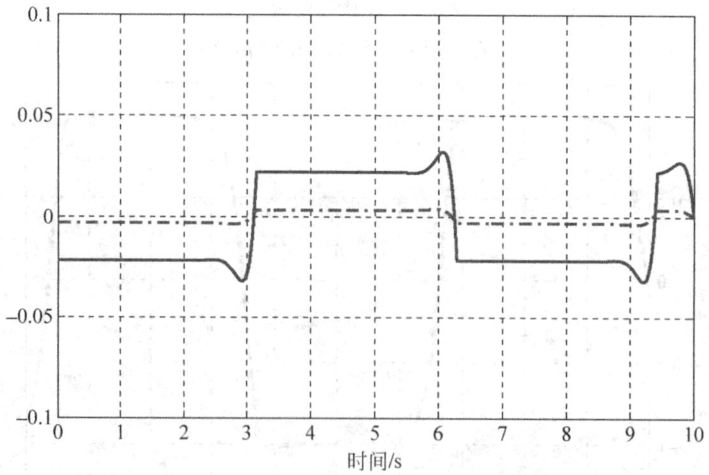

图 10.17 例 10.3 中的 $\beta(t)$(定常增益矩阵)

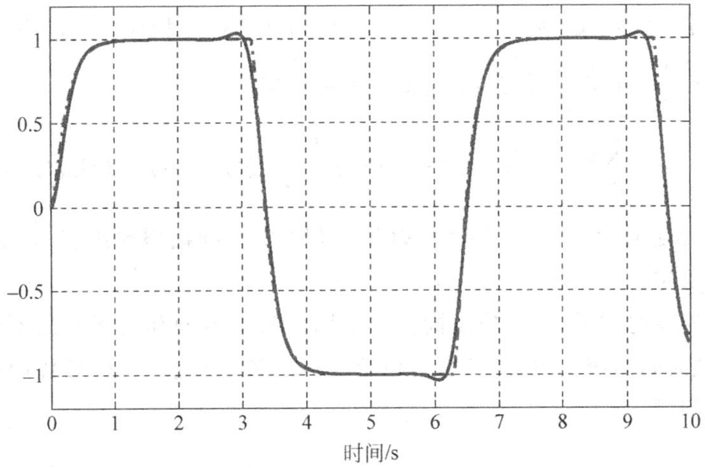

图 10.18　例 10.3 中的系统输出 $y(t)$和参考模型输出$\hat{y}(t)$(定常增益矩阵)

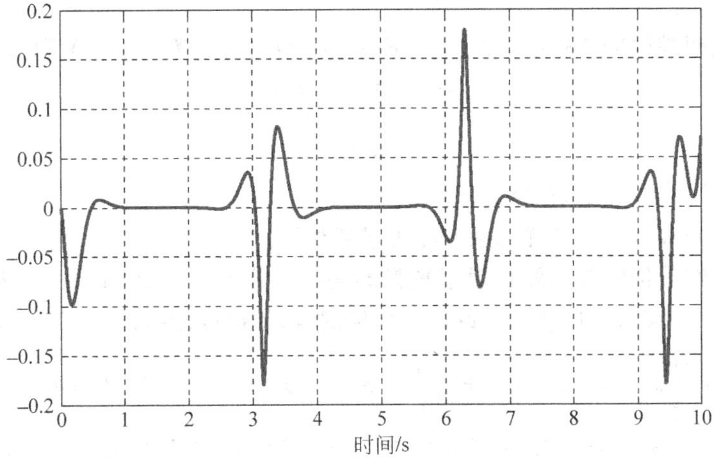

图 10.19　例 10.3 中的输出轨迹跟踪误差 $y(t)-\hat{y}(t)$(定常增益矩阵)

由上面的数例可以看到,当 $t_f\to\infty$时,若令 $S=0$,则 Riccati 矩阵微分方程式(10.2.9)、式(10.2.15)和式(10.2.32)的解将趋于常数矩阵,相应的矩阵微分方程式(10.2.10)和式(10.2.33)的解也会趋于常数矩阵,此时增益矩阵 $K_x(t)$和 $K_z(t)$也趋于常数,并且通过求解矩阵代数方程即可确定。但是由向量微分方程式(10.2.16)和式(10.2.34)可知,当 $t_f\to\infty$时,即使令 $S=0$,向量 $\beta(t)$也一般不会趋于常数,为了确定它,必须进行逆向积分。

10.3　离散时间系统最优跟踪控制器

考虑离散时间线性定常系统

$$\begin{cases} x(k+1)=Ax(k)+Bu(k), \quad x(k_0)=x_0 \\ y(k)=Cx(k) \end{cases} \tag{10.3.1}$$

欲设计控制 $u(k)(k=k_0,k_0+1,\cdots,N-1)$，使得如下性能指标达到最小，即

$$J=\frac{1}{2}[x(N)-\hat{x}(N)]^{\mathrm{T}}S[x(N)-\hat{x}(N)]$$
$$+\frac{1}{2}\sum_{k=k_0}^{N-1}\{[x(k)-\hat{x}(k)]^{\mathrm{T}}Q[x(k)-\hat{x}(k)]+u^{\mathrm{T}}(k)Ru(k)\} \tag{10.3.2}$$

其中 Q 可表示为 $Q=D^{\mathrm{T}}D$，$\hat{x}(k)=L\hat{y}(k)$，$\hat{y}(k)$ 为 m 维期望输出，L 为常数矩阵，如式(10.1.2)所定义。

类似于连续时间系统，对应不同性质的期望输出 $\hat{y}(k)$ 和关于它的不同的已知条件，对于离散时间系统式(10.3.1)，可讨论相应的最优伺服问题、最优跟踪问题和最优模型跟随问题。

10.3.1 离散系统最优伺服控制器

假设欲跟踪的期望输出 $\hat{y}(k)$ 是如下参考模型在初始条件 $z(k_0)$ 下的输出

$$\begin{cases}z(k+1)=Gz(k)\\ \hat{y}(k)=Hz(k)\end{cases} \tag{10.3.3}$$

其中 G 和 H 为适当维数的常数矩阵。

有限时间离散系统最优伺服问题可描述如下。

离散系统最优伺服问题 对于离散时间线性定常系统式(10.3.1)和离散时间线性定常参考模型式(10.3.3)，设计线性控制器，使得性能指标

$$J=\frac{1}{2}x_{\mathrm{e}}^{\mathrm{T}}(N)Sx_{\mathrm{e}}(N)+\frac{1}{2}\sum_{k=k_0}^{N-1}[x_{\mathrm{e}}^{\mathrm{T}}(k)Qx_{\mathrm{e}}(k)+u^{\mathrm{T}}(k)Ru(k)] \tag{10.3.4}$$

达到最小，其中 $x_{\mathrm{e}}(k)=x(k)-\hat{x}(k)$，$\hat{x}(k)=L\hat{y}(k)$，矩阵 L 如式(10.1.2)中所定义，S 和 Q 为式(10.1.4)中所定义的半正定矩阵，R 为一正定矩阵。

定义扩展状态向量

$$\tilde{x}(k)=\begin{bmatrix}x(k)\\ z(k)\end{bmatrix} \tag{10.3.5}$$

则

$$\tilde{x}(k+1)=\tilde{A}\,\tilde{x}(k)+\tilde{B}u(k) \tag{10.3.6}$$

其中

$$\tilde{A}=\begin{bmatrix}A & 0\\ 0 & G\end{bmatrix},\quad \tilde{B}=\begin{bmatrix}B\\ 0\end{bmatrix} \tag{10.3.7}$$

性能指标式(10.3.4)可改写为

$$J=\frac{1}{2}\,\tilde{x}^{\mathrm{T}}(N)\,\tilde{S}\,\tilde{x}(N)+\frac{1}{2}\sum_{k=k_0}^{N-1}[\tilde{x}^{\mathrm{T}}(k)\,\tilde{Q}\,\tilde{x}(k)+u^{\mathrm{T}}(k)Ru(k)]$$

其中

$$\widetilde{S}=\begin{bmatrix} S & -SLH \\ -H^{\mathrm{T}}L^{\mathrm{T}}S & H^{\mathrm{T}}L^{\mathrm{T}}SLH \end{bmatrix} \tag{10.3.8}$$

$$\widetilde{Q}=\begin{bmatrix} Q & -QLH \\ -H^{\mathrm{T}}L^{\mathrm{T}}Q & H^{\mathrm{T}}L^{\mathrm{T}}QLH \end{bmatrix} \tag{10.3.9}$$

这样便将离散时间系统最优伺服控制问题转化为扩展系统的最优调节器问题。根据定理7.11,上述扩展系统最优调节器问题的最优控制为

$$u(k)=-[R+\widetilde{B}^{\mathrm{T}}\widetilde{P}(k+1)\widetilde{B}]^{-1}\widetilde{B}^{\mathrm{T}}\widetilde{P}(k+1)\widetilde{A}\,\widetilde{x}(k)$$

其中$\widetilde{P}(k+1)$是如下Riccati差分方程的解

$$\widetilde{P}(k)=\widetilde{Q}+\widetilde{A}^{\mathrm{T}}\widetilde{P}(k+1)\widetilde{A}-\widetilde{A}^{\mathrm{T}}\widetilde{P}(k+1)\widetilde{B}[R+\widetilde{B}^{\mathrm{T}}\widetilde{P}(k+1)\widetilde{B}]^{-1}\widetilde{B}^{\mathrm{T}}\widetilde{P}(k+1)\widetilde{A}$$

$$k=N-1,N-2,\cdots,k_0+1,k_0$$

$$\widetilde{P}(N)=\widetilde{S}$$

相应的最优性能指标为

$$J^*=\frac{1}{2}\widetilde{x}^{\mathrm{T}}(k_0)\widetilde{P}(k_0)\widetilde{x}(k_0)$$

将式(10.3.6)～式(10.3.9)代入上述解的描述中,可得到如下结论。

定理10.5 对于离散系统最优伺服问题,最优伺服控制为

$$u(k)=-K_x(k)x(k)-K_z(k)z(k)$$

最优性能指标为

$$J^*=\frac{1}{2}x^{\mathrm{T}}(k_0)P_x(k_0)x(k_0)+x^{\mathrm{T}}(k_0)P_z(k_0)z(k_0)+\frac{1}{2}z^{\mathrm{T}}(k_0)P_{zz}(k_0)z(k_0) \tag{10.3.10}$$

其中

$$K_x(k)=[R+B^{\mathrm{T}}P_x(k+1)B]^{-1}B^{\mathrm{T}}P_x(k+1)A$$

$$K_z(k)=[R+B^{\mathrm{T}}P_x(k+1)B]^{-1}B^{\mathrm{T}}P_z(k+1)G$$

$P_x(k)$、$P_z(k)$和$P_{zz}(k)$分别是如下矩阵差分方程的解,即

$$\begin{cases} P_x(k)=A^{\mathrm{T}}P_x(k+1)A-A^{\mathrm{T}}P_x(k+1) \\ \qquad B[R+B^{\mathrm{T}}P_x(k+1)B]^{-1}B^{\mathrm{T}}P_x(k+1)A+Q \\ P_x(N)=S \end{cases} \tag{10.3.11a}$$

$$\begin{cases} P_z(k)=A^{\mathrm{T}}P_z(k+1)G-A^{\mathrm{T}}P_x(k+1) \\ \qquad B[R+B^{\mathrm{T}}P_x(k+1)B]^{-1}B^{\mathrm{T}}P_z(k+1)G-QLH \\ P_z(N)=-SLH \end{cases} \tag{10.3.11b}$$

$$\begin{cases} P_{zz}(k)=H^{\mathrm{T}}L^{\mathrm{T}}QLH+G^{\mathrm{T}}P_{zz}(k+1)G \\ \qquad -G^{\mathrm{T}}P_z(k+1)B[R+B^{\mathrm{T}}P_x(k+1)B]^{-1}B^{\mathrm{T}}P_z(k+1)G \\ P_{zz}(N)=H^{\mathrm{T}}L^{\mathrm{T}}SLH \end{cases} \tag{10.3.11c}$$

例 10.4 当采样周期为 0.001s 时，某直流电机可近似描述如下

$$x(k+1)=\begin{bmatrix}1 & 10^{-3}\\0 & 1\end{bmatrix}x(k)+\begin{bmatrix}0\\10^{-4}\end{bmatrix}u(k),\quad x(0)=\begin{bmatrix}0\\1\end{bmatrix}$$

$$y(k)=[1\quad 0]x(k)$$

要控制该直流电机使其转速 $y(k)$ 跟踪如下参考模型的输出 $\hat{y}(k)$（称之为参考转速）

$$z(k+1)=\begin{bmatrix}1 & 0.001\\0 & 1\end{bmatrix}z(k)$$

$$z(0)=z(2500)=\begin{bmatrix}0\\2\end{bmatrix},\quad z(1500)=z(4000)=\begin{bmatrix}3\\-3\end{bmatrix}$$

$$\hat{y}(k)=[1\quad 0]z(k)$$

考虑性能指标

$$J=\frac{10^2}{2}[y(N)-\hat{y}(N)]^2+\frac{1}{2}\sum_{k=0}^{N-1}\{10^2[y(k)-\hat{y}(k)]^2+10^{-5}u^2(k)\}$$

其中 $N=5000$。由式(10.1.2)和式(10.1.4)，有

$$L=\begin{bmatrix}1\\0\end{bmatrix},\quad \bar{C}=\begin{bmatrix}0 & 0\\0 & 1\end{bmatrix},\quad Q=\begin{bmatrix}100 & 0\\0 & 0\end{bmatrix},\quad D=[10\quad 0],\quad S=\begin{bmatrix}100 & 0\\0 & 0\end{bmatrix}$$

求解 Riccati 矩阵差分方程(10.3.10)和矩阵差分方程(10.3.11)，可求得最优伺服控制器增益矩阵 $K_x(k)=[K_{x1}(k)\quad K_{x2}(k)]$和 $K_z(k)=[K_{z1}(k)\quad K_{z2}(k)]$，分别如图 10.20（实线为 $K_{x1}(k)$）和图 10.21（实线为 $K_{z1}(k)$）所示。相应的电机转速 $y(k)$和参考转速 $\hat{y}(k)$如图 10.22（实线为 $y(k)$）所示。电机转速跟踪误差 $y(t)-\hat{y}(t)$ 如图 10.23 所示。

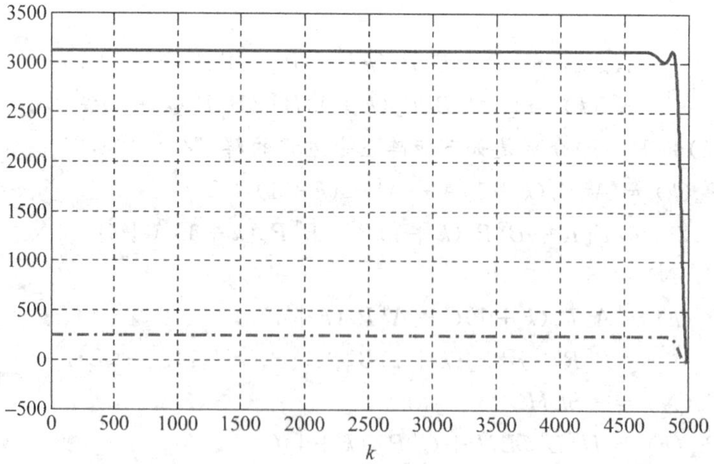

图 10.20 例 10.4 中的增益矩阵 $K_x(k)$

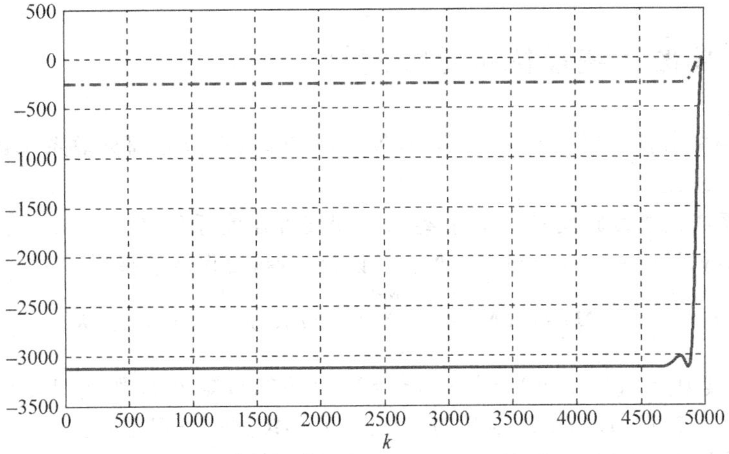

图 10.21　例 10.4 中的增益矩阵 $K_z(k)$

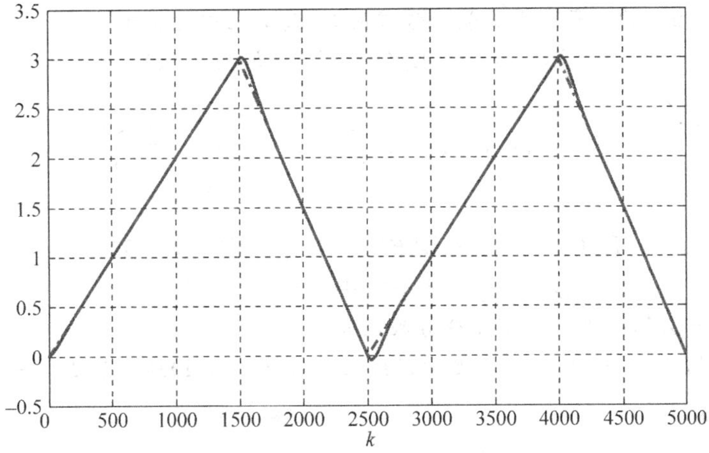

图 10.22　例 10.4 中的系统输出 $y(k)$和参考模型输出$\hat{y}(k)$

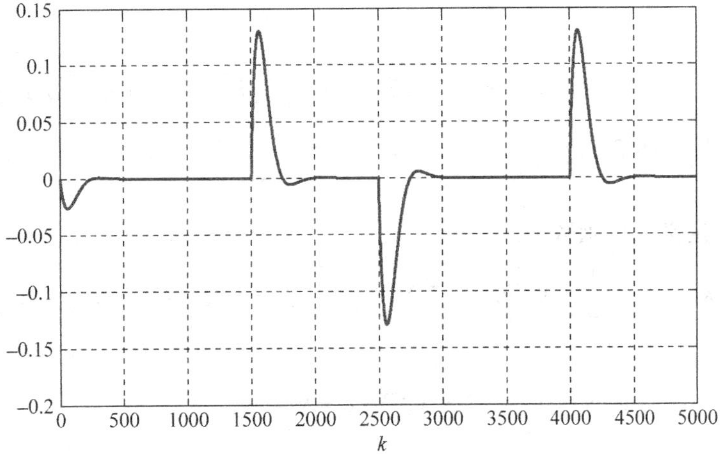

图 10.23　例 10.4 中的输出轨迹跟踪误差 $y(k)-\hat{y}(k)$

10.3.2 离散系统最优跟踪控制器

当期望输出$\hat{y}(k)(k=k_0,k_0+1,\cdots,N)$为已知时，有限时间离散系统最优轨迹跟踪问题可描述如下。

离散系统最优跟踪问题 对于离散时间线性定常系统式(10.3.1)和事先给定的期望输出$\hat{y}(k)(k=k_0,k_0+1,\cdots,N)$，设计控制器，使得性能指标

$$J=\frac{1}{2}x_e^T(N)Sx_e(N)+\frac{1}{2}\sum_{k=k_0}^{N-1}[x_e^T(k)Qx_e(k)+u^T(k)Ru(k)]$$

达到最小，其中$x_e(k)=x(k)-\hat{x}(k)$，$\hat{x}(k)=L\hat{y}(k)$，矩阵L如式(10.1.2)中所定义，S和Q为式(10.1.4)中所定义的半正定矩阵，R为一正定矩阵。

对于有限时间离散系统最优轨迹跟踪问题，利用动态规划的结论，可以证明如下结果。

定理 10.6 对于离散系统最优跟踪问题，最优跟踪控制为

$$u^*(k)=-K_x(k)x(k)-K_\beta(k)\beta(k)$$

最优性能指标为

$$J^*=\frac{1}{2}x^T(k_0)P(k_0)x(k_0)+x^T(k_0)\beta(k_0)+\frac{1}{2}\alpha(k_0)$$

其中

$$K_x(k)=[R+B^TP(k+1)B]^{-1}B^TP(k+1)A$$

$$K_\beta(k)=[R+B^TP(k+1)B]^{-1}B^T$$

$P(k)$、$\beta(k)$和$\alpha(k)$分别是如下差分方程的解

$$\begin{cases}P(k)=A^TP(k+1)A-A^TP(k+1)B[R+B^TP(k+1)B]^{-1}B^TP(k+1)A+Q\\P(N)=S\end{cases}\tag{10.3.12}$$

$$\begin{cases}\beta(k)=[A-BK_x(k)]^T\beta(k+1)-Q\hat{x}(k)\\\beta(N)=-S\hat{x}(N)\end{cases}\tag{10.3.13}$$

$$\begin{cases}\alpha(k)=\alpha(k+1)+\hat{x}^T(k)Q\hat{x}(k)-\beta^T(k+1)K_\beta^T(k)[R+B^TP(k+1)B]K_\beta(k)\beta(k+1)\\\alpha(N)=\hat{x}^T(N)S\hat{x}(N)\end{cases}\tag{10.3.13a}$$

证明 定义代价函数为

$$J[x(k),k]=\frac{1}{2}x_e^T(N)Sx_e(N)+\frac{1}{2}\sum_{j=k}^{N-1}[x_e^T(j)Qx_e(j)+u^T(j)Ru(j)]$$

当$k=N$时

$$\begin{aligned}J^*[x(N),N]&=\frac{1}{2}x_e^T(N)Sx_e(N)\\&=\frac{1}{2}[x(N)-\hat{x}(N)]^TS[x(N)-\hat{x}(N)]\end{aligned}$$

$$= \frac{1}{2}x^{T}(N)P(N)x(N) + x^{T}(N)\beta(N) + \frac{1}{2}\alpha(N)$$

其中

$$P(N) = S,\quad \beta(N) = -S\hat{x}(N),\quad \alpha(N) = \hat{x}^{T}(N)S\hat{x}(N)$$

而当 $k=N-1$ 时

$$J[x(N-1),N-1] = \frac{1}{2}[x_{e}^{T}(N-1)Qx_{e}(N-1) + u^{T}(N-1)Ru(N-1)] + J[x(N),N]$$

根据动态规划基本递推方程，得

$$\begin{aligned}
J^{*}[x(N-1),N-1] &= \min_{u(N-1)}\left\{\frac{1}{2}[x_{e}^{T}(N-1)Qx_{e}(N-1) + u^{T}(N-1)Ru(N-1)] + J^{*}[x(N,N)]\right\} \\
&= \min_{u(N-1)}\left\{\frac{1}{2}[x(N-1)-\hat{x}(N-1)]^{T}Q[x(N-1)-\hat{x}(N-1)] \right. \\
&\quad + \frac{1}{2}u^{T}(N-1)Ru(N-1) + \frac{1}{2}[Ax(N-1) \\
&\quad + Bu(N-1)]^{T}P(N)[Ax(N-1)+Bu(N-1)] \\
&\quad \left. + [Ax(N-1)+Bu(N-1)]^{T}\beta(N) + \frac{1}{2}\alpha(N)\right\} \\
&= \min_{u(N-1)}\left\{\frac{1}{2}u^{T}(N-1)[R+B^{T}P(N)B]u(N-1) \right. \\
&\quad + u^{T}(N-1)B^{T}[P(N)Ax(N-1)+\beta(N)] \\
&\quad + \frac{1}{2}x^{T}(N-1)[Q+A^{T}P(N)A]x(N-1) \\
&\quad + x^{T}(N-1)[A^{T}\beta(N)-Q\hat{x}(N-1)] \\
&\quad \left. + \frac{1}{2}\hat{x}^{T}(N-1)Q\hat{x}(N-1) + \frac{1}{2}\alpha(N)\right\}
\end{aligned}$$

可解得

$$\begin{aligned}
u^{*}(N-1) &= -[R+B^{T}P(N)B]^{-1}[B^{T}P(N)Ax(N-1)+B^{T}\beta(N)] \\
&= -K_{x}(N-1)x(N-1) - K_{\beta}(N-1)\beta(N)
\end{aligned}$$

其中

$$K_{x}(N-1) = [R+B^{T}P(N)B]^{-1}B^{T}P(N)A$$
$$K_{\beta}(N-1) = [R+B^{T}P(N)B]^{-1}B^{T}$$

将最优控制 $u^{*}(N-1)$ 代入最优代价函数 $J^{*}[x(N-1),N-1]$ 中，整理可得

$$J^{*}[x(N-1),N-1] = \frac{1}{2}x^{T}(N-1)P(N-1)x(N-1) + x^{T}(N-1)\beta(N-1) + \frac{1}{2}\alpha(N-1)$$

其中

$$P(N-1) = A^{T}P(N)A - K_{x}^{T}(N-1)[R+B^{T}P(N)B]K_{x}(N-1) + Q$$

$$\beta(N-1) = [A - BK_x(N-1)]^{\mathrm{T}}\beta(N) - Q\hat{x}(N-1)$$

$$\alpha(N-1) = \alpha(N) + \hat{x}^{\mathrm{T}}(N-1)Q\hat{x}(N-1) - \beta^{\mathrm{T}}(N)K_\beta^{\mathrm{T}}(N-1)[R + B^{\mathrm{T}}P(N)B]K_\beta(N-1)\beta(N)$$

继续进行逆向递推计算，整理可得

$$u^*(k) = -K_x(k)x(k) - K_\beta(k)\beta(k)$$

其中

$$K_x(k) = [R + B^{\mathrm{T}}P(k+1)B]^{-1}B^{\mathrm{T}}P(k+1)A$$

$$K_\beta(k) = [R + B^{\mathrm{T}}P(k+1)B]^{-1}B^{\mathrm{T}}$$

$$P(k) = A^{\mathrm{T}}P(k+1)A - K_x^{\mathrm{T}}(k)[R + B^{\mathrm{T}}P(k+1)B]K_x(k) + Q$$

$$\beta(k) = [A - BK_x(k)]^{\mathrm{T}}\beta(k+1) - Q\hat{x}(k)$$

$$\alpha(k) = \alpha(k+1) + \hat{x}^{\mathrm{T}}(k)Q\hat{x}(k) - \beta^{\mathrm{T}}(k+1)BK_\beta(k)\beta(k+1)$$

$$P(N) = S,\quad \beta(N) = S\hat{x}(N),\quad \alpha(N) = \hat{x}^{\mathrm{T}}(N)S\hat{x}(N)$$

$$k = N-1, N-2, \cdots, k_0$$

最优代价函数为

$$J^* = J^*[x(k_0), k_0] = \frac{1}{2}x^{\mathrm{T}}(k_0)P(k_0)x(k_0) + x^{\mathrm{T}}(k_0)\beta(k_0) + \frac{1}{2}\alpha(k_0)$$ ■

例 10.5 继续考虑例 10.4 中的直流电机转速的跟踪问题，现假设已知需跟踪的参考转速$\hat{y}(k)$如下式给定，求解相应的最优转速跟踪问题

$$\hat{y}(k) = \begin{cases} 0.002k, & 0 \leqslant k \leqslant 1500 \\ 3 - 0.003(k-1500), & 1500 < k \leqslant 2500 \\ 0.002(k-2500), & 2500 < k \leqslant 4000 \\ 3 - 0.003(k-4000), & 4000 < k \leqslant 5000 \end{cases}$$

相应的 Riccati 矩阵差分方程与例 10.4 中的相同，故增益矩阵 $K_x(k)$也与例 10.4 相同。可求得增益矩阵 $K_\beta(k) = [K_{\beta1}(k) \quad K_{\beta2}(k)]$，其中 $K_{\beta1}(k) = 0$，$K_{\beta2}(k)$如图 10.24 所示。

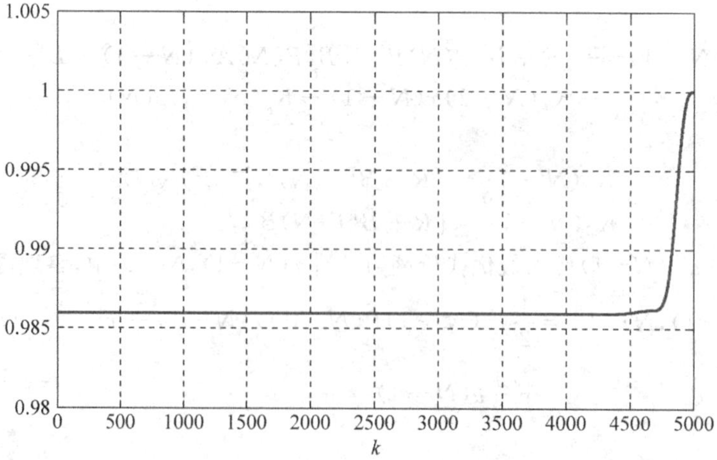

图 10.24 例 10.5 中的增益矩阵 $K_{\beta2}(k)$

由图(10.20)和图(10.24)可以看到,增益矩阵 $K_x(t)$ 和 $K_\beta(t)$ 在控制过程开始的大部时间内近似为常数,仅在最后阶段为时变的。下面将增益矩阵 $K_x(t)$ 和 $K_\beta(t)$ 取为常值

$$K_x(t)=[3122.7626 \quad 251.4768],\quad K_\beta(t)=[0 \quad 9.7517]$$

求解差分方程式(10.3.13)可得 $\beta(k)=[\beta_1(k) \quad \beta_2(k)]^{\mathrm{T}}$,$\beta_2(k)$ 如图 10.25 所示。相应的电机转速 $y(k)$ 和参考转速 $\hat{y}(k)$ 如图 10.26(实线为 $y(k)$)所示,转速跟踪误差 $y(k)-\hat{y}(k)$ 如图 10.27 所示。

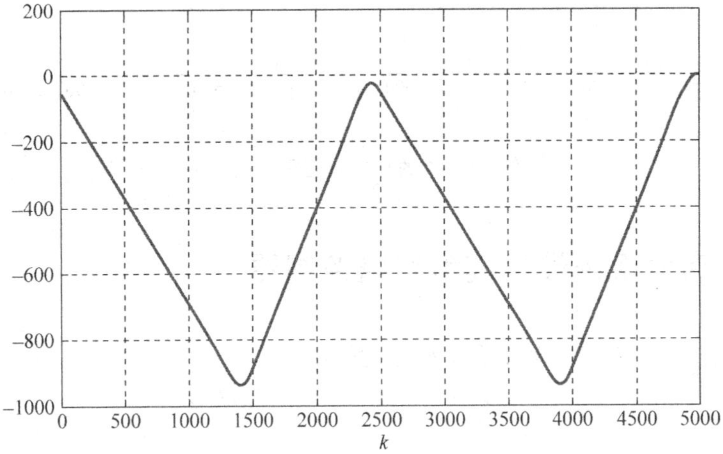

图 10.25 例 10.5 中的增益矩阵 $\beta_2(k)$

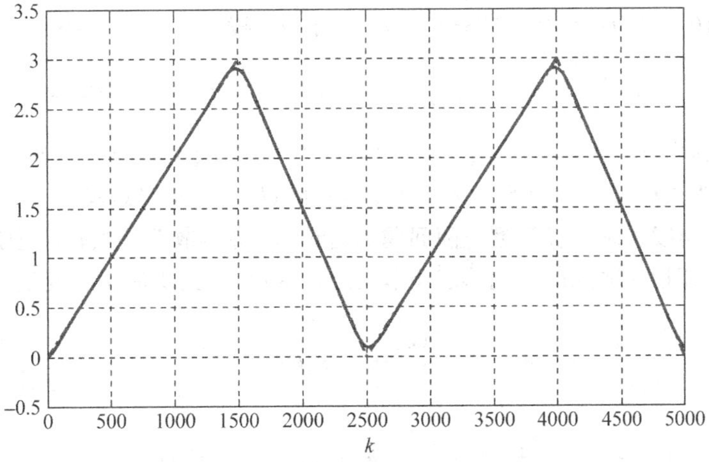

图 10.26 例 10.5 中的系统输出 $y(k)$ 和参考模型输出 $\hat{y}(k)$

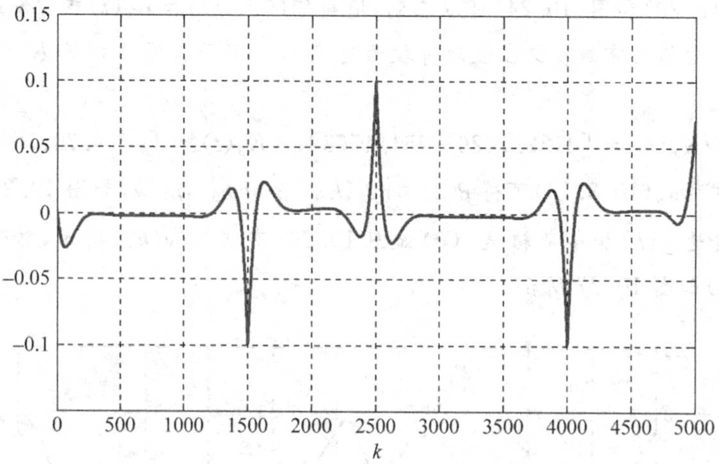

图 10.27 例 10.5 中的输出轨迹跟踪误差 $y(k)-\hat{y}(k)$

10.3.3 离散系统最优模型跟随控制器

假设期望输出$\hat{y}(k)$是如下参考模型的输出

$$\begin{cases} z(k+1)=Gz(k)+B_r r(k) \\ \hat{y}(k)=Hz(k) \end{cases} \tag{10.3.14}$$

其中参考输入 $r(k)(k=k_0,k_0+1,\cdots,N)$已知。

有限时间离散系统最优模型跟随控制问题可描述如下。

离散系统最优模型跟随问题 对于线性定常离散时间系统式(10.3.1)和由参考模型式(10.3.14)产生的期望输出$\hat{y}(k)$，设计控制器，使得性能指标

$$J=\frac{1}{2}x_e^{\mathrm{T}}(N)Sx_e(N)+\frac{1}{2}\sum_{k=k_0}^{N-1}\left[x_e^{\mathrm{T}}(k)Qx_e(k)+u^{\mathrm{T}}(k)Ru(k)\right] \tag{10.3.15}$$

达到最小，其中 $x_e(k)=x(k)-\hat{x}(k)$，$\hat{x}(k)=L\hat{y}(k)$，矩阵 L 如式(10.1.2)中所定义，S 和 Q 为式(10.1.4)中所定义的半正定矩阵，R 为一正定矩阵。

类似于连续系统最优模型跟随问题的讨论，可将离散系统最优模型跟随问题转换为存在外部指令输入的最优状态调节问题。为此，定义扩展状态变量

$$\tilde{x}(k)=\begin{bmatrix} x(k) \\ z(k) \end{bmatrix} \tag{10.3.16}$$

则有

$$\tilde{x}(k+1)=\tilde{A}\,\tilde{x}(k)+\tilde{B}u(k)+\tilde{B}_r r(k) \tag{10.3.17}$$

其中$\tilde{A}$和$\tilde{B}$如式(10.3.7)中所定义

$$\tilde{B}_r=\begin{bmatrix} 0 \\ B_r \end{bmatrix} \tag{10.3.18}$$

而性能指标式(10.3.15)可改写为

$$J=\frac{1}{2}\tilde{x}^{\mathrm{T}}(N)\tilde{S}\tilde{x}(N)+\frac{1}{2}\sum_{k=k_0}^{N-1}[\tilde{x}^{\mathrm{T}}(k)\tilde{Q}\tilde{x}(k)+u^{\mathrm{T}}(k)Ru(k)] \tag{10.3.19}$$

其中$\tilde{S}$和$\tilde{Q}$分别如式(10.3.8)和式(10.3.9)中所定义。

定理 10.7　对于离散系统式(10.3.17)和性能指标式(10.3.19)所描述的具有外部输入的最优状态调节问题，最优调节控制为

$$u^*(k)=-\tilde{K}_x(k)\tilde{x}(k)-\tilde{K}_\beta(k)\tilde{\beta}(k)-\tilde{K}_r(k)r(k) \tag{10.3.20}$$

其中

$$\tilde{K}_x(k)=[R+\tilde{B}^{\mathrm{T}}\tilde{P}(k+1)\tilde{B}]^{-1}\tilde{B}^{\mathrm{T}}\tilde{P}(k+1)\tilde{A} \tag{10.3.21}$$

$$\tilde{K}_\beta(k)=[R+\tilde{B}^{\mathrm{T}}\tilde{P}(k+1)\tilde{B}]^{-1}\tilde{B}^{\mathrm{T}} \tag{10.3.22}$$

$$\tilde{K}_r(k)=[R+\tilde{B}^{\mathrm{T}}\tilde{P}(k+1)\tilde{B}]^{-1}\tilde{B}^{\mathrm{T}}\tilde{P}(k+1)\tilde{B}_r \tag{10.3.23}$$

$$k=k_0,k_0+1,\cdots,N-1$$

最优性能指标为

$$J^*=\frac{1}{2}\tilde{x}^{\mathrm{T}}(t_0)\tilde{P}(t_0)\tilde{x}(t_0)+\tilde{x}^{\mathrm{T}}(t_0)\tilde{\beta}(t_0)+\frac{1}{2}\tilde{\alpha}(t_0)+\frac{1}{2}\tilde{\gamma}(t_0)$$

$\tilde{P}(k)$、$\tilde{\beta}(k)$和 $\alpha(k)$分别是如下方程的解

$$\tilde{P}(k)=\tilde{Q}+\tilde{A}^{\mathrm{T}}\tilde{P}(k+1)\tilde{A}-\tilde{K}_x^{\mathrm{T}}(k)[R+\tilde{B}^{\mathrm{T}}\tilde{P}(k+1)\tilde{B}]\tilde{K}_x(k) \tag{10.3.24}$$

$$\tilde{P}(N)=\tilde{S}$$

$$\tilde{\beta}(k)=[\tilde{A}-\tilde{B}\tilde{K}_x(k)]^{\mathrm{T}}[\tilde{\beta}(k+1)+\tilde{P}(k+1)\tilde{B}_r r(k)] \tag{10.3.25}$$

$$\tilde{\beta}(N)=0$$

$$\tilde{\alpha}(k)=\tilde{\alpha}(k+1)-\tilde{\beta}^{\mathrm{T}}(k+1)\tilde{B}\tilde{K}_\beta(k)\tilde{\beta}(k+1) \tag{10.3.26}$$

$$\tilde{\alpha}(N)=0$$

$$\begin{aligned}\tilde{\gamma}(k)=&\tilde{\gamma}(k+1)+r^{\mathrm{T}}(k)[\tilde{B}_r-\tilde{B}\tilde{K}_r(k)]^{\mathrm{T}}\\&\cdot[\tilde{P}(k+1)\tilde{B}_r r(k)+2\tilde{\beta}(k+1)]\end{aligned} \tag{10.3.27}$$

$$\tilde{\gamma}(N)=0$$

$$k=N-1,N-2,\cdots,k_0$$

证明　对应性能指标式(10.3.19)，定义代价函数为

$$J[\tilde{x}(k),k]=\frac{1}{2}\tilde{x}^{\mathrm{T}}(N)\tilde{S}\tilde{x}(N)+\frac{1}{2}\sum_{j=k}^{N-1}[\tilde{x}^{\mathrm{T}}(j)\tilde{Q}\tilde{x}(j)+u^{\mathrm{T}}(j)Ru(j)]$$

对于 $k=N$，有

$$J^*[\tilde{x}(N),N]=\frac{1}{2}\tilde{x}^{\mathrm{T}}(N)\tilde{P}(N)\tilde{x}(N)+\tilde{x}^{\mathrm{T}}(N)\tilde{\beta}(N)+\frac{1}{2}\tilde{\alpha}(N)+\frac{1}{2}\tilde{\gamma}(N)$$

其中$\tilde{P}(N)=\tilde{S}$，$\tilde{\beta}(N)=0$，$\tilde{\alpha}(N)=0$，$\tilde{\gamma}(N)=0$。当 $k=N-1$ 时

$$J[\tilde{x}(N-1),N-1]=\frac{1}{2}[\tilde{x}^{\mathrm{T}}(N-1)\tilde{Q}\tilde{x}(N-1)+u^{\mathrm{T}}(N-1)Ru(N-1)]+J[\tilde{x}(N),N]$$

由动态规划基本递推方程，有

$$\begin{aligned}J^*[\tilde{x}(N-1),N-1]=&\min_{u(N-1)}\Big\{\frac{1}{2}[\tilde{x}^{\mathrm{T}}(N-1)\tilde{Q}\tilde{x}(N-1)+u^{\mathrm{T}}(N-1)Ru(N-1)]\\&+J^*[\tilde{x}(N),N]\Big\}\\=&\min_{u(N-1)}\Big\{\frac{1}{2}[\tilde{x}^{\mathrm{T}}(N-1)\tilde{Q}\tilde{x}(N-1)+u^{\mathrm{T}}(N-1)Ru(N-1)]\\&+\frac{1}{2}[\tilde{A}\tilde{x}(N-1)+\tilde{B}u(N-1)+\tilde{B}_r r(N-1)]^{\mathrm{T}}\tilde{P}(N)\\&\times[\tilde{A}\tilde{x}(N-1)+\tilde{B}u(N-1)+\tilde{B}_r r(N-1)]\\&+[\tilde{A}\tilde{x}(N-1)+\tilde{B}u(N-1)+\tilde{B}_r r(N-1)]^{\mathrm{T}}\tilde{\beta}(N)\\&+\frac{1}{2}\tilde{\alpha}(N)+\frac{1}{2}\tilde{\gamma}(N)\Big\}\\=&\min_{u(N-1)}\Big\{\frac{1}{2}u^{\mathrm{T}}(N-1)[R+\tilde{B}^{\mathrm{T}}\tilde{P}(N)\tilde{B}]u(N-1)\\&+u^{\mathrm{T}}(N-1)\tilde{B}^{\mathrm{T}}(\tilde{P}(N)[\tilde{A}\tilde{x}(N-1)+\tilde{B}_r r(N-1)]\\&+\tilde{\beta}(N))+\frac{1}{2}\tilde{x}^{\mathrm{T}}(N-1)[Q+\tilde{A}^{\mathrm{T}}\tilde{P}(N)\tilde{A}]\tilde{x}(N-1)\\&+\tilde{x}^{\mathrm{T}}(N-1)[\tilde{A}^{\mathrm{T}}(\tilde{P}(N)\tilde{B}_r r(N-1)+\tilde{\beta}(N))]\\&+\frac{1}{2}r^{\mathrm{T}}(N-1)\tilde{B}_r^{\mathrm{T}}\tilde{P}(N)\tilde{B}_r r(N-1)\\&+r^{\mathrm{T}}(N-1)\tilde{B}_r^{\mathrm{T}}\tilde{\beta}(N)+\frac{1}{2}\tilde{\alpha}(N)+\frac{1}{2}\tilde{\gamma}(N)\Big\}\end{aligned}$$

显然

$$\begin{aligned}u^*(N-1)=&-\tilde{K}_x(N-1)\tilde{x}(N-1)\\&-\tilde{K}_\beta(N-1)\tilde{\beta}(N-1)-\tilde{K}_r(N-1)r(N-1)\end{aligned}$$

其中

$$\tilde{K}_x(N-1)=[R+\tilde{B}^{\mathrm{T}}\tilde{P}(N)\tilde{B}]^{-1}\tilde{B}^{\mathrm{T}}\tilde{P}(N)\tilde{A}$$

$$\tilde{K}_\beta(N-1)=[R+\tilde{B}^{\mathrm{T}}\tilde{P}(N)\tilde{B}]^{-1}\tilde{B}^{\mathrm{T}}$$

$$\tilde{K}_r(N-1)=[R+\tilde{B}^{\mathrm{T}}\tilde{P}(N)\tilde{B}]^{-1}\tilde{B}^{\mathrm{T}}\tilde{P}(N)\tilde{B}_r$$

将 $u^*(N-1)$代入 $J^*[\tilde{x}(N-1),N-1]$中整理可得

$$\begin{aligned}J^*[\tilde{x}(N-1),N-1]=&\frac{1}{2}\tilde{x}^{\mathrm{T}}(N-1)\{Q+\tilde{A}^{\mathrm{T}}\tilde{P}(N)\tilde{A}\\&-\tilde{K}_x^{\mathrm{T}}(N-1)[R+\tilde{B}^{\mathrm{T}}\tilde{P}(N)\tilde{B}]\tilde{K}_x(N-1)\}\tilde{x}(N-1)\end{aligned}$$

$$+\tilde{x}^{\mathrm{T}}(N-1)[\tilde{A}-\tilde{B}\tilde{K}_x(N-1)]^{\mathrm{T}}[\tilde{P}(N)\tilde{B}_r r(N-1)+\tilde{\beta}(N)]$$

$$+\frac{1}{2}[\alpha(N)-\tilde{\beta}^{\mathrm{T}}(N)\tilde{B}\tilde{K}_\beta(N-1)\tilde{\beta}(N)]$$

$$+\frac{1}{2}r^{\mathrm{T}}(N-1)[\tilde{B}_r^{\mathrm{T}}-\tilde{K}_r^{\mathrm{T}}(N-1)\tilde{B}^{\mathrm{T}}][\tilde{P}(N)\tilde{B}_r r(N-1)+2\tilde{\beta}(N)]+\frac{1}{2}\tilde{\gamma}(N)$$

$$=\frac{1}{2}\tilde{x}^{\mathrm{T}}(N-1)\tilde{P}(N-1)\tilde{x}(N-1)+\tilde{x}^{\mathrm{T}}(N-1)\tilde{\beta}(N-1)$$

$$+\frac{1}{2}\tilde{\alpha}(N-1)+\frac{1}{2}\tilde{\gamma}(N-1)$$

其中

$$\tilde{P}(N-1)=Q+\tilde{A}^{\mathrm{T}}\tilde{P}(N)\tilde{A}-\tilde{K}_x^{\mathrm{T}}(N-1)[R+\tilde{B}^{\mathrm{T}}\tilde{P}(N)\tilde{B}]\tilde{K}_x(N-1)$$

$$\tilde{\beta}(N-1)=[\tilde{A}-\tilde{B}\tilde{K}_x(N-1)]^{\mathrm{T}}[\tilde{P}(N)\tilde{B}_r r(N-1)+\tilde{\beta}(N)]$$

$$\tilde{\alpha}(N-1)=\alpha(N)-\tilde{\beta}^{\mathrm{T}}(N)\tilde{B}\tilde{K}_\beta(N-1)\tilde{\beta}(N)$$

$$\tilde{\gamma}(N-1)=\tilde{\gamma}(N)+r^{\mathrm{T}}(N-1)[\tilde{B}_r-\tilde{B}\tilde{K}_r(N-1)]^{\mathrm{T}}[\tilde{P}(N)\tilde{B}_r r(N-1)+2\tilde{\beta}(N)]$$

继续上述证明过程,可以得到定理的结论。 ■

将$\tilde{x}(k)$、$\tilde{A}$、$\tilde{B}$、$\tilde{B}_r$、$\tilde{S}$和$\tilde{Q}$的定义代入定理10.7,可得到如下结论。

定理10.8 对于有限时间离散系统最优跟踪问题,最优跟踪控制为

$$u^*(k)=-K_x(k)x(k)-K_z(k)z(k)-K_\beta(k)\beta(k)-K_r(k)r(k)$$

最优性能指标为

$$J^*=\frac{1}{2}x^{\mathrm{T}}(t_0)P_x(t_0)x(t_0)+x^{\mathrm{T}}(t_0)P_z(t_0)z(t_0)+\frac{1}{2}z^{\mathrm{T}}(t_0)P_{zz}(t_0)z(t_0)$$
$$+x^{\mathrm{T}}(t_0)\beta(t_0)+z^{\mathrm{T}}(t_0)\beta_z(t_0)+\frac{1}{2}\alpha(t_0)+\frac{1}{2}\gamma(t_0)$$

其中

$$K_x(k)=[R+B^{\mathrm{T}}P_x(k+1)B]^{-1}B^{\mathrm{T}}P_x(k+1)A$$
$$K_z(k)=[R+B^{\mathrm{T}}P_x(k+1)B]^{-1}B^{\mathrm{T}}P_z(k+1)G$$
$$K_\beta(k)=[R+B^{\mathrm{T}}P_x(k+1)B]^{-1}B^{\mathrm{T}}$$
$$K_r(k)=[R+B^{\mathrm{T}}P_x(k+1)B]^{-1}B^{\mathrm{T}}P_z(k+1)B_r$$

$P_x(k)$、$P_z(k)$、$P_{zz}(k)$、$\beta(k)$、$\beta_z(k)$、$\alpha(k)$和$\gamma(k)$分别是如下差分方程的解

$$P_x(k)=Q+A^{\mathrm{T}}P_x(k+1)A-K_x^{\mathrm{T}}(k)[R+B^{\mathrm{T}}P_x(k+1)B]K_x(k)$$
$$P_x(N)=S$$
$$P_z(k)=-QLH+A^{\mathrm{T}}P_z(k+1)G-K_x^{\mathrm{T}}(k)[R+B^{\mathrm{T}}P_x(k+1)B]K_z(k)$$
$$P_z(N)=-SLH$$
$$P_{zz}(k)=H^{\mathrm{T}}L^{\mathrm{T}}QLH+G^{\mathrm{T}}P_{zz}(k+1)G-K_z^{\mathrm{T}}(k)[R+B^{\mathrm{T}}P_x(k+1)B]K_z(k)$$
$$P_{zz}(N)=H^{\mathrm{T}}L^{\mathrm{T}}SLH$$
$$\beta(k)=(A-BK_x(k))^{\mathrm{T}}[\beta(k+1)+P_z(k+1)B_r r(k)]$$

$$\beta(N)=0$$

$$\beta_z(k)=G^{\mathrm{T}}[\beta_z(k+1)+P_{zz}(k+1)B_r r(k)] - K_z^{\mathrm{T}}(k)B^{\mathrm{T}}[\beta(k+1)+P_z(k+1)B_r r(k)]$$

$$\beta_z(N)=0$$

$$\alpha(k)=\alpha(k+1)-\beta^{\mathrm{T}}(k)BK_\beta(k)\beta(k)$$

$$\alpha(N)=0$$

$$\gamma(k)=\gamma(k+1)+r^{\mathrm{T}}(k)[B_r^{\mathrm{T}}P_{zz}(k+1)-K_r^{\mathrm{T}}(k)B^{\mathrm{T}}P_z(k+1)]r(k) + 2r^{\mathrm{T}}(k)[B_r^{\mathrm{T}}-K_r^{\mathrm{T}}(k)B^{\mathrm{T}}]\beta_z(k+1)$$

$$\gamma(N)=0$$

例 10.6　对于例 10.4 中的电机转速跟踪问题，考虑如下参考模型

$$z(k+1)=0.9950z(k)+0.004\,988r(k),\quad z(0)=0$$

$$\hat{y}(k)=z(k)$$

其中参考输入信号 $r(k)$ 如下式给定

$$r(k)=\begin{cases}0.002k, & 0\leqslant k\leqslant 1500\\ 3-0.003(k-1500), & 1500<k\leqslant 2500\\ 0.002(k-2500), & 2500<k\leqslant 4000\\ 3-0.003(k-4000), & 4000<k\leqslant 5000\end{cases}$$

求得增益矩阵 $K_x(k)=[K_{x1}(k)\quad K_{x2}(k)]$ 与例 10.4 相同，增益矩阵 $K_z(k)$ 如图 10.28 所示，增益矩阵 $K_\beta(k)=[0\quad K_{\beta 2}(k)]$，$K_{\beta 2}(k)$ 如图 10.29 所示，增益矩阵 $K_r(k)$ 如图 10.30 所示。

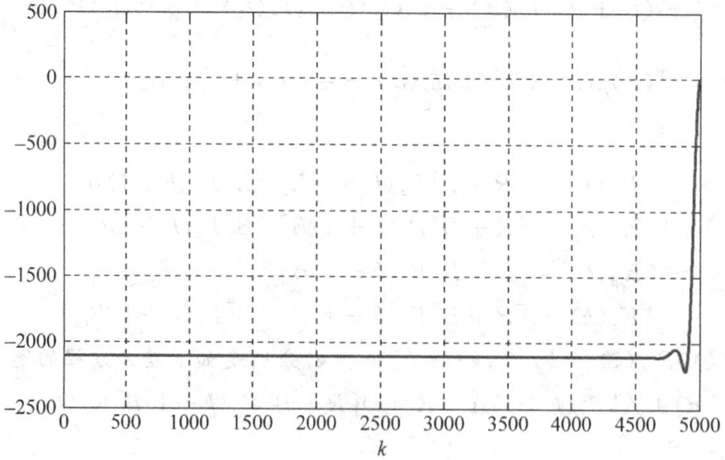

图 10.28　例 10.6 中的增益矩阵 $K_z(k)$

在下面的计算中，增益矩阵均近似取为常数矩阵，即

$$K_x(k)=[3122.7626\quad 251.4768]$$

$$K_z(k)=-2104.1199$$

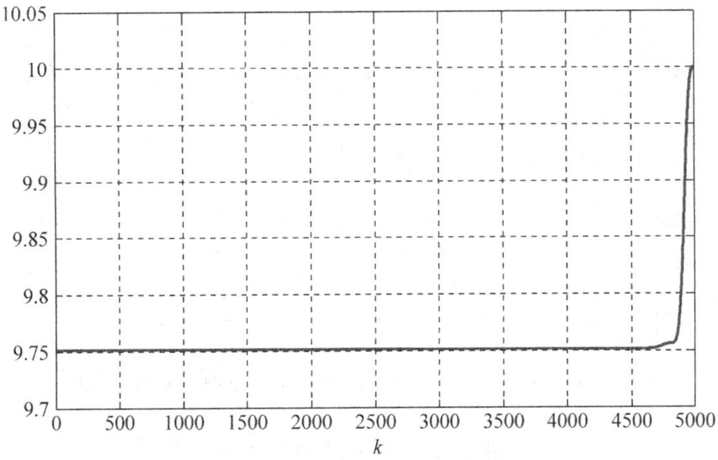

图 10.29　例 10.6 中的增益矩阵 $K_{\beta 2}(k)$

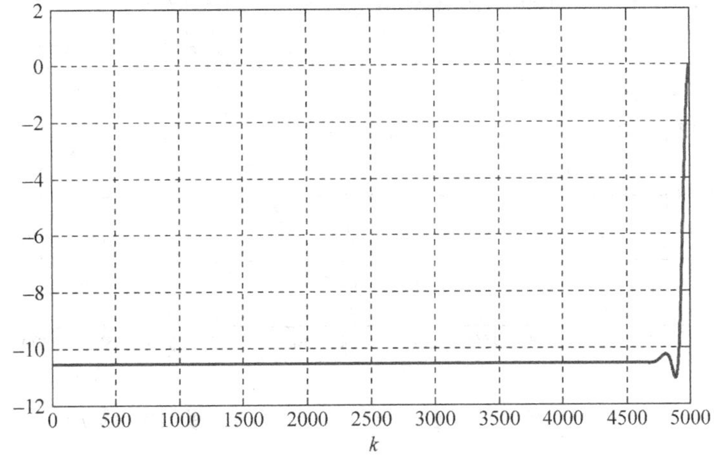

图 10.30　例 10.6 中的增益矩阵 $K_r(k)$

$$K_\beta(k) = [0 \quad 9.7516]$$
$$K_r(k) = -10.5469$$

并取

$$P_z(k) = \begin{bmatrix} -6540.3077 \\ -216.8523 \end{bmatrix}$$

可求得 $\beta(k)=[\beta_1(k) \quad \beta_2(k)]^{\mathrm{T}}$，$\beta_2(k)$如图 10.31 所示，相应的电机转速 $y(k)$和参考转速$\hat{y}(k)$如图 10.32(实线为 $y(k)$)所示，转速跟踪误差 $y(k)-\hat{y}(k)$如图 10.33 所示。

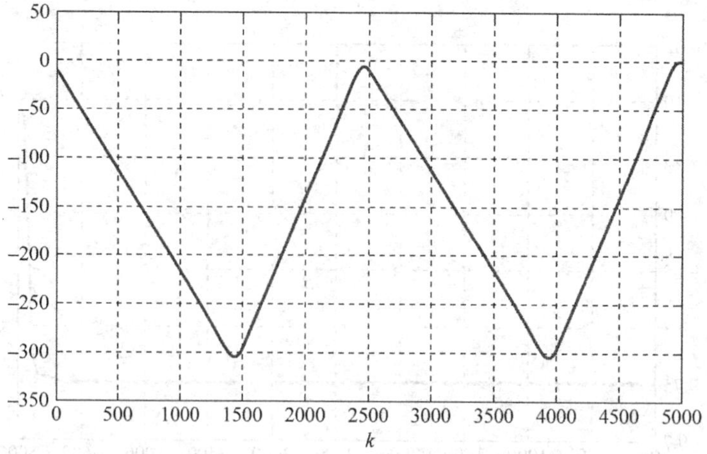

图 10.31 例 10.6 中的 $\beta_2(k)$

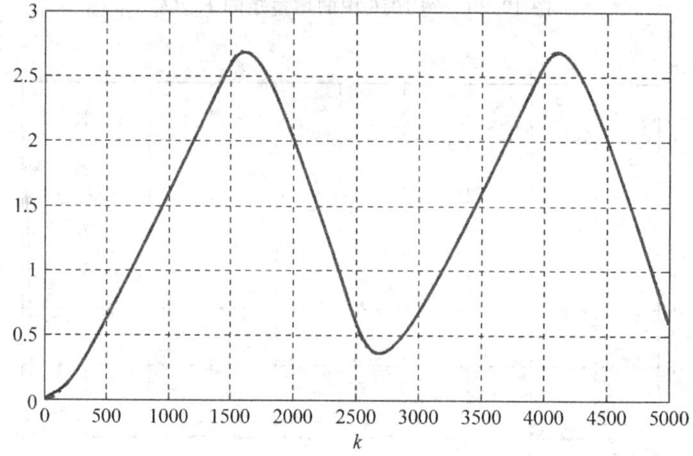

图 10.32 例 10.6 中的系统输出 $y(k)$和参考模型输出$\hat{y}(k)$

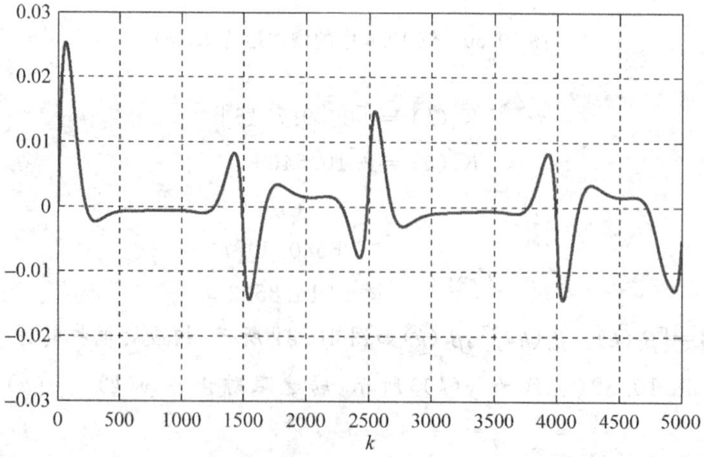

图 10.33 例 10.6 中的输出轨迹跟踪误差 $y(k)-\hat{y}(k)$

习题 10

10.1　分析无限时间连续时间系统最优跟踪控制问题，导出最优跟踪控制器的求解公式。

10.2　分析无限时间离散时间系统最优跟踪控制问题，导出最优跟踪控制器的求解公式。

第11章 H_2和H_∞控制理论

由于鲁棒控制理论的研究而发展起来的 $\mathbf{H}_2$ 和 $\mathbf{H}_\infty$ 控制理论，与线性二次型最优控制理论有着密切的联系，可以处理更为广泛类型的控制问题。本章介绍线性定常系统 $\mathbf{H}_2$ 和 $\mathbf{H}_\infty$ 控制问题的描述和基本求解方法。

11.1 引论

考虑图 11.1 所示系统的跟踪与干扰抑制控制问题。在图 11.1 中，y 和 u 分别为受控对象的输出和控制输入；$\hat{y}$和$\hat{d}$分别为需跟踪的参考信号和需抑制的输出干扰信号；e 为跟踪误差。

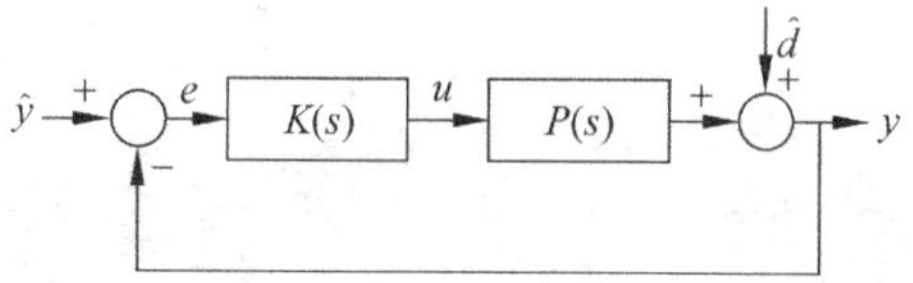

图 11.1 跟踪与干扰抑制控制系统

对于图 11.1 所示系统，欲设计真实有理控制器 $K(s)$，使得如下性能指标达到最小，即

$$J=\frac{1}{2}\int_0^\infty[e^{\mathrm{T}}(t)Qe(t)+u^{\mathrm{T}}(t)Ru(t)]\mathrm{d}t \tag{11.1.1}$$

其中 Q 和 R 分别是半正定和正定实数矩阵。

假设参考信号$\hat{y}$是一线性定常系统(称为参考模型)在某初始条件下的输出，其 Laplace 变换$\hat{Y}(s)$可表示为

$$\hat{Y}(s)=W_y(s)\zeta_y \tag{11.1.2}$$

其中 ζ_y 是与参考模型的初始条件相关的实常数向量。

考虑输出干扰信号$\hat{d}$为确定性信号的情形，并假设其也可表示为一线性定常系统(称为干扰模型)在某初始条件下的输出，其 Laplace 变换$\hat{D}(s)$可表示为

$$\hat{D}(s) = W_d(s)\zeta_d \tag{11.1.3}$$

其中 ζ_d 是与干扰模型的初始条件相关的实常数向量。

令 $Q=2C_Q^{\mathrm{T}}C_Q, R=2D_R^{\mathrm{T}}D_R$，其中 D_R 为非奇异矩阵，且定义

$$z(t) = Ce(t) + Du(t) = [C \quad D]\begin{bmatrix} \hat{y}(t) - y(t) \\ u(t) \end{bmatrix} \tag{11.1.4}$$

其中

$$C = \begin{bmatrix} C_Q \\ 0 \end{bmatrix}, \quad D = \begin{bmatrix} 0 \\ D_R \end{bmatrix}$$

则式(11.1.1)中的性能指标可表示为

$$J = \int_0^\infty z^{\mathrm{T}}(t)z(t)\mathrm{d}t$$

令 $z(t)$ 的 Laplace 变换为 $Z(s)$，则

$$Z(s) = [C \quad D]\begin{bmatrix} \hat{Y}(s) - Y(s) \\ U(s) \end{bmatrix} = [C + DK(s)][\hat{Y}(s) - Y(s)]$$

$$= [C + DK(s)][I + P(s)K(s)]^{-1}[\hat{Y}(s) - \hat{D}(s)] = W_z(s)\begin{bmatrix} \zeta_y \\ \zeta_d \end{bmatrix}$$

其中

$$W_z(s) = [C + DK(s)]S(s)[W_y(s) \quad -W_d(s)]$$
$$S(s) = [I + P(s)K(s)]^{-1}$$

当 $z(t)$ 平方可积时，由 Parseval 定理，有

$$J = \frac{1}{2\pi}\int_{-\infty}^{\infty} Z^*(\mathrm{j}\omega)Z(\mathrm{j}\omega)\mathrm{d}\omega = \frac{1}{2\pi}\int_{-\infty}^{\infty}[\zeta_y^{\mathrm{T}} \quad \zeta_d^{\mathrm{T}}]W_z^*(\mathrm{j}\omega)W_z(\mathrm{j}\omega)\begin{bmatrix} \zeta_y \\ \zeta_d \end{bmatrix}\mathrm{d}\omega$$

$$= \frac{1}{2\pi}\int_{-\infty}^{\infty}\mathrm{trace}\left(W_z(\mathrm{j}\omega)\begin{bmatrix} \zeta_y \\ \zeta_d \end{bmatrix}[\zeta_y^{\mathrm{T}} \quad \zeta_d^{\mathrm{T}}]W_z^*(\mathrm{j}\omega)\right)\mathrm{d}\omega \triangleq \left\| W_z\begin{bmatrix} \zeta_y \\ \zeta_d \end{bmatrix} \right\|_2^2$$

其中，$\left\| W_z\begin{bmatrix} \zeta_y \\ \zeta_d \end{bmatrix} \right\|_2$ 表示稳定实有理函数向量 $W_z(s)\begin{bmatrix} \zeta_y \\ \zeta_d \end{bmatrix}$ 的 $\mathbf{H}_2$ 范数；trace 表示矩阵的迹。$\mathbf{H}_2$ 是由在开右半复平面内解析且平方可积的复变函数矩阵构成的空间。对于 $\mathbf{H}_2$ 中的函数矩阵 $F(s)$，其 $\mathbf{H}_2$ 范数定义为

$$\| F \|_2 \triangleq \left[\sup_{\sigma > 0}\frac{1}{2\pi}\int_{-\infty}^{\infty}\mathrm{trace}(F^*(\alpha + \mathrm{j}\omega)F(\alpha + \mathrm{j}\omega))\mathrm{d}\omega\right]^{1/2}$$

可以证明，对于 $\mathbf{H}_2$ 中的函数矩阵 $F(s)$，成立

$$\| F \|_2 = \left[\frac{1}{2\pi}\int_{-\infty}^{\infty}\mathrm{trace}(F^*(\mathrm{j}\omega)F(\mathrm{j}\omega))\mathrm{d}\omega\right]^{1/2}$$

可见，我们将问题转换为一类频域性能指标的最优控制问题，即 $\mathbf{H}_2$ 最优控制问题。此类问题的求解要求是，设计真实有理控制器 $K(s)$，使得闭环系统稳定，且使得

$Z(s)$的 $\mathbf{H}_2$ 范数达到最小。

当参考信号$\hat{y}$和干扰信号$\hat{d}$均为有界信号时，参考模型 $W_y(s)$和干扰模型 $W_d(s)$的极点均具有非正的实部，且实部为零的极点为单极点。

当 $W_y(s)$或 $W_d(s)$具有实部为零的单极点时，若所设计的控制器 $K(s)$使得性能指标 J 为有限值，则从跟踪误差信号 e 到受控对象输出信号 y 的前向通道中，即 $K(s)$或 $P(s)$的极点中必包含这些极点。对于此情形，在计算 $Z(s)$时存在实部为零的零极点相消，并在消去上述极点之后，$Z(s)$的剩余部分的极点均是渐近稳定的。应当注意这种零极点相消不是系统内部模态相消，不影响闭环系统的渐近稳定性。

对于上述问题，图 11.1 所示跟踪与干扰抑制控制系统可以等价于图 11.2 所示的脉冲干扰抑制控制系统，z 可以认为是脉冲干扰下的调节误差，其中 δ 为单位脉冲函数。

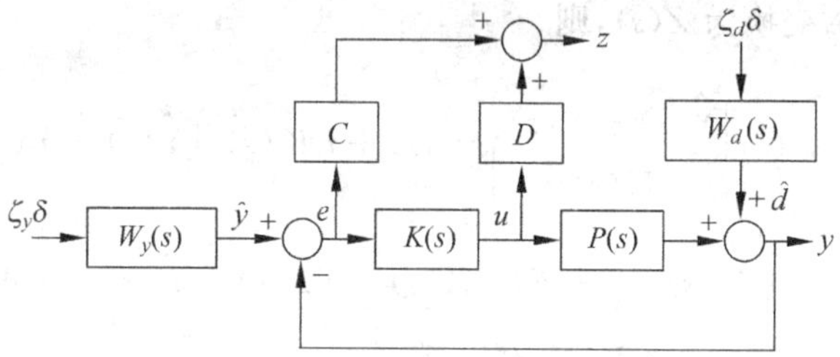

图 11.2 脉冲干扰抑制控制系统

可将图 11.2 中所示的控制系统框图重新描绘为图 11.3 的“标准系统框图”，其中 $G(s)$被称为广义受控对象，其具有输入向量 $\zeta_d\delta$、$\zeta_y\delta$、u 和输出向量 z、e，分别称为(广义)外部输入、控制输入、调节输出、量测输出。上述跟踪与干扰抑制最优控制问题可描述为 $\mathbf{H}_2$ 最优控制问题：对于给定广义受控对象 $G(s)$，求真实有理控制器 $K(s)$，使得闭环系统渐近稳定，并且调节输出 $Z(s)$(或从单位脉冲干扰 δ 到调节输出 z 的传递函数矩阵)的 $\mathbf{H}_2$ 范数达到最小。

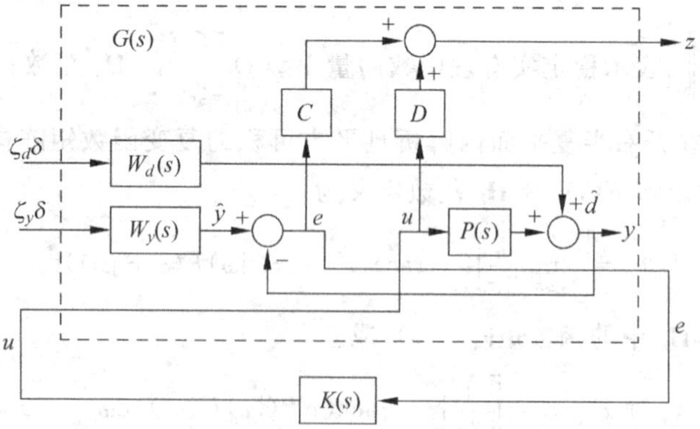

图 11.3 等价 $\mathbf{H}_2$ 最优控制系统

如果参考信号$\hat{y}$和干扰信号$\hat{d}$的模态未知，即 $W_y(s)$ 和 $W_d(s)$ 的极点未知，则不能将跟踪与干扰抑制最优控制问题描述为 $\mathbf{H}_2$ 最优控制问题。

若已知参考信号$\hat{y}$和干扰信号$\hat{d}$频谱范围，则假定其 Laplace 变换可分别表示为

$$\hat{Y}(s) = W_y(s)\Xi_y(s)$$

$$\hat{D}(s) = W_d(s)\Xi_d(s)$$

其中，$W_y(s)$ 和 $W_d(s)$ 分别限定参考信号$\hat{y}$和干扰信号$\hat{d}$的频率范围，可选定为渐近稳定真实有理函数；$\Xi_y(s)$ 和 $\Xi_d(s)$ 分别为 $\xi_y(t)$ 和 $\xi_d(t)$ 的 Laplace 变换，$[\xi_y^{\mathrm{T}}(t) \quad \xi_d^{\mathrm{T}}(t)]^{\mathrm{T}}$ 为 2 范数不大于 1 的未知函数向量，即

$$\begin{bmatrix} \xi_y(t) \\ \xi_d(t) \end{bmatrix} \in \Phi \triangleq \left\{ \xi(t) \mid \| \xi \|_2 = \left[\int_0^\infty \xi^{\mathrm{T}}(t)\xi(t)\mathrm{d}t \right]^{1/2} \leqslant 1 \right\}$$

对于此情形，有

$$\begin{aligned} J &= \frac{1}{2\pi}\int_{-\infty}^{\infty} Z^*(\mathrm{j}\omega)Z(\mathrm{j}\omega)\mathrm{d}\omega \\ &= \frac{1}{2\pi}\int_{-\infty}^{\infty} [\Xi_y^*(\mathrm{j}\omega) \quad \Xi_y^*(\mathrm{j}\omega)]W_z^*(\mathrm{j}\omega)W_z(\mathrm{j}\omega)\begin{bmatrix} \Xi_y(\mathrm{j}\omega) \\ \Xi_d(\mathrm{j}\omega) \end{bmatrix}\mathrm{d}\omega \end{aligned}$$

欲设计控制器 $K(s)$，使得对于 Φ 中的任意 $\xi(t)$，J 均达到最小值，即

$$\begin{aligned} \min_{K(s)\text{镇定}G(s)} \sup_{\xi(t)\in\Phi} J &= \min_{K(s)\text{镇定}G(s)} \sup_{\xi(t)\in\Phi} \frac{1}{2\pi}\int_{-\infty}^{\infty} \begin{bmatrix} \Xi_y(\mathrm{j}\omega) \\ \Xi_d(\mathrm{j}\omega) \end{bmatrix}^* W_z^*(\mathrm{j}\omega)W_z(\mathrm{j}\omega)\begin{bmatrix} \Xi_y(\mathrm{j}\omega) \\ \Xi_d(\mathrm{j}\omega) \end{bmatrix}\mathrm{d}\omega \\ &= \min_{K(s)\text{镇定}G(s)} \sup_{\omega} \lambda_{\max}[W_z^*(\mathrm{j}\omega)W_z(\mathrm{j}\omega)] = \min_{K(s)\text{镇定}G(s)} \| W_z \|_\infty^2 \end{aligned}$$

其中，$\lambda_{\max}$表示最大特征值；$\| W_z \|_\infty$ 表示 $W_z(s)$ 的 $\mathbf{H}_\infty$ 范数（上述第二个等式的证明参见有关论著）。$\mathbf{H}_\infty$ 是由在开右半复平面内解析且有界的复变函数矩阵构成的空间。对于 $\mathbf{H}_\infty$ 中的函数矩阵 $F(s)$，其 $\mathbf{H}_\infty$ 范数定义为

$$\| F \|_\infty = \sup_{\mathrm{Re}(s)>0} \bar{\sigma}[F(s)]$$

其中 $\bar{\sigma}[F(s)]$ 为 $F(s)$ 的最大奇异值，定义为

$$\bar{\sigma}[F(s)] = (\lambda_{\max}[F^*(s)F(s)])^{1/2}$$

可以证明，对于 $\mathbf{H}_\infty$ 中的函数矩阵 $F(s)$，下式成立

$$\| F \|_\infty = \sup_{\omega}(\lambda_{\max}[F^*(\mathrm{j}\omega)F(\mathrm{j}\omega)])^{1/2}$$

以 $\mathbf{RH}_\infty$ 表示 $\mathbf{H}_\infty$ 中的所有实（系数）有理函数矩阵全体构成的集合。

这样，我们将问题转换为一类 $\mathbf{H}_\infty$ 最优控制问题，即设计真实有理控制器 $K(s)$，使得闭环系统渐近稳定，且传递函数矩阵 $W_z(s)$ 的 $\mathbf{H}_\infty$ 范数达到最小。令 $\xi(t) = [\xi_y^{\mathrm{T}}(t) \quad \xi_d^{\mathrm{T}}(t)]^{\mathrm{T}}$，则控制系统框图如图 11.4 所示。

应当指出，在上述讨论中，假设 ξ 的 2 范数不大于 1，这不失一般性。当 ξ 的 2 范数大于 1 时，可用一个正数乘以 ξ，同时用此正数的倒数乘以 $W_z(s)$，从而使得此假设成立。

在上述 $\mathbf{H}_\infty$ 最优控制问题中，不再认为 $W_y(s)$ 和 $W_d(s)$ 是参考模型和干扰模型，

参考信号$\hat{y}$和干扰信号$\hat{d}$不再分别为$W_y(s)$和$W_d(s)$所包含的模态的线性组合。此时,$W_y(s)$和$W_d(s)$分别用于限定参考信号$\hat{y}$和干扰信号$\hat{d}$的频率范围。2 范数有界的信号可以包含有任意有限频率范围的信号。通过适当选取$W_y(s)$和$W_d(s)$可以约束参考信号$\hat{y}$和干扰信号$\hat{d}$的频率成分范围,以符合实际情况。在 $\mathbf{H}_\infty$ 最优控制问题中,$W_y(s)$和$W_d(s)$被称为加权函数(矩阵)。

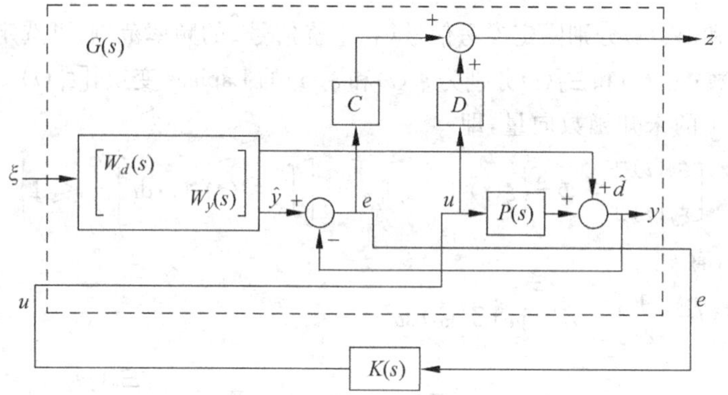

图 11.4 $\mathbf{H}_\infty$ 最优控制系统

应当注意,如果参考信号$\hat{y}$或者干扰信号$\hat{d}$未知且不是平方可积时,一般不能保证调节输出是平方可积的。此时无从讨论针对性能指标式(11.1.1)的最优控制问题。

由于某些信号的平方积分具有能量的物理含义,所以传递函数矩阵 $W_z(s)$ 的 $\mathbf{H}_\infty$ 范数可认为是从 ξ 到 z 的能量增益。事实上,对于稳定系统,成立

$$\| W_z \|_\infty = \sup_{\|\xi\|_2 \neq 0} \frac{\| z \|_2}{\| \xi \|_2}$$

在 $\mathbf{H}_2$ 和 $\mathbf{H}_\infty$ 控制的基本理论中,需要假设广义受控对象为可镇定且为可检测的。为满足这些假设并保证 $\mathbf{H}_2$ 控制或 $\mathbf{H}_\infty$ 控制的解存在,需假设前面所述的参考模型$W_y(s)$和干扰模型$W_d(s)$为渐近稳定的。对于一些情形,此假设是不成立的。对于$W_y(s)$和$W_d(s)$具有实部为零的极点的情形,可以作 ε-摄动处理,即用$W_y(s+\varepsilon)$和$W_d(s+\varepsilon)$分别取代原来的参考模型和干扰模型,其中 ε 为充分小的正实数。这样处理之后,如果 $K(s)$或 $P(s)$的极点中包含原来的参考模型 $W_y(s)$和干扰模型 $W_d(s)$的实部为零的极点(即满足所谓的内模原理),则仍可保证闭环系统具有渐近跟踪特性和渐近干扰抑制特性。

11.2 $\mathbf{H}_2$ 和 $\mathbf{H}_\infty$ 控制问题的描述

本节给出 $\mathbf{H}_2$ 和 $\mathbf{H}_\infty$ 控制问题的一般描述。

考虑线性定常受控对象,其频域描述为

$$\begin{bmatrix} z \\ y \end{bmatrix} = G(s)\begin{bmatrix} w \\ u \end{bmatrix} = \begin{bmatrix} G_{11}(s) & G_{12}(s) \\ G_{21}(s) & G_{22}(s) \end{bmatrix}\begin{bmatrix} w \\ u \end{bmatrix} \tag{11.2.1}$$

其中 $G(s)$为(广义)受控对象的传递函数矩阵,其除了包含实际受控对象的传递函数矩阵外,还可能包含各类加权矩阵;u 为控制输入(向量),y 为量测输出(向量),u 和 y 分别为欲设计的控制器的输出和输入;w 是外部输入(向量),其可以包含外部指令信号、外部干扰信号,其部分分量也可能不是实际的物理量,而是为了描述系统的一些特性人为引入的虚拟信号;z 为调节输出(向量),其可以包含各类误差信号,如输出跟踪误差、干扰抑制误差,或这些误差信号的加权和,也可包含评价系统性能或描述系统约束的其他实际物理信号(例如控制输入信号 u)和人为引入的虚拟信号。为了避免符号繁杂,我们用同一个符号表示某个信号和它的 Laplace 变换。

考虑真实有理控制器

$$u = K(s)y \tag{11.2.2}$$

闭环系统框图如图 11.5 所示。

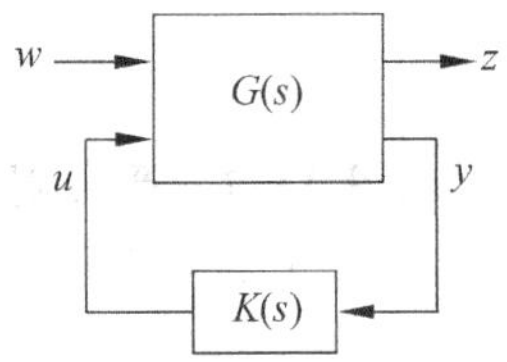

图 11.5　闭环反馈控制系统

假设由受控对象 G 和控制器 K 构成的反馈系统是适定的,即

$$I - G_{22}(\infty)K(\infty) \neq 0 \text{ 且 } I - G_{22}(s)K(s) \not\equiv 0,\quad \forall s \in \mathbf{C}$$

图 11.5 所示闭环反馈控制系统的输入输出描述为

$$z = T_{zw}(s)w \tag{11.2.3}$$

其中 $T_{zw}(s)$是从外部输入 w 到调节输出 z 的闭环传递函数矩阵,等于受控对象 G 关于控制器 K 的下线性分式变换 $F_l(G,K)$,即

$$T_{zw}(s) = F_l(G,K) \triangleq G_{11}(s) + G_{12}(s)K(s)[I - G_{22}(s)K(s)]^{-1}G_{21}(s) \tag{11.2.4}$$

$\mathbf{H}_2$ 最优控制问题　设计真实有理控制器 $K(s)$,使得闭环系统渐近稳定,且使得闭环传递函数矩阵 $T_{zw}(s)$的 $\mathbf{H}_2$ 范数达到最小,即求解

$$\min_{K(s)\text{镇定}G(s)} \| T_{zw} \|_2 \tag{11.2.5}$$

$\mathbf{H}_2$ 次优控制问题　对于给定正数 γ,设计真实有理控制器 $K(s)$,使得闭环系统渐近稳定,且闭环传递函数矩阵 $T_{zw}(s)$的 $\mathbf{H}_2$ 范数小于 γ,即

$$\| T_{zw} \|_2 < \gamma \tag{11.2.6}$$

$\mathbf{H}_\infty$ 最优控制问题　设计真实有理控制器 $K(s)$,使得闭环系统渐近稳定,且闭环传递函数矩阵 $T_{zw}(s)$的 $\mathbf{H}_\infty$ 范数达到最小,即求解

$$\min_{K(s)\text{镇定}G(s)} \| T_{zw} \|_\infty \tag{11.2.7}$$

$\mathbf{H}_\infty$ 次优控制问题　对于给定正数 γ,设计真实有理控制器 $K(s)$,使得闭环系统渐近稳定,且闭环传递函数矩阵 $T_{zw}(s)$的 $\mathbf{H}_\infty$ 范数小于 γ,即

$$\| T_{zw} \|_\infty < \gamma \tag{11.2.8}$$

如 11.1 节所述,$\mathbf{H}_2$ 最优控制要求设计控制器,使得在脉冲函数作用下,闭环系统的调节输出 z 的 2 范数为最小,等价于 z 的平方积分达最小;而 $\mathbf{H}_\infty$ 最优控制则要求设计控制器,使得闭环系统能量增益为最小。

上述闭环系统渐近稳定性,是指无外部输入时,对于任意有界初始条件,受控对象的状态和控制器的状态均渐近趋于零。当线性定常的受控对象和控制器均为可镇定和可检测时，闭环系统渐近稳定性等价于内部稳定性，也意味着有界输入有界输出(BIBO)稳定性和有界输入有界状态(BIBS)稳定性。

当受控对象和控制器的传递函数矩阵的元均是真实有理函数时，若闭环系统是渐近稳定的，则系统中所涉及各个信号之间的闭环传递函数矩阵，包括 $T_{zw}(s)$，均是真实有理稳定函数矩阵，即均属于 $\mathbf{RH}_\infty$。

假设在适当的处理后，受控对象 $G(s)$ 的状态空间实现为

$$\begin{cases}\dot{x}(t)=Ax(t)+B_1w(t)+B_2u(t)\\ z(t)=C_1x(t)+D_{11}w(t)+D_{12}u(t)\\ y(t)=C_2x(t)+D_{21}w(t)+D_{22}u(t)\end{cases} \tag{11.2.9}$$

或表示为

$$G(s)=\left[\begin{array}{c|c}A&B\\ \hline C&D\end{array}\right]=\left[\begin{array}{c|cc}A&B_1&B_2\\ \hline C_1&D_{11}&D_{12}\\ C_2&D_{21}&D_{22}\end{array}\right] \tag{11.2.10}$$

假设 11.1 受控对象 $G(s)$ 的状态空间实现式(11.2.9)具有如下特性：

(1) (A,B_2) 是可镇定的，(C_2,A) 是可检测的；

(2) $D_{12}=\begin{bmatrix}0\\ I\end{bmatrix}$，$D_{21}=[0\quad I]$；

(3) 对任意实数 ω，$\begin{bmatrix}A-\mathrm{j}\omega I & B_2\\ C_1 & D_{12}\end{bmatrix}$ 均为列满秩；

(4) 对任意实数 ω，$\begin{bmatrix}A-\mathrm{j}\omega I & B_1\\ C_2 & D_{21}\end{bmatrix}$ 均为行满秩；

(5) $D_{11}=0$，$D_{22}=0$。

为保证使得闭环系统渐近稳定的输出反馈控制器存在，假设 11.1(1)是必要的。假设 11.1(2)实质上是要求 D_{12} 和 D_{21} 分别为列满秩和行满秩。当 D_{12} 和 D_{21} 分别为列满秩和行满秩时，可保证上述控制问题是非奇异的，即可保证求得真实有理控制器。当 D_{12} 和 D_{21} 不具有假设 11.1(2)中的形式但分别为列满秩和行满秩时，可通过所谓的正规化对 D_{12} 和 D_{21} 进行变换，使之满足假设 11.1(2)。事实上，当 D_{12} 和 D_{21} 分别为列满秩和行满秩时，对其作奇异值分解，可得矩阵因式分解

$$D_{12}=U\begin{bmatrix}0\\ I\end{bmatrix}R,\quad D_{21}=\tilde{R}[0\quad I]\tilde{U}$$

其中 U 和 $\tilde{U}$ 为方阵且为酉矩阵，R 和 $\tilde{R}$ 为非奇异矩阵。用上标“$*$”表示复矩阵的共轭转置。令

$$z=U\hat{z},\quad w=\tilde{U}^*\hat{w},\quad y=\tilde{R}\hat{y},\quad u=R^{-1}\hat{u}$$

且令

$$\hat{K}(s)=RK(s)\tilde{R}$$

$$\hat{G}(s)=\begin{bmatrix}U^* & 0\\ 0 & \widetilde{R}^{-1}\end{bmatrix}G(s)\begin{bmatrix}\widetilde{U}^* & 0\\ 0 & R^{-1}\end{bmatrix}$$

则图 11.5 所示闭环控制系统等价于图 11.6 所示系统，$\hat{G}(s)$的状态空间实现为

$$\dot{x}(t)=Ax(t)+\hat{B}_1\hat{w}(t)+\hat{B}_2\hat{u}(t)$$

$$\hat{z}(t)=\hat{C}_1x(t)+\hat{D}_{11}\hat{w}(t)+\hat{D}_{12}\hat{u}(t)$$

$$\hat{y}(t)=\hat{C}_2x(t)+\hat{D}_{21}\hat{w}(t)+\hat{D}_{22}\hat{u}(t)$$

其中

$$\hat{B}_1=B_1\widetilde{U}^*,\quad \hat{B}_2=B_2R^{-1}$$

$$\hat{C}_1=U^*C_1,\quad \hat{D}_{11}=U^*D_{11}\widetilde{U}^*,\quad \hat{D}_{12}=U^*D_{12}R^{-1}$$

$$\hat{C}_2=\widetilde{R}^{-1}C_2,\quad \hat{D}_{21}=\widetilde{R}^{-1}D_{21}\widetilde{U}^*,\quad \hat{D}_{22}=\widetilde{R}^{-1}D_{22}R^{-1}$$

显然

$$\hat{D}_{12}=\begin{bmatrix}0\\ I\end{bmatrix},\quad \hat{D}_{21}=[0\quad I]$$

注意到，因 U 和$\widetilde{U}$为酉矩阵，故有

$$\|w\|_2=\|\hat{w}\|_2,\quad \|z\|_2=\|\hat{z}\|_2$$

$$\|T_{zw}\|_2=\|T_{\hat{z}\hat{w}}\|_2,\quad \|T_{zw}\|_\infty=\|T_{\hat{z}\hat{w}}\|_\infty$$

因此可以等价地考虑由受控对象$\hat{G}(s)$和控制器$\hat{K}(s)$构成的反馈控制问题（如图 11.6 所示），此时，相应的$\hat{D}_{12}$和$\hat{D}_{21}$满足假设 11.1(2)。

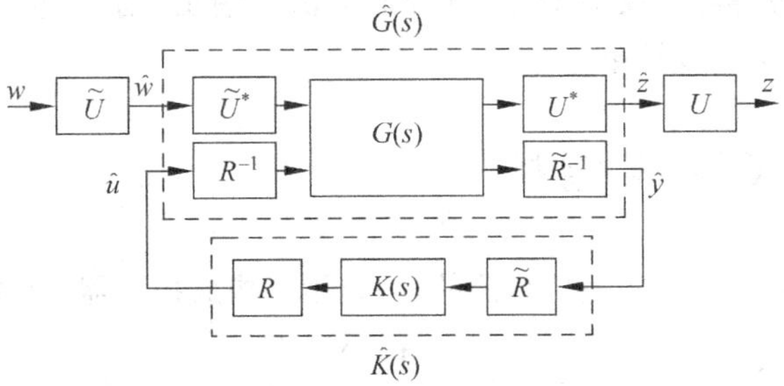

图 11.6　等价闭环反馈控制系统

令矩阵 $D_\perp$ 和$\widetilde{D}_\perp$分别使得$[D_{12}\quad D_\perp]$和$\begin{bmatrix}D_{21}\\ \widetilde{D}_\perp\end{bmatrix}$成为正交矩阵，其可分别取为

$$D_\perp=\begin{bmatrix}I\\ 0\end{bmatrix},\quad \widetilde{D}_\perp=[I\quad 0]$$

对于 $\mathbf{H}_2$ 最优控制问题，假设 $D_{11}=0$ 是必要的。若不然，闭环传递函数矩阵 $T_{zw}(s)$非严格真，其 $\mathbf{H}_2$ 范数无界。对于 $\mathbf{H}_\infty$ 控制问题，并不要求 $D_{11}=0$，但进行适当

的回路变换,可以将 $D_{11}\neq 0$ 的情形转化为 $D_{11}=0$ 的情形。

对于 $D_{22}\neq 0$ 的情形,令

$$\overline{K}(s) = K(s)[I - D_{22}K(s)]^{-1}$$
$$\overline{G}_{22}(s) = C_2(sI - A)^{-1}B_2$$

则

$$\begin{aligned} T_{zw}(s) &= F_l(G,K) \\ &= G_{11}(s) + G_{12}(s)K(s)\,[I - D_{22}K(s) - \overline{G}_{22}(s)K(s)]^{-1}G_{21}(s) \\ &= G_{11}(s) + G_{12}(s)\overline{K}(s)[I - \overline{G}_{22}(s)\overline{K}(s)]^{-1}G_{21}(s) \\ &= F_l(\overline{G},\overline{K}) \end{aligned}$$

其中

$$\overline{G}(s)=\begin{bmatrix} G_{11}(s) & G_{12}(s) \\ G_{21}(s) & \overline{G}_{22}(s) \end{bmatrix}=\left[\begin{array}{c|cc} A & B_1 & B_2 \\ \hline C_1 & D_{11} & D_{12} \\ C_2 & D_{21} & 0 \end{array}\right]$$

因此可以令 $D_{22}=0$,对于 $\overline{G}(s)$ 求控制器 $\overline{K}(s)$,进而求得对于 $G(s)$ 的控制器 $K(s)$

$$K(s) = [I + \overline{K}(s)D_{22}]^{-1}\overline{K}(s)$$

当 z 的维数不小于 w 的维数时,假设 11.1(3)也等价于 $G_{12}(s)$ 在虚轴上没有传输零点;当 u 的维数不小于 y 的维数时,假设 11.1(4)等价于 $G_{21}(s)$ 在虚轴上没有传输零点。假设 11.1(3)和(4)连同假设 11.1(1)可保证相关的 Riccati 代数矩阵方程存在镇定解。

11.3 线性定常系统 $\mathbf{H}_2$ 控制

本节介绍状态(静态)反馈 $\mathbf{H}_2$ 最优控制方法和输出(动态)反馈 $\mathbf{H}_2$ 最优控制方法的基本结论,并给出设计举例。

11.3.1 状态反馈 H_2 控制

假设受控对象的状态均是可量测的,可以用于构成控制器,则受控对象的描述为

$$G(s)=\left[\begin{array}{c|cc} A & B_1 & B_2 \\ \hline C_1 & 0 & D_{12} \\ I & 0 & 0 \end{array}\right] \tag{11.3.1}$$

对于此情形,假设 11.1 可简略为:

假设 11.2 状态可量测受控对象的状态空间实现式(11.3.1)具有如下特性:

(1) (A,B_2) 是可镇定的;

(2) $D_{12}=\begin{bmatrix}0\\I\end{bmatrix}$,实数矩阵 $D_\perp$ 使得 $[D_{12}\quad D_\perp]$ 为正交矩阵;

(3) 对任意实数 ω,$\begin{bmatrix}A-\mathrm{j}\omega I & B_2\\ C_1 & D_{12}\end{bmatrix}$ 均为列满秩。

定理 11.1　如果受控对象式(11.3.1)满足假设 11.2,则相应的 $\mathbf{H}_2$ 最优状态反馈控制问题的最优解为

$$K_2=-(B_2^{\mathrm{T}}X_2+D_{12}^{\mathrm{T}}C_1) \tag{11.3.2}$$

并且

$$\min_{K镇定G}\|T_{zw}\|_2^2=\mathrm{trace}(B_1^{\mathrm{T}}X_2B_1)$$

其中 X_2 是如下 Riccati 代数方程的半正定解

$$X_2(A-B_2D_{12}^{\mathrm{T}}C_1)+(A-B_2D_{12}^{\mathrm{T}}C_1)^{\mathrm{T}}X_2-X_2B_2B_2^{\mathrm{T}}X_2+C_1^{\mathrm{T}}D_\perp D_\perp^{\mathrm{T}}C_1=0 \tag{11.3.3}$$

如果 $D_{12}^{\mathrm{T}}C_1=0$,则上述 Riccati 代数方程式(11.3.3)便退化为线性二次型最优调节器设计中的 Riccati 代数方程,其中只要令 $R=I,Q=C_1^{\mathrm{T}}C_1$。注意,此时 $C_1^{\mathrm{T}}D_\perp D_\perp^{\mathrm{T}}C_1=C_1^{\mathrm{T}}[D_{12}\quad D_\perp]\begin{bmatrix}D_{12}^{\mathrm{T}}\\D_\perp^{\mathrm{T}}\end{bmatrix}C_1=C_1^{\mathrm{T}}C_1$。

在上述以及后面的描述中,如果涉及的矩阵是复矩阵,则其转置应当修改为共轭转置。我们可以认为在通常情况下,实际系统的描述中所涉及的矩阵都是实数矩阵,但经过 11.2 节所述的处理后,部分矩阵可能变换为复矩阵。

11.3.2 输出反馈 H_2 控制

假设实数矩阵 $\widetilde{D}_\perp$ 使得 $\begin{bmatrix}D_{21}\\\widetilde{D}_\perp\end{bmatrix}$ 为正交矩阵。

关于输出反馈 $\mathbf{H}_2$ 最优控制问题,有如下结论。

定理 11.2　若受控对象式(11.2.8)满足假设 11.1,则 $\mathbf{H}_2$ 最优控制问题存在唯一最优解

$$K_2(s)=\left[\begin{array}{c|c}A+B_2F_2+L_2C_2 & -L_2\\\hline F_2 & 0\end{array}\right] \tag{11.3.4}$$

并且

$$\min_{K镇定G}\|T_{zw}\|_2^2=\mathrm{trace}(B_1^{\mathrm{T}}X_2B_1)+\mathrm{trace}(F_2Y_2F_2^{\mathrm{T}})$$

其中

$$F_2=-(B_2^{\mathrm{T}}X_2+D_{12}^{\mathrm{T}}C_1),\quad L_2=-(Y_2C_2^{\mathrm{T}}+B_1D_{21}^{\mathrm{T}}) \tag{11.3.5}$$

X_2 和 Y_2 分别为 Riccati 代数方程式(11.3.3)和如下 Riccati 代数方程的半正定解

$$Y_2(A^{\mathrm{T}}-C_2^{\mathrm{T}}D_{21}B_1^{\mathrm{T}})+(A-B_1D_{21}^{\mathrm{T}}C_2)Y_2-Y_2C_2^{\mathrm{T}}C_2Y_2+B_1\widetilde{D}_\perp^{\mathrm{T}}\widetilde{D}_\perp B_1^{\mathrm{T}}=0 \tag{11.3.6}$$

11.3.3 H_2 控制器设计举例

考虑某型号飞机纵向控制问题。所涉及的飞行变量有水平速度 v、俯仰角 θ、俯仰角速度 p、攻角 α 和飞行航道倾角 $\beta(=\theta-\alpha)$；输入变量为升降舵(偏角)δ_e 和襟副

翼(偏角)δ_f。考虑存在阵风扰动 d_g,其可由如下模型描述

$$\begin{bmatrix}\dot{x}_{g1}(t)\\ \dot{x}_{g2}(t)\end{bmatrix}=\begin{bmatrix}-0.05 & 0.2\\ -0.2 & -0.05\end{bmatrix}\begin{bmatrix}x_{g1}(t)\\ x_{g2}(t)\end{bmatrix}+\begin{bmatrix}1 & 0\\ 0 & 1\end{bmatrix}\zeta(t),\quad \begin{bmatrix}x_{g1}(0)\\ x_{g2}(0)\end{bmatrix}=0$$

$$d_g(t)=[0\quad 1]\begin{bmatrix}x_{g1}(t)\\ x_{g2}(t)\end{bmatrix},\quad \zeta(t)=\begin{bmatrix}\zeta_1\delta(t)\\ \zeta_2\delta(t)\end{bmatrix}$$

其中,ζ_1 和 ζ_2 为未知常数;$\delta(t)$为单位脉冲函数。定义状态变量为

$$x=[\theta\quad \beta\quad p\quad v\quad x_{g1}\quad x_{g2}]^{\mathrm{T}}$$

考虑调节变量为

$$z=[\theta\quad \beta\quad \delta_e\quad \delta_f]^{\mathrm{T}}$$

如果所有状态变量都可量测,则相应的(广义)受控对象为

$$\dot{x}(t)=Ax(t)+B_1\zeta(t)+B_2u(t)$$
$$z(t)=C_1x(t)+D_{11}\zeta(t)+D_{12}u(t)$$

其中

$$A=\begin{bmatrix}0 & 0 & 1 & 0 & 0 & 0\\ 1.5 & -1.5 & 0 & 0.0057 & 0 & 1.5\\ -12.0 & 12.0 & -0.6 & -0.0344 & 0 & -12.0\\ -0.852 & 0.29 & 0 & -0.014 & 0 & -0.29\\ 0 & 0 & 0 & 0 & -0.05 & 0.2\\ 0 & 0 & 0 & 0 & -0.2 & -0.05\end{bmatrix}$$

$$B_1=\begin{bmatrix}0 & 0\\ 0 & 0\\ 0 & 0\\ 0 & 0\\ 1 & 0\\ 0 & 1\end{bmatrix},\quad B_2=\begin{bmatrix}0 & 0\\ 16.0 & 80.0\\ -1900.0 & -300.0\\ -1.15 & -0.87\\ 0 & 0\\ 0 & 0\end{bmatrix}$$

$$C_1=\begin{bmatrix}0 & 1 & 0 & 0 & 0 & 0\\ 0 & 0 & 0 & 1 & 0 & 0\\ 0 & 0 & 0 & 0 & 0 & 0\\ 0 & 0 & 0 & 0 & 0 & 0\end{bmatrix},\quad D_{11}=0_{4\times 2},\quad D_{12}=\begin{bmatrix}0 & 0\\ 0 & 0\\ 1 & 0\\ 0 & 1\end{bmatrix}$$

解 Riccati 代数方程式(11.3.3),由式(11.3.2)可求得 $\mathbf{H}_2$ 最优状态反馈控制增益矩阵

$$K_2=\begin{bmatrix}0.14636 & -0.11271 & 0.012947 & -0.99522 & -0.00080582 & 0.044997\\ -0.032675 & -0.97499 & -0.001917 & 0.067191 & 0.00015522 & -0.02261\end{bmatrix}$$

当 $\zeta_1=-1$、$\zeta_2=0$ 时,阵风扰动 d_g 如图 11.7 所示。受控对象的初始条件设为零时,$\mathbf{H}_2$ 最优状态反馈控制器产生的升降舵和襟副翼的变化曲线分别如图 11.8 和图 11.9 所示;航道倾角和水平速度的相应曲线分别如图 11.10 和图 11.11 所示。

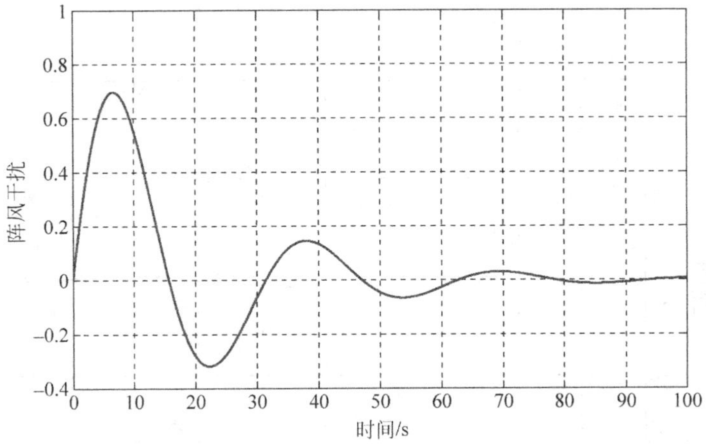

图 11.7　阵风扰动($d_g(t)=e^{-0.05t}\sin(0.2t)$)

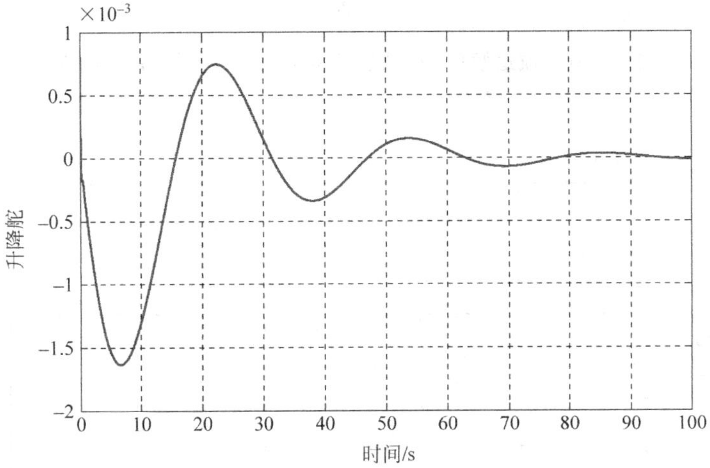

图 11.8　升降舵($\mathbf{H}_2$ 状态反馈，$d_g(t)=e^{-0.05t}\sin(0.2t)$)

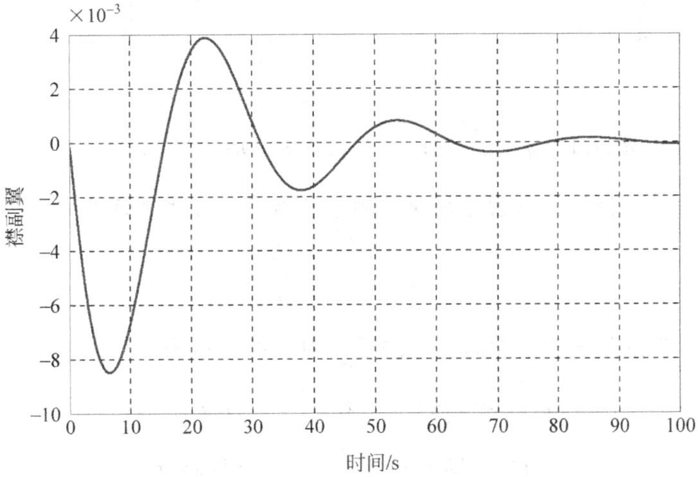

图 11.9　襟副翼($\mathbf{H}_2$ 状态反馈，$d_g(t)=e^{-0.05t}\sin(0.2t)$)

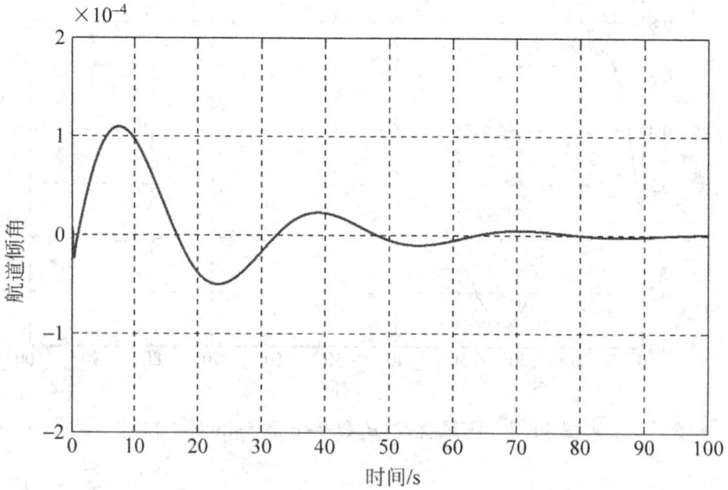

图 11.10 航道倾角($\mathbf{H}_2$ 状态反馈，$d_g(t)=e^{-0.05t}\sin(0.2t)$)

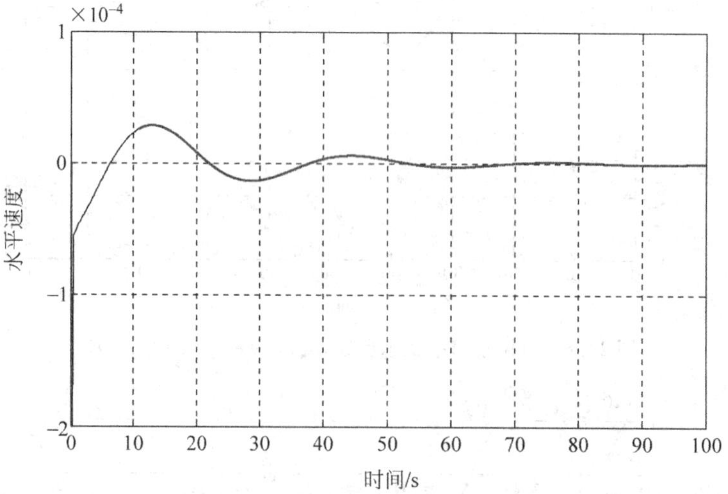

图 11.11 水平速度($\mathbf{H}_2$ 状态反馈，$d_g(t)=e^{-0.05t}\sin(0.2t)$)

现考虑输出反馈的情况。假设输出量为测航道倾角 β 和水平速度 v，即

$$y(t)=\begin{bmatrix}\beta+d_\beta\\ v+d_v\end{bmatrix}$$

其中 d_β 和 d_v 为量测误差。此时(广义)受控对象的描述为

$$\dot{x}(t)=Ax(t)+\hat{B}_1\hat{\zeta}(t)+B_2u(t)$$

$$z(t)=C_1x(t)+\hat{D}_{11}\hat{\zeta}(t)+D_{12}u(t)$$

$$y(t) = C_2 x(t) + D_{21}\hat{\zeta}(t) + D_{22} u(t)$$

其中

$$\hat{\zeta}(t) = \begin{bmatrix} \zeta(t) \\ d_\beta(t) \\ d_v(t) \end{bmatrix}, \quad \hat{B}_1 = \begin{bmatrix} 0 & 0 & 0 & 0 \\ 0 & 0 & 0 & 0 \\ 0 & 0 & 0 & 0 \\ 0 & 0 & 0 & 0 \\ 1 & 0 & 0 & 0 \\ 0 & 1 & 0 & 0 \end{bmatrix}, \quad \hat{D}_{11} = 0_{6\times 4}$$

$$C_2 = \begin{bmatrix} 0 & 1 & 0 & 0 & 0 & 0 \\ 0 & 0 & 0 & 1 & 0 & 0 \end{bmatrix}$$

$$D_{21} = \begin{bmatrix} 0 & 0 & 1 & 0 \\ 0 & 0 & 0 & 1 \end{bmatrix}, \quad \hat{D}_{22} = 0_{2\times 2}$$

解相应的 Riccati 代数方程式(11.3.3)和式(11.3.6)，求得半正定解 X_2 和 Y_2，由定理 11.2 可得如下输出动态反馈 $\mathbf{H}_2$ 最优控制器

$$K_2(s) = \left[\begin{array}{c|c} A_{k2} & B_{k2} \\ \hline C_{k2} & 0 \end{array}\right]$$

其中

$$A_{k2} = \begin{bmatrix} 0 & 0.225\,73 & 1 & 1.0329 & 0 & 0 \\ 1.2277 & -81.369 & 0.053\,797 & -10.608 & -0.000\,475\,78 & 0.4111 \\ -280.27 & 519.02 & -24.625 & 1870.6 & 1.4845 & -90.711 \\ -0.991\,88 & 1.202 & -0.013\,222 & 0.000\,389\,7 & 0.000\,791\,66 & -0.322\,08 \\ 0 & 0.162\,25 & 0 & 0.244\,06 & -0.05 & 0.2 \\ 0 & -0.294\,31 & 0 & -1.0613 & -0.2 & -0.05 \end{bmatrix}$$

$$B_{k2} = \begin{bmatrix} -0.225\,73 & 0.065\,931 & -0.382\,11 & 0.065\,889 & -0.162\,25 & 0.294\,31 \\ -1.0329 & 0.065\,889 & 0.098\,622 & 1.0717 & -0.244\,06 & 1.0613 \end{bmatrix}^{\mathrm{T}}$$

$$C_{k2} = \begin{bmatrix} 0.146\,36 & -0.112\,71 & 0.012\,947 & -0.995\,22 & -0.000\,805\,82 & 0.044\,997 \\ -0.032\,675 & -0.974\,99 & -0.001\,917 & 0.067\,191 & 0.000\,155\,22 & -0.022\,611 \end{bmatrix}$$

受控对象和控制器的初始条件均设为零，且 $d_\beta = 0, d_v = 0$ 时，在图 11.7 所示的阵风扰动下，输出动态反馈 $\mathbf{H}_2$ 最优控制器产生的升降舵和襟副翼的变化曲线分别如图 11.12 和图 11.13 所示；航道倾角和水平速度的相应曲线分别如图 11.14 和图 11.15 所示。

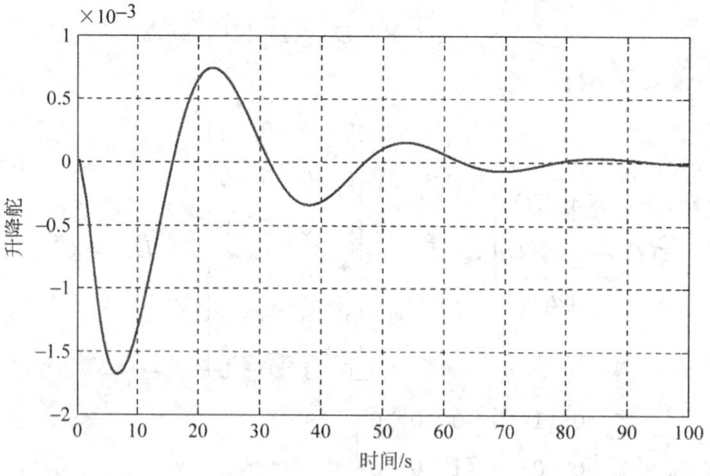

图 11.12 升降舵($\mathbf{H}_2$ 输出动态反馈,$d_g(t)=e^{-0.05t}\sin(0.2t)$)

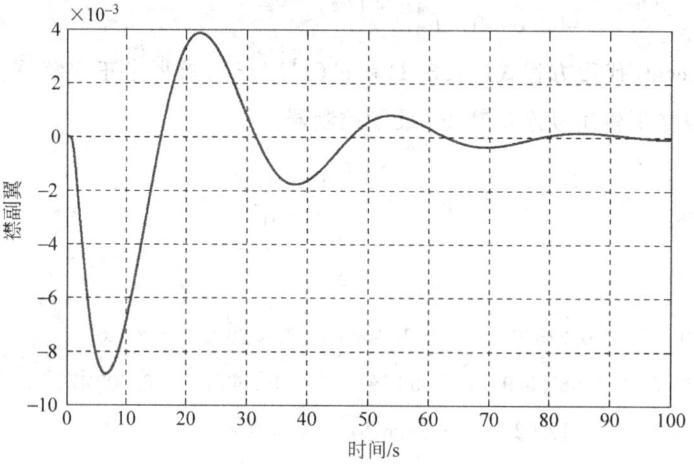

图 11.13 襟副翼($\mathbf{H}_2$ 输出动态反馈,$d_g(t)=e^{-0.05t}\sin(0.2t)$)

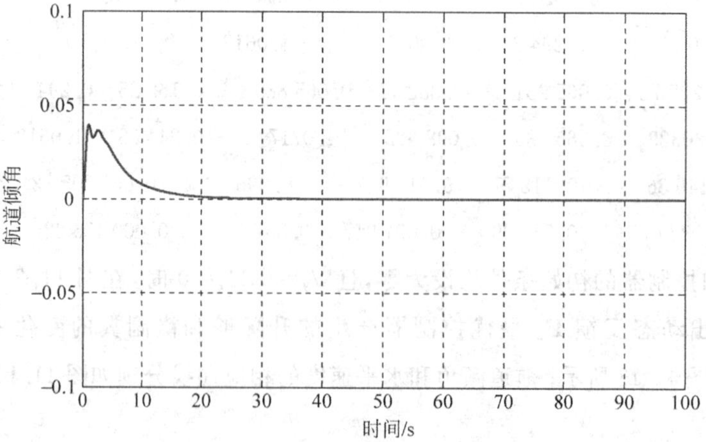

图 11.14 航道倾角($\mathbf{H}_2$ 输出动态反馈,$d_g(t)=e^{-0.05t}\sin(0.2t)$)

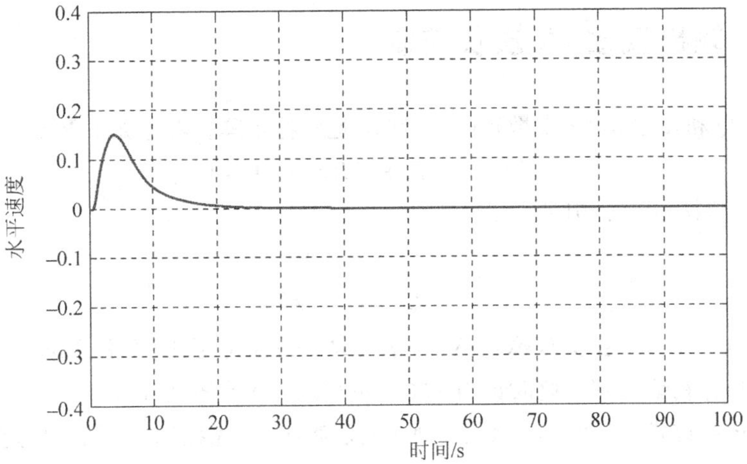

图 11.15　水平速度（$\mathbf{H}_2$ 输出动态反馈，$d_g(t)=e^{-0.05t}\sin(0.2t)$）

11.4　线性定常系统 H_∞ 控制

下面分别介绍线性定常系统状态反馈 $\mathbf{H}_\infty$ 控制器和输出反馈 $\mathbf{H}_\infty$ 控制器的设计方法。

11.4.1　状态反馈 H_∞ 次优控制

对于状态可量测受控对象式(11.3.1)，状态反馈 $\mathbf{H}_\infty$ 次优控制问题描述为，设计状态反馈

$$u = K_\infty x$$

使得闭环系统满足

$$\| T_{wz} \|_\infty < \gamma \quad 且 \quad A + B_2 K_\infty \text{ 为稳定矩阵} \tag{11.4.1}$$

其中 γ 是一给定正数，$T_{wz}(s)$ 是闭环系统传递函数

$$T_{wz}(s) = (C_1 + D_{12}K_\infty)(sI - A - B_2K_\infty)^{-1}B_1$$

定理 11.3　对于满足假设 11.2 的受控对象式(11.3.1)，满足条件式(11.4.1)的状态反馈矩阵 K_∞ 存在的充分必要条件为，存在正定矩阵 Q 使得 Riccati 代数方程

$$(A - B_2D_{12}^{\mathrm{T}}C_1)^{\mathrm{T}}P + P(A - B_2D_{12}^{\mathrm{T}}C_1) + \gamma^{-2}PB_1B_1^{\mathrm{T}}P$$
$$-PB_2B_2^{\mathrm{T}}P + C_1^{\mathrm{T}}D_\perp D_\perp^{\mathrm{T}} C_1 + Q = 0 \tag{11.4.2}$$

存在正定解 $P>0$。当上述条件成立时，如下定义的状态反馈矩阵 K_∞ 是状态反馈 $\mathbf{H}_\infty$ 次优控制问题的解，即

$$K_\infty = -(B_2^{\mathrm{T}}P + D_{12}^{\mathrm{T}}C_1) \tag{11.4.3}$$

11.4.2 输出反馈 H_∞ 次优控制

令 A、Q 和 R 是 $n\times n$ 实数矩阵，Q 和 R 是对称矩阵。考虑如下 Riccati 代数方程

$$XA+A^{\mathrm{T}}X+XRX+Q=0 \tag{11.4.4}$$

定义相应的 Hamilton 矩阵

$$H=\begin{bmatrix} A & R \\ -Q & -A^{\mathrm{T}} \end{bmatrix} \tag{11.4.5}$$

若方程式(11.4.4)存在实对称解 X，且 $A+RX$ 为稳定矩阵，则称 Riccati 代数方程式(11.4.4)存在镇定解。此时记为 $H\in dom(Ric)$，$X=Ric(H)$。

为描述系统式(11.2.9)的输出(动态)反馈 $\mathbf{H}_\infty$ 次优控制问题的解，定义如下两个 Hamilton 矩阵

$$H_\infty=\begin{bmatrix} A-B_2D_{12}^{\mathrm{T}}C_1 & \gamma^{-2}B_1B_1^{\mathrm{T}}-B_2B_2^{\mathrm{T}} \\ -C_1^{\mathrm{T}}(I-D_{12}D_{12}^{\mathrm{T}})C_1 & -A^{\mathrm{T}}+C_1^{\mathrm{T}}D_{12}B_2^{\mathrm{T}} \end{bmatrix} \tag{11.4.6}$$

$$J_\infty=\begin{bmatrix} A^{\mathrm{T}}-C_2^{\mathrm{T}}D_{21}B_1^{\mathrm{T}} & \gamma^{-2}C_1^{\mathrm{T}}C_1-C_2^{\mathrm{T}}C_2 \\ -B_1(I-D_{21}^{\mathrm{T}}D_{21})B_1^{\mathrm{T}} & -A+B_1D_{21}^{\mathrm{T}}C_2 \end{bmatrix} \tag{11.4.7}$$

并定义矩阵

$$F=\begin{bmatrix} F_1 \\ F_2 \end{bmatrix}=\begin{bmatrix} \gamma^{-2}B_1^{\mathrm{T}}X \\ -B_2^{\mathrm{T}}X-D_{12}^{\mathrm{T}}C_1 \end{bmatrix}$$

$$H=[H_1 \quad H_2]=[\gamma^{-2}YC_1^{\mathrm{T}} \quad -YC_2^{\mathrm{T}}-B_1D_{21}^{\mathrm{T}}]$$

定理 11.4 设受控对象式(11.2.9)满足假设 11.1，则

(1) 存在真实有理输出反馈控制器 $K(s)$ 使得闭环系统渐近稳定且 $\|T_{wz}\|_\infty<\gamma$ 的充分必要条件为①$H_\infty\in dom(Ric)$，且 $X=Ric(H_\infty)\geqslant 0$；②$J_\infty\in dom(Ric)$，且 $Y=Ric(J_\infty)\geqslant 0$；③$\rho(XY)<\gamma^2$，这里 $\rho(\cdot)$ 表示最大特征值。

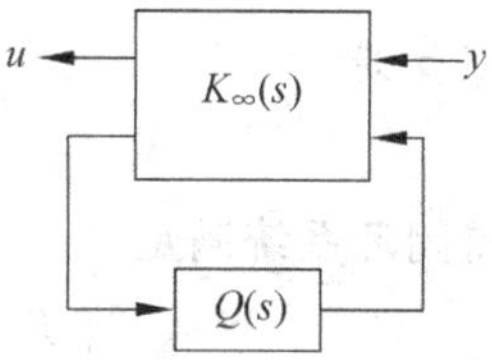

图 11.16 输出反馈 $\mathbf{H}_\infty$ 次优控制器参数化描述

(2) 若上述条件①～③成立，则使得闭环系统渐近稳定且 $\|T_{wz}\|_\infty<\gamma$ 的真实有理输出反馈控制器全体可参数化描述为(见图 11.16)

$$K(s)=F_l(K_\infty(s),Q(s)) \tag{11.4.8}$$

其中 $Q(s)$ 为自由参数，满足 $Q(s)\in\mathbf{RH}_\infty$，$\|Q\|_\infty<\gamma$，

$$\begin{cases} K_\infty(s)=\left[\begin{array}{c|cc} A+BF+Z^{-1}H_2(C_2+D_{21}F_1) & -Z^{-1}H_2 & Z^{-1}(B_2+H_1D_{12}) \\ \hline F_2 & 0 & I \\ -(C_2+D_{21}F_1) & I & 0 \end{array}\right] \\ Z=I-\gamma^{-2}YX \end{cases} \tag{11.4.9}$$

若令 $Q(s)=0$，则得到 $\mathbf{H}_\infty$ 次优中心控制器 $K_\infty^0(s)$，其描述如下

$$K_\infty^0(s)=\left[\begin{array}{c|c} A+BF+Z^{-1}H_2(C_2+D_{21}F_1) & -Z^{-1}H_2 \\ \hline F_2 & 0 \end{array}\right] \tag{11.4.10}$$

11.4.3 H_∞ 最优控制

尚没有方法可直接给出 $\mathbf{H}_\infty$ 最优控制器的设计，但可以利用前面介绍的 $\mathbf{H}_\infty$ 次优控制的结果通过迭代过程近似求解 $\mathbf{H}_\infty$ 最优控制问题。

假设 $\mathbf{H}_\infty$ 最优控制问题的解存在，且令

$$\gamma^* = \min_{K\text{镇定}G} \| T_{zw} \|_\infty$$

此最优值 γ^* 并不能直接求得。但若选取 $\gamma>\gamma^*$，则对此 γ，相应的状态反馈和输出反馈 $\mathbf{H}_\infty$ 次优控制问题的解存在，前述定理中给出的条件成立。因此，可以通过对不同的 γ 值检验 $\mathbf{H}_\infty$ 次优控制器存在的条件，从中选取满足这些条件的最小 γ 值作为最优值 γ^* 的近似值，相应的控制器作为 $\mathbf{H}_\infty$ 最优控制问题的近似解。输出反馈 $\mathbf{H}_\infty$ 最优控制器的迭代近似求解过程可归纳如下。状态反馈控制器的求解过程类似。

γ 迭代算法

(1) 检验假设 11.1 的条件，如果成立，则继续如下步骤，否则，终止；

(2) 选取 γ 的初始值 $\gamma=\gamma_0$；

(3) 对选取的 γ 值，若如下 Riccati 代数方程存在半正定镇定解

$$\begin{aligned}&(A-B_2D_{12}^{\mathrm T}C_1)^{\mathrm T}X+X(A-B_2D_{12}^{\mathrm T}C_1)\\&+\gamma^{-2}XB_1B_1^{\mathrm T}X-XB_2B_2^{\mathrm T}X+C_1^{\mathrm T}(I-D_{12}D_{12}^{\mathrm T})C_1=0\\&Y(A-B_1D_{21}^{\mathrm T}C_2)^{\mathrm T}+(A-B_1D_{21}^{\mathrm T}C_2)Y\\&+\gamma^{-2}YC_1^{\mathrm T}C_1Y-YC_2^{\mathrm T}C_2Y+B_1(I-D_{21}^{\mathrm T}D_{21})B_1^{\mathrm T}=0\end{aligned}$$

且 $\rho(XY)<\gamma^2$，则减小 γ 的值，否则，增加 γ 的值；

(4) 如果 γ 的迭代精度达到要求(即 γ 的增量和减量都足够小)，则停止对 γ 值的修正，进行下一步骤，否则返回步骤(3)；

(5) 对于上述步骤中确定的 γ 值，利用定理 11.4 的结论(2)求相应的控制器。

11.4.4 H_∞ 控制器设计举例

继续考虑 11.3.4 节中讨论过的某型号飞机纵向控制问题，现假设阵风扰动 d_g 未知，并假设其可由如下模型描述

$$\begin{cases}\begin{bmatrix}\dot{x}_{g1}(t)\\ \dot{x}_{g2}(t)\end{bmatrix}=\begin{bmatrix}-1 & 0\\ 0.5 & -0.5\end{bmatrix}\begin{bmatrix}x_{g1}(t)\\ x_{g2}(t)\end{bmatrix}+\begin{bmatrix}1\\0\end{bmatrix}\zeta(t), \quad \begin{bmatrix}x_{g1}(0)\\ x_{g2}(0)\end{bmatrix}=0\\ d_g(t)=\begin{bmatrix}0 & 1\end{bmatrix}\begin{bmatrix}x_{g1}(t)\\ x_{g2}(t)\end{bmatrix}\end{cases} \tag{11.4.11}$$

其中 $\zeta(t)$ 为平方可积信号。状态变量和调节变量的定义与 11.3.4 节中相同，则相应的(广义)受控对象为

$$\dot{x}(t) = Ax(t) + B_1\zeta(t) + B_2u(t)$$
$$z(t) = C_1x(t) + D_{11}\zeta(t) + D_{12}u(t)$$

其中

$$A = \begin{bmatrix} 0 & 0 & 1 & 0 & 0 & 0 \\ 1.5 & -1.5 & 0 & 0.0057 & 0 & 1.5 \\ -12.0 & 12.0 & -0.6 & -0.0344 & 0 & -12.0 \\ -0.852 & 0.29 & 0 & -0.014 & 0 & -0.29 \\ 0 & 0 & 0 & 0 & -1 & 0 \\ 0 & 0 & 0 & 0 & 0.5 & -0.5 \end{bmatrix}$$

$$B_1 = \begin{bmatrix} 0 \\ 0 \\ 0 \\ 0 \\ 1 \\ 0 \end{bmatrix}, \quad B_2 = \begin{bmatrix} 0 & 0 \\ 16.0 & 80.0 \\ -1900.0 & -300.0 \\ -1.15 & -0.87 \\ 0 & 0 \\ 0 & 0 \end{bmatrix}$$

$$C_1 = \begin{bmatrix} 0 & 1 & 0 & 0 & 0 & 0 \\ 0 & 0 & 0 & 1 & 0 & 0 \\ 0 & 0 & 0 & 0 & 0 & 0 \\ 0 & 0 & 0 & 0 & 0 & 0 \end{bmatrix}, \quad D_{11} = 0_{4\times 1}, \quad D_{12} = \begin{bmatrix} 0 & 0 \\ 0 & 0 \\ 1 & 0 \\ 0 & 1 \end{bmatrix}$$

选取 $\gamma=0.1$、$Q=0.001I$，解 Riccati 代数方程式(11.4.2)，由式(11.4.3)可求得状态反馈 $\mathbf{H}_\infty$ 次优控制增益矩阵如下

$$K_\infty = \begin{bmatrix} 0.244\,01 & -0.035\,612 & 0.035\,786 & -0.995\,52 & 0.005\,524\,5 & 0.071\,082 \\ -0.016\,713 & -0.982\,16 & -0.001\,551\,7 & -0.041\,333 & -0.000\,249\,18 & -0.017\,063 \end{bmatrix}$$

令 $\zeta(t)=1.0753\sin(0.2t)\mathrm{e}^{-0.05t}$，则模型式(11.4.11)所产生阵风扰动 $d_g(t)$ 与图 11.7 所示的扰动基本一致。在此扰动下，状态反馈 $\mathbf{H}_\infty$ 次优控制器产生的升降舵和襟副翼变化曲线分别如图 11.17 和图 11.18 所示；航道倾角和水平速度的相应曲线分别如图 11.19 和图 11.20 所示。

考虑相应的输出(动态)反馈 $\mathbf{H}_\infty$ 次优控制问题，选取 $\gamma=1.0021$，求解与式(11.4.6)定义的 Hamilton 矩阵 H_∞ 和式(11.4.7)定义的 Hamilton 矩阵 J_∞ 相应的 Riccati 代数方程的半正定解 X 和 Y，由定理 11.4 求得如下 $\mathbf{H}_\infty$ 次优中心控制器 $K_\infty^0(s)$

$$K_\infty^0(s) = \left[\begin{array}{c|c} A_{k\infty} & B_{k\infty} \\ \hline C_{k\infty} & 0 \end{array}\right]$$

其中

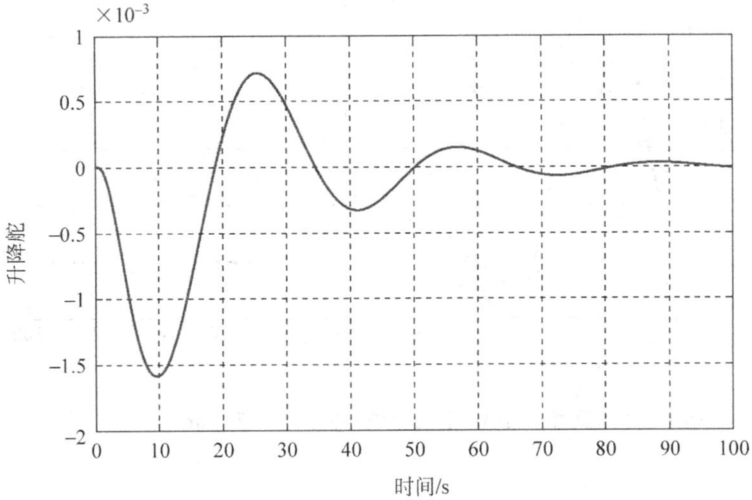

图 11.17　升降舵（$\mathbf{H}_\infty$ 状态反馈，$\zeta(t)=1.0753\sin(0.2t)e^{-0.05t}$）

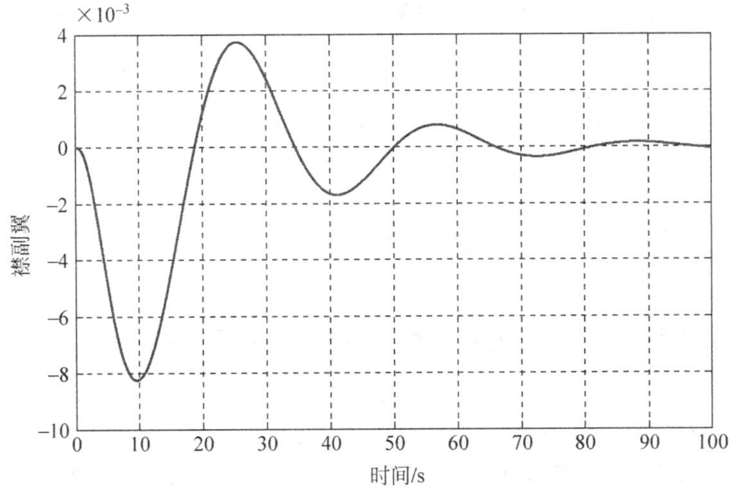

图 11.18　襟副翼（$\mathbf{H}_\infty$ 状态反馈，$\zeta(t)=1.0753\sin(0.2t)e^{-0.05t}$）

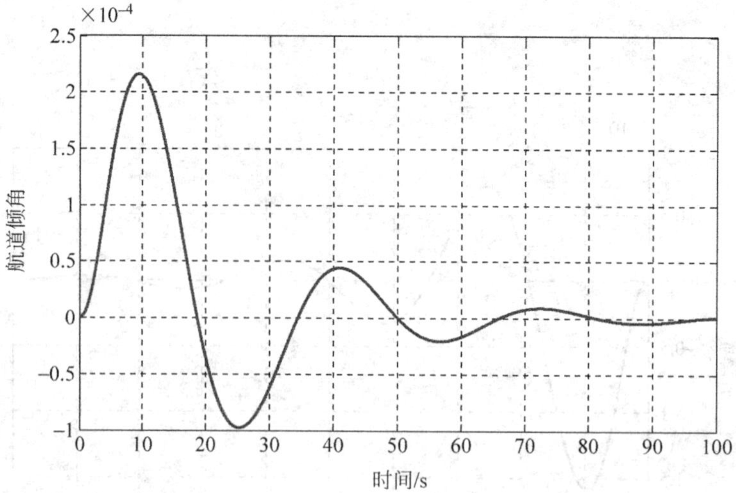

图 11.19　航道倾角($\mathbf{H}_\infty$状态反馈，$\zeta(t)=1.0753\sin(0.2t)e^{-0.05t}$)

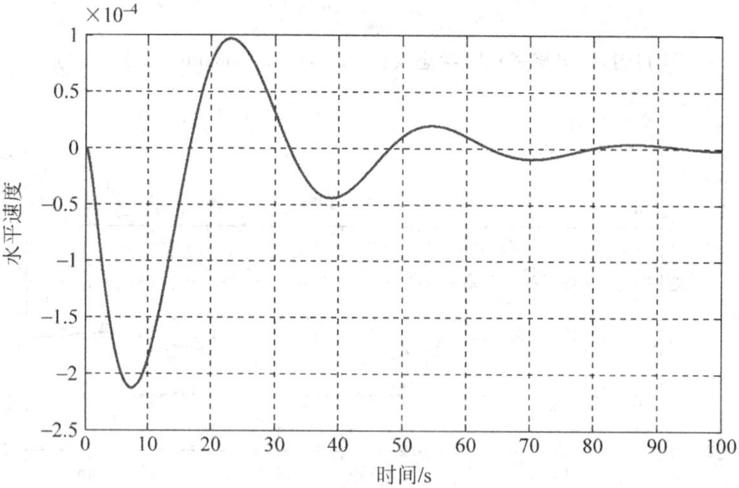

图 11.20　水平速度($\mathbf{H}_\infty$状态反馈，$\zeta(t)=1.0753\sin(0.2t)e^{-0.05t}$)

$$A_{k\infty}=\begin{bmatrix} 0 & 0.027\,028 & 1 & 22.999 & 0 & 0 \\ 1.2277 & -81.319 & 0.053\,797 & -11.178 & 0.001\,349\,9 & 0.409\,96 \\ -280.27 & 518.64 & -24.625 & 1862.6 & -3.5023 & -87.443 \\ -0.991\,88 & 0.632\,63 & -0.013\,222 & -511.11 & -0.001\,869\,8 & -0.320\,33 \\ 1.302\text{e-}05 & -0.032\,968 & 1.1114\text{e-}06 & -6.4138 & -0.999\,97 & 5.5216\text{e-}05 \\ 0 & -0.999\,97 & 0 & -21.703 & 0.5 & -0.5 \end{bmatrix}$$

$$B_{k\infty}=\begin{bmatrix} -0.027\,028 & 0.016\,417 & -0.001\,061\,5 & 0.635\,23 & 0.032\,976 & 0.041\,05 \\ -22.999 & 0.635\,23 & 8.1113 & 512.18 & 6.4138 & 21.703 \end{bmatrix}^{\mathrm{T}}$$

$$C_{k\infty}=\begin{bmatrix} 0.146\,36 & -0.11271 & 0.012\,947 & -0.995\,22 & 0.001\,900\,7 & 0.043\,223 \\ -0.032\,675 & -0.974\,99 & -0.001\,917 & 0.067\,191 & -0.000\,363\,26 & -0.022\,27 \end{bmatrix}$$

在图 11.7 所示的阵风($d_g(t)=e^{-0.05t}\sin(0.2t)$)扰动下，输出反馈 $\mathbf{H}_\infty$ 次优控制器产生的升降舵和襟副翼的变化曲线分别如图 11.21 和图 11.22 所示，航道倾角和水平速度的相应曲线分别如图 11.23 和图 11.24 所示。

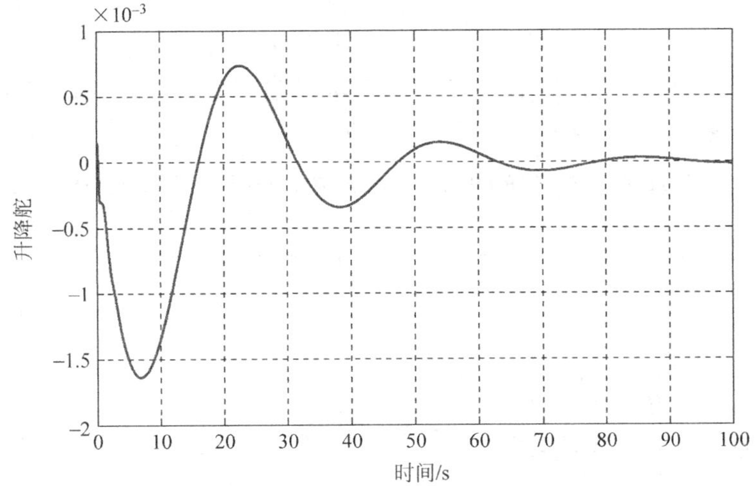

图 11.21　升降舵($\mathbf{H}_\infty$ 输出动态反馈，$d_g(t)=e^{-0.05t}\sin(0.2t)$)

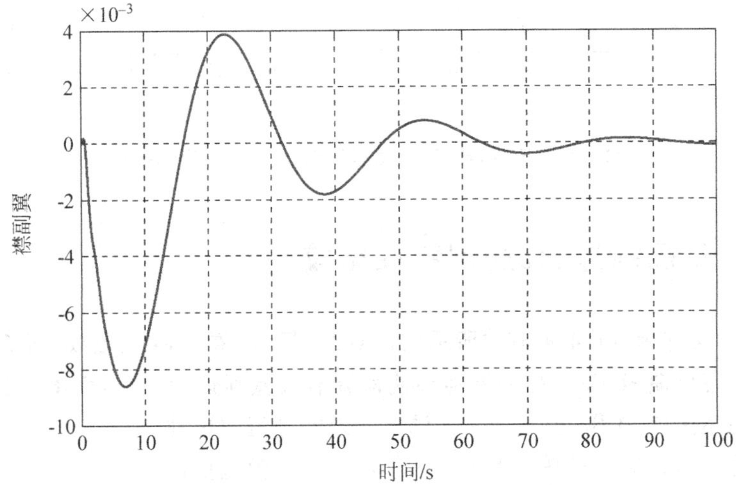

图 11.22　襟副翼($\mathbf{H}_\infty$ 输出动态反馈，$d_g(t)=e^{-0.05t}\sin(0.2t)$)

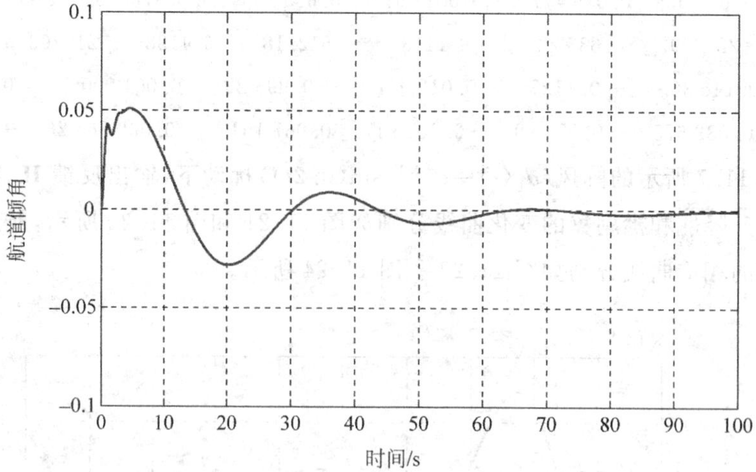

图 11.23 航道倾角(H_∞ 输出动态反馈,$d_g(t)=e^{-0.05t}\sin(0.2t)$)

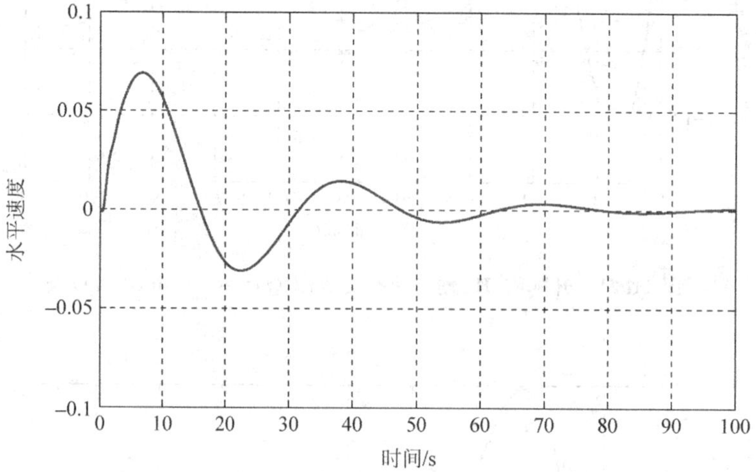

图 11.24 水平速度(H_∞ 输出动态反馈,$d_g(t)=e^{-0.05t}\sin(0.2t)$)

11.4.5 H_2 控制与 H_∞ 控制特性比较

由 11.3.4 节和 11.4.4 节中所示的仿真结果可以看出,对于给定频谱的阵风扰动,输出动态反馈 H_2 最优控制器能够使得调节误差渐近趋于零,而 H_∞ 控制器具有 20 分贝以上的抑制作用,但不能保证调节误差的渐近收敛性。

现考虑不同的频率的阵风扰动 d_g,其可由如下模型描述

$$\begin{bmatrix}\dot{x}_{g1}(t)\\ \dot{x}_{g2}(t)\end{bmatrix}=\begin{bmatrix}-0.05 & 0.4\\ -0.4 & -0.05\end{bmatrix}\begin{bmatrix}x_{g1}(t)\\ x_{g2}(t)\end{bmatrix}+\begin{bmatrix}1 & 0\\ 0 & 1\end{bmatrix}\zeta(t),\quad \begin{bmatrix}x_{g1}(0)\\ x_{g2}(0)\end{bmatrix}=0$$

$$d_g(t)=\begin{bmatrix}0 & 1\end{bmatrix}\begin{bmatrix}x_{g1}(t)\\x_{g2}(t)\end{bmatrix},\quad \zeta(t)=\begin{bmatrix}\zeta_1\delta(t)\\\zeta_2\delta(t)\end{bmatrix}$$

当 $\zeta_1=-1,\zeta_2=0$ 时，上述模型给出的阵风扰动 d_g 如图 11.25 所示。

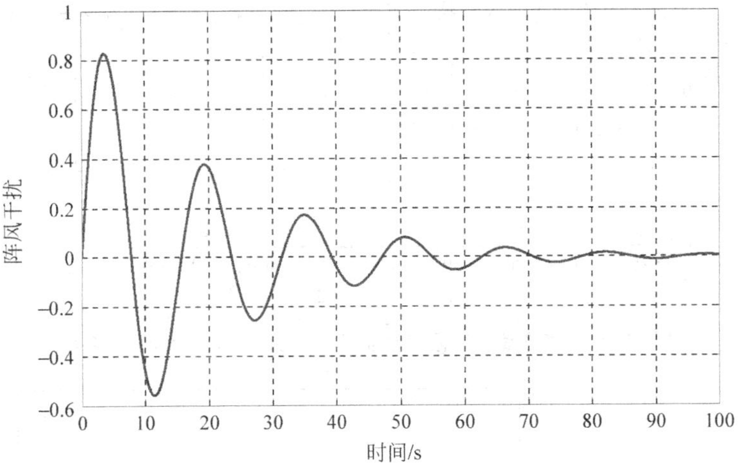

图 11.25　阵风干扰($d_g(t)=e^{-0.05t}\sin(0.4t)$)

此阵风扰动 d_g 作用下，对于 11.3.4 节和 11.4.4 节中所设计的输出动态反馈控制器，重复相应的仿真。在这些仿真中，也都设定受控对象和控制器的初始条件为零。

采用输出动态反馈 $\mathbf{H}_2$ 最优控制器时，升降舵和襟副翼的变化曲线分别如图 11.26 和图 11.27 所示；航道倾角和水平速度的相应曲线分别如图 11.28 和图 11.29 所示。

采用输出反馈 $\mathbf{H}_\infty$ 次优控制器时，升降舵和襟副翼的变化曲线分别如图 11.30 和图 11.31 所示，航道倾角和水平速度的相应曲线分别如图 11.32 和图 11.33 所示。

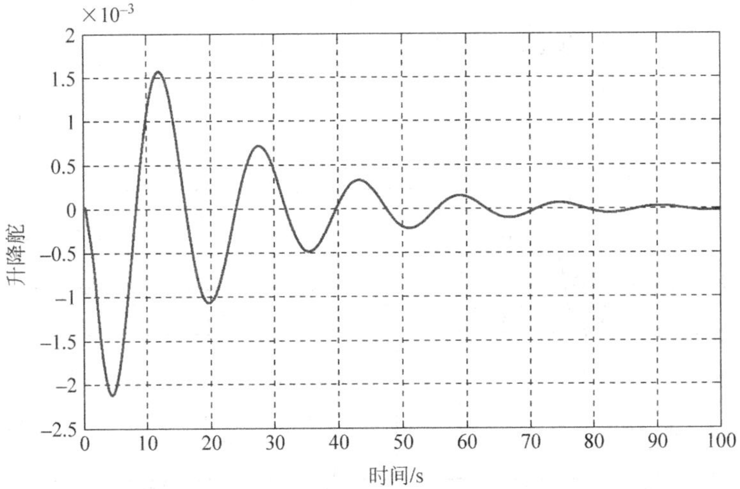

图 11.26　升降舵($\mathbf{H}_2$ 输出动态反馈，$d_g(t)=e^{-0.05t}\sin(0.4t)$)

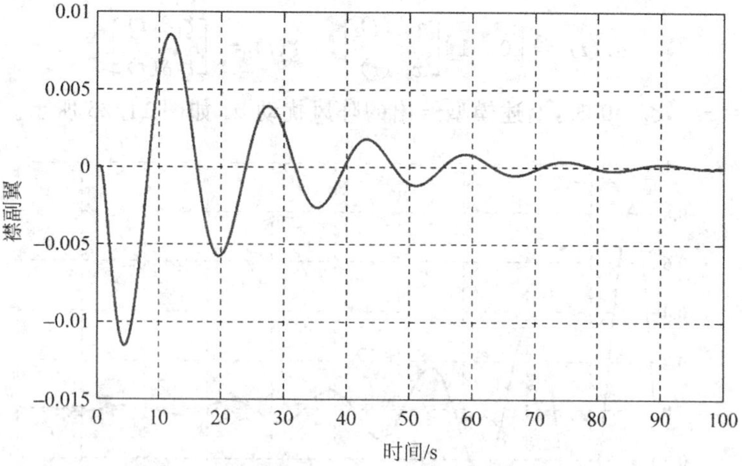

图 11.27 襟副翼($\mathbf{H}_2$ 输出动态反馈,$d_g(t)=e^{-0.05t}\sin(0.4t)$)

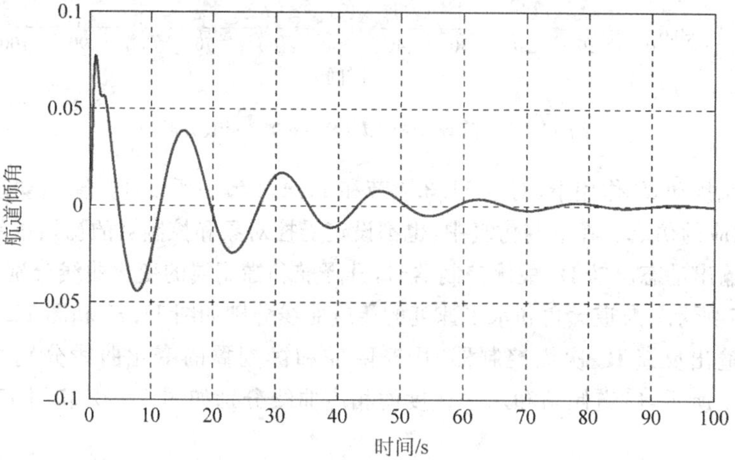

图 11.28 航道倾角($\mathbf{H}_2$ 输出动态反馈,$d_g(t)=e^{-0.05t}\sin(0.4t)$)

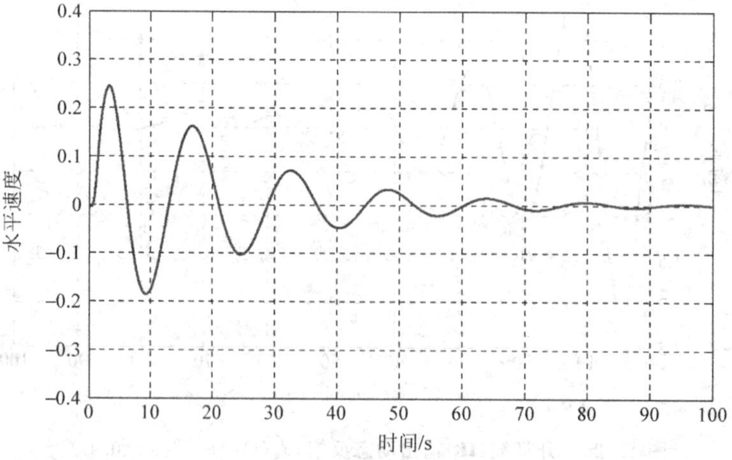

图 11.29 水平速度($\mathbf{H}_2$ 输出动态反馈,$d_g(t)=e^{-0.05t}\sin(0.4t)$)

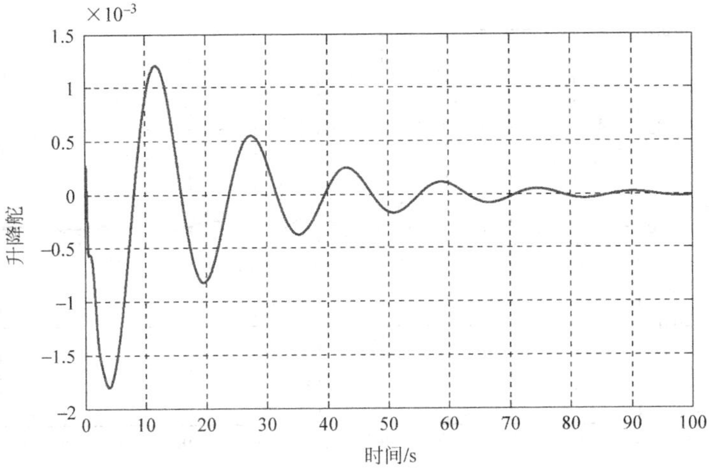

图 11.30　升降舵($\mathbf{H}_\infty$ 输出动态反馈，$d_g(t)=e^{-0.05t}\sin(0.4t)$)

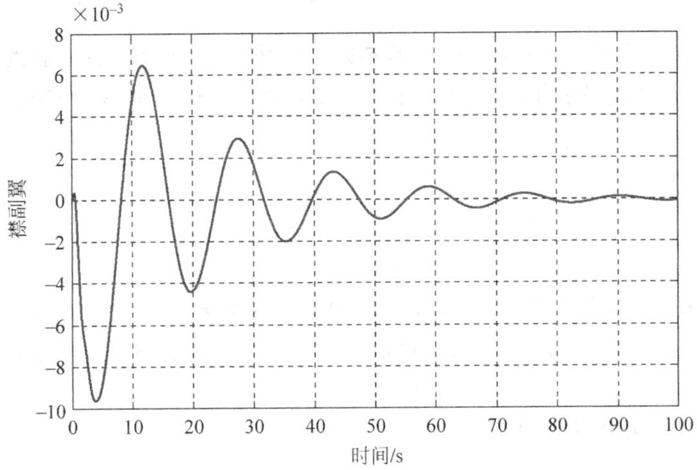

图 11.31　襟副翼($\mathbf{H}_\infty$ 输出动态反馈，$d_g(t)=e^{-0.05t}\sin(0.4t)$)

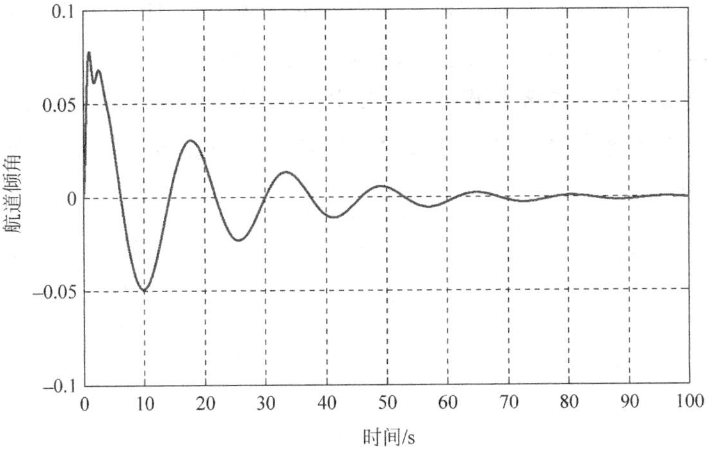

图 11.32　航道倾角($\mathbf{H}_\infty$ 输出动态反馈，$d_g(t)=e^{-0.05t}\sin(0.4t)$)

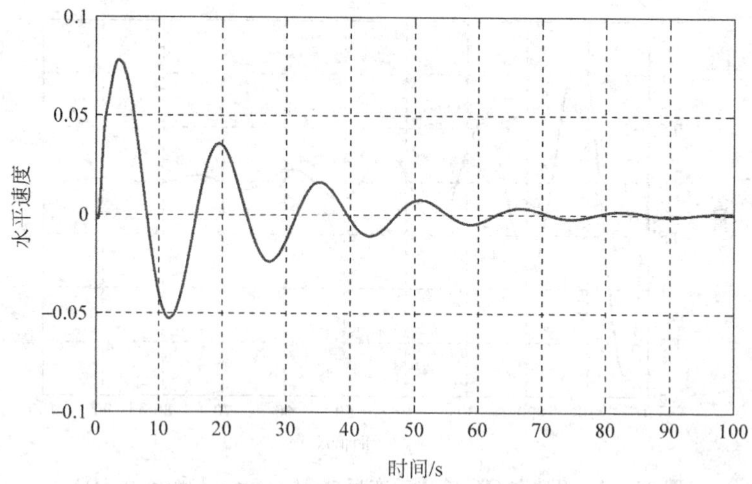

图 11.33 水平速度($\mathbf{H}_\infty$ 输出动态反馈,$d_g(t)=e^{-0.05t}\sin(0.4t)$)

由上述仿真结果可以看出,对于不同频率的阵风扰动,$\mathbf{H}_2$ 控制器的抑制作用明显下降,水平速度通道的干扰抑制作用下降了仅约 4 分贝,而 $\mathbf{H}_\infty$ 控制器的干扰抑制作用变化较小。

习题 11

11.1 对于 11.3.4 节和 11.4.4 节中所示的设计举例,将阵风扰动改为 $d_g(t)=e^{-0.05t}\sin(\omega t)$,针对 $\omega=0.1$,$\omega=0.5$ 和 $\omega=1$,重复相应的仿真,并对仿真结果进行比较分析。

11.2 考虑如下受控对象

$$Y=\frac{1}{(s+1)(s+2)}U$$

(1) 构造适当的加权函数 $W_d(s)$,设计输出动态反馈 $\mathbf{H}_2$ 最优控制器,使得闭环系统跟踪参考信号 $\hat{y}(t)=1+\sin(\omega_0 t)$,$t\geqslant 0$,其中 $\omega_0=5$;

(2) 选取适当的加权函数 $W_y(s)$ 和正常数 γ,设计输出反馈 $\mathbf{H}_\infty$ 次优控制器,使得闭环系统跟踪参考信号 $\hat{y}(t)=1+\sin(\omega t)$,$t\geqslant 0$,其中 ω 为未知常数,但已知其取值范围为 $\omega\in[0,10]$。

第12章 鲁棒最优控制器设计

在第 8 章中我们已知，若适当选取加权矩阵，线性二次型最优调节系统具有一定的稳定余量，即针对各个控制分量，允许一定的增益变化或者相角变化，保持闭环系统的稳定性。但如果受控对象存在一般的参数摄动，甚至存在非线性不确定性，则闭环系统的调节特性可能变坏，甚至不稳定，即最优调节系统对于一般的参数摄动和非线性不确定性可能不具有鲁棒性。本章针对具有满足匹配条件的不确定性的受控对象，介绍一类鲁棒最优控制器的设计方法。

12.1 不确定受控对象描述

考虑如下受控对象

$$\dot{x}(t) = Ax(t) + B[u(t) + \phi(x(t), u(t), \delta(t), t)], \quad x(t_0) = x_0 \tag{12.1.1}$$

其中，$x(t)$为 n 维状态(向量)；$u(t)$为 m 维控制输入(向量)；$\phi(x(t), u(t), \delta(t), t)$表示受控对象的不确定性，其中可包含时变参数不确定性、时变非线性不确定性和外界扰动 $\delta(t)$的影响。由于不确定性 $\phi(x(t), u(t), \delta(t), t)$中显含时间 t，所以初始时间没有设定为 0。当 $\phi(x(t), u(t), \delta(t), t)=0$ 时，称相应受控对象为标称受控对象。假设(A, B)为可控对，并假设 B 是列满秩的。

假设 12.1 $\phi(x(t), u(t), \delta(t), t)$关于其自变量是连续的，且满足

$$\| \phi(x(t), u(t), \delta(t), t) \|_2 \leqslant \xi_x \| x(t) \|_2 + \xi_u \| u(t) \|_2 + \xi_d \| \delta(t) \|_2 \tag{12.1.2}$$

其中 $\xi_i(i=x, u, d)$是已知正常数，$\xi_u<1$。外界扰动 $\delta(t)$有界。

为了叙述简洁起见，后面有时将不确定性简写为 $\phi(t)$，用 $\tilde{\omega}$ 表示信号 $\tilde{\omega}(t)$的拉氏变换。

12.2 鲁棒线性二次型最优调节器设计

考虑二次型性能指标

$$J = \int_{t_0}^{\infty} [x^{\mathrm{T}}(t)Qx(t) + u^{\mathrm{T}}(t)Ru(t)]\mathrm{d}t \tag{12.2.1}$$

其中 Q 和 R 分别为半正定和正定矩阵。将 Q 分解为 $Q=D^{\mathrm{T}}D$，并假设 (A,D) 为可观对。

考虑如下形式的鲁棒线性二次型(LQ)最优控制输入

$$u(t) = u_0(t) + v(t) \tag{12.2.2}$$

其中，$u_0(t)$ 为标称 LQ 最优调节器输入；$v(t)$ 为鲁棒补偿输入。首先针对标称受控对象和性能指标式(12.2.1)，设计标称 LQ 最优调节器

$$\begin{cases} u_0(t) = -Kx(t) \\ K = R^{-1}B^{\mathrm{T}}P \end{cases} \tag{12.2.3}$$

其中 P 为如下 Riccati 矩阵代数方程的正定解

$$PA + A^{\mathrm{T}}P - PBR^{-1}B^{\mathrm{T}}P + Q = 0 \tag{12.2.4}$$

将式(12.2.3)的标称 LQ 最优调节器输入代入式(12.2.2)的控制输入，则受控对象式(12.1.1)变为

$$\dot{x}(t) = (A - BK)x(t) + B[v(t) + \phi(t)] \tag{12.2.5}$$

为抑制 $\phi(t)$ 的影响，期望的鲁棒补偿输入为

$$v^*(t) = -\phi(t)$$

但由于 $\phi(t)$ 是无法获得的，因此上述期望鲁棒补偿输入是无法实现的。由受控对象描述式(12.1.1)，有

$$(sI - A)x - Bu = B\phi$$

因 B 列满秩，故存在左逆矩阵 L，即

$$LB = I$$

因此有

$$\phi = L(sI - A)x - u \tag{12.2.6}$$

为了避免应用测量信号(即状态 $x(t)$)的微分，构成实际鲁棒补偿器如下

$$v = -F(s)\phi \tag{12.2.7}$$

其中 $F(s)$ 为鲁棒滤波器，具有如下形式

$$F = \frac{f}{s+f} \tag{12.2.8}$$

鲁棒滤波器参数 f 为一正常数，当 f 充分大时，鲁棒滤波器的带宽足够宽，式(12.2.7)给定的鲁棒补偿输入 v 近似为 $-\phi$，即近似成立 $v+\phi\approx 0$，因此可望实现鲁棒最优控制。

由式(12.2.7)和式(12.2.6)，考虑初始条件，有

$$\begin{aligned} v &= -\frac{f}{s+f}[L(sI - A)x - Lx(t_0) - u] \\ &= -\frac{f}{s+f}[L(s+f)x - L(A+fI)x - Lx(t_0) - u] \end{aligned}$$

$$= -fLx + \frac{f}{s+f}[L(A+fI)x + Lx(t_0) + u]$$

因此鲁棒补偿器可实现为

$$\begin{cases} \dot{\sigma}(t) = -f\sigma(t) + L(A+fI)x(t) + u(t), \sigma(t_0) = Lx(t_0) \\ v(t) = -f[Lx(t) - \sigma(t)] \end{cases} \tag{12.2.9}$$

其中 $\sigma(t)$为鲁棒补偿器的状态。由式(12.2.3)和式(12.2.9)可知，所设计的鲁棒LQ最优控制器是一线性定常的(全状态)动态反馈控制器。

为分析鲁棒 LQ 最优控制系统的特性，引入标称 LQ 最优调节控制系统，描述为

$$\dot{x}_N(t) = (A - BK)x_N(t), \quad x_N(t_0) = x_0 \tag{12.2.10}$$

如果 $x(t) \approx x_N(t)$，我们认为实现了鲁棒最优状态调节控制。注意，这里 $A-BK$ 是一 Hurwitz 矩阵。

定理 12.1　对于满足假设 12.1 的受控对象式(12.1.1)和性能指标式(12.2.1)，若控制器如式(12.2.2)、式(12.2.3)和式(12.2.7)所构成，则对给定的有界初始条件和任意给定的正常数 ε，存在正常数 f^* 和常数 $T \geqslant t_0$，当 $f \geqslant f^*$ 时，闭环系统稳定，且成立

$$\| x(t) - x_N(t) \|_2 \leqslant \varepsilon, \quad \forall t \geqslant T \tag{12.2.11}$$

如果初始条件均为零，则

$$\| x(t) - x_N(t) \|_2 \leqslant \varepsilon, \quad \forall t \geqslant t_0 \tag{12.2.12}$$

证明　令

$$x_e(t) = x(t) - x_N(t)$$

则

$$\dot{x}_e(t) = (A - BK)x_e(t) + B[v(t) + \phi(t)], \quad x_e(t_0) = 0$$

定义

$$q = -\frac{s}{f}\frac{1}{s+h}v = \frac{1}{s+h}\frac{s}{s+f}\phi \tag{12.2.13}$$

其中 h 是一小于 f 的正数。上式描述了一个以 ϕ 为输入，以 q 为输出的系统，其状态空间描述为

$$\dot{w}_f(t) = -fw_f(t) + \frac{f}{f-h}\phi(t) \tag{12.2.14}$$

$$\dot{w}_h(t) = -hw_h(t) + \frac{h}{(f-h)^{3/4}}\phi(t)$$

$$q(t) = \begin{bmatrix} I_m & -\frac{I_m}{(f-h)^{1/4}} \end{bmatrix} \begin{bmatrix} w_f(t) \\ w_h(t) \end{bmatrix} \tag{12.2.15}$$

令

$$w(t) = x_e(t) - Bq(t)$$

则

$$\dot{w}(t) = (A - BK)w(t) + (A - BK + hI)Bq(t)$$

由式(12.2.2)、式(12.2.3)、式(12.2.7)和式(12.2.14)，有

$$\| u(t) \|_2 \leqslant \| Kx(t) \|_2 + (f-h) \| w_{\mathrm{f}}(t) \|_2 \tag{12.2.16}$$

而由假设 12.1、式(12.2.16)和式(12.2.15),有

$$\begin{aligned}\| \phi(t) \|_2 &\leqslant \zeta_x \| x(t) \|_2 + (f-h)\xi_u \| w_{\mathrm{f}}(t) \|_2 + \xi_d \| \delta(t) \|_2 \\ &\leqslant \zeta_x \| w(t) \|_2 + \zeta_x \| x_{\mathrm{N}}(t) \|_2 + \zeta_x \| Bq(t) \|_2 \\ &\quad + (f-h)\xi_u \| w_{\mathrm{f}}(t) \|_2 + \xi_d \| \delta(t) \|_2 \\ &\leqslant \zeta_x \| w(t) \|_2 + (\zeta_w + (f-h)\xi_u) \| w_{\mathrm{f}}(t) \|_2 \\ &\quad + \zeta_w (f-h)^{-1/4} \| w_{\mathrm{h}}(t) \|_2 \\ &\quad + \zeta_x \| x_{\mathrm{N}}(t) \|_2 + \xi_d \| \delta(t) \|_2 \end{aligned} \tag{12.2.17}$$

其中 $\zeta_x = \xi_x + \xi_u \| K \|_\infty$,$\zeta_w = \zeta_x \| B \|_\infty$。

考虑如下 Lyapunov 函数

$$V(t) = w^{\mathrm{T}}(t) P_{\mathrm{w}} w(t) + w_{\mathrm{f}}^{\mathrm{T}}(t) w_{\mathrm{f}}(t) + w_{\mathrm{h}}^{\mathrm{T}}(t) w_{\mathrm{h}}(t)$$

其中 P_{w} 是如下 Lyapunov 方程的正定解

$$P_{\mathrm{w}}(A-BK) + (A-BK)^{\mathrm{T}} P_{\mathrm{w}} = -2I$$

则

$$\begin{aligned}\dot{V}(t) &= -2 \| w(t) \|_2^2 - 2f \| w_{\mathrm{f}}(t) \|_2^2 - 2h \| w_{\mathrm{h}}(t) \|_2^2 \\ &\quad + 2w^{\mathrm{T}}(t) P_{\mathrm{w}} (A - BK + hI) Bq(t) \\ &\quad + 2\frac{f}{f-h} w_{\mathrm{f}}^{\mathrm{T}}(t)\phi(t) + 2\frac{h}{(f-h)^{3/4}} w_{\mathrm{h}}^{\mathrm{T}}(t)\phi(t) \\ &= -2 \| w(t) \|_2^2 - 2f \| w_{\mathrm{f}}(t) \|_2^2 - 2h \| w_{\mathrm{h}}(t) \|_2^2 \\ &\quad + 2w^{\mathrm{T}}(t) P_{\mathrm{w}} (A - BK + hI) Bw_{\mathrm{f}}(t) \\ &\quad - 2\frac{1}{(f-h)^{1/4}} w^{\mathrm{T}}(t) P_{\mathrm{w}} (A - BK + hI) Bw_{\mathrm{h}}(t) \\ &\quad + 2\frac{f}{f-h} w_{\mathrm{f}}^{\mathrm{T}}(t)\phi(t) + 2\frac{h}{(f-h)^{3/4}} w_{\mathrm{h}}^{\mathrm{T}}(t)\phi(t) \end{aligned}$$

令

$$\xi_{\mathrm{h}} = \| P_{\mathrm{w}}(A - BK + hI)B \|_\infty \tag{12.2.18}$$

$$\pi(t) = \zeta_x \| x_{\mathrm{N}}(t) \|_2 + \xi_d \| \delta(t) \|_2$$

注意上式定义的 $\pi(t)$是一有界函数。由式(12.2.17),可推导整理得到

$$\begin{aligned}\dot{V}(t) &\leqslant -2 \| w(t) \|_2^2 + 2\left(\xi_{\mathrm{h}} + \frac{f\zeta_x}{f-h}\right) \| w(t) \|_2 \| w_{\mathrm{f}}(t) \|_2 \\ &\quad + 2\left(\frac{\xi_{\mathrm{h}}}{(f-h)^{1/4}} + \frac{h\zeta_x}{(f-h)^{3/4}}\right) \| w(t) \|_2 \| w_{\mathrm{h}}(t) \|_2 \\ &\quad - \left(2f - 2\left(\frac{f\zeta_{\mathrm{w}}}{f-h} + f\xi_u\right) - \frac{f}{(f-h)^{1/2}}\right) \| w_{\mathrm{f}}(t) \|_2^2 \\ &\quad + 2\left(\frac{f\zeta_{\mathrm{w}}}{(f-h)^{5/4}} + \frac{h\zeta_{\mathrm{w}}}{(f-h)^{3/4}} + h\xi_u (f-h)^{1/4}\right) \| w_{\mathrm{f}}(t) \|_2 \| w_{\mathrm{h}}(t) \|_2 \\ &\quad - \left(2h - 2\frac{h\zeta_{\mathrm{w}}}{f-h} - \frac{h}{(f-h)^{3/4}}\right) \| w_{\mathrm{h}}(t) \|_2^2 + \left(\frac{f}{(f-h)^{3/2}} + \frac{h}{(f-h)^{3/4}}\right)\pi^2(t) \end{aligned}$$

定义对称矩阵

$$\Omega(f)\overset{\text{def}}{=}\begin{bmatrix}-1 & \dfrac{\xi_{\mathrm{h}}}{f^{1/2}}+\dfrac{f^{1/2}\zeta_x}{f-h} & \dfrac{\xi_{\mathrm{h}}}{(f-h)^{1/4}}+\dfrac{h\zeta_x}{(f-h)^{3/4}}\\ * & -2(1-\xi_u)+\dfrac{2\zeta_{\mathrm{w}}+(f-h)^{1/2}}{f-h}+\dfrac{1}{f} & \dfrac{f^{1/2}\zeta_{\mathrm{w}}}{(f-h)^{5/4}}+\dfrac{h\zeta_{\mathrm{w}}+h\xi_u(f-h)}{f^{1/2}(f-h)^{3/4}}\\ * & * & -\left(h-2\dfrac{h\zeta_{\mathrm{w}}}{f-h}-\dfrac{h}{(f-h)^{3/4}}\right)\end{bmatrix}$$

(12.2.19)

其中 * 表示相应的对称项，则有

$$\begin{aligned}\dot{V}(t)\leqslant&-\|w(t)\|_2^2-\|w_{\mathrm{f}}(t)\|_2^2-h\|w_{\mathrm{h}}(t)\|_2^2\\&+\left[\|w(t)\|_2\quad\sqrt{f}\|w_{\mathrm{f}}(t)\|_2\quad\|w_{\mathrm{h}}(t)\|_2\right]\Omega(f)\begin{bmatrix}\|w(t)\|_2\\ \sqrt{f}\|w_{\mathrm{f}}(t)\|_2\\ \|w_{\mathrm{h}}(t)\|_2\end{bmatrix}\\&+\left(\frac{f}{(f-h)^{3/2}}+\frac{h}{(f-h)^{3/4}}\right)\pi^2(t)\end{aligned}$$

因

$$\lim_{f\to\infty}\Omega(f)=\begin{bmatrix}-1 & 0 & 0\\ 0 & -2(1-\xi_u) & 0\\ 0 & 0 & -h\end{bmatrix}$$

注意 $0\leqslant\xi_u<1$，当 f 充分大时，$\Omega(f)\leqslant 0$。此时有

$$\begin{aligned}\dot{V}(t)&\leqslant-\|w(t)\|_2^2-\|w_{\mathrm{f}}(t)\|_2^2-h\|w_{\mathrm{h}}(t)\|_2^2+\left(\frac{f}{(f-h)^{3/2}}+\frac{h}{(f-h)^{3/4}}\right)\pi^2(t)\\&\leqslant-w^{\mathrm{T}}(t)P_{\mathrm{w}}w(t)\frac{1}{\lambda_{\max}(P_{\mathrm{w}})}-\|w_{\mathrm{f}}(t)\|_2^2-h\|w_{\mathrm{h}}(t)\|_2^2\\&\quad+\left(\frac{f}{(f-h)^{3/2}}+\frac{h}{(f-h)^{3/4}}\right)\pi^2(t)\\&\leqslant-\alpha V(t)+\left(\frac{f}{(f-h)^{3/2}}+\frac{h}{(f-h)^{3/4}}\right)\pi^2(t)\end{aligned}$$

其中

$$\alpha=\min\left\{1,h,\frac{1}{\lambda_{\max}(P_{\mathrm{w}})}\right\}\tag{12.2.20}$$

故

$$\begin{aligned}V(t)&\leqslant\mathrm{e}^{-\alpha(t-t_0)}V(t_0)+\left(\frac{f}{(f-h)^{3/2}}+\frac{h}{(f-h)^{3/4}}\right)\int_{t_0}^{t}\mathrm{e}^{-\alpha(t-\tau)}\pi^2(\tau)\mathrm{d}\tau\\&\leqslant\mathrm{e}^{-\alpha(t-t_0)}V(t_0)+\left(\frac{f}{(f-h)^{3/2}}+\frac{h}{(f-h)^{3/4}}\right)\frac{\|\pi\|_\infty^2}{\alpha}\end{aligned}\tag{12.2.21}$$

其中 $\|\pi\|_\infty=\sup\limits_{t_0\leqslant t\leqslant\infty}\pi(t)$。

因

$$\begin{aligned}\|x(t)-x_N(t)\|_2^2 &= \left\|w(t)+Bw_f(t)-\frac{1}{(f-h)^{1/4}}Bw_h(t)\right\|_2^2 \\ &\leqslant 3\left[\|w(t)\|_2^2+\|Bw_f(t)\|_2^2+\frac{1}{(f-h)^{1/4}}\|Bw_h(t)\|_2^2\right] \\ &\leqslant 3\left[\frac{1}{\lambda_{\min}(P_w)}w^T(t)P_w w(t)+\|B\|_\infty^2\|w_f(t)\|_2^2\right. \\ &\quad \left.+\frac{1}{(f-h)^{1/4}}\|B\|_\infty^2\|w_h(t)\|_2^2\right] \\ &\leqslant \eta V(t)\end{aligned}$$

其中

$$\eta = 3\max\left\{\frac{1}{\lambda_{\min}(P_w)}, \|B\|_\infty^2, \frac{1}{(f-h)^{1/4}}\|B\|_\infty^2\right\}$$

由式(12.2.21)，有

$$\|x(t)-x_N(t)\|_2^2 \leqslant \eta e^{-\alpha(t-t_0)}V(t_0)+\left(\frac{f}{(f-h)^{3/2}}+\frac{h}{(f-h)^{3/4}}\right)\frac{\eta\|\pi\|_\infty^2}{\alpha}$$

对于给定初始值 $V(t_0)$ 和正常数 ε，存在 $f^*>h$ 和 $T\geqslant t_0$，当 $f\geqslant f^*$ 时，成立

$$\eta e^{-\alpha(t-t_0)}V(t_0) \leqslant \frac{1}{2}\varepsilon^2, \quad t\geqslant T \tag{12.2.22}$$

$$\left(\frac{f}{(f-h)^{3/2}}+\frac{h}{(f-h)^{3/4}}\right)\frac{\eta\|\pi\|_\infty^2}{\alpha} \leqslant \frac{1}{2}\varepsilon^2 \tag{12.2.23}$$

因此不等式(12.2.11)成立。当 $w_f(t_0)=0, w_h(t_0)=0$ 时，$V(t_0)=0$，故不等式(12.2.12)成立。 ■

由上述证明，可整理得到鲁棒滤波器参数的确定步骤：

(1) 选择中间参数 h

$$h = \arg\min_{h>0}\|P_w(A-BK+hI)B\|_\infty$$

(2) 确定鲁棒滤波器参数 f：选取 f，使得 $f>h$，$\Omega(f)\leqslant 0$，且不等式(12.2.23)成立。

注：上述步骤中，可以选取 h 为任意正值。但根据步骤(1)确定 h 的值，再由步骤(2)确定 f 的值，可得到较小保守性的解，即所确定的 f 的值较小。

12.3 鲁棒线性二次型最优动态输出反馈调节器设计

对于具有不确定性的受控对象式(12.1.1)，假设仅能量测得到其输出。此时受控对象描述为

$$\begin{cases}\dot{x}(t) = Ax(t)+B[u(t)+\phi(x(t),u(t),\delta(t),t)], & x(t_0)=x_0 \\ y(t) = Cx(t)\end{cases} \tag{12.3.1}$$

其中，$y(t)$ 为 m 维输出(向量)；假设 (A,B) 为可控对，(A,C) 为可观对，并假设不确定性项 $\phi(x(t),u(t),\delta(t),t)$ 满足假设 12.1。在设计控制器时仅能得到输出 $y(t)$ 而非所有的状态 $x(t)$。

标称受控对象的传递函数矩阵可描述为

$$G(s) \triangleq C(sI-A)^{-1}B = D^{-1}(s)N(s) \tag{12.3.2}$$

其中 $D(s)$ 与 $N(s)$ 是左互质的行既约实系数多项式矩阵。假设 $\hat{N}(s)$ 是一实系数多项式矩阵，其由下式确定

$$C(sI-A)^{-1} = D^{-1}(s)\hat{N}(s)$$

假设 12.2　标称受控对象是最小相位的(即多项式矩阵 $N(s)$ 是非奇异方阵，且多项式 $\det(N(s))$ 是 Hurwitz 多项式)，行相对阶为 $\{d_1, d_2, \cdots, d_m\}$。

考虑输出调节器问题，并考虑如下二次型性能指标

$$J = \int_{t_0}^{\infty} [y^{\mathrm{T}}(t)Q_1 y(t) + u^{\mathrm{T}}(t)Ru(t)]\mathrm{d}t \tag{12.3.3}$$

其中 Q_1 和 R 分别为半正定和正定矩阵。令

$$Q = C^{\mathrm{T}}Q_1 C$$

则性能指标式(12.3.3)与性能指标式(12.2.1)具有相同形式，即

$$J = \int_{t_0}^{\infty} [x^{\mathrm{T}}(t)Qx(t) + u^{\mathrm{T}}(t)Ru(t)]\mathrm{d}t \tag{12.3.4}$$

作分解 $Q=D^{\mathrm{T}}D$，假设 (A,D) 为可观对。

考虑如下形式的鲁棒 LQ 最优控制输入

$$u(t) = u_0(t) + v(t) \tag{12.3.5}$$

其中 $u_0(t)$ 为标称 LQ 最优动态输出反馈调节器输入，$v(t)$ 为鲁棒补偿输入。首先针对标称受控对象和性能指标式(12.3.4)，设计标称 LQ 最优动态输出反馈调节器

$$\begin{aligned} u_0(t) &= -K\bar{x}(t) \\ K &= R^{-1}B^{\mathrm{T}}P \end{aligned} \tag{12.3.6}$$

其中 P 为 Riccati 矩阵代数方程式(12.3.4)的正定解，$\bar{x}(t)$ 是如下状态观测器给出的状态估计值

$$\begin{cases} \dot{\bar{x}}(t) = A\bar{x}(t) + Bu_0(t) - H(\bar{y}(t) - y(t)), \quad \bar{x}(t_0) = \bar{x}_0 \\ \bar{y}(t) = C\bar{x}(t) \end{cases} \tag{12.3.7}$$

其中 H 为观测器增益矩阵，选取 H 使得 $A-HC$ 为 Hurwitz 矩阵。

将式(12.3.6)的标称 LQ 最优动态输出反馈调节器输入 $u_0(t)$ 代入式(12.3.5)的控制输入，则由受控对象式(12.3.1)和观测器式(12.3.7)，有

$$\begin{cases} \begin{bmatrix} \dot{x}(t) \\ \dot{\bar{x}}(t) \end{bmatrix} = A_c \begin{bmatrix} x(t) \\ \bar{x}(t) \end{bmatrix} + B_c[v(t) + \phi(t)] \\ y(t) = C_c \begin{bmatrix} x(t) \\ \bar{x}(t) \end{bmatrix} \end{cases} \tag{12.3.8}$$

其中

$$A_c = \begin{bmatrix} A & -BK \\ HC & A-HC-BK \end{bmatrix}, \quad B_c = \begin{bmatrix} B \\ 0 \end{bmatrix}, \quad C_c = [C \quad 0]$$

由受控对象描述式(12.3.1)和式(12.3.2)，考虑初始条件，有

$$y = C(sI - A)^{-1}[B(u+\phi) + x(t_0)]$$
$$= D^{-1}(s)[N(s)(u+\phi) + \hat{N}(s)x(t_0)]$$

因此有

$$\phi = N^{-1}(s)D(s)y - u - N^{-1}(s)\hat{N}(s)x(t_0) \tag{12.3.9}$$

为抑制 $\phi(t)$的影响,构成鲁棒补偿器如下

$$v = -F(s)\phi \tag{12.3.10}$$

其中 $F(s)$为鲁棒滤波器,其具有如下形式

$$F = \left(\frac{f}{s+f}\right)^d \tag{12.3.11}$$

其中 $d = \max\limits_{1\leqslant i\leqslant m} d_i$。

下面给出鲁棒补偿器状态空间实现的描述,显然此描述不唯一。

因 $N(s)$是非奇异实系数多项式矩阵,对于给定的实系数多项式矩阵 $D(s)$和 $\hat{N}(s)$,存在实系数多项式矩阵对$\{H_D(s), R_D(s)\}$和$\{H_{\hat{N}}(s), R_{\hat{N}}(s)\}$,分别满足

$$D(s) = N(s)H_D(s) + R_D(s)$$
$$\hat{N}(s) = N(s)H_{\hat{N}}(s) + R_{\hat{N}}(s)$$

其中 $R_D(s)$和 $R_{\hat{N}}(s)$的行阶次小于 $N(s)$的行阶次,因此 $N^{-1}(s)R_D(s)$和 $N^{-1}(s)R_{\hat{N}}(s)$是严格真实有理矩阵。

鲁棒补偿器可描述为

$$v = -F(s)[H_D(s)y - H_{\hat{N}}(s)x(t_0) - u + \eta]$$

其中

$$\eta = N^{-1}(s)R_D(s)y - N^{-1}(s)R_{\hat{N}}(s)x(t_0)$$

$N(s)$、$R_D(s)$和 $R_{\hat{N}}(s)$可分别表示为

$$N(s) = S_N(s)N_h + \Psi_N(s)N_l$$
$$R_D(s) = \Psi_N(s)R_{Dl}$$
$$R_{\hat{N}}(s) = \Psi_N(s)R_{\hat{N}l}$$

其中 N_h、N_l、R_{Dl}和 $R_{\hat{N}l}$是实数矩阵

$$S_N(s) = \mathrm{diag}\{s^{q_i}, i = 1,2,\cdots,m\}$$
$$\Psi_N(s) = \text{block diag}\{[s^{q_i-1} \quad s^{q_i-2} \quad \cdots \quad s \quad 1], i = 1,2,\cdots,m\}$$

假设 $S_N^{-1}(s)\Psi_N(s)$的状态空间实现为$(A_\eta^o, B_\eta^o, C_\eta^o)$,则 $\eta(t)$可描述为如下系统的输出

$$\begin{cases}\dot{x}_\eta(t) = (A_\eta^o - B_\eta^o N_l N_h^{-1} C_\eta^o)x_\eta(t) + B_\eta^o R_{Dl}y(t), \quad x_\eta(0) = -B_\eta^o R_{\hat{N}l}x(0) \\ \eta(t) = N_h^{-1}C_\eta^o x_\eta(t)\end{cases} \tag{12.3.12}$$

$H_D(s)$和 $H_{\hat{N}}(s)$可分别表示为

$$H_D(s) = S_h(s)H_{Dh} + \Psi_h(s)H_{Dl}$$
$$H_{\hat{N}}(s) = \Psi_h(s)H_{\hat{N}l}$$

其中 H_{Dh}、H_{Dl}和 $H_{\hat{N}l}$是实数矩阵

$$S_h(s) = I_{m\times m} \otimes (s+f)^d$$
$$\Psi_h(s) = I_{m\times m} \otimes [(s+f)^{d-1} \quad (s+f)^{d-2} \quad \cdots \quad (s+f) \quad 1]$$

则

$$v = -f^d H_{Dh} y - f^d \sigma \tag{12.3.13}$$

其中

$$\sigma = S_h^{-1}(s)\Psi_h(s)[H_{Dl}y - H_{Nl}^{\wedge} x(t_0) - H_{ul}u + H_{\eta l}\eta]$$
$$H_{ul} = H_{\eta l} = I_{m\times m} \otimes \begin{bmatrix} 0_{(d-1)\times 1} \\ 1 \end{bmatrix}$$

假设 $S_h^{-1}(s)\Psi_h(s)$ 的状态空间实现为 $(A_\sigma^o, B_\sigma^o, C_\sigma^o)$，则 $\sigma(t)$ 可描述为如下系统的输出

$$\begin{cases} \dot{x}_\sigma(t) = A_\sigma^o x_\sigma(t) + B_\sigma^o H_{Dl} y(t) - B_\sigma^o H_{ul} u(t) + B_\sigma^o H_{\eta l}\eta(t), x_\sigma(0) = -B_\sigma^o H_{Nl}^{\wedge} x(0) \\ \sigma(t) = C_\sigma^o x_\sigma(t) \end{cases} \tag{12.3.14}$$

到此我们得到鲁棒补偿器的状态空间实现式(12.3.12)、式(12.3.14)和式(12.3.13)。

为分析鲁棒 LQ 最优动态输出反馈控制系统的特性，引入标称 LQ 最优动态输出反馈调节控制系统描述为

$$\begin{cases} \begin{bmatrix} \dot{x}_N(t) \\ \dot{\bar{x}}_N(t) \end{bmatrix} = A_c \begin{bmatrix} x_N(t) \\ \bar{x}_N(t) \end{bmatrix}, \quad \begin{bmatrix} x_N(t_0) \\ \bar{x}_N(t_0) \end{bmatrix} = \begin{bmatrix} x_0 \\ \bar{x}_0 \end{bmatrix} \\ y_N(t) = C_c \begin{bmatrix} x_N(t) \\ \bar{x}_N(t) \end{bmatrix} \end{cases} \tag{12.3.15}$$

如果 $y(t) \approx y_N(t)$，则我们认为实现了鲁棒 LQ 最优输出调节控制。

定理 12.2　对于满足假设 12.1 和假设 12.2 的受控对象式(12.3.1)和性能指标式(12.3.3)，若控制器如式(12.3.5)、式(12.3.6)、式(12.3.7)、式(12.3.9)和式(12.3.10)所构成，则对给定的有界初始条件和任意给定的正常数 ε，存在正常数 f^* 和常数 $T \geqslant t_0$，当 $f \geqslant f^*$ 时，闭环系统稳定，且成立

$$\| y(t) - y_N(t) \|_2 \leqslant \varepsilon, \quad \forall t \geqslant T \tag{12.3.16}$$

如果初始条件均为零，则

$$\| y(t) - y_N(t) \|_2 \leqslant \varepsilon, \quad \forall t \geqslant t_0 \tag{12.3.17}$$

证明　令

$$x_e(t) = \begin{bmatrix} x(t) \\ \bar{x}(t) \end{bmatrix} - \begin{bmatrix} x_N(t) \\ \bar{x}_N(t) \end{bmatrix}, \quad y_e(t) = y(t) - y_N(t)$$

则

$$\begin{cases} \dot{x}_e(t) = A_c x_e(t) + B_c[v(t) + \phi(t)], \quad x_e(t_0) = 0 \\ y_e(t) = C_c x_e(t) \end{cases} \tag{12.3.18}$$

定义

$$q = \frac{1}{s+h}[1 - F(s)]\phi \tag{12.3.19}$$

其中 h 是一小于 f 的正数。由鲁棒滤波器的定义式(12.3.11),有

$$q=\left[1-\frac{f^d}{(f-h)^d}\right]\frac{1}{s+h}\phi+\sum_{i=0}^{d-1}\left(\frac{f}{f-h}\right)^{d-i-1}\left(\frac{f}{s+f}\right)^{i}\left(\frac{f}{f-h}\right)\frac{1}{s+f}\phi$$

考虑上式所描述系统的状态空间实现

$$\begin{cases}\dot{w}_{\mathrm{f1}}(t)=-fw_{\mathrm{f1}}(t)+\dfrac{f}{f-h}\phi(t)\\ \dot{w}_{\mathrm{f2}}(t)=-fw_{\mathrm{f2}}(t)+fw_{\mathrm{f1}}(t)\\ \vdots\\ \dot{w}_{\mathrm{fi}}(t)=-fw_{\mathrm{fi}}(t)+fw_{\mathrm{f}(i-1)}(t)\\ \vdots\\ \dot{w}_{\mathrm{fd}}(t)=-fw_{\mathrm{fd}}(t)+fw_{\mathrm{f}(d-1)}(t)\end{cases}\tag{12.3.20}$$

$$\dot{w}_{\mathrm{h}}(t)=-hw_{\mathrm{h}}(t)+\frac{h}{(f-h)^{3/4}}\phi(t)$$

$$q(t)=\begin{bmatrix}C_{\mathrm{f}} & \dfrac{1}{(f-h)^{1/4}}C_{\mathrm{h}}\end{bmatrix}\begin{bmatrix}w_{\mathrm{f}}(t)\\ w_{\mathrm{h}}(t)\end{bmatrix}\tag{12.3.21}$$

其中

$$\begin{aligned}
w_{\mathrm{f}}(t)&=[w_{\mathrm{f1}}^{\mathrm{T}}(t)\quad w_{\mathrm{f2}}^{\mathrm{T}}(t)\quad\cdots\quad w_{\mathrm{fd}}^{\mathrm{T}}(t)]^{\mathrm{T}}\\
C_{\mathrm{f}}&=[c_{\mathrm{f1}}\quad c_{\mathrm{f2}}\quad\cdots\quad c_{\mathrm{f}(d-1)}\quad c_{\mathrm{fd}}]\otimes I_m\\
C_{\mathrm{h}}&=c_{\mathrm{h}}I_m\\
c_{\mathrm{fi}}&=\left(\frac{f}{f-h}\right)^{d-i},\quad i=1,2,\cdots,d\\
c_{\mathrm{h}}&=-\frac{(f-h)^d-f^d}{h(f-h)^{d-1}}
\end{aligned}$$

注意,当 $f\geqslant 2h$ 时

$$\begin{cases}|c_{\mathrm{fi}}|\leqslant 2^{d-i},\quad i=1,2,\cdots,d\\ |c_{\mathrm{h}}|\leqslant 2^d-1\end{cases}\tag{12.3.22}$$

令

$$w(t)=x_{\mathrm{e}}(t)-B_{\mathrm{c}}q(t)\tag{12.3.23}$$

则

$$\dot{w}(t)=A_{\mathrm{c}}w(t)+(A_{\mathrm{c}}+hI)B_{\mathrm{c}}q(t)\tag{12.3.24}$$

由式(12.3.5)、式(12.3.6)、式(12.3.10)和式(12.3.20),有

$$\|u(t)\|_2\leqslant\|K\bar{x}(t)\|_2+(f-h)\|w_{\mathrm{fd}}(t)\|_2$$

由假设 12.1、式(12.3.24)和式(12.3.21),有

$$\begin{aligned}
\|\phi(t)\|_2&\leqslant\xi_x\|x(t)\|_2+\xi_u\|K\bar{x}(t)\|_2+(f-h)\xi_u\|w_{\mathrm{fd}}(t)\|_2+\xi_d\|\delta(t)\|_2\\
&\leqslant\xi_x\|[I\quad 0]w(t)+Bq(t)+x_{\mathrm{N}}(t)\|_2+\xi_u\|K([0\quad I]w(t)+\bar{x}_{\mathrm{N}}(t))\|_2\\
&\quad+(f-h)\xi_u\|w_{\mathrm{fd}}(t)\|_2+\xi_d\|\delta(t)\|_2\\
&\leqslant\zeta_x\|w(t)\|_2+\zeta_q\|w_{\mathrm{f}}(t)\|_2+(f-h)^{-1/4}\zeta_q\|w_{\mathrm{h}}(t)\|_2\\
&\quad+(f-h)\xi_u\|w_{\mathrm{fd}}(t)\|_2+\pi(t)
\end{aligned}$$

其中

$$\zeta_x = \xi_x + \xi_u \| K \|_\infty$$

$$\zeta_q = (2^d - 1)\xi_u \| K \|_\infty$$

$$\pi(t) = \xi_x \| x_{\mathrm{N}}(t) \|_2 + \xi_u \| K \|_\infty \| \bar{x}_{\mathrm{N}}(t) \|_2 + \xi_d \| \delta(t) \|_2$$

考虑如下 Lyapunov 函数

$$V(t) = w^{\mathrm{T}}(t) P_{\mathrm{w}} w(t) + w_{\mathrm{f}}^{\mathrm{T}}(t) w_{\mathrm{f}}(t) + w_{\mathrm{h}}^{\mathrm{T}}(t) w_{\mathrm{h}}(t)$$

其中 P_{w} 是如下 Lyapunov 方程的正定解

$$P_{\mathrm{w}} A_{\mathrm{c}} + A_{\mathrm{c}}^{\mathrm{T}} P_{\mathrm{w}} = -2I$$

则

$$\begin{aligned}
\dot{V}(t) =& -2 \| w(t) \|_2^2 - 2f \| w_{\mathrm{f}}(t) \|_2^2 - 2h \| w_{\mathrm{h}}(t) \|_2^2 + 2 w^{\mathrm{T}}(t) P_{\mathrm{w}} (A_{\mathrm{c}} + hI) B_{\mathrm{c}} q(t) \\
& + 2 \frac{f}{f-h} w_{\mathrm{f1}}^{\mathrm{T}}(t) \phi(t) + 2f \sum_{i=2}^{d} w_{\mathrm{f}i}^{\mathrm{T}}(t) w_{\mathrm{f}(i-1)}(t) + 2 \frac{h}{(f-h)^{3/4}} w_{\mathrm{h}}^{\mathrm{T}}(t) \phi(t) \\
=& -2 \| w(t) \|_2^2 - 2f \| w_{\mathrm{f}}(t) \|_2^2 - 2h \| w_{\mathrm{h}}(t) \|_2^2 \\
& + 2 \sum_{i=1}^{d} w^{\mathrm{T}}(t) P_{\mathrm{w}} (A_{\mathrm{c}} + hI) B c_{\mathrm{f}i} w_{\mathrm{f}i}(t) + 2 \frac{c_{\mathrm{h}}}{(f-h)^{1/4}} w^{\mathrm{T}}(t) P_{\mathrm{w}} (A_{\mathrm{c}} + hI) B w_{\mathrm{h}}(t) \\
& + 2 \frac{f}{f-h} w_{\mathrm{f1}}^{\mathrm{T}}(t) \phi(t) + 2f \sum_{i=2}^{d} w_{\mathrm{f}i}^{\mathrm{T}}(t) w_{\mathrm{f}(i-1)}(t) + 2 \frac{h}{(f-h)^{3/4}} w_{\mathrm{h}}^{\mathrm{T}}(t) \phi(t) \\
\leqslant& - \| w(t) \|_2^2 - \| w_{\mathrm{f}}(t) \|_2^2 - h \| w_{\mathrm{h}}(t) \|_2^2 - \| w(t) \|_2^2 \\
& + 2\left(\frac{f\zeta_x}{f-h} + \xi_h \right) \| w(t) \|_2 \| w_{\mathrm{f1}}(t) \|_2 + 2\xi_h \| w(t) \|_2 \sum_{i=2}^{d} \| w_{\mathrm{f}i}(t) \|_2 \\
& + 2\left(\frac{h\zeta_x}{(f-h)^{3/4}} + \frac{\xi_h}{(f-h)^{1/4}} \right) \| w(t) \|_2 \| w_{\mathrm{h}}(t) \|_2 - (2f-1) \| w_{\mathrm{f}}(t) \|_2^2 \\
& + \frac{f}{(f-h)^{1/2}} \| w_{\mathrm{f1}}(t) \|_2^2 + 2 \frac{f\zeta_q}{f-h} \| w_{\mathrm{f1}}(t) \|_2 \sum_{i=1}^{d} \| w_{\mathrm{f}i}(t) \|_2 \\
& + 2f\xi_u \| w_{\mathrm{f1}}(t) \|_2 \| w_{\mathrm{f}d}(t) \|_2 + 2f \sum_{i=2}^{d} \| w_{\mathrm{f}i}(t) \|_2 \| w_{\mathrm{f}(i-1)}(t) \|_2 \\
& + 2 \frac{f\zeta_q}{(f-h)^{5/4}} \| w_{\mathrm{f1}}(t) \|_2 \| w_{\mathrm{h}}(t) \|_2 \\
& + 2 \frac{h\zeta_q}{(f-h)^{3/4}} \sum_{i=1}^{d} \| w_{\mathrm{f}i}(t) \|_2 \| w_{\mathrm{h}}(t) \|_2 \\
& + 2h\xi_u (f-h)^{1/4} \| w_{\mathrm{f}d}(t) \|_2 \| w_{\mathrm{h}}(t) \|_2 - \left(h - \frac{h(2\zeta_q + 1)}{f-h} \right) \| w_{\mathrm{h}}(t) \|_2^2 \\
& + \left(\frac{f}{(f-h)^{3/2}} + \frac{h}{(f-h)^{1/2}} \right) \pi^2(t)
\end{aligned}$$

其中 $\xi_h = (2^d - 1) \| P_{\mathrm{w}} (A_{\mathrm{c}} + hI) B \|_\infty$。令

$$W(t) = [\, \| w(t) \|_2 \quad \sqrt{f} \| w_{\mathrm{f1}}(t) \|_2 \quad \cdots \quad \sqrt{f} \| w_{\mathrm{f}d}(t) \|_2 \quad \| w_{\mathrm{h}}(t) \|_2 \,]^{\mathrm{T}}$$

并定义对称矩阵

$$\Omega(f)\stackrel{\text{def}}{=}\begin{bmatrix} -1 & \dfrac{f^{1/2}\zeta_x}{f-h}+\dfrac{\xi_h}{f^{1/2}} & \dfrac{\xi_h}{f^{1/2}} & \dfrac{\xi_h}{f^{1/2}} & \cdots & \cdots & \dfrac{\xi_h}{f^{1/2}} & \omega_1 \\ * & \omega_0 & 1+\dfrac{\zeta_q}{f-h} & \dfrac{\zeta_q}{f-h} & \cdots & \dfrac{\zeta_q}{f-h} & \xi_u+\dfrac{\zeta_q}{f-h} & \omega_2 \\ & * & -2+\dfrac{1}{f} & 1 & 0 & \cdots & 0 & \\ & & * & -2+\dfrac{1}{f} & 1 & \ddots & \vdots & \vdots \\ \vdots & \vdots & & * & \ddots & \ddots & 0 & \\ & & \vdots & & \ddots & \ddots & 1 & \\ & & & \vdots & & \ddots & -2+\dfrac{1}{f} & \omega_{d+1} \\ * & * & & \cdots & & & * & \omega_{d+2} \end{bmatrix}$$

其中 $*$ 为相应的对称项，

$$\omega_0=-2+\frac{1}{f}+\frac{2\zeta_q+(f-h)^{1/2}}{f-h}$$

$$\omega_1=\frac{h\zeta_x}{(f-h)^{3/4}}+\frac{\xi_h}{(f-h)^{1/4}}$$

$$\omega_2=\frac{f^{1/2}\zeta_q}{(f-h)^{5/4}}+\frac{h\zeta_q}{f^{1/2}\,(f-h)^{3/4}}$$

$$\omega_3=\omega_4=\cdots=\omega_d=\frac{h\zeta_q}{f^{1/2}(f-h)^{3/4}}$$

$$\omega_{d+1}=\frac{h\zeta_q}{f^{1/2}(f-h)^{3/4}}+\frac{h\xi_u(f-h)^{1/4}}{f^{1/2}}$$

$$\omega_{d+2}=-h+\frac{h(2\zeta_q+1)}{f-h}$$

则

$$\begin{aligned}\dot{V}(t)\leqslant&-\|w(t)\|_2^2-\|w_{\mathrm{f}}(t)\|_2^2-h\|w_{\mathrm{h}}(t)\|_2^2+W^{\mathrm{T}}(t)\Omega(f)W(t)\\&+\left(\frac{f}{(f-h)^{3/2}}+\frac{h}{(f-h)^{1/2}}\right)\pi^2(t)\end{aligned}$$

令

$$L_{d-1}=\begin{bmatrix} 2 & -1 & 0 & \cdots & 0 \\ -1 & 2 & -1 & \ddots & \vdots \\ 0 & -1 & \ddots & \ddots & 0 \\ \vdots & \ddots & \ddots & 2 & -1 \\ 0 & \cdots & 0 & -1 & 2 \end{bmatrix}\in\mathbf{R}^{(d-1)\times(d-1)},\quad g_\xi=\begin{bmatrix}-\xi_u\\0\\\vdots\\0\\-1\end{bmatrix}\in\mathbf{R}^{(d-1)\times 1}$$

$$M_d=\begin{bmatrix}L_{d-1} & g_\xi\\ g_\xi^{\mathrm{T}} & 2\end{bmatrix}$$

则有

$$\lim_{f\to\infty}\Omega(f)=\begin{bmatrix}-1 & 0 & \cdots & 0 & 0\\ 0 & & & & 0\\ \vdots & & -M_d & & \vdots\\ 0 & & & & 0\\ 0 & 0 & \cdots & 0 & -h\end{bmatrix}\triangleq\Omega_\infty$$

显然 L_{d-1}是正定阵，而

$$\det(M_d)=d+1-2\xi_u-(d-1)\xi_u^2$$

易证，对于 $d\geqslant 1$ 和 $0\leqslant\xi_u<1$，有 $\det(M_d)>0$，故 $M_d>0$，从而有 $\Omega_\infty<0$，因此当 f 充分大时，$\Omega(f)\leqslant 0$。此时成立

$$\begin{aligned}\dot V(t)&\leqslant-\|w(t)\|_2^2-\|w_{\mathrm f}(t)\|_2^2-h\|w_{\mathrm h}(t)\|_2^2+\left(\frac{f}{(f-h)^{3/2}}+\frac{h}{(f-h)^{1/2}}\right)\pi^2(t)\\&\leqslant-\alpha V(t)+\left(\frac{f}{(f-h)^{3/2}}+\frac{h}{(f-h)^{1/2}}\right)\pi^2(t)\end{aligned}$$

其中 α 如式(12.2.20)所定义。由此可得

$$V(t)\leqslant \mathrm e^{-\alpha(t-t_0)}V(t_0)+\left(\frac{f}{(f-h)^{3/2}}+\frac{h}{(f-h)^{1/2}}\right)\frac{\|\pi\|_\infty^2}{\alpha}\qquad(12.3.25)$$

因

$$\begin{aligned}\|y(t)-y_{\mathrm N}(t)\|_2^2&=\|C_{\mathrm c}[w(t)+B_{\mathrm c}q(t)]\|_2^2\\&=\left\|C_{\mathrm c}w(t)+BC_{\mathrm f}w_{\mathrm f}(t)+\frac{1}{(f-h)^{1/4}}BC_{\mathrm h}w_{\mathrm h}(t)\right\|_2^2\\&\leqslant 3\Big[\frac{\|C\|_\infty^2}{\lambda_{\min}(P_{\mathrm w})}w^{\mathrm T}(t)P_{\mathrm w}w(t)+2^{2(d-1)}\|B\|_\infty^2\|w_{\mathrm f}(t)\|_2^2\\&\quad+\frac{(2^d-1)^2}{(f-h)^{1/4}}\|B\|_\infty^2\|w_{\mathrm h}(t)\|_2^2\Big]\\&\leqslant\eta V(t)\end{aligned}$$

其中

$$\eta=3\max\left\{\frac{\|C\|_\infty^2}{\lambda_{\min}(P_{\mathrm w})},2^{2(d-1)}\|B\|_\infty^2,\frac{(2^d-1)^2}{(f-h)^{1/4}}\|B\|_\infty^2\right\}$$

由式(12.3.25)，有

$$\|y(t)-y_{\mathrm N}(t)\|_2^2\leqslant\eta\mathrm e^{-\alpha(t-t_0)}V(t_0)+\left(\frac{f}{(f-h)^{3/2}}+\frac{h}{(f-h)^{1/2}}\right)\frac{\eta\|\pi\|_\infty^2}{\alpha}$$

对于给定初始值 $V(t_0)$和正常数 ε，存在 $f^*\geqslant 2h$ 和 $T\geqslant t_0$，当 $f\geqslant f^*$ 时，成立

$$\eta\mathrm e^{-\alpha(t-t_0)}V(t_0)\leqslant\frac{1}{2}\varepsilon^2,\quad t\geqslant T$$

$$\left(\frac{f}{(f-h)^{3/2}}+\frac{h}{(f-h)^{1/2}}\right)\frac{\eta\|\pi\|_\infty^2}{\alpha}\leqslant\frac{1}{2}\varepsilon^2$$

因此不等式(12.3.16)成立。当 $w_{\mathrm f}(t_0)=0$，$w_{\mathrm h}(t_0)=0$ 时，$V(t_0)=0$，故不等式(12.3.17)成立。 ■

12.4 鲁棒线性二次型最优伺服控制器设计

考虑如下线性定常参考模型

$$\begin{cases}\dot{z}(t) = Gz(t), \quad z(t_0) = z_0 \\ \hat{y}(t) = Hz(t)\end{cases} \tag{12.4.1}$$

假设参考模型 t 时刻的状态 $z(t)$ 是已知的，欲对于具有不确定性的受控对象式(12.1.1)设计鲁棒 LQ 最优伺服控制器，使得受控对象式(12.1.1)的输出跟踪参考模型输出 $\hat{y}(t)$。

考虑如下性能指标

$$J = \frac{1}{2}\int_{t_0}^{\infty} ([y(t) - \hat{y}(t)]^{\mathrm{T}} Q [y(t) - \hat{y}(t)] + u^{\mathrm{T}}(t) R u(t)) \mathrm{d}t \tag{12.4.2}$$

其中，Q 为半正定矩阵；R 为正定矩阵。做分解 $C^{\mathrm{T}}QC = D^{\mathrm{T}}D$，其中 D 为行满秩矩阵，并假设 (A, D) 可检测。

设计鲁棒 LQ 最优伺服控制输入如下

$$u(t) = u_0(t) + v(t) \tag{12.4.3}$$

其中，$u_0(t)$ 为标称 LQ 最优伺服控制输入；$v(t)$ 为鲁棒补偿输入。针对标称受控对象和性能指标式(12.4.2)，标称 LQ 最优调节器可设计为

$$u_0(t) = -K_x x(t) - K_z z(t) \tag{12.4.4}$$

其中

$$K_x = R^{-1}B^{\mathrm{T}}P_x \tag{12.4.5}$$

$$K_z = R^{-1}B^{\mathrm{T}}P_z \tag{12.4.6}$$

P_x 为如下 Riccati 矩阵代数方程的正定解

$$P_x A + A^{\mathrm{T}}P_x - P_x B R^{-1} B^{\mathrm{T}} P_x + C^{\mathrm{T}}QC = 0 \tag{12.4.7}$$

P_z 为如下 Sylvester 方程的解

$$P_z G + A^{\mathrm{T}}P_z - P_x B R^{-1} B^{\mathrm{T}} P_z - C^{\mathrm{T}}QH = 0$$

将式(12.4.4)的标称 LQ 最优伺服控制输入代入式(12.4.3)的控制输入，式(12.1.1)变为

$$\dot{x}(t) = (A - BK_x)x(t) - BK_z z(t) + B[v(t) + \phi(t)] \tag{12.4.8}$$

为抑制 $\phi(t)$ 的影响，如同式(12.2.7)构成实际鲁棒补偿器

$$v = -F(s)\phi \tag{12.4.9}$$

其中 $F(s)$ 为鲁棒滤波器，具有如下形式

$$F = \frac{f}{s+f} \tag{12.4.10}$$

鲁棒滤波器可如同式(12.2.9)实现为

$$\begin{cases}\dot{\sigma}(t) = -f\sigma(t) + L(A + fI)x(t) + u(t), \quad \sigma(t_0) = Lx(t_0) \\ v(t) = -f[Lx(t) - \sigma(t)]\end{cases} \tag{12.4.11}$$

标称 LQ 最优伺服控制系统可描述为

$$\begin{cases}\dot{x}_N(t)=(A-BK_x)x_N(t)-BK_z z(t), & x_N(t_0)=x_0\\ y_N(t)=Cx_N(t)\end{cases}\tag{12.4.12}$$

定理 12.3　对于满足假设 12.1 的受控对象式(12.1.1)和性能指标式(12.4.2)，若控制器如式(12.4.3)、式(12.4.4)和式(12.4.9)所构成，则对给定的有界初始条件和任意给定的正常数 ε，存在正常数 f^* 和常数 $T\geqslant t_0$，当 $f\geqslant f^*$ 时，闭环系统稳定，且成立

$$\|y(t)-y_N(t)\|_2\leqslant\varepsilon,\quad \forall t\geqslant T\tag{12.4.13}$$

如果初始条件均为零，则

$$\|y(t)-y_N(t)\|_2\leqslant\varepsilon,\quad \forall t\geqslant t_0\tag{12.4.14}$$

证明　令

$$x_e(t)=x(t)-x_N(t),\quad y_e(t)=y(t)-y_N(t)$$

则

$$\begin{cases}\dot{x}_e(t)=(A-BK_x)x_e(t)+B[v(t)+\phi(t)], & x_e(t_0)=0\\ y_e(t)=Cx_e(t)\end{cases}\tag{12.4.15}$$

可类似定理 12.1 和定理 12.2 的证明过程，证明本定理的结论。■

12.5　鲁棒最优控制器设计举例

1. 鲁棒 LQ 最优调节器设计举例

考虑一级倒立摆鲁棒最优控制问题。倒立摆如图 12.1 所示，其中质块的质量为 M，摆端小球的质量为 m，摆长为 L。假设倒立摆的标称参数为

$$L=0.5\text{m},\quad M=1\text{kg},\quad m=1\text{kg},\quad g=9.8\text{m/s}^2$$

假设小球质量会有不大于 80% 的摄动，即小球的实际质量为 $m+\Delta m(t)$，其中

$$-0.8\text{kg}\leqslant\Delta m(t)\leqslant 0.8\text{kg}$$

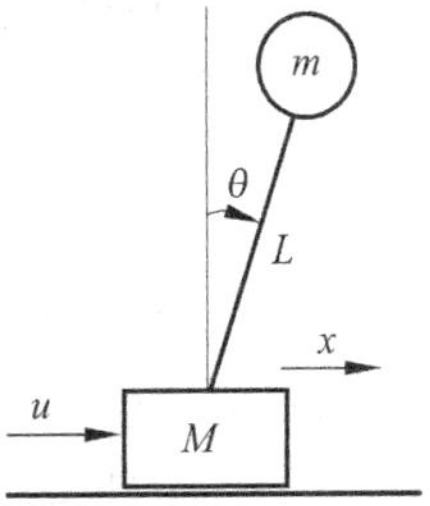

图 12.1　倒立摆

假设质块与平面无摩擦，以 $x(t)$ 表述质块的水平位移，$\theta(t)$ 表示倒立摆与垂线的夹角，$u(t)$ 表示作用于质块的水平力，则倒立摆在 $\theta(t)=0$ 附近的近似线性状态方程为

$$\dot{X}(t)=\begin{bmatrix}0 & 1 & 0 & 0\\ 0 & 0 & -\dfrac{(m+\Delta m)g}{M} & 0\\ 0 & 0 & 0 & 1\\ 0 & 0 & \dfrac{(M+m+\Delta m)g}{ML} & 0\end{bmatrix}X(t)+\begin{bmatrix}0\\ \dfrac{1}{M}\\ 0\\ -\dfrac{1}{ML}\end{bmatrix}u(t)$$

$$
=\begin{bmatrix}0 & 1 & 0 & 0\\0 & 0 & -9.8 & 0\\0 & 0 & 0 & 1\\0 & 0 & 39.2 & 0\end{bmatrix}X(t)+\begin{bmatrix}0\\1\\0\\-2\end{bmatrix}[u(t)+\phi(t)]
$$

其中

$$
X(t)=[x(t)\quad \dot{x}(t)\quad \theta(t)\quad \dot{\theta}(t)]^{\mathrm{T}},\quad X(0)=[0.5\quad 0\quad 0\quad 0]^{\mathrm{T}}
$$

$$
\phi(t)=9.8\Delta m(t)\theta(t)
$$

考虑二次型性能指标

$$
J=\int_0^{\infty}[x^{\mathrm{T}}(t)Qx(t)+ru^2(t)]\mathrm{d}t
$$

其中 $Q=\mathrm{diag}[1,0,1,0]$，$r=1$。可求得标称 LQ 最优调节器输入 $u_0(t)$ 为

$$
u_0(t)=[1.0000\quad 2.3331\quad 46.2723\quad 7.932]x(t)
$$

鲁棒补偿器为

$$
\dot{\sigma}(t)=-100\sigma(t)+100\dot{x}(t)-9.8\theta(t),\quad \sigma(0)=\dot{x}(0)=0
$$

$$
v(t)=-100[\dot{x}(t)-\sigma(t)]
$$

图 12.2 和图 12.4 中的 3 条曲线分别是无鲁棒补偿器时 $\Delta m(t)$ 分别为 0kg(实线)、0.8kg(点划线)和 −0.8kg(虚线)所对应的响应曲线 $x(t)$ 和 $\theta(t)$，而图 12.3 和图 12.5 中所示的是相应的误差曲线 $x(t)-x_{\mathrm{N}}(t)$ 和 $\theta(t)-\theta_{\mathrm{N}}(t)$。

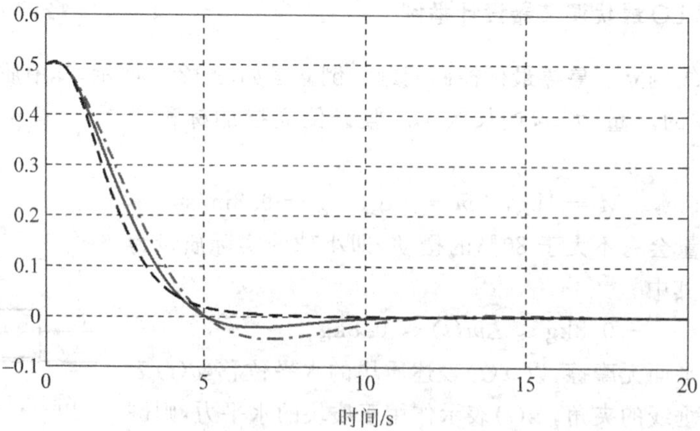

图 12.2　无鲁棒补偿器时的响应曲线 $x(t)$

(实线：$\Delta m(t)=0$kg；点划线：$\Delta m(t)=0.8$kg；虚线：$\Delta m(t)=-0.8$kg)

图 12.6 和图 12.8 中的 3 条曲线分别是有鲁棒补偿器时 $\Delta m(t)$ 分别为 0kg(实线)、0.8kg(点划线)和 −0.8kg(虚线)所对应的响应曲线 $x(t)$ 和 $\theta(t)$，而图 12.7 和图 12.9 中所示的是相应的误差曲线 $x(t)-x_{\mathrm{N}}(t)$ 和 $\theta(t)-\theta_{\mathrm{N}}(t)$。

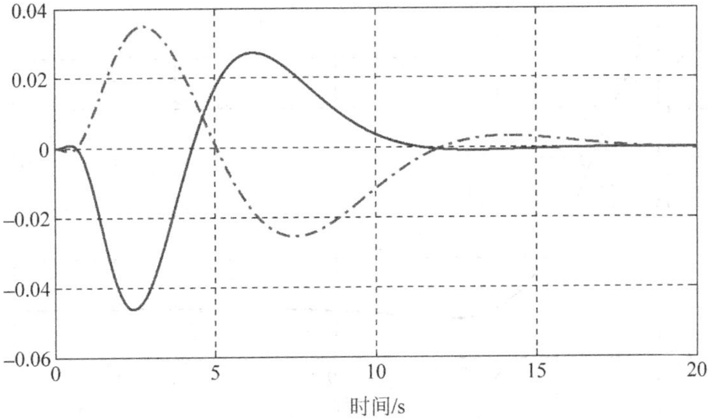

图 12.3　无鲁棒补偿器时的误差曲线 $x(t)-x_N(t)$

(点划线：$\Delta m(t)=0.8$kg；实线：$\Delta m(t)=-0.8$kg)

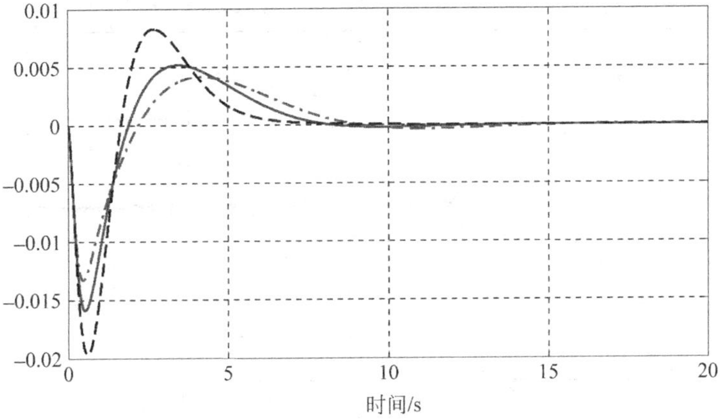

图 12.4　无鲁棒补偿器时的响应曲线 $\theta(t)$

(实线：$\Delta m(t)=0$kg；点划线：$\Delta m(t)=0.8$kg；虚线：$\Delta m(t)=-0.8$kg)

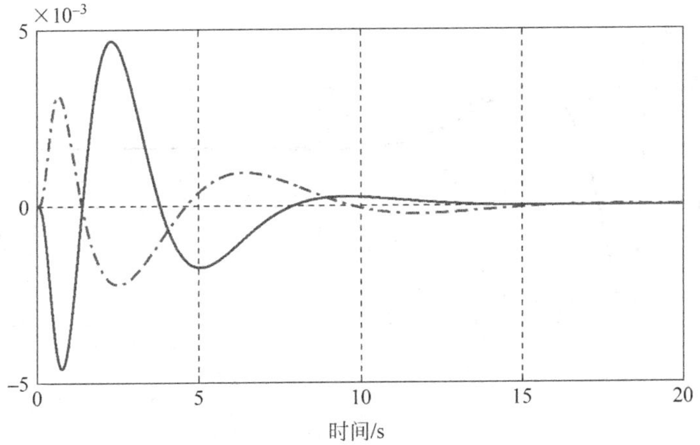

图 12.5　无鲁棒补偿器时的误差曲线 $\theta(t)-\theta_N(t)$

(点划线：$\Delta m(t)=0.8$kg；实线：$\Delta m(t)=-0.8$kg)

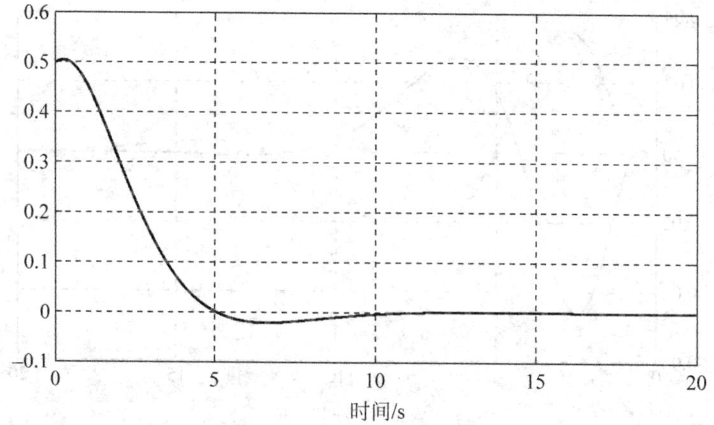

图 12.6　有鲁棒补偿器时的响应曲线 $x(t)$

(实线：$\Delta m(t)=0$kg；点划线：$\Delta m(t)=0.8$kg；虚线：$\Delta m(t)=-0.8$kg)

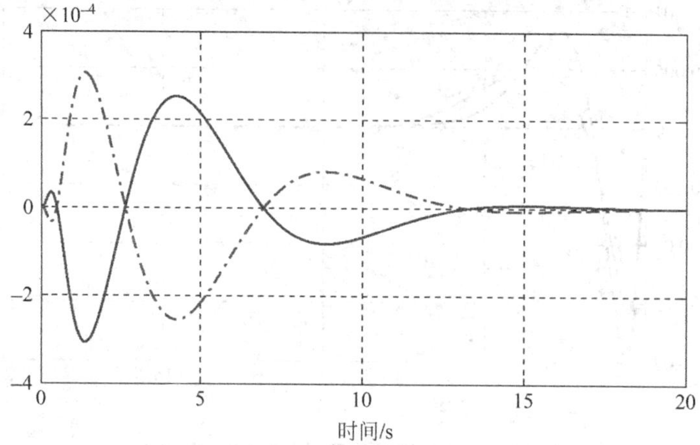

图 12.7　有鲁棒补偿器时的误差曲线 $x(t)-x_N(t)$

(点划线：$\Delta m(t)=0.8$kg；实线：$\Delta m(t)=-0.8$kg)

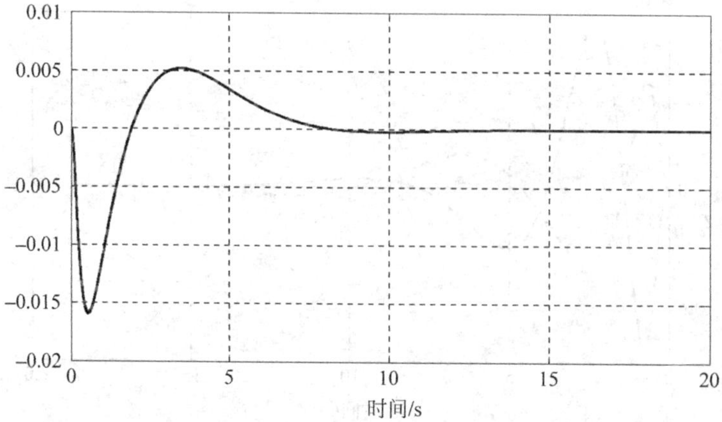

图 12.8　有鲁棒补偿器时的响应曲线 $\theta(t)$

(实线：$\Delta m(t)=0$kg；点划线：$\Delta m(t)=0.8$kg；虚线：$\Delta m(t)=-0.8$kg)

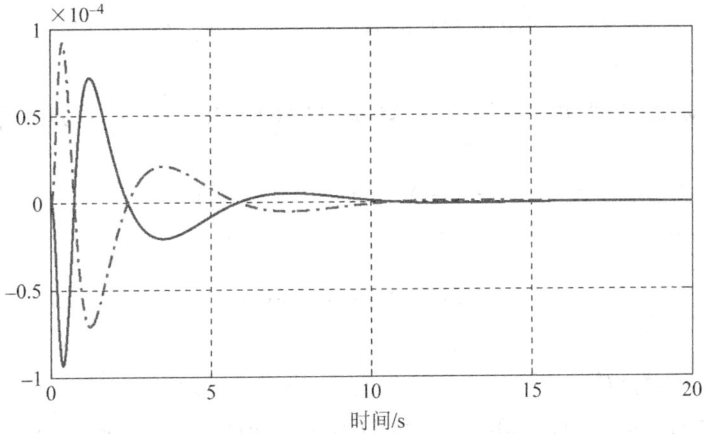

图 12.9　有鲁棒补偿器时的误差曲线 $\theta(t)-\theta_N(t)$

（点划线：$\Delta m(t)=0.8$kg；实线：$\Delta m(t)=-0.8$kg）

2. 鲁棒 LQ 最优动态输出反馈调节器设计举例

考虑二自由度机械臂的 LQ 最优动态输出反馈调节器的设计问题。二自由度机械臂的动力学方程可描述为

$$M(\theta)\ddot{\theta}(t)+C(\theta,\dot{\theta})\dot{\theta}+D(\theta)=\tau$$

其中

$$\theta=\begin{bmatrix}\theta_1\\\theta_2\end{bmatrix},\quad \tau=\begin{bmatrix}\tau_1\\\tau_2\end{bmatrix}$$

$$M(\theta)=\begin{bmatrix}J_{11}+2J_{22}\cos\theta_2 & J_{21}+J_{22}\cos\theta_2\\ J_{21}+J_{22}\cos\theta_2 & J_{21}\end{bmatrix}$$

$$C(\theta,\dot{\theta})=\begin{bmatrix}-2J_{22}\dot{\theta}_2\sin\theta_2 & -J_{22}\dot{\theta}_2\sin\theta_2\\ J_{22}\dot{\theta}_1\sin\theta_2 & 0\end{bmatrix}$$

$$D(\theta)=\begin{bmatrix}J_{12}\cos\theta_1+m_2gl_{c2}\cos(\theta_1+\theta_2)\\ m_2gl_{c2}\cos(\theta_1+\theta_2)\end{bmatrix}$$

$$J_{11}=m_1l_{c1}^2+m_2(l_1^2+l_{c2}^2)+I_1+I_2,\quad J_{12}=g(m_1l_{c1}+m_2l_1)$$

$$J_{21}=m_2l_{c2}^2+I_2,\quad J_{22}=m_2l_1l_{c2}$$

参数的取值为

$$l_1=0.5\text{m},\quad l_2=0.2\text{m},\quad l_{c1}=0.25\text{m},\quad l_{c2}=0.15\text{m}$$

$$I_1=1.0\text{kg}\cdot\text{m}^2,\quad I_2=0.8\text{kg}\cdot\text{m}^2,\quad m_1=4.0\text{kg},\quad m_2=2.0\text{kg}+\Delta m_2$$

$$g=9.8\text{m/s}^2$$

其中

$$\Delta m_2\in[-1\text{kg},1\text{kg}]$$

假设标称工作点为 $\theta=\theta_0,\dot{\theta}=\dot{\theta}_0,\Delta m_2=0$，则二自由度机械臂可描述为

$$M(\theta_0)\ddot{\theta}(t)+D(\theta_0)=\tau(t)+\varphi(t)$$

其中

$$\varphi(t)=[M(\theta_0)M^{-1}(\theta)-I]\tau(t)-M(\theta_0)M^{-1}(\theta)[C(\theta,\dot{\theta})\dot{\theta}(t)+D(\theta)]+D(\theta_0)$$

令

$$\tau(t)=M(\theta_0)u(t)+D(\theta_0)$$

则

$$\ddot{\theta}(t)=u(t)+\phi(t)$$

其中

$$\begin{aligned}\phi(t)&=M^{-1}(\theta_0)\varphi(t)\\&=[M^{-1}(\theta)-M^{-1}(\theta_0)]\tau(t)-M^{-1}(\theta)[C(\theta,\dot{\theta})\dot{\theta}(t)+D(\theta)]+M^{-1}(\theta_0)D(\theta_0)\end{aligned}$$

令

$$x(t)=\begin{bmatrix}\theta(t)\\ \dot{\theta}(t)\end{bmatrix},\quad y(t)=\theta(t)$$

则二自由度机械臂的状态空间描述为

$$\begin{aligned}\dot{x}(t)&=Ax(t)+B[u(t)+\phi(t)]\\y(t)&=Cx(t)\end{aligned}$$

其中

$$A=\begin{bmatrix}0_{2\times2} & I_{2\times2}\\0_{2\times2} & 0_{2\times2}\end{bmatrix},\quad B=\begin{bmatrix}0\\I_{2\times2}\end{bmatrix},\quad C=[I_{2\times2}\quad 0]$$

考虑如下性能指标

$$J=\int_0^\infty[100\theta_1^2(t)+100\theta_2^2(t)+0.1u_1^2(t)+0.1u_2^2(t)]\mathrm{d}t$$

标称 LQ 最优动态输出反馈调节器

$$u_0(t)=-K\bar{x}(t),\quad K=\begin{bmatrix}31.6228 & 0 & 7.9527 & 0\\0 & 31.6228 & 0 & 7.9527\end{bmatrix}$$

其中$\bar{x}(t)$是状态的估计值

$$\begin{aligned}\dot{\bar{x}}(t)&=A\bar{x}(t)+Bu_0(t)-H(\bar{y}(t)-y(t)),\quad \bar{x}(t_0)=0\\\bar{y}(t)&=C\bar{x}(t)\end{aligned}$$

选取状态观测器增益矩阵为

$$H=\begin{bmatrix}20 & 0\\0 & 20\\100 & 0\\0 & 100\end{bmatrix}$$

构成鲁棒补偿器如下

$$v=-\left(\frac{f}{s+f}\right)^2(s^2\theta-u)$$

其中 $f=100$。为导出鲁棒补偿器的状态空间实现，考虑初始条件，将其描述改写为

$$v=-\left(\frac{f}{s+f}\right)^2([(s+f)^2-2fs-f^2]\theta-s\theta(0)-\dot{\theta}(0)-u)$$

$$=-f^2\theta-\left(\frac{f}{s+f}\right)^2(-[2f(s+f)-f^2]\theta-(s+f)\theta(0)+f\theta(0)-\dot{\theta}(0)-u)$$

$$=-f^2\theta-\frac{f^2}{s+f}\left(-2f\theta-\theta(0)+\frac{1}{s+f}(f^2\theta+f\theta(0)-\dot{\theta}(0)-u)\right)$$

令

$$\omega_1=\frac{1}{s+f}(f^2\theta+f\theta(0)-\dot{\theta}(0)-u)$$

$$\omega_2=\frac{1}{s+f}(-2f\theta-\theta(0)+\omega_1)$$

则得到鲁棒补偿器的状态空间实现为

$$\dot{\omega}_1(t)=-f\omega_1(t)+f^2\theta(t)-u(t),\quad \omega_1(0)=f\theta(0)-\dot{\theta}(0)$$

$$\dot{\omega}_2(t)=-f\omega_2(t)-2f\theta(t)+\omega_1(t),\quad \omega_2(0)=-\theta(0)$$

$$v(t)=-f^2\theta(t)-f^2\omega_2(t)$$

为了显示鲁棒最优控制器的效果,引入标称闭环控制系统,其由标称受控对象

$$\dot{x}_N(t)=Ax_N(t)+Bu_0(t),\quad x_N(0)=x(0)$$

$$y_N(t)=Cx_N(t)$$

和标称 LQ 最优动态输出反馈调节器

$$\dot{\bar{x}}(t)=(A-BK-HC)\bar{x}(t)+Hy_N(t),\quad \bar{x}(t_0)=0$$

$$u_0(t)=-K\bar{x}(t)$$

构成。令

$$x(0)=[\theta^T(0)\quad \dot{\theta}^T(0)]^T=[1\quad -1\quad 0\quad 0]^T,\quad \theta_0=\theta(0)$$

标称 LQ 最优动态输出反馈调节控制系统的输出 $y_N(t)=[\theta_{1N}(t)\quad \theta_{2N}(t)]^T$ 的响应曲线如图 12.10 所示。

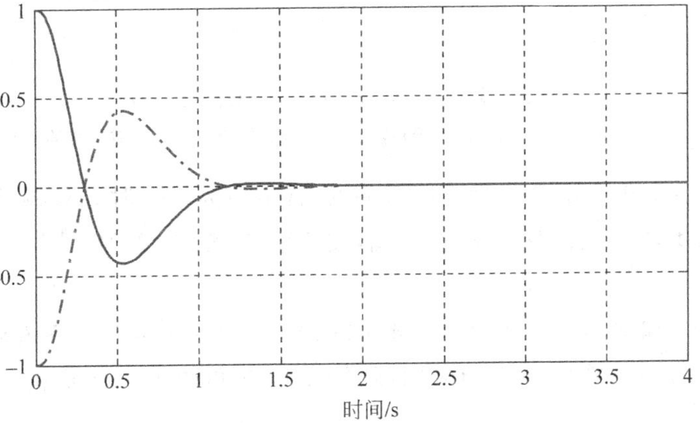

图 12.10 标称闭环系统输出响应曲线 $y_N(t)$

(实线:$\theta_{1N}(t)$;点划线:$\theta_{2N}(t)$)

图 12.11 和图 12.13 是标称闭环系统、$\Delta m(t)$为 0kg 时无鲁棒补偿器和有鲁棒补偿器的闭环系统输出响应曲线，图 12.12 和图 12.14 是相应的输出误差曲线。

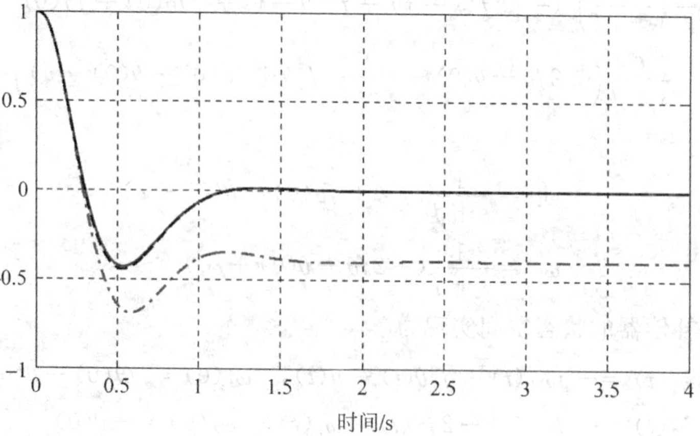

图 12.11 输出响应曲线 $\theta_1(t)$：$\Delta m(t)=0$kg

（实线：$\theta_{1N}(t)$；点划线：$\theta_1(t)$(无鲁棒补偿器)；虚线：$\theta_1(t)$(有鲁棒补偿器)）

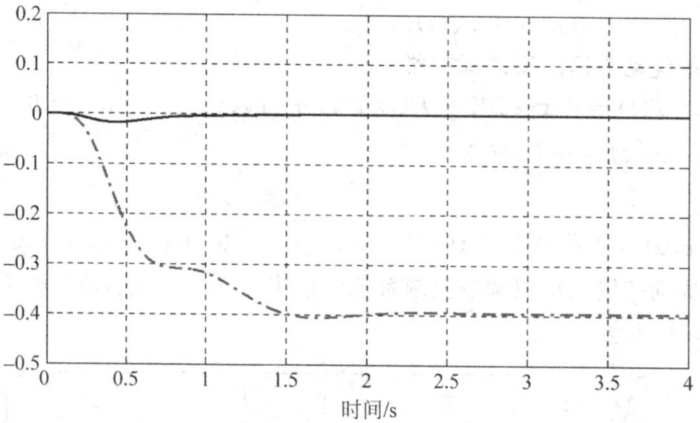

图 12.12 输出误差曲线 $\theta_1(t)-\theta_{1N}(t)$：$\Delta m(t)=0$kg

（点划线：$\theta_1(t)-\theta_{1N}(t)$(无鲁棒补偿器)；虚线：$\theta_1(t)-\theta_{1N}(t)$(有鲁棒补偿器)）

图 12.15 和图 12.17 是标称闭环系统、$\Delta m(t)$为 1kg 时无鲁棒补偿器和有鲁棒补偿器的闭环系统的输出响应曲线，图 12.16 和图 12.18 是相应的输出误差曲线。

图 12.19 和图 12.21 是标称闭环系统、$\Delta m(t)$为−1kg 时无鲁棒补偿器和有鲁棒补偿器的闭环系统的输出响应曲线，图 12.20 和图 12.22 是相应的输出误差曲线。

图 12.23 和图 12.24 中所示的 3 条曲线分别是 $\Delta m(t)$分别为 0kg、1kg 和−1kg 时无鲁棒补偿器和有鲁棒补偿器的闭环系统的输出误差的欧氏范数曲线。

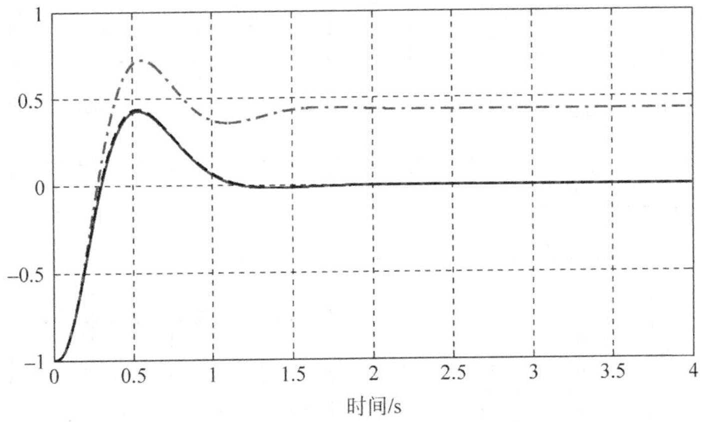

图 12.13　输出响应曲线 $\theta_2(t)$：$\Delta m(t)=0\text{kg}$

（实线：$\theta_{2N}(t)$；点划线：$\theta_2(t)$（无鲁棒补偿器）；虚线：$\theta_2(t)$（有鲁棒补偿器））

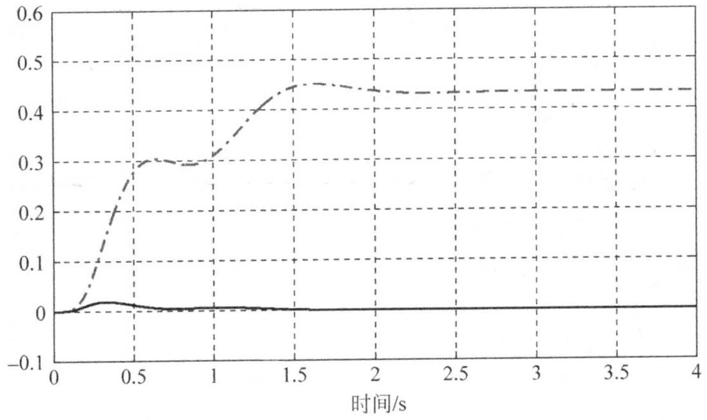

图 12.14　输出误差曲线 $\theta_2(t)-\theta_{2N}(t)$：$\Delta m(t)=0\text{kg}$

（点划线：$\theta_2(t)-\theta_{2N}(t)$（无鲁棒补偿器）；实线：$\theta_2(t)-\theta_{2N}(t)$（有鲁棒补偿器））

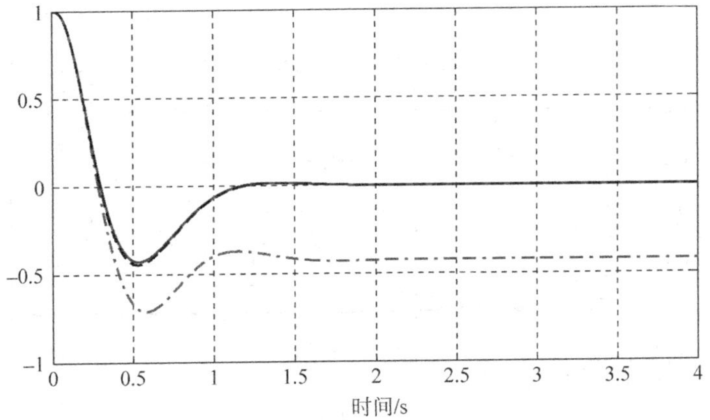

图 12.15　输出响应曲线 $\theta_1(t)$：$\Delta m(t)=1\text{kg}$

（实线：$\theta_{1N}(t)$；点划线：$\theta_1(t)$（无鲁棒补偿器）；虚线：$\theta_1(t)$（有鲁棒补偿器））

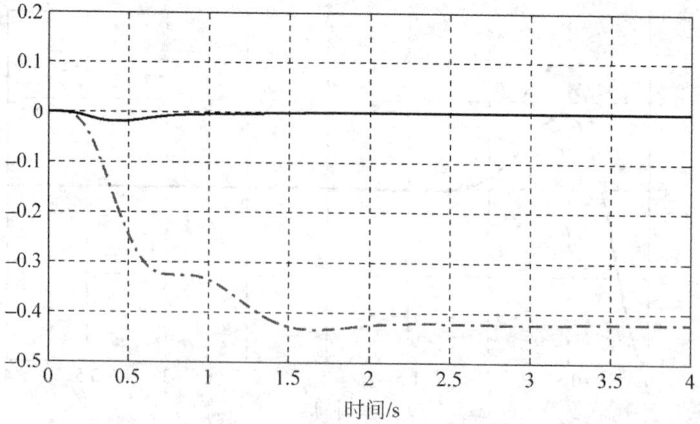

图 12.16 输出误差曲线 $\theta_1(t)-\theta_{1N}(t)$：$\Delta m(t)=1\text{kg}$

（点划线：$\theta_1(t)-\theta_{1N}(t)$（无鲁棒补偿器）；实线：$\theta_1(t)-\theta_{1N}(t)$（有鲁棒补偿器））

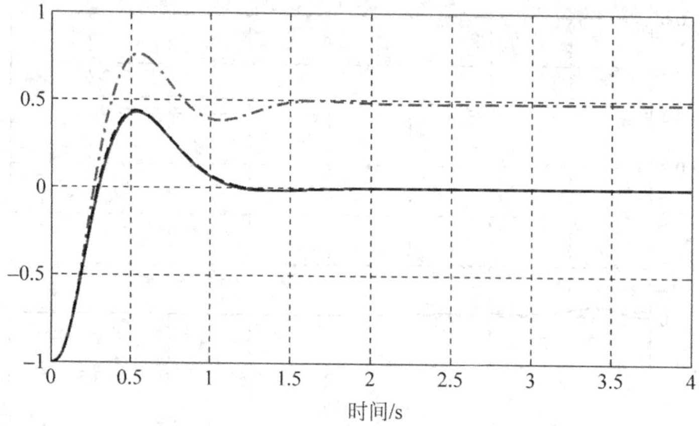

图 12.17 输出响应曲线 $\theta_2(t)$：$\Delta m(t)=1\text{kg}$

（实线：$\theta_{2N}(t)$；点划线：$\theta_2(t)$（无鲁棒补偿器）；虚线：$\theta_2(t)$（有鲁棒补偿器））

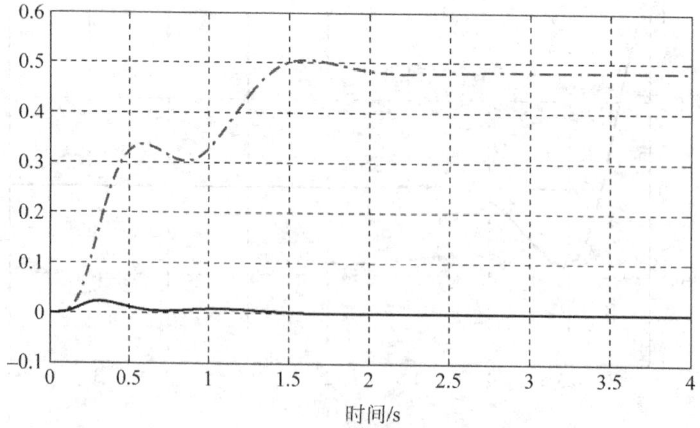

图 12.18 输出误差曲线 $\theta_2(t)-\theta_{2N}(t)$：$\Delta m(t)=1\text{kg}$

（点划线：$\theta_2(t)-\theta_{2N}(t)$（无鲁棒补偿器）；实线：$\theta_2(t)-\theta_{2N}(t)$（有鲁棒补偿器））

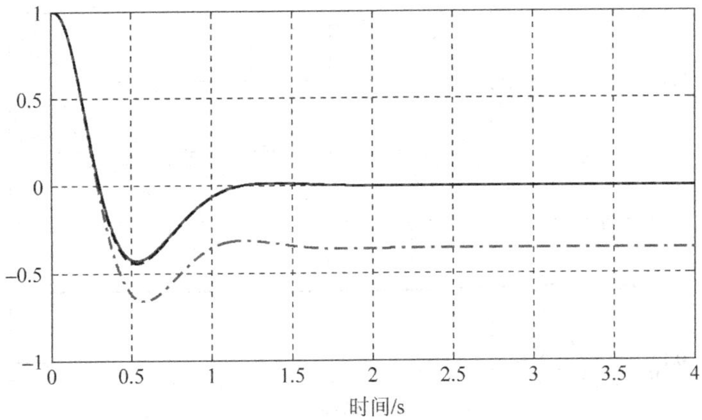

图 12.19　输出响应曲线 $\theta_1(t)$：$\Delta m(t)=-1\text{kg}$

（实线：$\theta_{1N}(t)$；点划线：$\theta_1(t)$（无鲁棒补偿器）；虚线：$\theta_1(t)$（有鲁棒补偿器））

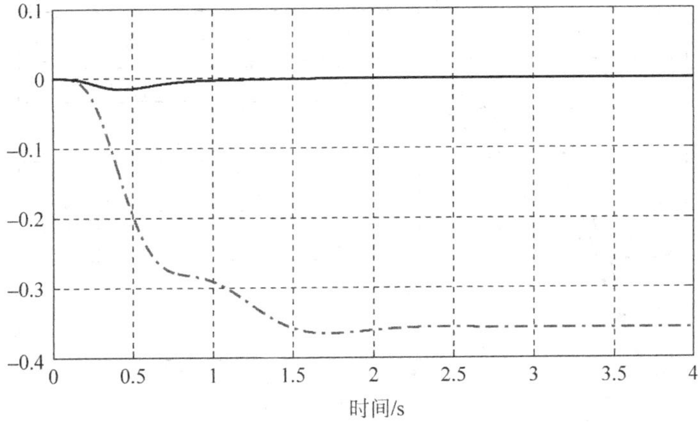

图 12.20　输出误差曲线 $\theta_1(t)-\theta_{1N}(t)$：$\Delta m(t)=-1\text{kg}$

（点划线：$\theta_1(t)-\theta_{1N}(t)$（无鲁棒补偿器）；实线：$\theta_1(t)-\theta_{1N}(t)$（有鲁棒补偿器））

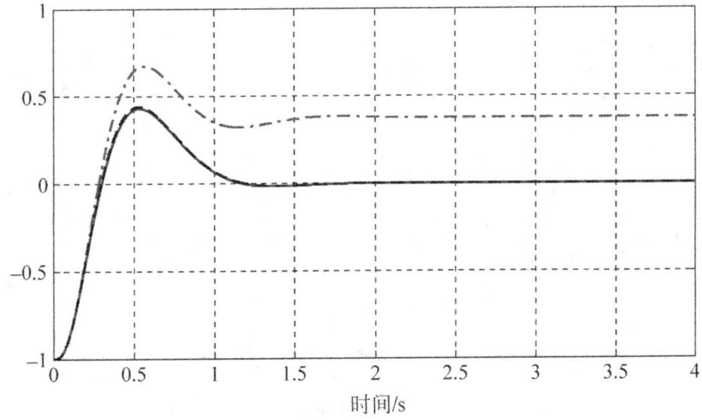

图 12.21　输出响应曲线 $\theta_2(t)$：$\Delta m(t)=-1\text{kg}$

（实线：$\theta_{2N}(t)$；点划线：$\theta_2(t)$（无鲁棒补偿器）；虚线：$\theta_2(t)$（有鲁棒补偿器））

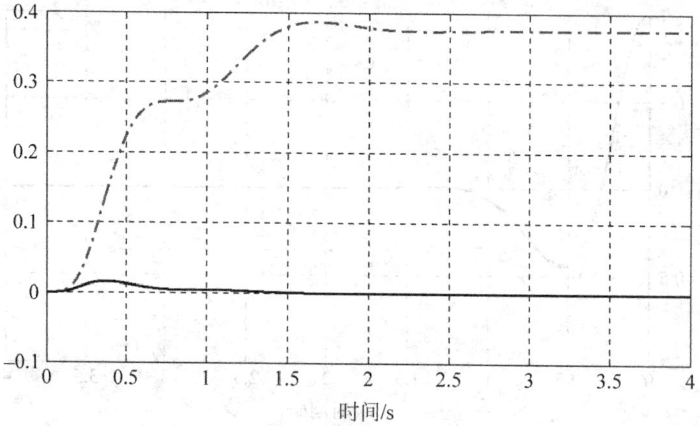

图 12.22 输出误差曲线 $\theta_2(t)-\theta_{2N}(t)$：$\Delta m(t)=-1\text{kg}$
（点划线：$\theta_2(t)-\theta_{2N}(t)$（无鲁棒补偿器）；实线：$\theta_2(t)-\theta_{2N}(t)$（有鲁棒补偿器））

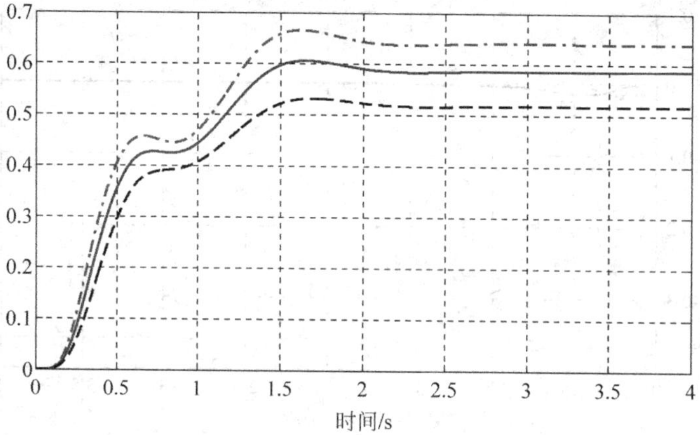

图 12.23 输出误差欧氏范数曲线 $\|\theta(t)-\theta_N(t)\|_2$：无鲁棒补偿器
（实线：$\Delta m(t)=0\text{kg}$；点划线：$\Delta m(t)=1\text{kg}$；虚线：$\Delta m(t)=-1\text{kg}$）

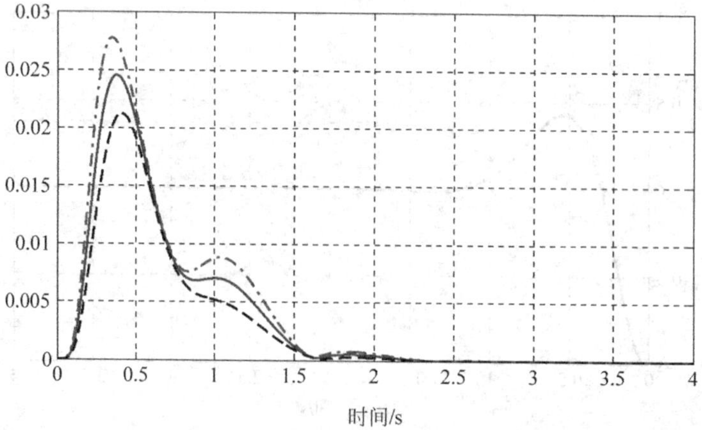

图 12.24 输出误差欧氏范数曲线 $\|\theta(t)-\theta_N(t)\|_2$：有鲁棒补偿器
（实线：$\Delta m(t)=0\text{kg}$；点划线：$\Delta m(t)=1\text{kg}$；虚线：$\Delta m(t)=-1\text{kg}$）

3. 鲁棒 LQ 最优伺服控制器设计举例

考虑三自由度直升机的 LQ 最优伺服调节器的设计问题，三自由度直升机可由两个电机驱动绕三个转轴转动，其动力学方程可近似描述为

$$J_\theta\ddot{\theta}(t) = K_f l_a \cos\phi(t)[v_f(t) + v_r(t)] + (m_w g l_w - m_h g l_a)\cos\theta(t)$$

$$J_\phi\ddot{\phi}(t) = K_f l_h[v_f(t) - v_r(t)]$$

$$J_\psi\ddot{\psi}(t) = K_f l_a \sin\phi(t)\cos\theta(t)[v_f(t) + v_r(t)]$$

其中，$\theta(t)$为俯仰角；$\phi(t)$为横滚角；$\psi(t)$为偏航角；$v_f(t)$和 $v_r(t)$分别为前、后电机的控制电压；J_θ、J_ϕ 和 J_ψ 分别为直升机机体绕俯仰轴、横滚轴和偏航轴的转动惯量；K_f 为电机参数；m_w 为配重块质量；m_h 为直升机质量(即直升机机体和两个电机的质量)；l_w 和 l_a 分别为俯仰轴到配重块质心的距离和到直升机质心的距离；l_h 为横滚轴到电机轴的距离(假设两个电机的安装关于横滚轴是对称的)；g 为重力常数。假设三自由度直升机模型中的参数值为

$$J_\theta = 2.5\text{kg}\cdot\text{m}^2,\quad J_\phi = 0.15\text{kg}\cdot\text{m}^2,\quad J_\psi = 0.8\text{kg}\cdot\text{m}^2$$

$$K_f = 0.5\text{N/V},\quad l_a = 0.6\text{m},\quad l_w = 0.5\text{m},\quad l_h = 0.2\text{m}$$

$$m_w = 1.7\text{kg},\quad m_h = 1.5\text{kg},\quad g = 9.8\text{kg}\cdot\text{m/s}$$

因在直升机的机体上安装的载荷不同，如摄像头等，直升机质量会有所差异，所以 m_h 表示为

$$m_h = m_h^0 + \Delta m_h,\quad m_h^0 = 1.50\text{kg},\quad |\Delta m_h| \leqslant 0.3\text{kg}$$

令

$$k_\theta = \frac{K_f l_a}{J_\theta}$$

$$k_\phi = \frac{K_f l_h}{J_\phi}$$

$$u_g = \frac{m_w g l_w - m_h^0 g l_a}{k_\theta J_\theta}$$

$$u_\theta(t) = v_f(t) + v_r(t) + u_g$$

$$u_\phi(t) = v_f(t) - v_r(t)$$

则

$$\ddot{\theta}(t) = k_\theta[u_\theta(t) + \rho_\theta(t)]$$

$$\ddot{\phi}(t) = k_\phi u_\phi(t)$$

其中

$$\rho_\theta(t) = [\cos\phi(t) - 1]u_\theta(t) + u_g[\cos\theta(t) - \cos\phi(t)] - \frac{\Delta m_h g l_a}{k_\theta J_\theta}\cos\theta(t)$$

如果$|\phi(t)| \leqslant 70°$，则$|\cos\phi(t) - 1| < 0.658$。

令

$$u(t)=[u_\theta(t)\quad u_\phi(t)]^{\mathrm{T}}$$
$$\rho(t)=[\rho_\theta(t)\quad 0]^{\mathrm{T}}$$
$$x(t)=[\theta(t)\quad \dot{\theta}(t)\quad \phi(t)\quad \dot{\phi}(t)]^{\mathrm{T}}$$
$$y(t)=[\theta(t)\quad \phi(t)]^{\mathrm{T}}$$

则

$$\dot{x}(t)=Ax(t)+B[u(t)+\rho(t)],\quad x(0)=x_0$$
$$y=Cx(t)$$

其中

$$A=\begin{bmatrix}0&1&0&0\\0&0&0&0\\0&0&0&1\\0&0&0&0\end{bmatrix},\quad B=\begin{bmatrix}0&0\\k_\theta&0\\0&0\\0&k_\phi\end{bmatrix}$$
$$C=\begin{bmatrix}1&0&0&0\\0&0&1&0\end{bmatrix},\quad x_0=0_{4\times 1}$$

欲使俯仰角 $\theta(t)$和横滚角 $\phi(t)$分别跟踪方波

$$\hat{\theta}(t)=\left(\frac{\pi}{12}\right)\mathrm{sign}[\sin(0.5t)],\quad \hat{\phi}(t)=\left(\frac{\pi}{6}\right)\mathrm{sign}[\sin(0.75t)]$$

令 $z_1(t)=\hat{\theta}(t)$，$z_2(t)=\hat{\phi}(t)$，则相应的参考模型为

$$\dot{z}(t)=\begin{bmatrix}0&0\\0&0\end{bmatrix}z(t),\quad z_1(2k\pi)=\left(\frac{\pi}{12}\right)\times(-1)^k,$$
$$z_2\left(\frac{4k\pi}{3}\right)=\left(\frac{\pi}{6}\right)\times(-1)^k,\quad k=0,1,\cdots$$
$$\hat{y}(t)=\begin{bmatrix}1&0\\0&1\end{bmatrix}z(t)$$

性能指标选取为

$$J=\frac{1}{2}\int_0^\infty([\theta(t)-\hat{\theta}(t)]^2+[\phi(t)-\hat{\phi}(t)]^2+10^{-4}[u_\theta^2(t)+u_\phi^2(t)])\mathrm{d}t$$

标称 LQ 最优调节器可设计为

$$u_0(t)=-K_x x(t)-K_z z(t)$$

其中

$$K_x=R^{-1}B^{\mathrm{T}}P_x=\begin{bmatrix}100&40.8248&0&0\\0&0&100&17.3205\end{bmatrix}$$
$$K_z=R^{-1}B^{\mathrm{T}}P_z=\begin{bmatrix}-100&0\\0&-100\end{bmatrix}$$

标称 LQ 最优伺服控制系统为

$$\dot{x}_{\mathrm{N}}(t)=(A-BK_x)x_{\mathrm{N}}(t)-BK_z z(t),\quad x_{\mathrm{N}}(0)=x_0$$

$$y_N(t) = Cx_N(t)$$

因关于横滚角 $\phi(t)$ 的控制回路没有参数摄动，故鲁棒滤波器为

$$\dot{\sigma}(t) = -f\sigma(t) + 8.3333f\dot{\theta}(t) + u_\theta(t), \quad \sigma(0) = 8.3333\dot{\theta}(0)$$

$$v(t) = \begin{bmatrix} -f[8.3333\dot{\theta}(t) - \sigma(t)] \\ 0 \end{bmatrix}$$

其中 $f=100$。

下面仅给出关于俯仰角 $\theta(t)$（单位为度）的仿真结果。

无参数摄动（即 $\Delta m_h=0$）时，俯仰角 $\theta(t)$ 跟踪方波 $\hat{\theta}(t)$ 的响应曲线如图 12.25 所示，误差 $\theta(t)-\theta_N(t)$ 曲线如图 12.26 所示。

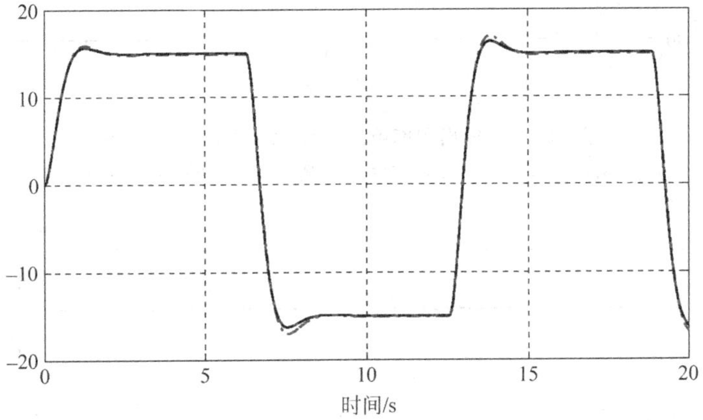

图 12.25 输出跟踪响应曲线 $\theta(t)$：$\Delta(m)_h=0$kg

（实线：$\theta_N(t)$；点划线：$\theta(t)$（无鲁棒补偿器）；虚线：$\theta(t)$（有鲁棒补偿器））

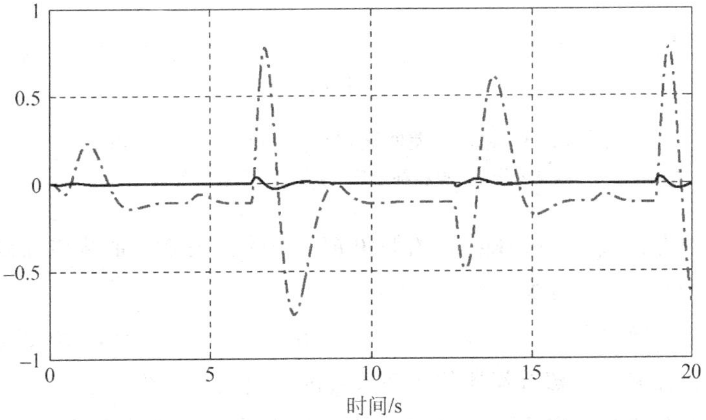

图 12.26 输出误差曲线 $\theta(t)-\theta_N(t)$：$\Delta m_h=0$kg

（点划线：无鲁棒补偿器；实线：有鲁棒补偿器）

参数摄动为 $\Delta m_h = 0.3$kg 时，俯仰角 $\theta(t)$ 跟踪方波 $\hat{\theta}(t)$ 的响应曲线如图 12.27 所示，误差 $\theta(t) - \theta_N(t)$ 曲线如图 12.28 所示。

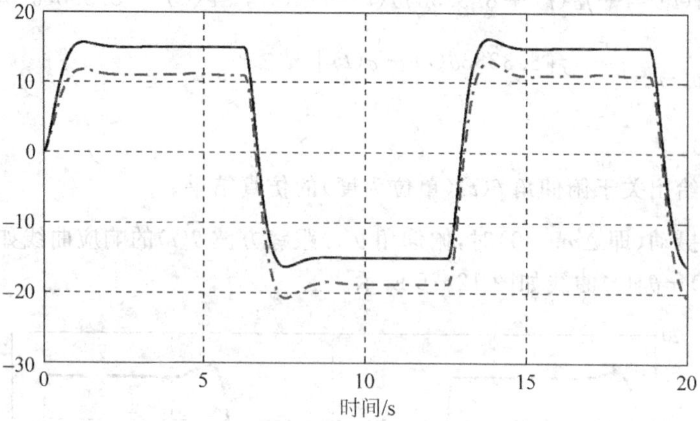

图 12.27 输出跟踪响应曲线 $\theta(t)$：$\Delta m_h = 0.3$kg

（实线：$\theta_N(t)$；点划线：$\theta(t)$（无鲁棒补偿器）；虚线：$\theta(t)$（有鲁棒补偿器））

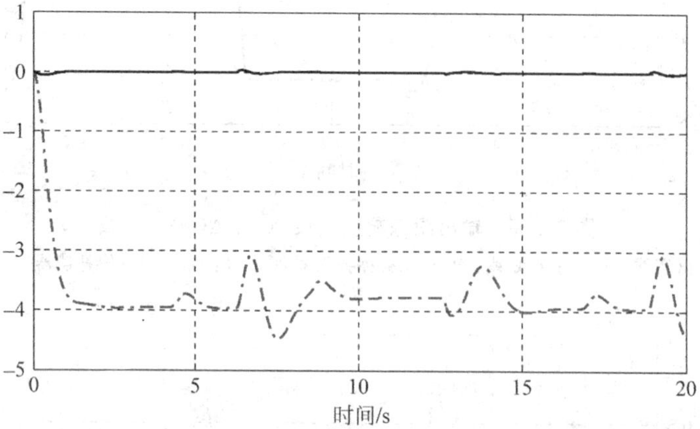

图 12.28 输出误差曲线 $\theta(t) - \theta_N(t)$：$\Delta m_h = 0.3$kg

（点划线：无鲁棒补偿器；实线：有鲁棒补偿器）

参数摄动为 $\Delta m_h = -0.3$kg 时，俯仰角 $\theta(t)$ 跟踪方波 $\hat{\theta}(t)$ 的响应曲线如图 12.29 所示，误差 $\theta(t) - \theta_N(t)$ 曲线如图 12.30 所示。

为了便于对比，图 12.31 和图 12.32 中分别给出了 $\Delta m_h = 0$kg、0.3kg 和 −0.3kg 时无鲁棒补偿器和有鲁棒补偿器的闭环系统的输出误差曲线。

由上述仿真结果可以看出，LQ 最优控制系统对于参数摄动不具有鲁棒性，即当受控对象存在参数摄动时，LQ 最优控制系统的响应与标称 LQ 最优控制系统的响应可能会有明显差异，而加入鲁棒补偿器能够显著减小这种差异。

习题 12

12.1　在鲁棒 LQ 最优调节器设计举例中，假设摆端小球的质量是时变的，即

$$m + \Delta m(t) = 1 + 0.8\sin(t)$$

重复此例中所示仿真，比较闭环系统的输出特性。

12.2　在鲁棒 LQ 最优动态输出反馈调节器设计举例中，考虑二自由度机械臂的其他参数的变化，重复此例中所示仿真，比较闭环系统的输出特性。

12.3　对于鲁棒 LQ 最优伺服控制器设计举例，假设三自由度直升机的配重块质量 m_w 和直升机质量 m_h 均有 20%的摄动，重复例中所示仿真，考察鲁棒最优控制系统的性能。选取不同的鲁棒补偿器参数 f，例如选取 $f=200,300$ 等，考察此参数对鲁棒最优控制系统性能的影响。

附录A 矩阵微分与向量函数的Taylor展开

定义如下符号和术语：

标量：$t\in\mathbf{R}^1$

向量：$x=[x_1 \quad x_2 \quad \cdots \quad x_n]^{\mathrm{T}}\in\mathbf{R}^n, x_i\in\mathbf{R}^1$

矩阵：$X=[x_{ij}]\in\mathbf{R}^{n\times m}, x_{ij}\in\mathbf{R}^1$

向量函数：$f(x), x\in\mathbf{R}^n, f(x)\in\mathbf{R}^1$

矩阵函数：$f(X), X\in\mathbf{R}^{n\times m}, f(x)\in\mathbf{R}^1$

函数向量：$f(X)\in\mathbf{R}^n$

函数矩阵：$F(X)\in\mathbf{R}^{n\times m}$

欧氏范数：$\| x \| = \sqrt{x_1^2+x_2^2+\cdots+x_n^2}, x\in\mathbf{R}^n$

向量函数和矩阵函数有时也简称为函数。假设下面涉及到的函数的导数或偏导数均存在。

A.1 对标量的微分

令 $F(t)=[f_{ij}(t)]\in\mathbf{R}^{n\times m}$ 是关于标量 $t\in\mathbf{R}^1$ 的函数矩阵，则其关于 t 的导数为

$$\frac{\mathrm{d}F(t)}{\mathrm{d}t}=\left[\frac{\mathrm{d}f_{ij}(t)}{\mathrm{d}t}\right]\in\mathbf{R}^{n\times m}$$

例 A1 设矩阵 $H(t)\in\mathbf{R}^{n\times m}$，$F(t)\in\mathbf{R}^{n\times m}$ 和 $L(t)\in\mathbf{R}^{m\times n}$ 均是关于标量 $t\in\mathbf{R}^1$ 的函数矩阵，$\alpha\in\mathbf{R}^1$ 和 $\beta\in\mathbf{R}^1$ 是与 t 无关的标量。则

$$\frac{\mathrm{d}}{\mathrm{d}t}[\alpha H(t)+\beta F(t)]=\alpha\frac{\mathrm{d}H(t)}{\mathrm{d}t}+\beta\frac{\mathrm{d}F(t)}{\mathrm{d}t}$$

$$\frac{\mathrm{d}}{\mathrm{d}t}[H(t)L(t)]=\frac{\mathrm{d}H(t)}{\mathrm{d}t}\cdot L(t)+H(t)\cdot\frac{\mathrm{d}L(t)}{\mathrm{d}t}$$

例 A2 设矩阵 $H(t)\in\mathbf{R}^{n\times n}$ 是关于标量 $t\in\mathbf{R}^1$ 的非奇异函数矩阵，则

$$\frac{\mathrm{d}}{\mathrm{d}t}H^{-1}(t)=-H^{-1}(t)\frac{\mathrm{d}H(t)}{\mathrm{d}t}H^{-1}(t)$$

A.2 对向量的微分

设 $f(x)\in\mathbf{R}^1$ 是关于向量 $x\in\mathbf{R}^n$ 的函数，则其关于 x 的导数定义为

$$\frac{\mathrm{d}f(x)}{\mathrm{d}x}=\left[\frac{\partial f(x)}{\partial x_i}\right]\in\mathbf{R}^n$$

函数 $f(x)$关于向量 x 的导数是一列向量,称之为 $f(x)$关于 x 的**梯度**。

如果 $f(x)\in\mathbf{R}^m$ 是关于向量 $x\in\mathbf{R}^n$ 的函数向量,则 $f(x)$关于 x 的导数定义为

$$\frac{\mathrm{d}f(x)}{\mathrm{d}x}:=\frac{\mathrm{d}f(x)}{\mathrm{d}x^{\mathrm{T}}}=\begin{bmatrix}\frac{\partial f(x)}{\partial x_1} & \frac{\partial f(x)}{\partial x_2} & \cdots & \frac{\partial f(x)}{\partial x_n}\end{bmatrix}\in\mathbf{R}^{m\times n}$$

函数向量关于向量导数是一矩阵,称之为**Jacobi 矩阵**。

$f^{\mathrm{T}}(x)$关于 x 的导数定义为

$$\frac{\mathrm{d}f^{\mathrm{T}}(x)}{\mathrm{d}x}:=\left[\frac{\mathrm{d}f(x)}{\mathrm{d}x^{\mathrm{T}}}\right]^{\mathrm{T}}\in\mathbf{R}^{n\times m}$$

假设 $f(x)\in\mathbf{R}^1$ 是关于向量 $x\in\mathbf{R}^n$ 的函数,则 $f(x)$的全微分为

$$\mathrm{d}f(x)=\frac{\mathrm{d}f(x)}{\mathrm{d}x^{\mathrm{T}}}\mathrm{d}x\in\mathbf{R}^1$$

如果 $f(x,y)\in\mathbf{R}^1$ 是关于向量 $x\in\mathbf{R}^n$ 和向量 $y\in\mathbf{R}^m$ 的函数,那么 $f(x,y)$的全微分为

$$\mathrm{d}f=\frac{\partial f(x,y)}{\partial x^{\mathrm{T}}}\mathrm{d}x+\frac{\partial f(x,y)}{\partial y^{\mathrm{T}}}\mathrm{d}y\in\mathbf{R}^1$$

为了书写简洁,有时采用如下符号标记 $f(x)\in\mathbf{R}^m$ 关于向量 $x\in\mathbf{R}^n$ 的导数,$f(x,y)\in\mathbf{R}^m$ 关于向量 $x\in\mathbf{R}^n$ 和 $y\in\mathbf{R}^l$ 的偏导数

$$f_{x^{\mathrm{T}}}(x)=\frac{\mathrm{d}f(x)}{\mathrm{d}x^{\mathrm{T}}}\in\mathbf{R}^{m\times n},\quad f_x^{\mathrm{T}}(x)=\frac{\mathrm{d}f^{\mathrm{T}}(x)}{\mathrm{d}x}=\left[\frac{\mathrm{d}f(x)}{\mathrm{d}x^{\mathrm{T}}}\right]^{\mathrm{T}}\in\mathbf{R}^{n\times m}$$

$$f_{x^{\mathrm{T}}}(x,y)=\frac{\partial f(x,y)}{\partial x^{\mathrm{T}}}\in\mathbf{R}^{m\times n},\quad f_x^{\mathrm{T}}(x,y)=\left[\frac{\partial f(x,y)}{\partial x^{\mathrm{T}}}\right]^{\mathrm{T}}\in\mathbf{R}^{n\times m}$$

$$f_{y^{\mathrm{T}}}(x,y)=\frac{\partial f(x,y)}{\partial y^{\mathrm{T}}}\in\mathbf{R}^{m\times l},\quad f_y^{\mathrm{T}}(x,y)=\left[\frac{\partial f(x,y)}{\partial y^{\mathrm{T}}}\right]^{\mathrm{T}}\in\mathbf{R}^{l\times m}$$

当 $f(x)\in\mathbf{R}^1$ 时,$f(x)$关于 $x\in\mathbf{R}^n$ 的1阶导数定义为

$$f_x(x)=\frac{\mathrm{d}f(x)}{\mathrm{d}x}\in\mathbf{R}^n,\quad f_{x^{\mathrm{T}}}(x)=\left(\frac{\mathrm{d}f(x)}{\mathrm{d}x}\right)^{\mathrm{T}}\in\mathbf{R}^{1\times n}$$

而 $f(x)$关于 $x\in\mathbf{R}^n$ 的2阶导数定义为

$$\frac{\mathrm{d}^2f(x)}{\mathrm{d}x^2}=\frac{\mathrm{d}}{\mathrm{d}x^{\mathrm{T}}}\left(\frac{\mathrm{d}f(x)}{\mathrm{d}x}\right)=\left[\frac{\partial^2 f(x)}{\partial x_i\partial x_j}\right]\in\mathbf{R}^{n\times n}$$

称之为**Hessian 矩阵**。当 $f(x,y)\in\mathbf{R}^1$ 时,$f(x,y)$关于 $x\in\mathbf{R}^n$ 和 $y\in\mathbf{R}^l$ 的2阶偏导数定义为

$$f_{xy}(x,y)=\frac{\partial^2 f(x,y)}{\partial x\partial y}=\frac{\partial}{\partial y^{\mathrm{T}}}\left(\frac{\partial f(x,y)}{\partial x}\right)=\left[\frac{\partial}{\partial y_j}\left(\frac{\partial f(x,y)}{\partial x_i}\right)\right]\in\mathbf{R}^{n\times l}$$

例 A3 假设 x 和 y 为向量;A 为常数矩阵;$f(x)$和 $h(x)$是关于向量 x 的函数向量。并假设这里所涉及的向量和矩阵均有适当的维数,使得如下有关运算有意义。可以证明如下等式成立

$$\frac{\mathrm{d}}{\mathrm{d}x}(x^{\mathrm{T}}A)=A,\quad \frac{\mathrm{d}}{\mathrm{d}x^{\mathrm{T}}}(Ax)=A$$

$$\frac{\mathrm{d}}{\mathrm{d}x}(x^{\mathrm{T}}Ax)=Ax+A^{\mathrm{T}}x$$

$$\frac{\mathrm{d}^2}{\mathrm{d}x^2}(x^{\mathrm{T}}Ax)=A+A^{\mathrm{T}}$$

$$\frac{\partial}{\partial x}(y^{\mathrm{T}}Ax)=\frac{\partial}{\partial x}(x^{\mathrm{T}}A^{\mathrm{T}}y)=A^{\mathrm{T}}y$$

$$\frac{\mathrm{d}}{\mathrm{d}x}(f^{\mathrm{T}}(x)h(x))=f_x^{\mathrm{T}}(x)h(x)+h_x^{\mathrm{T}}(x)f(x)$$

A.3 对矩阵的微分

设 $F(X)\in\mathbf{R}^{l\times k}$ 是矩阵 $X\in\mathbf{R}^{n\times m}$ 的函数矩阵，即

$$F(X)=[f_{pq}(X)],\quad X=[x_{ij}]$$

$F(X)$ 关于 X 的导数定义为

$$\frac{\mathrm{d}F(X)}{\mathrm{d}X}=\left[\frac{\partial F(X)}{\partial x_{ij}}\right]\in\mathbf{R}^{ln\times km}$$

定义微分算子矩阵

$$\nabla_X=\left[\frac{\partial}{\partial x_{ij}}\right]$$

则 $F(X)$ 关于 X 的导数可改写成

$$\frac{\mathrm{d}F(X)}{\mathrm{d}X}=\nabla_X\otimes F(X)$$

其中 $\otimes$ 是 Kronecker 积。

这里要注意，由于惯例，当 $F(X)$ 和 X 均是列向量的时候，不适于上述定义，而要按 A.2 中所述那样，定义为 Jacobi 矩阵。

A.4 复合函数的情形

若 $f(x)\in\mathbf{R}^k$ 是向量 $x\in\mathbf{R}^n$ 的函数向量，$x\in\mathbf{R}^n$ 是标量 $t\in\mathbf{R}^1$ 的函数向量，则

$$\frac{\mathrm{d}f(x)}{\mathrm{d}t}=\frac{\mathrm{d}f(x)}{\mathrm{d}x^{\mathrm{T}}}\frac{\mathrm{d}x}{\mathrm{d}t}\in\mathbf{R}^k$$

如果 $f(x)\in\mathbf{R}^k$ 是向量 $x\in\mathbf{R}^n$ 的函数向量，$x=x(y)$ 是向量 $y\in\mathbf{R}^m$ 的函数向量，则

$$\frac{\mathrm{d}f(x)}{\mathrm{d}y^{\mathrm{T}}}=\frac{\mathrm{d}f(x)}{\mathrm{d}x^{\mathrm{T}}}\frac{\mathrm{d}x}{\mathrm{d}y^{\mathrm{T}}}\in\mathbf{R}^{k\times m}$$

$$\frac{\mathrm{d}f^{\mathrm{T}}(x)}{\mathrm{d}y}=\frac{\mathrm{d}x^{\mathrm{T}}}{\mathrm{d}y}\frac{\mathrm{d}f^{\mathrm{T}}(x)}{\mathrm{d}x}\in\mathbf{R}^{m\times k}$$

假设 $f(x,y)\in\mathbf{R}^k$ 是向量 $x\in\mathbf{R}^n$ 和 $y\in\mathbf{R}^m$ 的函数向量，$x=x(y)$ 是向量 $y\in\mathbf{R}^m$ 的函数向量，那么

$$\frac{\mathrm{d}f(x,y)}{\mathrm{d}y^{\mathrm{T}}}=\frac{\partial f(x,y)}{\partial y^{\mathrm{T}}}+\frac{\partial f(x,y)}{\partial x^{\mathrm{T}}}\frac{\mathrm{d}x}{\mathrm{d}y^{\mathrm{T}}}\in\mathbf{R}^{k\times m}$$

$$\frac{\mathrm{d}f^{\mathrm{T}}(x,y)}{\mathrm{d}y}=\frac{\partial f^{\mathrm{T}}(x,y)}{\partial y}+\frac{\mathrm{d}x^{\mathrm{T}}}{\mathrm{d}y}\frac{\partial f^{\mathrm{T}}(x,y)}{\partial x}\in\mathbf{R}^{m\times k}$$

例 A4 令 $f=(Ax-b)^{\mathrm{T}}Q(Ax-b)$，其中 $x\in\mathbf{R}^n$，A、Q 和 b 分别是适当维数的常数矩阵和常数向量，引入向量 x 的函数向量 $y(x)=Ax-b$，将 f 视为复合函数，则

$$\frac{\mathrm{d}f}{\mathrm{d}x}=\frac{\mathrm{d}y^{\mathrm{T}}}{\mathrm{d}x}\frac{\mathrm{d}f(y)}{\mathrm{d}y}=A^{\mathrm{T}}(Q+Q^{\mathrm{T}})(Ax-b)$$

A.5 向量函数的 Taylor 展开

假设 $f(x,y)\in\mathbf{R}^1$ 是向量 $x\in\mathbf{R}^n$ 和 $y\in\mathbf{R}^m$ 的函数。$f(x,y)$ 在点 (x_0,y_0) 处到一阶项的 Taylor 展开为

$$f(x,y)=f(x_0,y_0)+f_{x^{\mathrm{T}}}(x_0,y_0)\delta x+f_{y^{\mathrm{T}}}(x_0,y_0)\delta y+o(\|\delta x\|,\|\delta y\|)$$

其中 $o(\|\delta x\|,\|\delta y\|)$ 是关于 $\|\delta x\|$ 和 $\|\delta y\|$ 的高阶无穷小量

$$\delta x=x-x_0,\quad \delta y=y-y_0$$

$$f_{x^{\mathrm{T}}}(x_0,y_0)=\left.\frac{\partial f(x,y)}{\partial x^{\mathrm{T}}}\right|_{(x,y)=(x_0,y_0)}$$

$f(x,y)$ 在点 (x_0,y_0) 处到二阶项的 Taylor 展开为

$$\begin{aligned}f(x,y)=&f(x_0,y_0)+f_{x^{\mathrm{T}}}(x_0,y_0)\delta x+f_{y^{\mathrm{T}}}(x_0,y_0)\delta y\\&+\frac{1}{2}\begin{bmatrix}\delta x^{\mathrm{T}} & \delta y^{\mathrm{T}}\end{bmatrix}\begin{bmatrix}f_{xx}(x_0,y_0) & f_{xy}(x_0,y_0)\\ f_{yx}(x_0,y_0) & f_{yy}(x_0,y_0)\end{bmatrix}\begin{bmatrix}\delta x\\ \delta y\end{bmatrix}+o(\|\delta x\|^2,\|\delta y\|^2)\end{aligned}$$

其中 $o(\|\delta x\|^2,\|\delta y\|^2)$ 是关于 $\|\delta x\|^2$ 和 $\|\delta y\|^2$ 的高阶无穷小量，

$$f_{xy}(x_0,y_0)=\frac{\partial^2 f(x_0,y_0)}{\partial x\partial y}=\left.\frac{\partial^2 f(x,y)}{\partial x\partial y}\right|_{(x,y)=(x_0,y_0)}$$

参考文献

1 Richard E. Bellman. Dynamic programming. Princeton, New Jersey: Princeton University Press, 1957

2 Richard E. Bellman and Stuart E. Dreyfus. Applied dynamic programming. Princeton, New Jersey: Princeton University Press, 1962

3 L.S. Pontryagin, V. G. Boltyanskii, R. V. Gamkrelidze and E. F. Mishchenko. The mathematical theory of optimal processes. New York: John Wiley & Sons, Inc., 1962

4 Michael Athans and Peter Falb. Optimal control: an introduction to the theory and its applications. New York: McGraw-Hill, 1966

5 Henry Hermes, Joseph P. Lasalle. Functional analysis and time optimal control. New York: Academic Press, 1969

6 Michael D. Canon, C. D. Cullum, Jr. and E. Polak. Theory of optimal control and mathematical programming. New York: McGraw-Hill, 1970

7 Huibert Kwakernaak and Raphael Sivan. Linear optimal control systems. New York: Wiley Interscience, 1972

8 L.D. Berkovitz. Optimal control theory. New York: Springer-Verlag, 1974

9 Arthur E. Bryson, Jr. and Ho Yu-Chi. Applied optimal control: optimization, estimation and control. Washington: John Wiley & Sons, New York, 1975

10 宫锡芳. 最优控制问题的计算方法. 北京：科学出版社，1979

11 Thomas Kailath. Linear systems. Englewood Cliffs: Prentice-Hall, 1980

12 关肇直,等. 极值控制与极大值原理. 北京：科学出版社,1980

13 Robert E. Larson, John L. Casti. Principles of dynamic programming. New York: M. Dekker, 1978-1982

14 Jack Macki and Aaron Strauss. Introduction to optimal control theory. New York: Springer-Verlag, 1982

15 Eberhard Zeidler. Nonlinear functional analysis and its applications, Ⅲ, Variational methods and optimization. New York: Springer-Verlag, 1985

16 解学书. 最优控制——理论与应用. 北京：清华大学出版社. 1986

17 陈启宗著；王纪文,等译. 线性系统理论与设计. 北京：科学出版社，1988

18 格姆克列里兹著；姚允龙，龙云程译. 最优控制理论基础. 上海：复旦大学出版社，1988

19 胡中楫，邹伯敏. 最优控制原理及应用. 杭州：浙江大学出版社，1988

20 王子才,赵长安. 应用最优控制. 哈尔滨：哈尔滨工业大学出版社，1989

21 Brian D. O. Anderson, John B. Moore. Optimal control: linear quadratic methods. Englewood Cliffs, N.J. : Prentice Hall, 1990

22 刘培玉. 应用最优控制. 大连：大连理工大学出版社，1990

23 秦寿康,张正方. 最优控制. 北京：电子工业出版社，1990

24 王建举. 泛函分析与最优理论. 厦门：厦门大学出版社，1991

25 毛云英. 动态系统与最优控制. 北京：高等教育出版社，1994

26 解学书，钟宜生. H_∞控制理论. 北京：清华大学出版社，1994

27 Frank L. Lewis, Vassilis L. Syrmos. Optimal control. New York: J. Wiley, 1995

28 王康宁. 最优控制的数学理论. 北京：国防工业出版社，1995

29 Jeffrey B. Burl. Linear optimal control: H_2 and H_∞ methods. Menlo Park, Calif. : Addison Wesley Longman, 1999
30 张金水. 经济控制论：动态经济系统分析方法与应用. 北京：清华大学出版社，1999
31 Suresh P. Sethi, Gerald L. Thompson. Optimal control theory: applications to management science and economics. Boston : Kluwer Academic Publishers, 2000
32 R. B. Vinter. Optimal control. Boston: Birkhser, 2000
33 龚六堂. 经济学中的优化方法. 北京：北京大学出版社，2000
34 刘培玉，葛斌，王金城. 最优控制系统设计. 大连：大连理工大学出版社，2000
35 高山晟著，刘振亚译. 经济学中的分析方法. 北京：中国人民大学出版社，2001
36 周克敏. 鲁棒与最优控制. 北京：国防工业出版社，2002
37 王朝珠，秦化淑. 最优控制理论. 北京：科学出版社，2003
38 邢继祥，张春蕊，徐洪泽. 最优控制应用基础. 北京：科学出版社，2003
39 胡寿松，王执铨，胡维礼. 最优控制理论与系统. 北京：科学出版社，2005
40 雍炯敏，楼红卫. 最优控制理论简明教程. 北京：高等教育出版社，2006
41 张洪钺，王清. 最优控制理论与应用. 北京：高等教育出版社，2006
42 吴受章. 最优控制理论与应用. 北京：机械工业出版社，2008
43 程鹏，王艳东. 现代控制理论基础. 北京：北京航空航天大学出版社，2010
44 William S. Levine. The control handbook. Boca Raton, Fla. : CRC; London: Taylor & Francis, 2011
45 李传江，马广富. 最优控制. 北京：科学出版社，2011
46 朱经浩. 最优控制中的数学方法. 北京：科学出版社，2011
47 吴沧浦，夏园清，杨毅. 最优控制的理论与方法. 北京：国防工业出版社，2013
48 Zhong Yisheng. Low-order robust model matching controller design. Ph. D. Thesis, Supervisor: Tagawa Liaozabulo, Hokkaido University, Japan, 1988
49 Zhong Yisheng. Robust output tracking control of SISO plants with multiple operating points and with parametric and unstructured uncertainties. International Journal of Control, 75(4): 219-241, 2002
50 余瑶. 下三角型非线性不确定系统鲁棒控制. 清华大学博士学位论文，导师：钟宜生. 北京：清华大学，2010
51 郑博. 外部系统具有不确定性的非线性鲁棒输出调节问题研究. 清华大学博士学位论文，导师：钟宜生. 北京：清华大学，2010
52 刘昊. 小型无人直升机鲁棒控制问题研究. 清华大学博士学位论文，导师：钟宜生. 北京：清华大学，2013
53 王夏复. 小型单旋翼无人直升机鲁棒飞行控制问题研究. 清华大学博士学位论文，导师：钟宜生. 北京：清华大学，2014